环境污染与健康研究丛书·第二辑

名誉主编○魏复盛　丛书主编○周宜开

POLLUTION

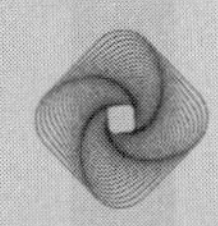

环境汞砷污染与健康

主编○张爱华　冯新斌

长江出版传媒　湖北科学技术出版社

图书在版编目(CIP)数据

环境汞砷污染与健康 / 张爱华，冯新斌主编. —武汉：湖北科学技术出版社，2019.12

（环境污染与健康研究丛书 / 周宜开主编. 第二辑）

ISBN 978-7-5706-0720-4

Ⅰ. ①环… Ⅱ. ①张… ②冯… Ⅲ. ①汞污染—影响—健康 ②砷—重金属污染—影响—健康 Ⅳ. ①X503.1

中国版本图书馆 CIP 数据核字(2019)第 132330 号

策　　划：冯友仁

责任编辑：李　青　徐　丹　程玉珊　　　　封面设计：胡　博

出版发行：湖北科学技术出版社　　　　电话：027－87679485

地　　址：武汉市雄楚大街 268 号　　　　邮编：430070

（湖北出版文化城 B 座 13－14 层）

网　　址：http：//www.hbstp.com.cn

印　　刷：湖北恒泰印务有限公司　　　　邮编：430223

---

889 ×1194　　1/16　　16.75 印张　　416 千字

2019 年 12 月第 1 版　　2019 年 12 月第 1 次印刷

定价：98.00 元

《环境汞砷污染与健康》

编 委 会

主　编　张爱华　冯新斌

副主编　范广勤　高彦辉　罗　鹏

编　委　（按姓氏拼音排序）

范广勤　南昌大学
冯新斌　中国科学院地球化学所
付学吾　中国科学院地球化学所
高彦辉　中国疾病预防控制中心地方病控制中心
李　军　贵州医科大学
李　平　中国科学院地球化学所
李社红　中国科学院地球化学所
李仲根　中国科学院地球化学所
刘明朝　空军军医大学
刘起展　南京医科大学
罗　鹏　贵州医科大学
罗教华　陆军军医大学
骆文静　空军军医大学
马　璐　贵州医科大学
孟　博　中国科学院地球化学所
商立海　中国科学院地球化学所
王大朋　贵州医科大学
王明仕　河南理工大学
王文娟　贵州医科大学
闫海鱼　中国科学院地球化学所
姚茂琳　贵州医科大学
张　华　中国科学院地球化学所
张爱华　贵州医科大学
张艳淑　华北理工大学
周繁坤　南昌大学

秘　书　马　璐　周繁坤

序

像保护眼睛一样保护生态环境，像对待生命一样对待生态环境。人因自然而生，人不能脱离自然而存在，人与自然的辩证关系，构成了人类发展的永恒主题。

生态文明建设功在当代、利在千秋，是关系中华民族永续发展的根本大计。党的十八大以来，我国污染治理力度之大、制度出台频度之密、监管执法尺度之严、环境质量改善速度之快前所未有，无疑是我国生态文明建设力度最大、举措最实、推进最快、成效最好的时期。

在这样的时代背景下，我国的环境医学科学研究工作也得到了极大的支持与发展，科学家们满怀责任与使命，兢兢业业，投入到我国的环境医学科学研究事业中来，并做出了许多卓有成效的工作，这些工作是历史性的。良好的生态环境是最公平的公共产品，是最普惠的民生福祉，天蓝、地绿、水净的绿色财富将造福所有人。

本套丛书将关注重点落实到具体的、重点的污染物上，选取了与人民生活息息相关的重点环境问题进行论述，如空气颗粒物、蓝藻、饮用水消毒副产物等，理论性强，兼具实践指导作用，既充分展示了我国环境医学科学近些年来的研究成果，也可为现在正在进行的研究、决策工作提供参考与指导，更为将来的工作提供许多好的思路。

加强生态环境保护、打好污染防治攻坚战，建设生态文明、建设美丽中国是我们前进的方向，不断满足人民群众日益增长的对优美生态环境需要，是每一位环境人的宗旨所在、使命所在、责任所在。本套丛书的出版符合国家、人民的需要，乐为推荐！

中国工程院院士 魏复盛

前 言

随着我国经济、社会的快速发展，由重金属污染引发的环境问题和健康问题日益显现，其不仅影响我国经济、社会的可持续发展，也影响人民群众的身体健康和生活质量。

汞被联合国环境规划署列为全球性污染物，其不仅可通过大气进行长距离迁移，还具有持久性、高生物富集性和高生物毒性等特点。汞污染已经成为最重要的全球环境问题之一。2013 年，联合国环境规划署发布的《2013 年全球汞评估报告：来源、排放、释放和环境迁移》显示：每年有 5 500～8 900 t 汞释放到大气中，其中天然源约占 10%，由人类活动向大气中排放的汞量约占 30%，其余 60%来自沉积于土壤、海洋中汞的再排放。因此，即使最大限度地降低人为活动排放，短期之内要想显著地降低环境中汞的含量仍然不容乐观。我国作为经济快速增长的发展中国家，是全球最大的汞生产国、使用国和排放国。数据显示，我国每年汞的生产量和消费量分别高达世界总量的 70%和 50%，每年人为活动向大气排汞量为 500～600 t，占全球总排放量约 30%，我国的环境汞污染形势十分严峻。汞暴露对人体产生的危害程度取决于汞的暴露形式、暴露程度和暴露时间。人类活动向环境排放的汞往往都是无机汞，无机汞进入环境后转化成甲基汞，因此汞的危害性具有隐蔽性和突发性，一旦发生重大污染事件或影响人群健康，将产生灾难性后果。20 世纪发生在日本的水俣病就是一个典型例子，是世界上迄今为止最严重的环境公害事件。2017 年 8 月 16 日生效的《水俣公约》对汞的生产、排放、使用、贸易等方面做出了实质性的规定，旨在保护人类与环境免受汞及其化合物人为排放和释放危害。在《水俣公约》签署的背景下，我国成立了国家履行汞公约工作协调组，将汞污染的治理列入《“十三五”生态环境保护规划》，积极推动汞污染的防治工作。

砷作为自然界普遍存在并被广泛使用的类金属元素，能够通过特定的自然过程或人为活动形成环境中的富集，地球化学元素的分布不均和工农业用途均会造成环境污染，导致环境中居民发生急慢性砷中毒甚至癌症。1968 年世界卫生组织（World Health Organization，WHO）发布了环境污染专题报告，把砷的危害排在首位；1974 年日本将砷中毒列为第四公害病；1979 年国际癌症研究机构（IARC）将砷及某些砷化合物列为人类致癌物；1983 年 WHO 向全球发出了砷危害的警报，并将砷作为重要环境治理化学物。地球化学性因素导致的地方性砷中毒是影响面广、后果严重的世界性公共卫生问题，包括因长期饮用高砷地下水导致的饮水型砷中毒和因燃用高砷煤导致空气和食物污染而引起的燃煤型砷中毒。目前地方性砷中毒至少威胁着 22 个国家和地区的 5 000 多万人口，孟加拉国、印度、中国是流行最为严重的国家；我国大陆地区 9 个省（自治区）存在饮水型砷中毒，而燃煤型砷中毒是全球唯一存在于我国贵州和陕西两省的特有病型。1992 年我国将地方性砷中毒正式纳入规范管理，“十五”以来持续被列为国家重点防治疾病，投入大量人力、物力和财力，使我国地方性砷中毒在病因防控等方面取得了巨大成就。

随着工农业生产的发展，人为源砷污染排放逐年攀升，从工业时代的1850年到2000年，全球人为活动砷排放总量累计达到约453万t，其中矿业活动产生的砷量占72.6%，是环境砷污染的重要来源。我国2010年31个省、直辖市、自治区砷污染排放清单显示：我国2010年直接排放砷约5.75万t，其中排入水体的约1.98万t，排入土壤的约3.37万t，排入大气的约0.40万t。人为砷污染带来的健康风险不容忽视，据2008年WHO报告的数据显示：全球范围内长期暴露于饮水砷>10 μg/L（WHO推荐标准）的人口超过两亿；我国现状亦不容乐观，研究发现，可能近2 000万人正面临长期砷暴露的威胁。2008年《科学》杂志报道了中英两国科学家系列合作研究结果，研究者指出，砷作为一个无临界值的Ⅰ类致癌物，在水稻中的蓄积作用严重威胁了人体健康，而含砷地下水灌溉、含砷农用化学品的使用和金属矿产资源的开发是导致土壤砷污染的主要原因。因此，长期砷暴露对健康的危害及防控工作任重道远。我国在《重金属污染综合防治“十二五”规划》中将砷列为第一类重点防控污染物，随着“十二五”规划的实施，对防控重金属污染、遏制突发重金属污染事件发挥了重要作用。

为总结我国汞砷污染现况，反映国内外汞砷污染与健康的研究动态，梳理汞砷中毒防控研究成果及经验，促进我国汞砷污染与健康研究领域的交流，助推汞砷污染健康危害防治研究的进一步深入，在“环境污染与健康研究丛书”主编周宜开教授的支持下，邀请国内在汞砷污染与健康研究领域有丰富经验的专家学者编著了《环境汞砷污染与健康》分册，供相关领域的科研工作者、医学工作者、环境保护人员和相关学科的教师及学生参考。本书分为“环境汞污染与健康”和“环境砷污染与健康”两篇，全书在收集、归纳国内外相关研究进展基础上，结合我国及各位编委的科研实践经验，从环境汞砷污染的来源与生物地球化学循环过程、环境汞砷污染的健康危害与防治、汞砷的毒作用机制、汞砷污染的环境及健康风险评估、汞砷污染防控与管理等方面对环境汞砷污染与健康作了较系统全面的介绍。

本书在国内10余所高等院校及科研院所25名专家教授的共同努力下完成。借此机会，对他们为本书付出的辛勤劳动和贡献表示崇高的敬意和衷心的感谢！由于我们的能力和水平有限，书中不足之处难免，恳请各位读者不吝赐教和指正。

张爱华　冯新斌
2019年8月

目录

第一篇　环境汞污染与健康

第二篇　环境砷污染与健康

第一篇

环境汞污染与健康

第一章　环境汞污染

汞及其化合物不仅是一类毒性很高的持久性有毒污染物，还是一种全球性污染物，汞污染已经成为最重要的全球环境问题之一。虽然人类活动向环境排放的汞往往都是无机汞，但是无机汞进入环境后会被转化成甲基汞，因此汞的危害性具有隐蔽性和突发性，一旦发生重大污染事件或出现人群病变将产生灾难性后果。20世纪发生在日本的水俣病就是一个典型的例子，是世界上迄今为止最严重的环境公害事件。我国是目前全球汞使用量和汞排放量最大的国家，我国每年人为活动向大气排汞量为500～600 t，占全球总排放量约30%，我国的环境汞污染形势十分严峻。本章从汞污染现状、汞污染来源、汞的生物地球化学循环和汞污染健康危害高风险区域四个方面系统阐述环境汞污染的最新研究进展。

第一节　汞污染概况

一、汞及其化合物的理化性质

汞(Hg)，俗称水银，原子序数80，与锌(Zn)、镉(Cd)同属ⅡB族过渡元素，密度为13.6 g/cm^3，硬度为1.5，呈银白色。汞的原子量为200.59，电子层结构为$4f^{14}5d^{10}6s^2$，氧化还原电位高，反应性低。汞是在标准状态(0℃，101.325 kPa)下唯一呈液态的金属，熔点－38.83℃，沸点356.73℃，摩尔体积为14.09×10^{-6} m^3/mol，汞具有的独特理化属性包括：液体体积随温度线性变化、易形成汞齐、毒性高等。汞易与大部分普通金属形成合金，包括金和银，这些合金统称汞合金(或汞齐)。汞具有恒定的体积膨胀系数，其金属活跃性低于锌和镉，且不能从酸溶液中置换出氢。金属汞在室温下会蒸发形成无色无味的汞蒸气，温度越高，液态金属汞会释放出更多的蒸气。

地壳中汞99.98%呈稀疏的分散状态，0.02%富集于可以开采的汞矿床。岩石中汞含量平均为0.08 μg/g，页岩含汞量最高，为0.4 μg/g；花岗岩最低，为0.01 μg/g。含汞矿物主要有辰砂、黑辰砂、硫汞锑矿和汞黝铜矿等。辰砂在流动的空气中加热后其中的汞可以还原为汞蒸气，温度降低后汞蒸气凝结，这是生产金属汞的最主要方式。

汞有三种氧化态：Hg^0、Hg^{1+}、Hg^{2+}，氧化物呈弱碱性，晶体结构呈菱形晶格。主要的形态包括金属汞(Hg^0)、二价无机汞盐($HgCl_2$、HgS等)、烷基汞、芳香基汞等。汞在自然界以金属汞、无机汞和有机汞的形式存在。无机汞有一价和二价化合物；有机汞包括甲基汞、二甲基汞、苯基汞和甲氧基乙基汞等。不同化学形态的汞具有不同的物理特性、化学特性、生物特性和环境迁徙能力(表1-1)。元素汞Hg^0易挥发，且难溶于水，是大气环境中相对比较稳定的形态，在大气中的平均停留时间长达半年至两年，可以在大气中长距离传输而形成大范围的汞污染。在Hg^+和Hg^{2+}两种离子态中，Hg^{2+}比较稳定，并且多数二价形态的汞化合物易溶于水。汞的有机化合物如单甲基汞(CH_3Hg)和二甲基汞[$(CH_3)_2Hg$]不易降解，因而在生物体内中易造成蓄积，是汞最具毒性的形态，通过食物链直接危害人类健康。

表 1-1 汞化合物的理化属性

	Hg^0	$HgCl_2$	HgO	HgS	CH_3HgCl	CH_3HgOH	$(CH_3)_2Hg$
熔点(℃)	−38.8	277	500 分解	584 升华	167 升华	137	—
沸点(℃)	356.7	303	—	—	—	—	96
蒸气压(Pa)(25℃)	0.27	0.017	9.2×10^{-12}	n.d.	1.76	0.9	8300
水溶性(g/L)	49.6×10^{-6} (20℃)	66(20℃)	5.3×10^{-2} (25℃)	2×10^{-24} (25℃)	5～6 (25℃)	—	2.95 (24℃)
亨利定律常数 (Pa m^3 mol^{-1})	0.32^a(25℃) 0.29^a(20℃) 0.18^a(5℃)	$2.9\times10^{-8\,a}$ (25℃)	3.76×10^{-11} (25℃)	n.d.	$1.9\times10^{-5\,a}$ (25℃) $0.9\times10^{-5\,a}$ (10℃)	10^{-7}	646(25℃) 0.31^a(25℃) 0.15^a(0℃)
辛醇/水分配系数	4.2^a	0.5^a	—	n.d.	2.5^a	—	180^a

注：a，无量纲；n.d.，无数据

（资料来源：Schroeder W H，Yarwood G，Niki H. Transformation processes involving mercury species in the atmosphere—results from a literature survey[J]. Water，Air，and Soil Pollution，1991. 56：653-666.）

我国古代劳动人民很早就发现和使用了汞。在秦始皇陵及战国时期的一些王侯墓葬（如齐桓公墓）中，浇灌有大量水银；人们利用硫化汞（又称为朱砂、辰砂）具有鲜红色泽的特点，将其作为红色颜料；汞还被作为外科用药，1973 年长沙马王堆汉墓出土的帛书中的《五十二药方》，抄写年代在秦汉之际，是现已发掘的中国最古医方，其中有 4 个药方应用水银，例如用水银、雄黄混合治疗疥疮等。西方的炼金术士们认为水银是一切金属的共同性——金属性的化身。他们所认为的金属性是一种组成一切金属的“元素”。在埃及古墓中也发现一小管水银。

汞的用途非常广泛，包括制造含汞的化学试剂、防腐剂及各种药剂（如雷汞、硝酸汞、升汞、氧化汞、硫酸汞、碘化汞、汞溴红、汞萨利、醋酸苯汞、氯化乙基汞、磷酸乙基汞等）、美白剂、仪表（温度计、血压计、气压计、比重计等）、电子电器（如电流开关、整流器、荧光灯、含汞电池、X 线球管）、毛毡毡帽工业（利用硝酸汞处理兽毛）、冶金工业（利用汞齐法提取贵金属）、镀金业（利用汞齐法鎏金）、制镜业、电解工业（汞作为生产氯气和烧碱的阴极）、化工行业（如用汞催酶生产氯乙烯）及制作牙齿填补物等。

二、工业排放造成的汞污染

工业革命以来，随着人类生产和生活活动的加强，大量的汞被使用并以三废的形式排放到环境当中，汞污染日趋严重，而 20 世纪尤为突出。工业排放导致了不同环境介质中汞含量的增加，Zhang 等（2015）的模型计算显示，历史上所有时期人为源排放进入大气的汞，目前有 2%（3 600 t）仍停留在大气中，48%（9.2 万 t）沉降进入土壤，另外 50%（9.4 万 t）则进入大洋，其中 35%在海水中，其余 15%则进入海洋沉积物。当前大气汞浓度比工业革命前升高了 3 倍，平均大气汞沉降速率升高了 1.5～3 倍，在一些工业区沉降速率增加了 2～10 倍，而一些区域土壤和沉积物的汞浓度增加了 4～7 倍。大气汞浓度升高的后果之一就是导致水体汞浓度及鱼体甲基汞浓度的增加，大洋表层水体的汞浓度已经从工业革命前的 0.1 ng/L 增加到当前的 0.3 ng/L，北欧和北美很多地区的鱼体汞浓度超过了世界卫生组织规定的0.5 mg/kg的食用标准，美国每年有 63 万新生儿因母亲食鱼而处于血汞风险水平。近年来虽然全球局部地区大气汞污染

有所改善，但是大部分地区汞污染形势依然严峻，加上全球气候变暖、土地利用方式改变等的协同作用，促使了汞从地圈向生物圈的进一步活化和累积。

在一些汞污染特殊区域，汞污染异常严峻，例如，发生于20世纪五六十年代日本的著名汞污染公害事件——水俣病事件，是由于水俣湾附近的一个化工厂利用硫酸汞作催化剂通过乙炔水合法生产乙醛。乙醛工厂排放的含无机汞的废水直接进入了海湾，并累积在底层沉积物中。后来证实作为催化剂的无机汞有一部分在工厂内作为副反应被转化成了甲基汞，一部分则在海底沉积物中被转化为甲基汞，甲基汞经过生物富集，累积在鱼体中，动物（如猫）和人食用污染的鱼体以后，导致水俣病——甲基汞中毒。在污染高峰时期，水俣湾沉积物的汞含量高达19～908 mg/kg；鱼体汞含量达15 mg/kg（湿重），贝壳类汞含量108～178 mg/kg（干重），水俣病患者头发汞含量平均值10.6 mg/kg，最高达705 mg/kg，新生儿胎盘脐带血中甲基汞含量高达4～5 mg/L。自从工厂20世纪60年代末关停乙醛生产及日本政府在1977—1990年对水俣湾进行了清淤工程，水俣湾环境和人群中的汞浓度水平才开始逐渐下降。水俣病事件总共造成超过1 400人死亡，大约2万人中毒，影响非常深远。秘鲁的一个汞冶炼厂，在公元1564—1810年的250年，共向大气排放了1.7万t汞，导致周围土壤汞含量为1.8～689 mg/kg，冶炼厂附近房屋的土坯中汞含量达47～284 mg/kg；塔吉克斯坦北部的一座废弃的氯碱厂，电解车间周围土壤最高含汞2 000 mg/kg，周围湖泊和河流中鱼体的汞也不适合食用，汞含量为0.16～2.2 mg/kg，地下水汞含量高达150 μg/L；印度一个温度计厂的汞释放，造成周围湖泊水体、沉积物和鱼体一定程度汞污染，湖水总汞浓度为356～465 ng/L，甲基汞为50 ng/L，沉积物总汞为275～350 μg/kg，甲基汞为6%左右，厂区周围大气汞含量达1 320 ng/m^3。

中国在20世纪50年代至90年代，一些地区也存在着环境汞污染现象，吉林省松花江、天津蓟运河、葫芦岛市五里河、贵州清镇等地区，有些工厂采取了和日本水俣湾工厂相似的生产工艺，另一些为用汞的氯碱厂，生产过程向环境排放了大量的汞，造成河流和湖泊的水体、沉积物和鱼体的严重汞污染。中国的汞矿冶炼厂和土法炼金区也同样存在严重的汞污染情况，大气汞含量每立方米高达数十到数万纳克，高出背景值2～4个数量级，土壤和沉积物中的汞高达320 mg/kg，种植蔬菜和大米也显著超标，分别达260 μg/kg和560 μg/kg。贵州的一个大型汞矿，在20世纪40多年的开采冶炼过程中，排放了大量高汞浓度的废气和废水，废气汞浓度达109～304 mg/m^3，排放量202亿m^3，总计向大气排放2 202～6 141 t汞；废水汞浓度为0.09～11.86 mg/L，排放量5 192万m^3，总计向水体排放4.7～616 t汞；含汞废渣含汞量0.5～1.35 mg/kg，排放量426万m^3。该汞矿在鼎盛时期，每年在生产上千吨汞的同时，也向周边环境以废气为主的形式排放了近100 t的汞。一些铅锌冶炼有色冶金行业长期粗放的生产也会向大气排放大量的汞，如湖南省中部的一大型铅锌冶炼厂，在1960—2011年共向大气排放105 t汞，其中15 t沉降在了工厂周围的邻近区域，造成农业土壤、街道灰尘汞含量上升20倍到上百倍。

汞污染环境的同时也会威胁人群健康。18世纪和19世纪中汞用来去除毡帽行业动物皮上的毛发，造成了许多制帽工人的脑损伤。日本20世纪除了水俣病事件导致超过1 400人死亡，大约2万人中毒外，另外一起汞中毒事件则是发生于1965年的新潟县阿贺野川下游，机制和水俣病相似，事件导致13人死亡，330人中毒。1942年两个在加拿大Calgary仓库办公室工作的加拿大年轻秘书中毒身亡，经查明是由于仓库中存有乙基汞所致。瑞典的农民在20世纪60年代发现，鸟儿飞着飞着就掉在地上，然后就死了，原因是鸟儿吃过用汞处理过的谷物，或吃过曾吃过这些粮食的啮齿类动物。另外汞中毒的一个来源就是作为种子杀菌剂的烷基汞。在两次世界大战期间，生产杀菌剂的工人出现了汞中毒，更恐怖的是，由于人吃了处理过的谷物而引发的汞中毒大暴发。在1956年及1960年，伊拉克出现了严重的汞中毒。1961年在西巴基斯坦，由于食用被乙基汞化合物处理过的小麦种子，导致了大约1 000人中毒。另外一次暴发是在1965年的危地马拉。最严重的发生在1971—1972年的伊拉克，根据官方统计，有459人死亡。用甲基汞化合物作为杀虫剂处理过的谷物应该被处理掉，然而它们被卖到磨坊并制成面包。最新的一起

汞中毒死亡事件，是美国新罕布什尔州达特茅斯学院一位化学教授，在做试验期间，因手上滴到剧毒的二甲基汞溶液而死亡。

三、汞的大气长距离传输

汞是唯一一种主要以气态存在于大气的重金属元素，从源头排放进入大气后，可随大气环流进行长距离的迁移，沉降到偏远地区，并通过食物链富集，使生物体内汞或甲基汞含量增加，造成大范围的环境汞污染。因而汞已被认为是一种全球性的污染物，受到特别关注。

研究显示，排放进入大气中的汞，绝大部分进行了长距离的迁移，如燃煤电厂，排放到大气的汞超过95%传输到至电厂50km之外；而有色金属冶炼企业排放的大气汞，86%参与全球循环。20世纪80年代北欧和北美偏远湖泊鱼体汞超标事件，就是由于中东欧和北美东部排放的汞进行长距离传输和沉降造成的。基于过去50年对瑞典全国2 881个湖泊4.5万个观测数据，Åkerblom等(2014)总结了瑞典湖泊鱼体汞含量的历史变化趋势，结果显示梭子鱼汞含量从20世纪70年代开始增加，到20世纪80年代末达到最大，1990—1996年间出现显著下降，这和欧洲大气汞的人为源排放具有明显的对应关系。人为汞排放对偏远地区大气汞沉降的影响，得到了不同环境介质的记录反应，如格陵兰岛上的冰芯结果显示，当地的汞沉降主要受来自北美、亚洲、欧洲的煤炭燃烧和垃圾焚烧的影响。而加拿大北部偏远地区的几个湖泊沉积物柱反映汞的沉降自从16世纪以来就缓慢增加，在18世纪中叶以后增加很快，20世纪增速更快，这些增加的汞是由于大气汞的长距离迁移而沉降造成的，因为当地并没有汞的释放源。

利用GEOS-Chem模型，Chen等(2014)研究当前全球大气汞的源汇关系，结果显示除了东亚地区外，全球其他地区汞沉降主要来自自然源，而东亚地区的汞沉降主要来自区域内的人为源，东亚地区的汞排放也会输出到全球其他一些地区。同时，欧洲、东南亚和南亚次大陆的汞排放也会输出到全球其他区域，对一些地区的汞沉降具有较大贡献。

（李仲根）

第二节　汞污染来源

一、自然来源

大气汞的来源包括人为源和自然源。目前学术界对我国人为源汞排放清单开展了大量的工作，取得了重要研究进展，其中2010—2014年我国人为源年排汞量在530～538 t。自然源主要包括火山与地热活动、土壤和水体表面挥发作用、植物蒸腾、森林火灾等。和人为源不同，自然源排汞绝大部分(>95%)是气态单质汞(GEM)。由于大气汞的自然来源复杂多样，且受环境因素的影响较为显著，因此大气汞的自然来源研究一直是国际学术界的重点和难点。我国大部分地区位于“环太平洋全球汞矿化带”上，加上人为源排汞沉降后再释放的叠加作用，因此我国自然排汞被认为是区域和全球大气汞的一个重要来源。

(一)我国自然源排汞的特征

近年来，研究人员对我国不同类型的地表汞排放通量开展了大量的研究工作。图1-1显示的是我国不同类型地表汞排放通量的统计结果。我国不同类型地表汞排放通量的差异非常显著，其中汞矿区土壤汞排放通量最高，平均值达到(242±472)ng/(m^2·h)，其次分别为城市用地[(35.3±43.1)ng/(m^2·h)]、旱地[(28.9±34.1)ng/(m^2·h)]、稻田[(17.4±15.9)ng/(m^2·h)]、草地[(14.8±16.2)ng/(m^2·h)]、海洋水体[(11.5±11.1)ng/(m^2·h)]、森林土壤[(8.7±6.2)ng/(m^2·h)]和湖泊水库水体[(4.5±

4.2)ng/(m² · h)]，而植物叶片基本上是大气汞的汇，平均沉降通量为(3.2±4.6)ng/(m² · h)。

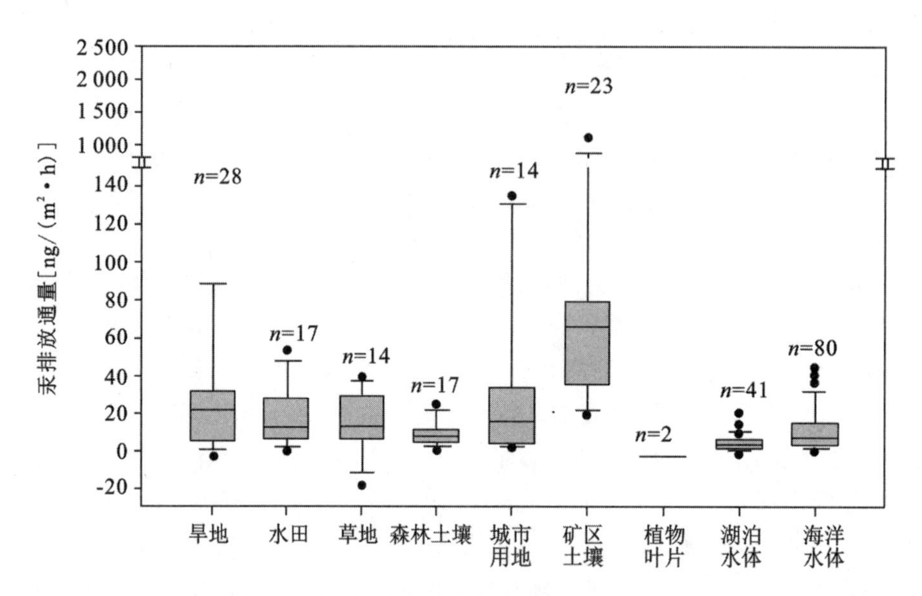

图 1-1　我国不同类型地表汞排放通量统计结果

不同类型地表汞排放通量的差异说明土地利用方式是影响我国自然排汞的一个重要因素。不同的土地利用方式改变了土壤的物理、化学和生物活性(孔隙度、湿度、氧化还原电位和微生物结构等)，也改变了地表的环境条件(土壤表面光照强度、大气温度和湿度)。从野外观测结果来看，植物叶片与大气间的汞交换主要是叶片从大气环境中吸收气态单质汞，因此有植被覆盖的土壤(比如草地和农田)会因为植物吸收作用导致地表整体汞排放通量降低或者转变为大气汞的汇。这种情况在高大气汞含量的区域或者同一区域高大气汞含量的季节特别显著。比如研究人员对四川贡嘎山冬季麦田和草地及万山汞矿区草地的研究发现，随着大气汞含量的升高，农田和草地由夏季大气汞的源转化为冬季大气汞的汇。

我国不同类型地表汞排放通量均明显高于国外同类型地区，比如全球背景区土壤平均汞排放通量为(1.2±2.2)ng/(m² · h)，比我国相应的地表汞排放通量相比低一个数量级。另外，全球受人为活动影响区域土壤汞排放通量平均值为8.5 ng/(m² · h)，是我国城市地区和农田土壤汞排放通量的1/4～1/3。全球海洋水体汞排放通量的范围为(0.2～7.9)ng/(m² · h)，是我国南海和黄海水体汞排放通量的1/3～1/2。我国土壤和水体汞含量偏高是导致我国地表汞排放通量的一个重要因素。研究表明，土壤和水体汞排放通量通常与土壤和水体汞含量呈显著正相关关系，而我国大部分地区位于环太平洋汞矿化带，土壤和水体汞含量较全球平均水平有所升高。另外，我国人为源排放大气汞沉降后的再释放也是一个重要因素。大气汞的沉降主要是大气活性汞和颗粒汞的沉降，这部分形态的汞容易发生光致还原反应，非常容易被重新排放到大气中。

自然源汞排放通量具有非常显著的日变化特征。图 1-2 显示贡嘎山土壤、草地及乌江水体汞排放通量和光照强度的日变化特征。可以看出，土壤、草地和水体汞排放通量通常在夜间或者凌晨出现最小值，之后逐渐升高，在午后(13:00～14:00)出现最大值。自然源汞排放通量的日变化规律通常和气象条件(光照强度、气温、土壤/水体温度和大气相对湿度)，特别是与光照强度的变化具有显著的相关性，这说明气象条件(特别是光照强度)对自然源汞排放通量具有重要的影响。我国自然源汞排放通量的季节性分布规律也十分显著。以乌江流域 6 个梯级水库为例(图 1-3)，暖季水体汞排放通量比冷季显著升高。水体/大气汞交换通量的季节性变化首先和气象因素的变化有关。暖季采样期间大气温度和光照强度等气象参数通常高于冷季。研究指出，光照强度和大气温度通常和水体/大气汞交换通量呈正的相关关系，光

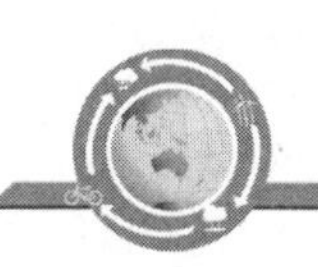

照强度和大气温度的升高能在一定程度上促进水体向大气释放汞。另外，研究区域各水库水体暖季的水体的总汞含量明显高于冷季，这主要是由于夏季大气汞湿沉降通量和地表径流向河流输入汞的增加导致的。其外，暖季水体浮游植物和微生物的活动也较为活跃，这些因素能在一定程度上加快水体 Hg^0 的产生，从而增加水体汞的排放。

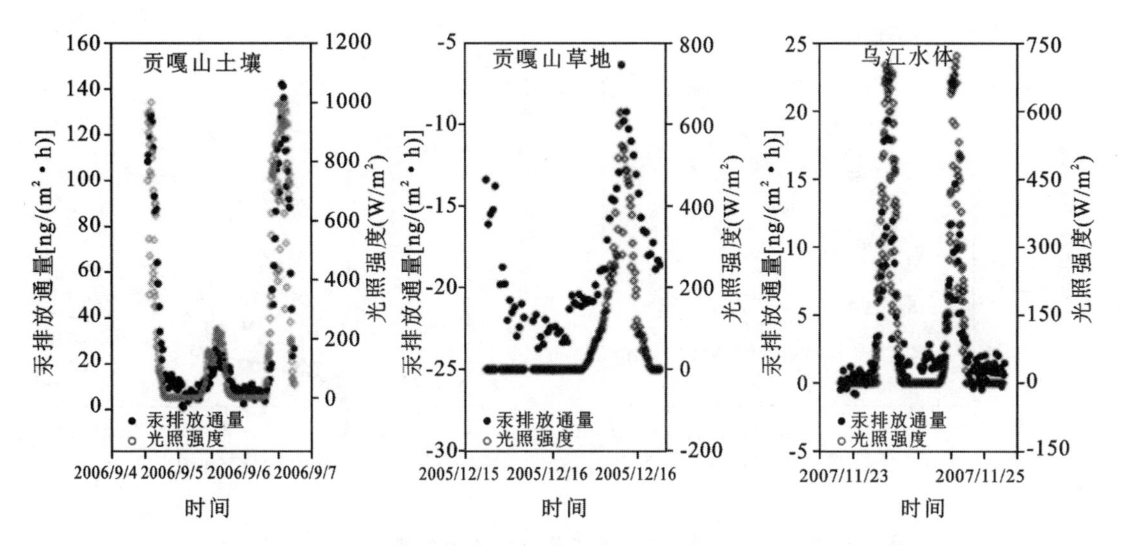

图 1-2　贡嘎山土壤、草地和乌江水体汞排放通量和光照强度日变化特征

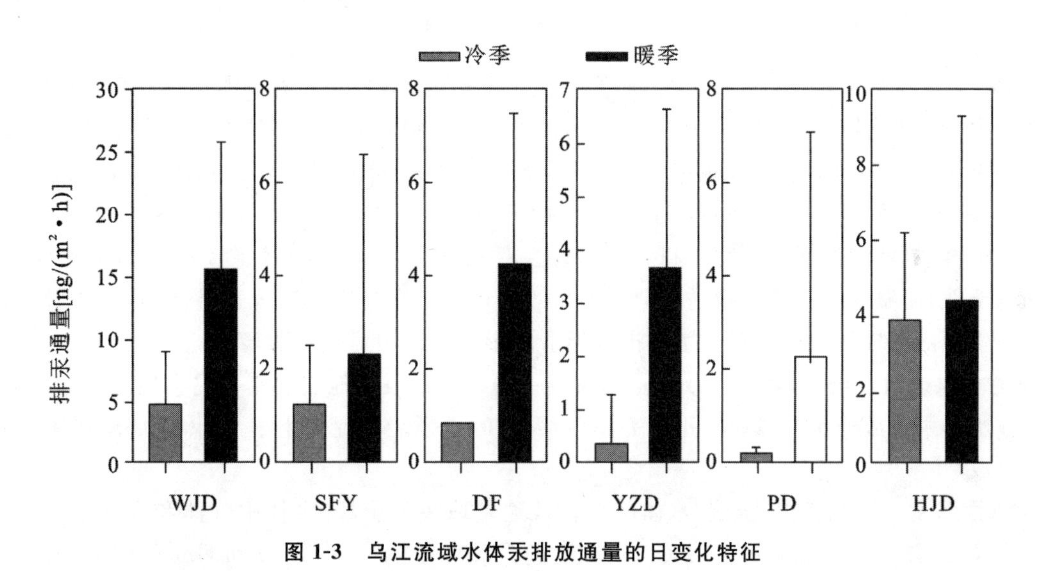

图 1-3　乌江流域水体汞排放通量的日变化特征

（WJD——乌江渡水库，SFY——索风营水库，DF——东风水库，YZD——引子渡水库，PD——普定水库，HJD—洪家渡水库）

（二）自然排汞影响因素

自然源汞排放通量受多种因素相互作用的影响。

1. 地表基质的汞含量　研究表明，土壤/水体汞排放通量与土壤/水体汞含量呈正线性相关关系（图 1-4），随着土壤/水体汞含量的升高，汞排放通量明显升高。土壤/水体汞有两个来源：①自然来源；②人为来源（通常为大气汞沉降和污水排放）。土壤和水体汞可以通过光致和微生物还原为 Hg^0，进而排放到大气，而土壤/水体汞的储量越高，转化的 Hg^0 的量就越大。

2. 辐射强度 大量的野外观测发现，地表的GEM(气态单质汞)释放通量和辐射强度之间存在显著的正线性相关关系。而实验室的研究结果表明，在恒定的温度和其他环境条件的情况下，辐射强度的增加显著增加土壤的GEM释放通量。

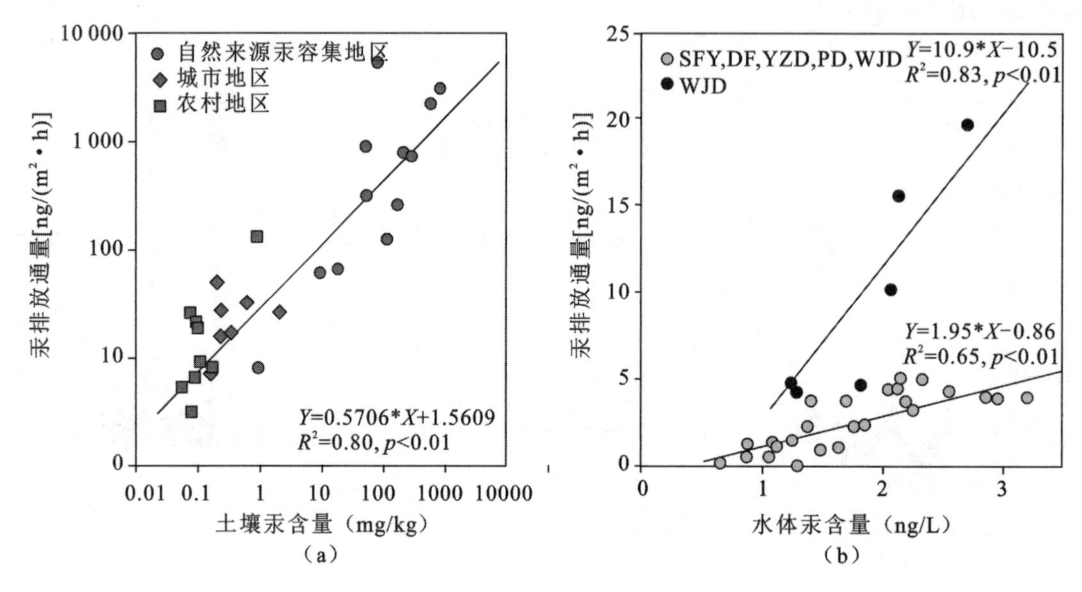

图 1-4 我国土壤和水体汞排放通量与土壤/水体汞含量之间的关系

(a)汞矿区、城市和背景区土壤；(b)乌江梯级水库水体

(WJD——乌江渡水库、SFY——索风营水库、DF——东风水库、YZD——引子渡水库、PD——普定水库、HJD——洪家渡水库)

3. 土壤/水体温度 和辐射强度类似，研究发现土壤/水体温度与土壤汞排放通量之间存在显著的正线性关系。由于辐射强度和温度的变化具有一致性，因此很难通过这种相关性来确定温度的影响。Moore and Carpi(2005)通过室内试验指出，土壤温度的升高，促进GEM释放的增强。Fu等(2008)通过避光条件下GEM释放通量的日变化指出，土壤温度可能是一个重要的影响因素。主要原因是土壤/水体温度可能与土壤/水体的物理化学性质和生物多样性存在联系，而短期的实验室研究可能无法模拟复杂的野外环境条件，而温度的影响可能是一个更为长效的作用。在特殊的环境条件下，比如森林(辐射强度偏低地表微生物活动较强)，温度对土壤汞排放通量的影响就比辐射强度明显。

4. 风速 风速对土壤/水体汞排放通量的影响主要是通过改变地表湍流状况实现的。许多野外观测发现，土壤/水体汞排放通量与风速呈正相关关系，风速的增强能够促进土壤/水体汞的解吸附作用，从而促进汞的释放。

5. 大气汞浓度 研究指出，土壤/水体的汞排放通量取决于土壤/水体中气体和大气汞含量的梯度，这意味着土壤/水体汞的释放通量会因大气汞浓度的升高而受到抑制。Xin和Gustin(2007)的实验室研究就发现低汞含量的土壤会随大气汞浓度的升高而出现线性降低，甚至出现明显沉降。

除上述因素外，土壤/水体汞排放通量还受到其他多种因素的影响。比如土壤水分和pH值的升高都能一定程度上促进土壤汞释放，而土壤有机质则对土壤释放通量具有一定抑制作用。此外，大气氧化还原特性(如O_3浓度)、土壤/水体铁锰离子和铝氧化物含量等对汞排放通量也有一定影响。

(三)我国自然源排汞清单

基于大气-土壤、大气-水体和大气-叶片汞交换通量机制的认识及更新的我国土壤基础数据，Wang等(2016)重新构建我国自然源的汞排放模型，估算我国自然源的汞排放量。同时，Wang等(2016)依据我国已有的野外监测数据，通过和模型模拟结果的对比，对模型模拟结果进行全面优化，获得目前精度最高的

我国自然源汞排放清单。结果显示，我国自然源年均汞排放量为 465.1 t，其中 556.5 t 来自土壤汞排放，9.0 t 来自我国陆地水体的汞排放，而植被每年吸收的大气汞为 100.4 t。我国自然源汞排放与土地利用方式显著相关，约 80%的汞排放来自于草地与农田生态系统。对于农田系统，耕作方式是影响汞排放的重要因素。稻田在淹水条件是大气汞的汇，年均吸收约 3.3 t 的大气汞，而在旱地阶段是大气汞的源。我国自然源排汞具有显著的季节性规律，其中夏季排放量最多，占总排放量的 51%，其次是春季，占 28%，秋季排放占 13%，冬季占 8%，这和野外监测结果一致。

二、人为来源

汞的人为源主要包括：化石燃料燃烧（主要为煤炭燃烧）、有色金属（如铅、锌、铜）冶炼、汞冶炼、混汞法炼金、水泥生产、涉汞企业的生产（如水银电解法氯碱生产、荧光灯管生产、电石法 PVC 生产）等。

2010 年全球不同人为源大气排汞量为 1 960 t，其中亚洲（东亚、东南亚、南亚）排放量最多，其次为撒哈拉以南非洲和南美洲，然后为欧洲和北美。

自新中国成立以来，特别是改革开放后的 40 余年，随着经济的快速增长，人为活动汞排放量迅速增加，人为源大气汞排放量在新中国成立初期为每年 13 t，改革开放前 1978 年增加到150 t，2010 年剧增到每年 500～800 t，成为全球最大的人为源汞排放国，占到全球总量的 1/4～1/3。清华大学学者对我国 1978—2014 年的人为源大气汞排放进行了详细研究，认为在此期间我国人为源大气汞排放累计为 13 294 t，其中气态元素汞（Hg^0）、气态二价汞（Hg^{2+}）和颗粒态汞（Hg^p）比重分别为 58.2%、37.1%和 4.7%（图 1-5）。

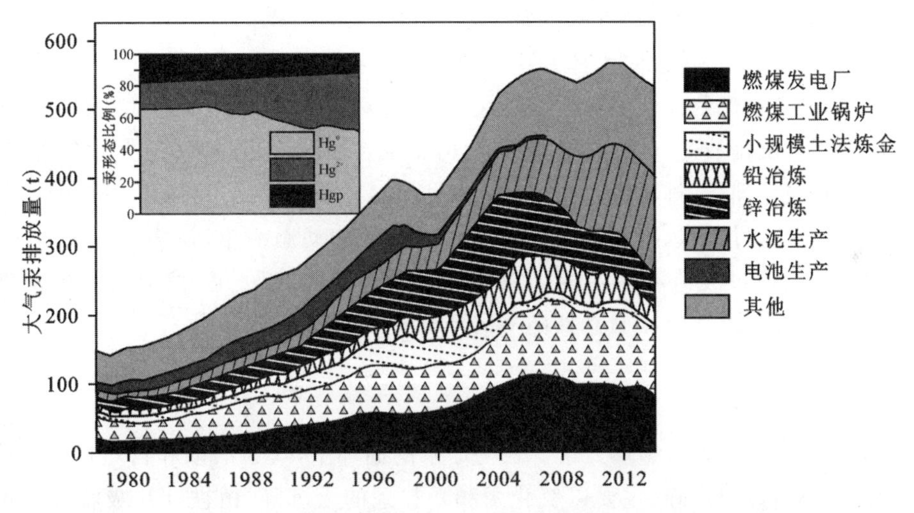

图 1-5　1978—2014 年间我国人为源大气汞排放量、排放来源的变化趋势

（图片来源：Wu Q R，Wang S X，Li G L，et al. Temporal Trend and Spatial Distribution of Speciated Atmospheric Mercury Emissions in China During 1978－2014[J]. Environ Sci Technol，2016，50(24)：13428-13435.）

我国人为源大气汞排放的来源、形态及空间分布在 36 年间均发生巨大变化。1998 年之前，最大的排放源为工业锅炉；1999—2004 年为锌冶炼；2005—2008 年为燃煤电厂；2009 年以后为水泥工业。汞的排放在 1997 年、2007 年和 2011 年出现三个峰值，随后呈递减趋势。燃煤电厂在 2006 年之前，汞排放每年增加 3.6 t，2006 年达到峰值 114 t，后期由于脱硫、脱硝设施安装产生的协同脱汞作用，2014 年下降到 82 t；工业锅炉燃煤汞排放在 1998 年之前是最大的排放源，从 1978 年的 32 t 增加到 2004 年的 74 t，这主要是由于燃煤量的增加引起的；有色金属冶炼的汞排放，从 1978 年的 46 t，增加到 2004 年的峰值 227 t，后由于落后产能淘汰和 SO_2 控制的协同作用，排放量有所下降，2014 年大气汞排放为 116 t，占全国总排放量的 22%，而锌冶炼是最大的有色金属汞排放源，1999—2004 年是中国的最大汞排放源，2004 年达到 126 t，占全国的 23%；混汞法炼金，1978 年向大气排放 7 t，1998 年达到 47 t，其后由于国家取缔土法炼金活动，汞排放大幅度降低；水泥厂汞排放从 1978 年的 7 t 增加到 2014 年的 145 t，占全国人为源的比例从 1978 年的 5%增加到 2014 年的 27%，水泥工业自从 2009 年以后，就成为全国最大的汞排放源；有意汞使用行业的汞排放，1997 年达到顶峰，由于氧化汞电池生产达到高峰，此后持续下降。当前，燃煤工业锅炉和水泥厂成为特别需要关注和进行汞控制的行业。

大气汞排放形态比例从 1978 年的 65%、28%、7%(Hg^0、Hg^{2+}、Hg^p)转变到 2014 年的 51%、46%、3%(Hg^0、Hg^{2+}、Hg^p)。二价汞比例的增多，会对局地环境产生重要影响，而水泥厂 Hg^{2+} 的排放占到全国 Hg^{2+} 排放的 45%。

不同时期汞排放的空间分布也经历显著变化。1978 年，华南地区汞排放量最多(23%)，西北地区最少(8%)，其他区域占比基本相同(16%～19%)。辽宁省是我国汞排放最多的省份(17 t，占全国 12%)，Zn/Pb 冶炼、燃煤电厂和燃煤工业锅炉是其最重要的排放源，而其他省份排放量都低于 15 t，省份之间差异不大；2000 年华南和华东排放量增加，分别占到全国的 20%和 31%，东北地区所占比例显著下降，从 1978 年的 16%下降到 2000 年的 7%，各省汞排放整体增加，超过 15 t 的省份增加到 11 个；湖南和云南汞排放分别为 34 t 和 31 t；2010 年，汞排放持续增加，华东地区由于大量的水泥生产，汞排放比例增加到 24%，10 个排放较高省市区分别为河南、山东、江苏、云南、河北、甘肃、湖南、广东、内蒙古和湖北，其排放量占到全国总量的 60%，2000 年至 2010 年，各省及自治区汞排放量的差异更加显著，河南省的汞排放超过 70 t，而西藏不足 1 t；到 2014 年，华东和华南的汞排放占比分别为 26%和 28%，一些排放大省如河南和云南汞排放显著下降，各省之间的差别有所收缩。

人为源除了向大气排放汞，也会向水体和土壤排放汞。我国燃煤电厂 2010 年向大气排放 101 t 汞，通过粉煤灰和脱硫石膏等副产物向环境排放 167 t 汞，通过废水排放 3.0 t 汞；而粉煤灰和脱硫石膏在二次利用过程，会向大气再次排放 33 t 汞、向土壤排放 67 t 汞。锌的冶炼过程，绝大部分汞留在污酸、污泥和废水，其余进入堆场或填埋场，排放进入大气的汞仅占 1.4%～9.6%。Huang 等(2017)详细研究了我国 1980—2012 年人为源通过废水、废气和废渣等途径排放汞的动态清单，认为随着废气汞排放的控制，其排放比例逐渐减少，而通过废渣和废水的排放比例逐渐增加。2010 年，我国人为源汞排放进入废水 157 t、进入废渣 1 004 t、进入大气 828 t，总共向不同环境介质排放 1 989 t 汞。

三、二次污染源

汞是一种具有挥发性的特殊重金属元素。在全球汞的循环中，人为活动和自然过程排放的大气汞经过区域和全球性的传输后可以沉降(主要以氧化汞和颗粒汞的干沉降、植被叶片吸收大气单质气态汞和大气降水湿沉降方式)到陆地和海洋生态系统。在陆地和海洋生态系统，大气沉降的汞在光化学和微生物还原作用下被还原为单质汞，并通过蒸腾和挥发作用重新进入大气圈进行新一轮的循环。近代工业革命以来，随着人为活动排汞量的逐渐增加，全球陆地生态系统表层土壤汞的储量增加 20%，而全球海洋表层水体汞含量增加 3 倍。陆地和海洋生态系统汞的增加直接促进了汞的再排放，形成了大气汞的二次污染来源。研究表明，和工业革命前相比，全球陆地生态系统土壤汞年均排放量增加 2.9 倍，而海洋水体年均排汞增加 2 倍，大气汞的二次污染源占到全球自然排汞量(包括大气汞再释放)的 50%，约是全球人为活动年排汞量的 1.3 倍。这些研究表明，大气汞的再排放是目前大气汞的最重要来源。

(一)大气汞再释放特征和控制因素

21 世纪初期，加拿大和美国的研究人员通过加入单一同位素方法研究了水体、土壤和森林生态系统

新沉降大气汞的再释放。Hintelmann 等(2002)通过向森林生态系统加入单一汞同位素^{202}Hg,研究了 1 个季度(15 个星期)森林生态系统新沉降汞的迁移转化规律。结果发现,8%的新沉降汞通过再释放进入大气,其他大部分(>90%)新沉降的汞主要累积在植物和表层土壤,仅有极少量(<1%)的新沉降汞通过地表径流输出。Amyot 等(2004)采用单一同位素法研究了新沉降大气汞在水体中的再释放。结果发现,新沉降的大气汞在进入水体初期很快转化为溶解性气态汞并挥发到大气,随着时间的推移,新沉降大气汞的再释放通量出现明显的降低。在 10 天的研究期间,6%的新沉降大气汞再释放重新进入大气,这一比例显著高于森林生态系统,说明水生生态系统大气汞的再释放强于森林生态系统。另外还发现,光照强度的增加和水体溶解性有机质的降低显著促进水体汞的再释放。

Erichsen 等(2005)通过加入单一汞同位素^{198}Hg 研究了新沉降到沙漠土壤大气汞的再释放,结果发现通过湿沉降进入土壤的大气汞在 1 年时间内的再释放比例为 6%,明显低于森林和水体生态系统,绝大部分新沉降的汞保留在土壤,土壤大气汞的再释放主要集中在初始阶段,之后以指数方式显著降低。Xin 等(2007)对低含量背景和高含量污染土壤的研究结果和 Erichsen 等类似,短期内(24 h)只有极少量(<3%)的新沉降大气汞发生再释放。另外,UV-B 光能够显著促进大气汞的再释放。

以上研究发现湿沉降汞的再释放能够显著促进土壤和汞体汞的排放,说明大气湿沉降汞的再释放是大气汞的一个重要来源。尽管以上实验研究在短期内均未发现显著的大气湿沉降汞的再释放,但考虑到大气汞湿沉降并不是陆地和水生生态系统汞的最主要沉降途径,大气汞干沉降通常占到大气汞总沉降的 2/3。特别是干沉降的部分活性汞和颗粒汞的物理化学性质比较活跃,因此大气汞干沉降的再释放可能强于大气汞湿沉降,将来需要加强大气干沉降汞的再释放研究。

(二)我国大气汞再释放相关研究进展

我国大气汞再释放相关研究主要集中在野外观测。Feng 等(2004)研究了贵阳市百花湖水体汞形态含量和水体/大气汞交换通量。百花湖位于贵阳市西北,长期受到贵州有机化工厂、贵州铝厂和多个小型煤矿污水和大气排放影响,导致百花湖水体汞含量显著升高(12.1～42.6 ng/L,是乌江流域背景区水体汞含量的 10～20 倍)。野外监测发现,百花湖水体/大气汞交换通量为 3.0～10.1 ng/(m^2 · h)[均值 7.7 ng/(m^2 · h)],是乌江流域背景区水体/大气汞交换通量 2～4 倍。Fu 等(2012)详细开展了珠江三角洲人为污染区域土壤/大气汞交换通量的研究,该研究选择 14 个野外采样点进行了土壤/大气汞交换通量监测,其土壤汞含量为 32～1 876 ng/g(均值 347 ng/g),其中几个靠近大型铅锌冶炼厂、钢铁厂、燃煤电厂、水泥厂、陶瓷厂和石油化工厂采样点的土壤汞含量达到 218～1 876 ng/g,是广东省土壤汞含量中位值(60 ng/g)的 3～30 倍,说明人为活动造成广东省部分地区显著的土壤汞污染。这些污染区域土壤/大气汞交换通量达到 18.2～114 ng/(m^2 · h),是全球背景区土壤汞排放通量的 10～100 倍,说明人为活动排汞沉降后的再释放是区域大气汞的一个重要污染源。

大气汞的再释放一直是国际学术界研究的一个重点和难点,尽管目前的研究还不能精确计算全球大气汞再释放的量,但已经证实大气汞的再释放是区域和全球大气汞的一个重要来源。西方发达国家在工业化进程中向全球环境中排放了大量的汞(约 20 万 t),这些汞沉降到地表系统后通过自然排放在地表与大气间循环,已经成为全球最为重要的大气汞二次污染源。深入开展大气汞再释放及其机制研究,不仅对于正确评价减少人为活动向大气排汞对全球环境汞污染的影响具有重要的意义,而且可为全球大气汞减排政策的制定提供重要的科学理论依据,同时为说服发达国家更大的承担全球大气汞的减排责任提供重要的科技支撑。

(付学吾　李仲根)

第三节　汞的生物地球化学循环

一、大气中汞的循环

大气汞按物理化学形态划分主要包括气态单质汞(gaseous elemental mercury,GEM)、活性气态汞(gaseous oxidized mercury,GOM)和颗粒汞(particulate bound mercury,PBM),而气态单质汞和活性气态汞统称为气态汞(total gaseous mercury,TGM)。不同于其他重金属污染物,气态单质汞是大气汞的最主要成分,在地球表层边界层占大气汞总量的90%以上。气态单质汞性质较为稳定,具有高挥发性、低水溶性、低干沉降速率和较长的大气居留时间,能够随大气环流进行全球性的迁移,是一种全球性污染物。活性气态汞和颗粒汞具有较高的干沉降速率和水溶性,容易通过干湿沉降进入地表生态系统,通常被认为只参与尺度较小的大气传输。大气不同形态汞的迁移和转化在全球汞的循环中起着重要的作用,因此国际社会非常关注大气汞方面的研究,先后建立了加拿大大气汞监测网络(CAM Net,始于1996年)、北美大气汞监测网络(MDN和AM Net,始于1996年)和全球大气汞监测网络(GMOS,始于2010年)。依靠上述监测网络,发达国家深入系统地开展了大气汞研究,显著提高了对全球大气汞分布、迁移和转化规律的科学认识,对于优化全球大气汞排放清单、厘定区域和全球大气汞含量、大气汞排放的长期变化趋势、估算陆地和海洋生态系统汞的输入通量和建立和优化全球汞循环模型具有重要科学意义。我国是全球人为源和自然源汞排放最多的国家,因此我国大气汞研究受到国际社会的广泛关注。近些年来,我国的大气汞研究快速发展,对于科学认识我国大气汞的分布、迁移和转化规律及在全球汞循环的作用提供了重要基础数据和理论基础。

(一)我国大气汞的时空分布规律

表1-2列举了近10年来我国不同地点大气汞的监测结果。我国大气汞具有显著的区域分布规律,城市地区大气单质汞、颗粒汞和活性气态汞的浓度范围分别为2.70～10.2 ng/m^3[均值(5.08±2.47)ng/m^3]、23.3～1 100 pg/m^3[均值(274±203)ng/m^3]、2.5～61 pg/m^3[均值(33.1±29.3)ng/m^3],而背景地区大气单质汞、颗粒汞和活性气态汞的浓度范围分别为1.60～5.07 ng/m^3[均值(2.85±0.84)ng/m^3]、19.4～154 pg/m^3[均值(52.2±48.4)ng/m^3]、2.2 pg/m^3～10.1 pg/m^3[均值(7.8±3.6)ng/m^3],明显低于城市大气汞的含量。除长白山外,我国背景地区和城市地区的气态单质汞和颗粒汞均显著高于欧美和南半球同类型地区(表1-2)。我国不同区域的大气汞背景具有显著的变化特征。青海瓦里关和吉林长白山由于远离主要的工业污染区,其大气汞含量明显低于西南部、南部、东部等人口和工业活动较为集中的地区,说明我国背景区的大气汞受区域性人为源大气汞排放特征的显著影响。Fu等(2015)对比了我国背景区和城市地区大气单质汞和采样点区域的人为源排放量,发现我国城市地区大气汞污染主要来自于采样点附近的人为源排放,而背景区大气汞则主要受区域人为源大气汞排放的影响。

我国大气汞还具有明显的季节性分布规律。比如贵州雷公山冬季大气单质汞的浓度是夏季的2倍,而四川贡嘎山冬季大气单质汞是夏季的2.1倍。而一些地区大气单质汞出现夏季高、冬季低的特点。比如密云水库夏季大气单质汞平均浓度是冬季平均浓度的1.3倍。我国大气单质汞的季节性分布规律主要受人为源传输的影响。我国人为源和自然源主要集中在中东部发达地区,而我国大陆主要受典型的季风气候控制。夏季在东南季风和西南季风的影响下,我国大气汞主要是由西南向华中、中东部向华北和中东部向西北进行迁移,因此导致西南、华北和西北地区夏季大气单质汞浓度升高;冬季以冬季风为主,大气汞主要由华东向东部沿海、华中向华南和西南进行迁移,因此导致我国东部沿海和华南地区大气单

表 1-2 近 10 年来我国背景区和城市地区以及全球大气汞监测结果

采样点		位置			分类	研究时间	GEM (ng/m³)	PBM/TPM (pg/m³)	GOM (pg/m³)
		经度	纬度	海拔					
中国	长白山	128.112E	42.402N	740	偏远森林	10/2008—10/2010	1.60±0.51		
	瓦里关	100.898E	36.287N	3 816	偏远草原	09/2007—09/2008	1.98±0.98	19.4±18.0	7.4±4.8
	哀牢山	101.017E	24.533N	2 450	偏远森林	05/2011—05/2012	2.09±0.63	31.3±28.0	2.2±2.3
	成山头	122.68E	37.38N	30	沿海地区	07&10/2007,01&04/2009	2.31±0.74	—	—
	崇明岛	121.908E	31.522N	11	沿海地区	09—12/2009	2.75±1.13	22±40	13±16
	香格里拉	99.733E	28.017N	3 580	偏远森林	11/2009—10/2010	2.55±2.73	37.8±31.0	7.9±7.9
	雷公山	108.2E	26.39N	2 178	偏远森林	05/2008—05/2009	2.80±1.51	—	—
	四面山	106.474E	28.602N	1 222	偏远森林	03/2012—02/2013	2.88±1.54	—	—
	万顷沙	113.55E	22.7N	3	偏远森林	11—12/2009	2.94	—	—
	密云水库	116.775E	40.481N	220	偏远森林	12/2008—11/2009	3.22±1.94	98.2±113	10.1±18.8
	大梅山	121.565E	29.632N	550	偏远森林	04/2011—04/2013	3.31±1.44	154±104	6.3±3.9
	贡嘎山	102.117E	29.649N	1 640	偏远森林	05/2005—07/2007	3.98±1.62	30.7±32.0 *	6.2±3.9
	鼎湖山	112.549E	23.164N	700	偏远森林	09/2009—04/2010	5.07±2.89	—	—
	九仙山	118.11E	25.71N	1 700	偏远森林	11/2010,01&04&08/2011	—	24.0±14.6	—
	南海	110—120E	17—23N	0	海洋边界层	11—17/08/2007	2.62±1.13	—	—
	东海	120—125E	32—39N	0	海洋边界层	9—18/7/2010	2.61±0.50	—	—
	上海	121.54E	31.23N	19	城市	08—09/2009	2.70±1.70	—	—
						07/2004—04/2006	—	560±220 *	—
	青岛	120.5E	36.16N	40	城市	01/2013	2.80±0.90	245±174 *	—
	厦门	118.05E	24.60N	7	城市	03/2012—02/2013	3.50±1.61	174±280	61±69
	宁波	121.544E	29.867N	10	城市	10/2007—01/2008	3.79±1.29	—	—

续表

采样点		位置			分类	研究时间	GEM (ng/m³)	PBM/TPM (pg/m³)	GOM (pg/m³)
		经度	纬度	海拔					
中国	合肥	117.185E	31.875N		城市	07/2013—06/2014	3.95±1.93	23.3±90.8	2.5±2.4
	广州	113.355E	23.124N	60	城市	11/2010—10/2011	4.60±1.60	—	—
	重庆	106.5E	29.6N	350	城市	08/2006—09/2007	6.74±0.37	—	—
	南京	118.78E	32.05N	100	城市	01—12/2011	7.90±7.00	—	—
						06/2011—02/2012	—	1100±570 *	—
	贵阳	106.72E	26.57N	1040	城市	11/2011—11/2002	8.40±4.87	—	—
						12/2009—11/2010	10.2±7.06	—	—
						08—12/2009	9.72±10.2	368±276	35.7±43.9
	东南沿海城市	—	—	—	城市	11/2010,01&04&08/2011	—	141±128	—
Suriname,南美		56.983W	5.933N	—	Remote	03—07/2007	1.40	—	—
Cape point,南非		18.483E	34.35S	230	Remote	01—12/2009	0.87	—	—
Cape Grim,澳大利亚		144.683E	40.683S	—	Remote	2011—2013	0.85—0.96	—	—
北美					Urban	—	1.60—4.50	2.5—25.4	6.9—37.2
					Remote	—	1.32—1.66	1.6—13.7	0.5—5.6
欧洲					Urban	—	1.9—3.4	12.5	2.5
					Remote	—	1.40—1.93	3.0—32.2	9.1—26.5
南极					Remote	—	0.23—1.20	116—344	12—224

质汞在冬季出现最大值。此外，我国自然源和人为源大气汞排放、边界层气象条件和大气汞转化强度的季节性变化规律也是我国大气单质汞季节性变化规律的重要影响因素。我国大气颗粒汞季节性变化规律主要以冬季高和夏季低为主要特点。比如四川贡嘎山冬季大气颗粒汞平均浓度是夏季的 6.9 倍，而厦门市冬季颗粒汞平均浓度是夏季的 2.5 倍。冬季颗粒汞浓度的升高主要与燃煤大气汞排放量的增加、稳定边界层高度降低和低温导致的气相汞向颗粒相转化有关。我国活性汞浓度通常在夏季和春季比较高，而冬季和秋季浓度相对偏低，这主要与大气汞的光化学氧化过程和自由对流层富活性汞气团的入侵有关。

通过近些年的大气汞研究，我们发现我国大气汞的长期变化趋势。付学吾等(2015)研究了贵阳市 2001/2002 和 2009/2010 两个年度的大气单质汞，结果发现 2009/2010 年度贵阳市大气单质汞和 2001/2002年度相比升高约 19%，这与贵州省和我国人为源排放强度的逐渐升高一致。此外，Fu 等(2015)对吉林长白山地区 2009—2015 年的大气单质汞进行连续监测，发现 2009—2013 年长白山大气单质汞逐年增加，而 2014 年和 2015 年比 2013 年出现一定程度的降低。这一研究结果与近年来我国人为源大气汞排放量的变化趋势非常一致，突出显示了区域背景大气汞监测能够反映我国大气汞的长期变化趋势，大气汞长期监测能够为将来验证我国履行国际汞公约的成效提供关键的数据支撑。

(二)我国大气汞沉降特征

表 1-3 罗列了我国和欧美地区背景区和城市地区大气汞沉降通量和落叶汞沉降通量的监测结果。我国背景区大气降水汞平均浓度范围为 3.7～10.9 ng/L(平均值 5.9 ng/L)，平均湿沉降通量范围为 2.0～15.4 μg/(m² · a)[平均值 5.6 μg/(m² · a)]；城市地区大气降水汞平均浓度范围为 11.9～52.9 ng/L(平均值 27.5 ng/L)，平均湿沉降通量范围为 8.2～56.5 μg/(m² · a)[平均值 24.8 μg/(m² · a)]。可以看出，我国城市地区大气降水汞含量和湿沉降通量远高于背景地区，这主要是因为我国城市地区存在非常严重的颗粒汞和活性汞污染，而这两种大气汞污染物非常容易通过降水冲刷作用沉降到地表生态系统。另一方面，我国背景区大气汞湿沉降通量要低于欧美[6.8 μg/(m² · a)]和北美地区[10.8 μg/(m² · a)]的平均值(表 1-3)，这是和我国背景区较高的大气单质汞和颗粒汞浓度偏高的现象是不一致的。Fu 等(2016)分析了产生这一现象的可能原因，指出我国多数背景区采样点海拔偏高，降雨云层高度和平原地区相比偏低，从而导致云下冲刷作用的贡献偏低；另外，尽管我国背景区边界层大气单质汞和颗粒汞浓度偏高，但我国背景区边界层和自由对流层中活性气态汞浓度和欧美地区相比略微偏低，而活性汞是大气汞湿沉降的一个最重要来源，因此导致云雾中汞含量和湿沉降通量偏低。

凋落物汞沉降被认为是全球大气汞沉降的一个重要组成部分。研究表明，植物叶片中的汞主要来自于对大气气态单质汞的吸收作用，而植物吸收大气单质汞被认为是大气汞清除的一个新型重要途径。我国背景区平均落叶汞沉降通量为 22.8～62.8 μg/(m² · a)，平均值为 38.2 μg/(m² · a)，这一数值是我国背景区大气汞湿沉降通量的 6.8 倍，说明落叶吸收大气单质汞是我国大气汞沉降的一个非常重要的沉降方式(表 1-3)。我国背景区落叶汞沉降通量是欧洲的 2.3 倍、北美地区的 2.9 倍，这主要是因为我国具有较高的大气单质汞浓度。

表 1-3　我国和欧美地区城市和背景区大气汞沉降通量监测结果

采样点		位置			分类	研究时间	汞含量	降雨量	湿沉降通量	落叶沉降通量
		经度	纬度	海拔			(ng/L)	(mm)	[μg/(m² · a)]	[μg/(m² · a)]
中国	长白山	128.112 E	42.403 N	736	背景区	08/2011—08/2014	7.4	757	5.6	22.8

续表

采样点		位置			分类	研究时间	汞含量(ng/L)	降雨量(mm)	湿沉降通量[μg/(m²·a)]	落叶沉降通量[μg/(m²·a)]
		经度	纬度	海拔						
中国	大梅山	121.565 E	29.632 N	550	背景区	08/2012—08/2014	3.7	1622	6.0	23.1
中国	雷公山	108.203 E	26.387 N	2176	背景区	05/2008—05/2009	4	1525	6.1	39.5
中国	哀牢山	101.107 E	24.533 N	2450	背景区	05/2011—05/2014	3.7	1946	7.2	62.8
中国	瓦里关	100.898 E	36.287 N	3816	背景区	05/2012—08/2014	6.9	290	2.0	—
中国	巴音布鲁克	83.717 E	42.893 N	2500	背景区	12/2013—12/2014	7.7	260	2.0	—
中国	纳木错	90.992 E	30.779 N	4730	背景区	07/2009—07/2011	4.8	375	1.8	—
中国	SET 站	94.733 E	29.767 N	3326	背景区	05/2010—10/2012	4	975	3.9	—
中国	四面山	106.474E	28.602N	1222	背景区	03/2012—02/2013	10.9	1413	15.4	42.9
中国	贵阳	106.724 E	26.573 N	1041	城市	09/2012—08/2013	11.9	1059	12.6	—
中国	拉萨	91.017 E	29.633 N	3640	城市	01/2010—12/2010	24.8	331	8.2	—
中国	重庆	106.5E	29.6N	350	城市	07/2010—06/2011	30.7	935	28.7	—
中国	南京	118.78E	32.05N	100	城市	06/2011—02/2012	52.9	1068	56.5	—
中国	厦门	118.05E	24.60N	7	城市	06/2012—05/2013	12.3	1138	14.0	—
中国	铁山坪	104.683 E	29.633 N	450	城市	03/2005—03/2006	32.3	898	29.0	220
北美		—	—	—	背景区	—	7.6	—	10.8	—
北美		—	—	—	城市	—	11.9	—	10.7	13.3
欧洲		—	—	—	背景区	—	—	—	6.8	16.5

(三)我国大气汞的迁移转化特征

全球汞循环模型认为,大气单质汞(Hg^0)的氧化(转化为活性气态汞和颗粒汞)后通过干湿沉降进入地表生态系统是大气汞最主要的清除途径,然而目前对大气汞发生氧化的重点区域、反应过程和原理并不清楚。20 世纪末,研究人员先后在北极和南极地区的春季发现了大气 Hg^0 的消减现象,即大气 Hg^0 可以在短短数小时内转化为 GOM 和 PBM 并沉降到地表,且这一过程伴随有明显的大气臭氧消减现象。目前关于这一现象的普遍认识是,极地地区春季高含量的卤族元素(主要为无机溴及其化合物)对 Hg^0 的氧化作用是导致这一现象的主要原因。研究人员先后在海洋边界层和自由对流层上部及平流层发现了 Hg^0 的亏损现象,这些研究极大地推动了对全球汞生物地球化学循环的认知。

我国研究人员在长白山温带森林发现了大气 Hg^0 在夏季植物生长期内频繁出现亏损现象,这种 Hg^0 的亏损现象主要出现在夜间形成稳定的边界层条件,这期间 Hg^0 浓度从背景浓度(1.5 ng/m³)快速降低,至凌晨 4—5 时出现最小值(<0.5 ng/m³,个别<0.1 ng/m³)。和前人发现的大气 Hg^0 亏损现象不同的是,长白山大气 Hg^0 的亏损期间并没有发现活性气态汞的生成现象,说明长白山大气 Hg^0 的亏损现象并不是由大气汞的氧化作用造成的。通过对植物叶片/大气交换通量监测、同位素和模型研究,研究人员揭示了植物叶片的吸收作用是造成全球森林地区大气 Hg^0 亏损的最主要因素,从而突出了植物在全球汞循环的重要作用。另外,我国研究人员揭示了雾霾天气状况下大气 Hg^0 的氧化规律。通过对合肥市大气汞

形态的研究，发现雾霾天气期间大气 Hg^0 浓度在白天下午出现明显降低，而 GOM 浓度则出现升高，说明在雾霾天气状况下大气 Hg^0 出现了明显的转化。研究进一步证明 OH·活性物质是雾霾天气条件下大气 Hg^0 氧化的最主要氧化物，在这一氧化过程中，NO_2、RO_2、NO 等污染气体参与氧化过程形成类似 NO_2HgOH 的大气活性气态汞，从而促进了大气 Hg^0 的氧化。

我国大气汞还具有独特的传输特征。我国人为源和自然源主要分布在我国的中东部地区，我国具有典型的亚洲季风气候，因此不同区域的大气汞长距离传输过程和污染来源存在显著差异。比如我国西北人为源集中区域的大气汞排放是青藏高原东部大气汞的重要污染来源，华北地区是我国东北地区大气汞的重要污染源，华东地区是东部沿海地区和东部海域大气汞的首要污染源，西南地区是我国华南大气汞的污染源区等。这些研究揭示了我国不同区域独特的大气汞污染来源和长距离传输过程，为我国环境汞污染风险预测和污染治理提供重要依据。这些研究也证实了亚洲其他国家和地区大气汞排放对我国大气汞的影响。比如印度的汞排放通过长距离传输导致青藏高原大气汞浓度的升高，东南亚人为活动和生物质燃烧汞排放是我国西南地区大气汞的重要污染源。这些研究结果揭示了亚洲地区大气汞的跨国界传输过程，为我国的环境外交提供了有利的证据。

二、水体中汞的循环

汞在水环境中的循环十分复杂。水中不同形态的汞随环境条件的变化而发生迁移和转化，其中无机汞的甲基化是最重要的形态转化，可以形成最具毒性的甲基汞，并被水生生物吸收、随食物链富集和生物放大。水环境的汞大部分会进入沉积物或通过径流输出，而甲基汞主要进入沉积物或被生物体富集，部分转化为无机汞释放到大气。

（一）汞的存在形态及含量

1. 水体　尽管水环境的汞存在形态多样，目前对于汞形态的分类主要是按照实验的操作程序进行划分。

按照汞在湖泊水体中的赋存状态、性质及分析操作程序，对水体汞的形态进行如下分类（图 1-6）：总汞（THg）、溶解态汞（DHg）、颗粒态汞（PHg）、活性汞（RHg）、溶解气态汞（DGM）、总甲基汞（TMeHg）、溶解态甲基汞（DMeHg）及颗粒态甲基汞（PMeHg），其含义分别表述如下。

（1）总汞是未过滤水中可以被 BrCl 氧化成 Hg^{2+} 的汞。

（2）溶解态汞是经 0.22 μm 滤膜过滤后，可以被 BrCl 氧化形成 Hg^{2+} 的汞。

（3）颗粒态汞（或颗粒态甲基汞）是总汞（或总甲基汞）与溶解态汞（或溶解态甲基汞）的差值，是吸附在水中悬浮颗粒物上的汞。

（4）活性汞是指可以直接被 $SnCl_2$ 还原为 Hg^0 的汞。

（5）总甲基汞是未过滤水中甲基汞的总量。

（6）溶解气态汞是指溶解在水中的气态汞，在湖泊系统中主要是单质汞。

一般来讲，未受污染的天然淡水水体不同形态汞的含量分别为：总汞（THg）<5 ng/L；活性汞（RHg）为 0.28～0.45 ng/L，占 THg 的 45%～60%；溶解态汞（DHg）变化范围为 0.1～0.4 ng/L。甲基汞（MeHg）在背景区含量非常低，天然水体的 MeHg 含量为 0.02～0.40 ng/L。海洋和河口中的 MeHg 比例一般低于 5%，淡水湖泊和河流水体中 MeHg 的比例最高可达 30%。

2. 沉积物　沉积物由液相（即孔隙水）和固相两部分组成。沉积物固相中汞的形态研究分类也是根据操作步骤划分，一种分为总汞和甲基汞，一种按照 Tessier 的化学连续浸提法分为不同赋存状态的汞，

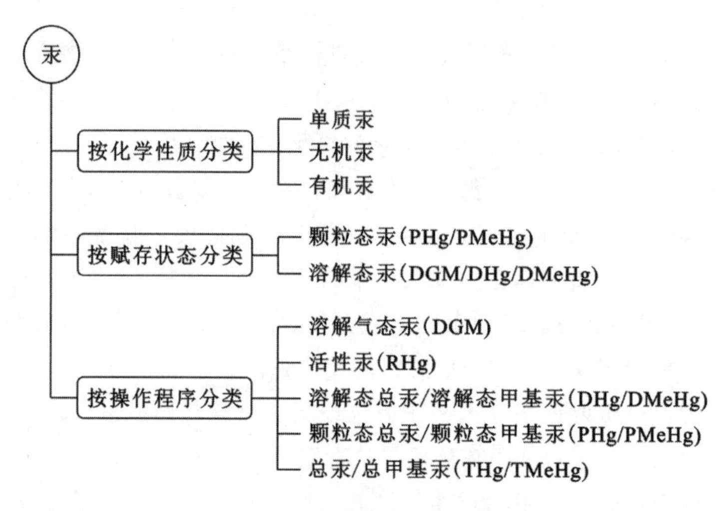

图 1-6 水中汞的形态分类

分别为残渣态、有机结合态、溶解态、胃酸提取态和元素态。未受污染的沉积物汞含量和未受污染的土壤相当,在 0.02～0.10 mg/kg 范围内,其中甲基汞占总汞的比例一般为 1%～1.5%,而沉积物孔隙水甲基汞占总汞的比例可以达到百分之几十。

3. 生物样 生物样中汞的分类测定通常有两种:MeHg 和 THg。生物体中的 MeHg 含量根据种类和大小不同差别较大,一般在食物链底端的浮游生物、底栖生物 THg 含量较低,MeHg 占 THg 比例一般都低于 50%,但是肉食性鱼类体内 THg 含量可以达到 4～5 mg/kg(鲜重),而且 MeHg 占 THg 比例为 50%～98%。

(二)汞的来源及迁移转化

1. 汞的来源 水环境中的汞有自然源和人为源两种来源,其输入途径主要是通过径流输入和汞污染废水人为排放,大气沉降所占比例较低,仅在人类活动较少的偏远地区大气沉降的汞输入可能占主导地位。水体汞的输出途径主要是径流输出、颗粒物沉降进入沉积物、被生物富集或释放到大气。

水体是大气汞的重要自然释放源之一,而水体向大气的汞释放过程也是水体汞移除的途径之一。水中的 DGM 是溶解在水中的单质汞,当光照和温度等气象条件及水体理化性质发生变化时,DGM 就会在水体和大气间发生交换。DGM 在全球海水中占 THg 的 10%～30%,在淡水中绝对含量约为 0.1 ng/L,甚至更低。DGM 主要存在于浅表水层,且在水中的溶解度很低,通常它在天然水体,特别是表层水体中处于超饱和状态,这导致大量 Hg^0 会从水体向大气释放。

目前对于水中 DGM 的形成机制还不完全清楚,现有研究认为主要是微生物二价汞的还原、二价汞的光致还原、有机汞的光降解和腐殖酸存在情况下二价汞的还原。

水/气间汞交换通量存在如下规律:①昼夜变化规律。水体向大气汞的释放取决于光照强度,与光照强度显著正相关,表现为水体向大气汞的释放通量值在白天和光照强度较强的时段出现峰值,而在夜晚和光照较弱的阶段出现谷值。②季节变化规律。春夏季节(或暖季节)释放通量高于秋冬季节(或冷季节)。③晴雨天的变化规律。晴天表现为水体向大气释放的正通量,阴雨天表现为大气汞向水体的汞沉降,即负通量。这些规律说明 DGM 从水体向大气扩散的驱动力主要受水/气界面间 DGM 浓度梯度和热力学影响。其次,一些理化参数如 pH 值、DOC 等也起一部分作用。

2. 水体和沉积物中汞的迁移转化 水体和沉积物中汞迁移转化最重要的几个过程包括汞的甲基化/

去甲基化和汞的固化。

水体 Hg 的存在形态主要受氧化还原电位(Eh)、pH 值和无机或有机配体等因素的影响。OH^-、Cl^-、S^{2-} 被认为是影响水环境中汞存在形态的三种最重要的无机配体。在其他重要螯合基团不存在的情况下,汞的羟基化合物[$Hg(OH)_2$,$HgOH^-$,CH_3HgOH]被认为是淡水中汞存在的重要形式;低 pH 值或 Cl^- 浓度较高的环境中,汞与 Cl^- 的化合物($HgCl_2$,$HgCl_4^{2-}$,CH_3HgCl)则是主要形态。但实际上,天然水体中通常含有一定数量的腐殖质(胡敏酸和富里酸),而腐殖质中含有大量-SH,—S—CH_3 或—S—S 等与汞之间的结合力强于 Cl^-、OH^- 等无机配体的基团,因此天然水体中 Hg^{2+} 和甲基汞主要与腐殖质结合。在好氧条件下(通常指水体),有机配体主要控制汞的化学行为;反之在厌氧条件下(通常指沉积物及其间隙水),S^{2-} 发挥更加重要的作用,沉积物中的汞主要与硫化物、有机质和无机颗粒物结合。在酸性环境中,沉积物中的汞主要与腐殖质结合,但在中性和碱性条件下,汞倾向于与矿物颗粒结合(铁氧化物和黏土矿物)。HgS 是水环境中最主要的不溶形态的无机汞。低 pH 值和低 S^{2-} 环境有利于 HgS 的形成;但在低 Eh 和高 pH 值条件或者有过量 S^{2-} 存在时,HgS 可以转化为可溶的 Hg-S 化合物,如 HgS_2^{2-}。有机质的存在通常可以增加 HgS 的溶解度。在过去相当长的时间范围内,人们总认为 HgS 是不能为微生物甲基化利用的,但最新研究表明,HgS^0 是可以被生物甲基化的。在 S^{2-} 含量较高时(如间隙水),随着 Eh、pH 值及 S^0/S^{2-} 的改变,汞能以下列溶解态形式存在:$HgSH^+$、$Hg(SH)_2$、$Hg(SH)S^-$、HgS_2^{2-}、$Hg(SX)_2^{2-}$、$Hg(SX)OH^-$ 等。

水环境中汞的转化过程极其复杂,但无机汞的甲基化/去甲基化过程是最受关注的生物地球化学行为。甲基汞的形成主要是微生物参与的过程,非生物甲基化过程仅在有机质丰富的湖泊中占有重要地位;而甲基汞的去甲基化作用则被认为主要是非生物作用过程。到目前为止,硫酸盐还原菌(sulfate reducing bacteria,SRB)和铁还原菌(iron reducing bacteria,FeRB)被公认是主要的可以促进汞甲基化的微生物,产甲烷菌(methanogens,MPA)是抑制汞甲基化的微生物。但并不是所有的 SRB 和 FeRB 都具有甲基化能力,已有的可靠分析方法仅 30 多种 SRB 或 FeRB 被证实是可以促进汞甲基化的主要微生物,且几乎都是变形菌纲。这些微生物之所以能促进汞的甲基化,主要是因为具有某种特殊的基因。目前可以确定 Geobacter sulfurreducens PCA(FeRB 的一种)和 Desulfovibrio desulfuricans ND132(SRB 的一种)的细菌具有的 hgcAB 是无机汞甲基化所必需的基因对,可以预测其他直系同源细菌甲基化能力。

汞的微生物甲基化反应在水体和沉积物中均可进行,但后者是其主要汞甲基化场所。微生物甲基化速率主要取决于微生物的种类、活性、可供甲基化的无机汞量,同时还受温度、pH 值、Eh 及无机、有机配位体等因素影响。另一方面,水环境中的甲基汞也会通过微生物的和化学的两种途径发生降解。微生物去甲基化反应是一种生物酶催化分解过程,微生物可以利用特殊的酶把毒性较强的有机汞降解成二价汞,然后再把二价汞还原为零价汞。这个过程取决于抗汞操纵子(mer 操纵子),它包括了基因编码相关联的有机汞裂解酶(bacterial organomercury lyase,MerB)、调节酶(regulator,MerR)、汞离子传输酶(mercuric ion transporter,MerT 和 MerP)和汞离子还原酶(mercuric reductase,MerA)。汞的去甲基化过程在好氧或厌氧条件下均可发生,其最终产物为 Hg^0 和甲烷。目前认为甲基汞的化学降解主要是通过光化学反应发生。因此,水环境中的甲基汞含量是甲基化和去甲基化反应综合作用的结果。

三、土壤中汞的循环

(一)土壤汞含量

土壤作为人类赖以生存和发展的物质基础,是人类基本生活的来源和保障。土壤用途不同,评价土壤汞污染程度的标准也存在一定差异。根据我国土壤环境质量标准《农用地土壤污染风险管控标准(试

行)》(GB 15618—2018),水田土壤污染风险筛选值分别为 0.5 mg/kg(pH 值≤6.5)、0.6 mg/kg(6.5<pH 值≤7.5)和 1.0 mg/kg(pH 值>7.5),其他农用地土壤污染风险筛选值分别为 1.3 mg/kg(pH 值≤5.5)、1.8 mg/kg(5.5<pH 值≤6.5)、2.4 mg/kg(6.5<pH 值≤7.5)和 3.4 mg/kg(pH 值>7.5),农用地土壤污染风险管制值分别为 2.0 mg/kg(pH 值≤5.5)、2.5 mg/kg(5.5<pH 值≤6.5)、4.0 mg/kg(6.5<pH 值≤7.5)和 6.0 mg/kg(pH 值>7.5)。根据我国土壤环境质量标准《建设用地土壤污染风险管控标准(试行)》(GB 36600—2018),建设用地土壤污染风险筛选值分别为 8 mg/kg(第一类用地)和 38 mg/kg(第二类用地),建设用地土壤污染风险管制值分别为 33 mg/kg(第一类用地)和 82 mg/kg(第二类用地)。

地壳中汞的平均含量为 0.8 mg/kg,全球土壤汞含量背景值为 0.01~0.05 mg/kg。我国土壤汞含量背景值为 0.005~0.27 mg/kg,大多数土壤汞含量低于 0.05 mg/kg。遭受人为污染的地区,其土壤汞含量高出背景含量几个数量级,其含量高低及剖面分布特征与污染历史及污染程度密切相关。例如,贵州氯碱厂污水灌溉土壤汞含量达到 724 mg/kg,贵州清镇工业污染区土壤汞含量可达 354 mg/kg,贵州万山和务川汞矿区汞污染农田土壤汞含量分别达到 790 mg/kg 和 320 mg/kg。

(二)土壤中汞的形态分布特征

仅了解土壤汞总量无法全面评价其生态环境风险,主要因为单一的总汞含量无法给出土壤中汞的迁移、转化、生物有效性等信息,因此土壤中汞的形态分析尤为重要。通过分析土壤中汞的形态组成及分布特征,可以深入了解汞在土壤中的迁移性、生物可利用性和毒性特征,可以合理地预测和了解土壤中汞的环境地球化学行为。土壤中的汞可以多种形态存在,其影响因素非常复杂,主要包括 pH 值、Eh、有机配体、无机配体、有机质、微生物等。一般认为生物有效性汞是污染土壤环境风险最大的汞形态,因为其容易被微生物/生物所吸收和利用。土壤中汞的生物有效性评价方法主要包括化学提取法和植物培养法。鉴于这两种方法各自的优缺点,研究者一般采用化学提取法和植物培养法相结合的方法,对土壤中的生物有效性汞及其生态环境风险进行评价。

传统的土壤汞赋存形态是根据物理、化学性质进行分类。按照其化学形态可分为金属汞(单质汞)、无机化合态汞和有机化合态汞。其中,金属汞,一方面来源于大气气态单质汞的沉降,另一方面,是在各种生物/非生物作用下,由化合态的汞通过还原过程转化而来。土壤中无机化合态的汞主要包括 HgS、$HgCl_2$、$HgCl_4^{2-}$、$HgCO_3$、$HgHCO_3^-$、$HgNO_3^+$、HgO 和 $HgHPO_4$等,有机化合态的汞主要包括 CH_3HgS^-、CH_3HgCN、$CH_3HgSO_3^-$、CH_3Hg_2S、$CH_3HgNH_3^+$ 和腐殖质结合汞。其中与腐殖质结合的汞是土壤中有机化合态汞的主要组成部分。基于热解技术和 X 射线吸收技术(XAFS),污染土壤中汞的形态可分为 HgS、HgO、$HgCl_2$、$HgSO_4$、$Hg_3S_2Cl_2$、Hg_2OCl、$Hg_3O_2SO_4$。按照土壤中汞的结合方式可分为以自由离子或可溶化合物存在的可溶态汞、由静电力结合非专性吸附态汞、由共价键结合形成的专性吸附态汞、有机质固定的螯合态汞和残渣态汞。

目前使用较为广泛的汞形态分类方法是以连续化学浸提分析方法为基础,例如 Tessier 连续化学提取法。Tessier 法将汞的赋存形态分为可交换态(常用提取剂为 $MgCl_2$、$CaCl_2$、NH_4Cl)、碳酸盐结合态(常用提取剂为 CH_3COOH/CH_3COONa)、铁锰氧化物结合态(常用提取剂为 NH_2OH-HCl)、有机结合态(常用提取剂为 H_2O_2)、残渣态(常用提取剂为王水)。由于研究者研究的侧重点和连续提取方法的差异,连续浸提法对土壤中汞的形态分类也存在一定差异。如冯新斌等(1996)将土壤中汞的形态分为七类:水溶态、交换态、碳酸盐和铁锰氧化物结合态、腐殖酸结合态或络合态、易氧化降解有机质结合态、难氧化降解有机质结合态和存在于矿物晶格中残渣态。刘俊华等(2000)和庄敏等(2005)将土壤中汞的形态分为八类:水溶态、交换态、富里酸结合态、胡敏酸结合态、碳酸盐结合态、铁锰氧化物结合态、强有机质结合态和残渣态。

包正铎等(2011)利用优化 Tessier 连续化学浸提法对贵州万山汞矿区污染土壤中汞的形态分布研究显示,土壤中的汞主要以水溶态与可交换态、特殊吸附态、铁锰氧化物结合态、有机结合态和残渣态形式存在。其中,水溶态与可交换态是指通过离子交换和吸附而结合在黏土、腐殖质等颗粒表面的汞形态,其浓度受控于重金属汞在液相中的浓度和水一颗粒表面的分配常数。特殊吸附态(一般也被称为碳酸盐结合态),是指土壤中汞在碳酸盐矿物上形成的沉淀或共沉淀结合态,这种以特殊吸附形式与碳酸盐矿物结合方式,导致其对土壤环境条件(尤其是 pH 值)非常敏感。铁锰氧化物结合态是指与铁、锰氧化物反应生成结合体或包裹于土壤颗粒表面的重金属(汞)形态。铁锰氧化物结合态的形成与土壤氧化还原条件密切相关,所以当土壤氧化还原电位(Eh)降低时,以铁锰氧化物结合态形式存在的汞容易重新释放到土壤溶液中,具有潜在危害性。有机结合态是土壤中各种有机物(如动植物残体、腐殖质及矿物颗粒的包裹层等)与重金属螯合。有机结合态汞的生物有效性比较复杂,因为它在碱性或氧化环境下可被转化为生物可利用态,但也有部分有机结合态不容易被溶解、转化。残渣态一般存在于硅酸盐、原生和次生矿物等土壤晶格中,性质稳定,在自然界正常条件下不易释放,能长期稳定在土壤或沉积物中,且不易被微生物/生物所利用,因此其生态环境风险相对较小。

(三)土壤中汞迁移转化

土壤是一个复杂的自然体,各种形态的汞进入土壤后,会经过一系列物理、化学及生物化学反应过程发生相互转化,最终形成一个动态平衡。土壤既是大气汞的“源”,同时又是大气汞的“汇”。大气中的汞可通过干湿沉降作用进入到土壤中;进入到土壤中的汞,其中大部分仍然以各种形态滞留在土壤中,还有少部分汞可通过土壤侵蚀、植物吸收、大气扩散等方式在土壤-水体、土壤-植物、土壤-大气界面间进行迁移,参与地表环境中汞的生物地球化学循环。在一定的条件下,各种形态的汞在土壤中可以相互转化,各形态汞的转化过程与土壤质地、土壤环境紧密相关,包括 pH 值、Eh、有机质含量、微生物等。

植物根系可以吸收土壤中的汞,汞在植物体内的富集程度随土壤汞污染程度的增加而增加。不同形态的汞化合物被植物吸收的顺序表现为:$CH_3HgCl > C_2H_5HgCl > HgCl_2 > HgO > HgS$,这与汞化合物的溶解度大小顺序一致。土壤中不同形态的汞在迁移过程中,会通过微生物还原作用、有机质还原作用、化学还原作用及甲基汞的光致还原作用而生成单质汞。单质汞很容易从土壤中释放出来,是土壤向大气释放汞的主要形态。一般而言,土壤-大气界面汞的交换过程的主要影响因素包括:光照强度、大气汞含量、微生物活性、土壤汞含量、土壤温度、土壤湿度、土壤有机质含量、土壤中汞的形态、土壤质地和络合物等。土壤中的汞主要是以无机的形式存在,但是,在适当的环境下,土壤中的无机汞会在微生物作用下被转化为高神经毒性的甲基汞。比如,最近的研究表明,汞污染区稻田土壤存在活跃的甲基化作用,稻田土壤被认为是陆地生态系统重要的甲基汞“源”。

(四)土壤中汞的来源

土壤中的汞具有多方面的来源,主要包括岩石风化过程中产生的土壤母质、自然源和人为源。其中,土壤母质的汞是土壤汞的最基本来源,原始母岩中汞的含量高低直接影响土壤中汞的含量水平,不同母质、母岩形成的土壤其汞含量差异较大。土壤汞的自然源主要包括火山与地热活动、土壤与水体释汞、森林火灾等;人为源主要包括污水灌溉、含汞肥料和农药的施用和污泥施肥等。

四、生物中汞的循环

(一)水生生物

不同化学形态的汞(有机汞和无机汞)的理化特性特别是毒性、生物可利用性和代谢周期存在很大差异。甲基汞比无机汞毒性高、代谢慢、并有亲脂性等特点,因此更易于在水生食物链生物积累、传输和生

物放大。水环境中痕量的汞——特别是甲基汞，可以通过食物链由低营养级的水生物逐级传输到高营养级的水生生物(特别是大型捕食性鱼类)体内，使鱼体内的汞的富集倍数高达10^4～10^7倍，并最终对水产品消费者的健康构成威胁。

汞在水生食物链的传输有两步：①环境到底层食物链；②底层食物链到鱼类。营养级(群落组成和摄食关系)(trophic level，TL)是汞，特别是甲基汞在湖泊、水库和海洋生态系统中生物积累的重要驱动力。汞的生物富集在各类食物链都是相对一致，不论是在底栖、浮游或溪流食物链、不同生态环境如海洋或淡水，还是不同暴露情况如点源或大气沉降。汞在食物链的传输、累积和生物放大效应通常采用生物体与环境中的汞含量之间的关系来判断生物浓缩系数(bioconcentration factors，BCF)，采用生物体内汞含量与碳氮稳定同位素之间的关系来判断生物富集系数(bioaccumulation factors，BAF)、生物放大系数(biomagnification factors，BMF)及营养放大系数(trophic magnification factors，TMF)，采用生物体内汞含量与生物量来判断生物稀释效应(biodilution effect)。

1. 汞在浮游生物和底栖生物体内的积累 浮游动植物和底栖生物属于食物链的底层，其中浮游植物是环境中的汞进入食物链的第一环节。浮游植物对汞的吸收主要是利用藻类的胞外聚合物吸附水中的汞。汞进入浮游动物和底栖动物的方式主要通过摄食或体表扩散。由于汞在不同营养级间的浓缩因子相当一致，顶级捕食鱼的差异通常可归因于基础食物网汞的可用性和积累效率的差异。因此，浮游植物生物蓄积的微小变化对整个系统的整体汞生物累积具有重要意义。

基础食物链汞积累能力主要在于藻类生物量增长速率与生物蓄积间的反比关系，称之为“生物稀释作用”。研究发现随着浮游植物密度和/或生长速率越高，浮游生物及更高营养级的生物体中汞的积累越少。然而，藻类暴发稀释可能由多种因素引起：藻类快速生长，使得生长速率变得大于浮游植物的汞螯合速率、汞优先与非活性颗粒结合，或者藻类暴发初期大量吸收水体中溶解态汞导致水体汞底物浓度下降。此外，浮游生物个体大小、种类特有的膜通透性、代谢的活跃程度等对无机汞和甲基汞的吸收效率都有影响。比表面积越大吸收无机汞越多，活跃的新陈代谢和较高的膜通透性也利于甲基汞的吸收积累。浮游动物对汞的吸收还取决于其食性，如枝角类主要滤食浮游植物，而剑水蚤则以轮虫、纤毛虫和甲壳类幼体为食。总体上，在非藻类暴发期，浮游生物的汞含量水平随浮游动物和浮游植物的生物量增加而减少。

底栖生物活动范围通常较小、食性杂、与沉积物接触较多，主要摄食沉积物中的有机碎屑、细菌及细小颗粒物。因此，沉积物中的汞含量对其在生物体积累的影响很大。主要的底栖生物有摇蚊幼虫、蜻蜓幼虫等，其中摇蚊幼虫是一种极具代表性的底栖生物，其个体极为众多，生物量常占水域底栖动物总量的50%～90%，是水体中重要的食物链中的一环，是多种经济水生动物如多种鱼、虾、蟹、鳖等的优良天然饵料。其食性有杂食(细菌、藻类、水生植物和小动物)和肉食性(如甲壳类、寡毛类和其他摇蚊幼虫)两类。研究者发现，摇蚊幼虫遍及世界各地的淡水水域，鉴于这些特点，因此摇蚊幼虫成为研究沉积物中汞进入水生食物链途径的理想媒介，适合全球范围的对比研究。

2. 汞在鱼体内的生物积累和放大 鱼体中的汞主要通过食物摄取进入体内，通过鱼鳃上皮细胞从水中直接吸收的汞占鱼体汞含量的很少一部分，因此同一湖泊中鱼汞含量的变化与其摄食习惯和生理特征有很大关系。鱼类汞的生物积累和放大通常为营养级越高汞含量越高，具体表现为：①肉食性＞杂食性＞滤食性＞草食性；②鱼龄越大汞含量越高；③个体越大汞含量越高。

鱼体中汞的浓度除了与营养动力学有关，还受到其他多种因素控制，水体甲基汞浓度、pH值、水温(如纬度、温度带)、氮磷营养元素(如叶绿素a、水体富营养化程度、TP、TN等营养盐)及硒的形态与含量等。鱼体汞营养放大斜率(Log_{10}或Lg[Hg]与营养级之间的相关关系斜率)通常与水体甲基汞浓度成正比，与其余四项成反比。

氮磷营养元素对鱼体汞生物积累放大的影响主要是影响其生物量和生长速度，即“生物稀释效应”。

高营养盐的水体，大量藻类为鱼类生长提供了丰富的饵料，使其生长速度超过汞的累积速率。同时，藻类大暴发也会大量吸附水中的汞，使水体汞含量迅速下降。硒对生物体内汞的蓄积有“拮抗作用”，鱼体内硒的含量越高，其汞含量越低。

总体而言，天然食物链鱼体汞的积累主要因素是食物链中是否存在高浓度的甲基汞。尽管不同食性的鱼汞含量差异很大，但就相同鱼种而言，生长速度缓慢、食物链长且年龄较大的个体汞含量显著偏高。水产养殖的鱼汞含量则主要取决于生长速度和鱼饲料中汞的含量。

(二)稻田

水稻是世界上最重要的粮食作物之一，全球一半以上的人口以稻米为主食。我国水稻种植面积占全球50%，近2/3的人口以稻米为主食。研究证实，稻田土壤是重要的甲基汞产生场所，稻田是陆地生态系统重要的甲基汞“源”。传统观点认为，食用鱼类等水产品是人体甲基汞暴露的主要途径。然而，Feng等(2008)研究发现，汞矿区居民食用稻米是人体甲基汞暴露的主要途径。居民食用汞污染的大米所导致的健康风险不容忽视，稻田生态系统汞的生物地球化学过程研究日益受到重视，取得了一系列重要的研究成果。

1. 稻田土壤汞污染现状　陈迪云等(2010)对福建沿海稻田土壤重金属分布特征与潜在的生态风险研究表明，稻田土壤中的汞存在有较高的生态风险。调查研究显示，汞矿区稻田土壤污染尤为严重，如贵州省丹寨汞矿区(135 mg/kg)、湘西茶田汞矿区[(131.1±145.6)mg/kg]、贵州万山汞矿区(1.1～790 mg/kg)、贵州务川汞矿区(0.33～320 mg/kg)等；研究者在工业地区也发现了高汞污染的稻田土壤，如浙江临安节能灯生产区[(3.1±2.4)mg/kg]和清镇工业污染区(0.25～354 mg/kg)等。上述调查结果表明，汞矿区和工业区稻田土壤已受到不同程度的汞污染，稻田土壤中的汞一旦通过食物链进入人体，将对居民健康构成潜在的威胁。

汞污染区稻田土壤汞的外源输入途径(不考虑土壤中的本底汞)主要包括：汞矿冶炼产生的废石/废渣排放、汞污染废水灌溉、大气干/湿沉降、含汞农药/化肥施用等，而且上述来源的汞主要以无机汞的形式进入稻田土壤。然而Zhao等(2016)研究发现，稻田土壤中甲基汞主要来源于无机汞的甲基化作用，而外源输入(大气干/湿沉降、灌溉水等)的甲基汞可以忽略不计。Meng等(2010,2011)研究证实，来自大气沉降的“新”汞易于在稻田土壤中通过微生物的甲基化作用被转化为高神经毒性的甲基汞，进而在水稻中富集。因此，应当控制大气汞排放，以降低大气汞沉降后对水稻主产区大米甲基汞的污染，从而减少居民食用稻米甲基汞暴露的健康风险。

2. 汞的甲基化过程及其影响因素　稻田土壤中无机汞的甲基化过程和甲基汞的去甲基化过程是稻田土壤中汞形态转化的重要环节，直接影响到土壤甲基汞的含量水平，最终影响甲基汞在稻米中的富集程度。因此，弄清稻田生态系统中汞的甲基化和去甲基化过程及影响因素，可以为解决局地汞污染问题提供理论基础和科学支持。

Zhao等(2016)利用单一稳定汞同位素($^{202}Hg^{2+}$和$Me^{198}Hg^{+}$)示踪技术，测定贵州万山土法炼汞区(垢溪)和废弃汞矿区(五坑)稻田土壤甲基化速率常数分别为$(0.41\pm0.25)\times10^{-3}$/d和$(0.20\pm0.15)\times10^{-3}$/d，对应的去甲基化速率常数分别为$(0.38\pm0.23)$/d和$(0.55\pm0.40)$/d。该研究证实，汞矿区稻田土壤存在活跃的甲基化作用，汞矿区稻田是陆地生态系统重要的甲基汞“源”。稻田土壤中无机汞的甲基化过程和甲基汞的去甲基化过程受多种物理、化学、生物因素的影响，主要包括：甲基化微生物种群丰度及活性、有机质含量、pH值、氧化还原电位和大气汞沉降等。

3. 水稻对汞的吸收与富集机制　目前，国内外学者针对水稻不同部位无机汞和甲基汞的含量及分布特征、稻米汞的赋存状态、水稻对无机汞和甲基汞的吸收富集过程开展了系统的研究工作，其主要研究成

果总结为以下两个方面。

(1)水稻不同部位汞的来源、分布特征及赋存状态。研究表明,水稻地上部分无机汞主要来源于大气,根部无机汞主要来源于土壤,而茎部的无机汞同时来源于大气和土壤。稻米对甲基汞的富集系数远远高于根、茎、叶、壳。Zhang 等(2010)的研究表明,稻米对甲基汞的生物富集系数要远远高于对应的无机汞(最高达 40 000 倍)。

由于水稻不同部位无机汞的来源不同,导致不同污染类型的稻田系统(如土法炼汞区和废弃汞矿区)水稻各部位无机汞含量分布存在差异,比如,土法炼汞区表现为:叶>根>茎>壳>米(糙米);废弃汞矿区为:根>叶>茎>壳>米(糙米)。对于整株成熟水稻,大部分无机汞富集在水稻地上部分,叶部富集的无机汞明显高于其他部位;对于不同污染类型的水稻田,水稻各部位无机汞绝对含量分布特征也存在差异,表现为:土法炼汞区:叶(58%)>茎(26%)>糙米(8%)>根(4%)≥壳(4%);废弃汞矿区:叶(43%)>根(26%)>茎(20%)>糙米(7%)>壳(4%)。

水稻体内甲基汞主要来源于土壤,因此水稻根际土壤甲基汞含量是控制水稻各部位甲基汞含量的关键因素。对于不同污染类型的稻田系统,水稻各部位甲基汞浓度分布特征具有一致性,都表现为:糙米>根>壳>茎>叶。对于整株成熟水稻,其各部位甲基汞的绝对含量分布均表现为:糙米>茎>壳>根>叶,其中土法炼汞区为糙米(84%)>茎(7%)>壳(5%)>根(3%)>叶(1%);废弃汞矿为糙米(77%)>茎(9%)>壳(7%)>根(5%)>叶(2%)。

利用同步辐射-X 射线荧光微区谱学成像技术(SR-μXRF)和 X 射线近边吸收谱学技术(XANES),Meng 等(2014)对我国西南汞矿区稻米不同部位(米壳、米糠和精米)汞的分布特征和化学形态等问题开展了系统的研究工作。研究表明,相对于胚乳(endosperm),汞(主要为无机汞)强烈富集在糙米表层——对应为果皮(pericarp)和糊粉层(aleurone)。稻米中的无机汞主要是与半胱氨酸(cysteine)结合,并以植物螯合肽(phytochelatins)的形式存在。同样,稻米中的甲基汞也主要与半胱氨酸结合,但与无机汞不同的是,与半胱氨酸结合的甲基汞主要赋存于蛋白质中,且在水稻生长期间这部分甲基汞会随蛋白质一起发生明显的运移,最终被储存在精米。利用高效液相色谱联用电感耦合等离子体质谱仪(HPLC-ICP-MS),Li 等(2010)研究发现稻米中的甲基汞主要是以 CH_3Hg－L-cysteinate(CH_3HgCys)的形式存在,以这种形式结合的甲基汞被认为可以顺利通过血-脑和胎盘屏障,直接对人体靶器官(脑)和胎儿造成伤害。

(2)水稻对无机汞和甲基汞的吸收、富集机制。如前所述,稻米中的无机汞主要与半胱氨酸结合(hg-cysteine),无机汞的这种结合形态在水稻体内具有重要的解毒作用。Krupp 等(2009)发现一种在水稻体内对汞具有解毒作用的肽-植物络合素(phytochelators,PCs),可以在水稻体内有效螯合 Hg^{2+} 形成 Hg-PCs 化合物,Hg-PCs 化合物促进 Hg^{2+} 从细胞质向液泡的转运,从而将 Hg^{2+} 滞留在根部,向地上部位的运移量较小。水稻生长期间,茎部和叶部的无机汞浓度及绝对含量均表现为持续增长趋势,在稻米成熟收获时,茎部和叶部的无机汞浓度及绝对含量达到最大值,说明水稻各部位从大气或土壤吸收无机汞到体内后,绝大部分被固定起来(除少量无机汞从根部运移至茎部外),基本没发生明显运移。与水稻对无机汞的吸收富集过程不同,水稻对甲基汞是一个吸收一运移一富集的动态变化过程,表现为:土壤中的甲基汞容易穿过水稻根表的铁膜“屏障”进入水稻体内,并被运移至地上部位。在水稻生长期间,土壤中的甲基汞首先被水稻根部吸收,然后被转移至地上部分(主要为茎和叶);在果实成熟期间,分布于水稻茎部和叶部的大部分甲基汞则被运移、富集至稻米中。因此,Meng 等(2011)推测,土壤中的甲基汞被水稻根部吸收后,很可能与蛋白质结合并被运移至地上部分(主要为茎和叶),在水稻果实成熟期间随蛋白质一起被转运、富集至稻米中。

4. 缓解水稻对汞的吸收富集措施

(1)添加硒。稻田生态系统中硒可以抑制水稻对汞的吸收、富集,其作用机制表现在以下几个方面:

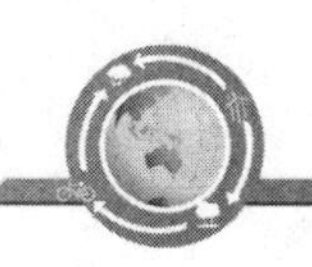

①硒通过降低水稻根际土壤汞的生物可利用性来抑制无机汞的甲基化(甲基汞的净生成量);②稻田土壤中的硒可以促进水稻根表铁膜的形成,铁膜可以通过吸附或共沉淀作用抑制重金属离子进入水稻根部;③硒可以诱导和促进细胞外屏障的产生,从而抑制水稻对汞的吸收富集;④硒在水稻根部可以形成极难溶的 HgSe 化合物,以降低水稻对汞的吸收。

(2)低富集汞的水稻基因型的筛选。近年来,国内外学者针对汞高耐性低积累水稻品种的筛选开展了大量的研究工作。余有见研究发现,IR1552、IR64 属高汞积累基因型水稻,而 Kasalath、Azucena、日本晴则为低汞积累基因型水稻。李冰研究证实,水稻对总汞和甲基汞的吸收富集程度确实受基因型控制。Rothenberg 等(2012)研究发现,稻米(精米)对甲基汞的富集程度受水稻基因型控制,但是精米中无机汞浓度受水稻基因型影响相对较小。上述研究结果表明,通过筛选低积累汞基因型水稻品种(基因型)是缓解汞污染区稻米甲基汞污染问题的有效途径。

(3)节水灌溉。研究发现,水稻生长过程中对稻田灌溉水量的人为控制(阶段性落干)可以显著影响稻米对汞的富集程度。Rothenberg 等(2012)建议采用干湿交替的农艺方式种植水稻,稻田土壤处于落干状态时会导致水稻对甲基汞富集程度降低。Peng 等(2012)的研究表明,稻田落干状态下(好氧条件)可以有效地降低水稻根际土壤孔隙水中溶解态汞的浓度,最终降低甲基汞在稻米中的富集量。Wang 等(2014)研究结果表明,不同生长环境下稻米对甲基汞的富集程度(含量)表现为:持续淹水＞淹水－落干交替＞落干－淹水交替＞持续落干,说明落干条件下水稻对甲基汞的富集程度降低。

(付学吾　闫海鱼　孟　博)

第四节　汞污染健康危害高风险区域

一、典型汞污染区域

我国作为经济快速增长的发展中国家,是全球最大的汞生产国、使用国和排放国。数据显示,我国每年汞的生产量和消费量分别高达世界总量的 70% 和 50%,2007 年中国各行业汞需求量超过 1 500 t。我国 2014 年人为活动向大气的汞排放量约为 530 t,约占全球人为源汞排放量的 30%。总体而言,我国的汞污染形势十分严峻。我国许多地区因长期和大规模的工业和矿业活动,如汞冶炼、锌冶炼、混汞采金和氯碱生产等导致的环境汞污染问题非常突出,不仅产生的污染场地类型多、数量大,而且造成的汞污染非常严重。下面按照汞污染的行业,介绍我国典型的汞污染区域。

(一)汞矿地区

中国汞储量排在世界第三位。贵州省曾是我国最重要的汞生产中心,资源量约占全国的 80%。贵州省分布着许多大型和超大型的汞矿,如万山汞矿、务川汞矿、滥木厂汞矿、铜仁汞矿和丹寨汞矿等。长时间大规模的开采和冶炼活动产生向周边环境排放了大量的汞,给当地环境造成了严重的污染。

1. 冶炼废渣　开采和冶炼活动会产生两种固体废弃物:废石和冶炼炉渣。贵州万山汞矿区长达 630 年的大规模汞矿冶炼历史,生产了大量的矿山废石和冶炼炉渣,并露天堆积于河流、沟谷、矿坑或冶炼厂附近。万山冶炼废渣的总汞含量最高达到 4 400 mg/kg。我国 9 个汞矿地区废石和废渣的总汞含量变化范围为 0.369～2 620 mg/kg。冶炼炉渣是含辰砂的矿石高温焙烧的产物,含有大量的高温条件下形成的易溶、富汞次生矿物,具有较高的 Hg^{2+} 和 Hg^0 含量。废渣浸出实验和万山汞矿区河流汞研究结果表明,冶炼废渣含有高含量的水溶态汞,是当地地表水体的重要汞污染源。

2. 大气　万山汞矿大气汞浓度为 17～2 100 ng/m^3,大气汞分布具有很强的时间和空间变异性;务川

汞矿区大气汞浓度为19.5～2 110 ng/m³，滥木厂汞矿区大气汞浓度为7.9～468 ng/m³。结果表明，由于汞矿活动导致大量的汞排放，这些地区气态汞含量比欧洲和北美背景区高出2～4个数量级。万山汞矿区3个地点大气降水总汞含量分别为502.6 ng/L、1 814.1 ng/L、7 490.1 ng/L，穿透雨总汞含量分别为977.8 ng/L、3 392.1 ng/L和9 641.5 ng/L，大气汞干湿沉降量是当地重要的汞污染来源。

3. 土壤 万山汞矿区土壤汞含量可达到790 mg/kg。万山区区域土壤汞超标率为96.15%，无污染、轻微污染占点位的11.54%，轻度污染、中度污染占测点数的19.23%，重度污染为69.23%。务川汞矿区土壤剖面表层土壤总汞含量最高，达到6.5～17 mg/kg，当深度达到45 cm，总汞含量降低至0.48 mg/kg，表明大气汞沉降可能是土壤汞污染的主要来源，而务川汞矿区下游24 km区域河岸两岸土壤汞含量仍然高达24 mg/kg。

万山汞矿区土壤样品甲基汞含量高达23 μg/kg，务川土壤样品甲基汞含量范围为0.69～20 μg/kg。由于稻田自身的特点使得其具备较好的甲基化环境，所以稻田土壤的甲基汞含量通常高于玉米地中的含量，被汞污染的灌溉水和厌氧条件很有可能是导致水田甲基汞含量较高的主要因素。

4. 地表水 万山、滥木厂、务川和铜仁汞矿区地表水样总汞含量为24.8～10 580 ng/L。万山汞矿区冶炼废渣的淋滤水体pH值为10.6～11.8，而溶解态汞含量为300～1 900 ng/L，这揭示水体和冶炼废渣之间的反应是导致水体汞污染的重要途径。汞矿区地表河流系统在上游汞污染区域遭受了严重的汞污染，但是由于占主导地位(80%)的颗粒态汞的沉降自净化作用，污染范围有限(距污染源仅8 km左右后总汞含量即可恢复到天然水体限制值50 ng/L以下)。汞矿区河流水体甲基汞含量为0.035～25 ng/L，但河流水体甲基汞主要以溶解态形式(61%)进行迁移，与总汞主要以颗粒态形式进行迁移不同。

5. 食物 汞矿区污染土壤种植生产的粮食和蔬菜等农作物中的总汞和甲基汞含量显著偏高。万山汞矿区蔬菜总汞含量120～18 000 μg/kg，超出国家蔬菜卫生限量标准10 μg/kg达12～1 800倍；稻米可食部分(大米)总汞含量40～1 280 μg/kg，超出国家粮食卫生限量标准≤20 μg/kg达2～64倍。万山汞矿区鱼体甲基汞的平均含量仅为0.06 μg/g，变化范围为0.024～0.098 μg/g，远远低于国家食品卫生标准的规定含量0.5 μg/g。更值得关注的是，稻米具有明显富集甲基汞的特征。贵州汞污染地区的大米富集甲基汞。一般而言，粮食中的汞含量低于20 ng/g，且以无机汞的形式为主。Horvat等(2003)首次报道万山汞矿区大米含有高含量的甲基汞，最大值达到144 ng/g。贵州万山、务川和铜仁汞矿区大米的甲基汞含量与背景区相比显著升高，变化范围为1.9～174 ng/g，一般含量水平为10～30 ng/g。

6. 人群汞暴露 国际学术界普遍认为食用鱼肉和水产品是人体甲基汞暴露的主要途径。而万山汞矿区3个村庄居民食用大米甲基汞的摄入量占总摄入量的平均比例分别为97.5%、94.1%和93.5%，且不同研究对象每日食用大米的甲基汞摄入量和其头发甲基汞含量之间存在显著的相关关系，这证实了食用大米是贵州汞矿区居民甲基汞暴露的主要途径。

食用大米甲基汞暴露的风险评估体系显著不同于食鱼暴露，传统食鱼模型低估了食用大米甲基汞暴露的健康风险。因为鱼和水产品相比大米富含大量的有益微量营养物质，例如硒、n－3长链聚合不饱和脂肪酸和蛋白质等，其影响着人体甲基汞的吸收、分布、代谢和毒性作用。研究显示，万山汞矿区15～44岁育龄妇女大约5 600人(总人口的8.2%)头发甲基汞含量超过美国环保署推荐值1 μg/g，大约1 400人(总人口的2.1%)头发甲基汞含量超过世界卫生组织推荐值2.3 μg/g。

(二)金矿地区

1. 陕西潼关金矿 在陕西潼关金矿地区，混汞法提金的工艺持续使用多年，空气、水、沉积物、土壤和农作物的汞含量都显著升高：金矿冶炼厂区周边大气汞含量达到18 μg/m³，溪水总汞含量范围为0.24～880 μg/L，颗粒态汞是主要的形态；沉积物总汞含量范围为0.90～1 200 mg/kg；厂区周边土壤总汞含量为

0.9～76 mg/kg；蔬菜和小麦总汞含量为 42～640 μg/kg，显著超过我国食品卫生限值(10 μg/kg)。

2. 江西德新金矿　江西德新金矿的采矿活动已对当地环境造成严重的汞污染，矿区作业区域大气总汞含量为 1.95～2.84 mg/m³，远远超过我国职业卫生标准(0.01 mg/m³)，废水总汞含量为 0.5～1.0 mg/L，是我国允许排放标准的 1 020 倍。固体废渣的总汞含量达到 100～300 mg/kg，工作车间周边土壤的总汞含量高达 1 100 mg/kg。

3. 贵州晴隆金矿　贵州晴隆金矿冶炼废渣表现出高 As、Hg、Tl、Sb、Cd 含量，分别高达 5 844 mg/kg、28 mg/kg、29 mg/kg、581 mg/kg 和 3.0 mg/kg。金矿冶炼过程导致明显的 As、Hg 和 Tl 富集，潜在生态风险表现为极高水平，而 As 和 Hg 是最主要的风险因子。

(三)化工企业

1. 东北松花江　松花江是我国七大河流之一，1958 年至 1982 年松花江遭受吉林化学公司醋酸工厂严重的汞污染，该工厂向松花江排放 113.2 t 总汞和 5.4 t 甲基汞，分别占河流人为总汞和甲基汞源的 69.8%和 99.3%。从 20 世纪 80 年代起，松花江流域开展了甲基汞污染综合防治与对策的一系列研究工作。1982 年，吉林化工公司醋酸工厂停止向松花江中排放汞后，河流表层沉积物的总汞和甲基汞含量显著降低减少，但仍有显著背景浓度(0.14 mg/kg)。同样鱼体的总汞含量也显著降低。20 世纪 70 年代，当地食用鱼类人群的发汞含量高达 13.5 mg/kg，一些人群出现视觉障碍、手脚麻痹、听力受损和共济失调等甲基汞中毒症状。1997 年食用鱼类人群的平均发汞含量降低至 1.8 mg/kg。

2. 天津蓟运河　20 世纪 60 年代一氯碱厂在蓟运河中段开始投入生产，导致该河流遭受严重的汞污染，1977 年以前，该工厂的汞污染废水直接排放至河流中；1977 年后，工厂开始控制汞的排放，废水中的汞含量大幅度减少。蓟运河河水和沉积物的总汞含量分别为 20～24 000 ng/L 和 0.03～845 mg/kg。

3. 贵州百花湖　贵州有机化工厂位于百花湖上游，1997 年以前该工厂一直使用汞法工艺生产醋酸。该厂 1980 年开始投入生产，消耗大约 160 t 汞，其中 1980 年至 1985 年间，该工厂废水未经任何处理直接排放至百花湖，对百花湖和周边稻田造成了严重的汞污染。百花湖水体总汞含量达到 73.4 ng/L；上游靠近有机化工厂的河流沉积物的总汞含量达到 39 mg/kg。有机化工厂下游稻田土壤平均总汞含量(15.7±42.9)mg/kg，远远高于周边土壤背景值(0.11±0.05)mg/kg。清镇有机化工厂周边稻田大米的总汞含量达到 87.8 μg/kg，甲基汞达到 41.4 μg/kg。

(四)有色金属冶炼

1. 葫芦岛锌冶炼区　由于受到锌冶炼和氯碱生产的影响，葫芦岛锌冶炼区周边土壤中总汞含量为 0.055～14.5 mg/kg，平均值为 1.44 mg/kg，比背景值高出 38 倍；表层土壤的总汞含量随着距离锌冶炼和氯碱生产区域的增加，总汞含量迅速降低，这表明大气汞沉降的贡献。锌冶炼周边区域的玉米、黄豆和高粱总汞平均含量分别为 0.008 mg/kg、0.006 mg/kg 和 0.057 mg/kg，蔬菜可食部分总汞含量为 0.001～0.147 mg/kg(湿重)，表明周边区域农作物已经存在显著的汞污染。

2. 株洲锌冶炼地区　株洲锌冶炼周边区域蔬菜地和稻田土壤遭受严重的多金属污染(Hg，Pb，Zn，Cd，Cu，As)，距离冶炼厂 4 km 的土壤总汞、铅、锌、镉、铜和砷含量仍然高达 2.89 mg/kg、1 200 mg/kg、3 350 mg/kg、41.1 mg/kg、157 mg/kg 和 93 mg/kg。土壤重金属含量随着距离冶炼厂距离的增加而显著降低，Cd 和 Hg 污染具有较高的生态风险。

3. 黔西北土法炼锌地区　赫章土法炼锌地区表层土壤的总汞含量随锌冶炼区的距离呈指数下降，这表明表层土壤的汞污染主要来自于锌冶炼释放的大气汞。当地地表水体的平均总汞含量达到 138 ng/L，显著高于当地的井水的汞含量。威宁土法炼锌地区，锌冶炼厂周边大气汞含量显著升高，含量范围 30～3 814 ng/m³；地表水体总汞和溶解态汞含量分别为 95～278 ng/L 和 87～117 ng/L；表层土壤总汞和甲基汞含量分别为 62～355 μg/kg 和 0.20～1.1 μg/kg。结果表明土法炼锌活动对当地环境造成了严重的汞污染。

(五)城市区域汞污染

1. 贵阳垃圾填埋场 贵阳市垃圾填埋场城市固体废物的总汞含量为 0.170～46.2 mg/kg，几何平均值为 0.574 mg/kg，渗滤液总汞含量为 79.4 ng/L，城市垃圾填埋场存在一定的汞污染风险。贵阳垃圾填埋场填埋气总汞含量为 2.0～1 406 ng/m^3，单甲基汞和二甲基汞平均含量分别为 1.93 ng/m^3 和 9.21 ng/m^3，是当地大气的重要汞和甲基汞污染源。

2. 上海垃圾填埋场 上海市老港垃圾填埋场渗滤液总汞含量为 0.1～1.016 μg/L，颗粒态汞是渗滤液中的主要存在形式，而污水处理系统可以有效降低颗粒物的排放；地下水和地表水总汞含量分别为 0.04～0.09 μg/L 和 0.05～0.27 μg/L；表层土壤总汞含量为 18.2～260 ng/g，平均为 71.2 ng/g；结果表明，垃圾填埋场存在一定程度的汞污染。

二、甲基汞敏感生态系统

(一)极地汞污染

极地地区包括北极和南极，因气候恶劣、人迹罕至而被认为是受人类活动影响最小的地区。然而，多国科学家在极地进行汞的观测研究，发现极地已经受到人类活动所排放的汞污染。通过对北极沉积环境的变化研究，发现沉积柱中的汞浓度含量越来越高；北极海鸟、陆生动物、鱼类组织中汞浓度自工业革命以来有大幅上升。北极野生动物和植物中汞含量的上升将对土著居民健康有重要影响，汞暴露的主要途径是食物，由于汞的高生物富集作用，食物中汞含量的微小改变将对居民健康产生较大影响，食用含有高浓度汞的食物使因纽特人处于潜在的健康危险之中。

(二)湖泊和新建水库汞研究

20 世纪 80 年代，在北美和北欧一些贫营养且比较偏远的湖泊中，人们发现天然鱼体中的汞含量比较高；某些海水鱼也发现有较高含量的汞。在斯堪的纳维亚(Scandinavia)半岛，上万湖泊中鱼体汞含量超标(0.5 mg/kg)。与以往的污染不同，这些超标湖泊的汞污染并不能与确定的单一污染源相联系，而是归结于一种新的汞污染模式——汞在大气长距离迁移而后通过大气沉降污染湖泊。

而水库一般指河流上因建造坝、闸、堤、堰等工程后形成的人工蓄水工程，主要起防洪、蓄水、发电、灌溉、养殖等功能。我国几乎所有的主要河流都不同程度地受到筑坝拦截的影响。水坝拦截改变了河流的连续性，在改变水量和水文过程的同时对河流生物地球化学、生态环境演化等也产生了深远的影响。

筑坝拦截形成的水库环境被证实为有利于汞活化、甲基化和生物积累的场所，“蓄水河流”生态系统可能成为典型的“汞敏感生态系统”。20 世纪 70 年代初，科学家首先报道了美国新建水库鱼体中甲基汞含量普遍升高的现象，之后，科学家在加拿大、南美和北欧等地区也发现新建水库鱼体内汞升高的现象。

水库修建淹没土壤和植被是甲基汞的主要产生场所，也是导致水体和鱼体中甲基汞含量显著升高的主要原因。Lucotte 等(1999)研究发现，土壤淹水后，表层土壤中甲基汞含量及甲基汞占总汞的比例明显高于水库淹没前的水平，并向上覆水体释放。有机质在该过程中起了重要作用。有机质降解过程中耗氧使水体底部形成厌氧和低 pH 值的环境，一方面，增进无机汞从土壤和植被中被溶解出来，为甲基化反应提供了充足的无机汞源；另一方面，有机质的降解所释放的大量营养物质，提高甲基化微生物的活性，促进无机汞向甲基汞的转化。

水库水体中甲基汞含量会显著高于相邻的自然湖泊及建库前河流中甲基汞的含量，同时水库水体中甲基汞占总汞的比例也会大幅度上升。St Louis 等(2004)研究发现，在土壤淹没前水体甲基汞产率为 1.6～1.9 mg/hm^2，在淹没 1 年后甲基汞的产率迅速增加到淹没前近 40 倍。而对水体总汞而言，在建库

前后水体总汞含量没有明显的变化，但建库后溶解态总汞的浓度比相邻对照自然湖泊中溶解态总汞高出1.5倍。

对水体甲基汞升高的持续时间也进行大量的研究。Kelly等研究发现水库淹没后水体溶解态甲基汞浓度比临近自然湖泊高出4.6倍，且在淹没6年后水体中甲基汞含量仍保持较高的水平。Brigham等(1997)研究发现淹没10年以上的水库水体中甲基汞含量仍高于作为对照的自然湖泊。此外，Montgomery等(2000)对不同年龄水库(2个月至69年)及自然湖泊水体中溶解态汞和溶解态甲基汞的含量进行了系统的调查，结果表明，水库淹没17年后溶解态汞的浓度才会恢复至本底水平；而具有18年库龄的水库水体中溶解态甲基汞浓度仍为自然湖泊中的5倍，直到69年后，水体中溶解态甲基汞浓度才会恢复至本底水平。

(三)水稻甲基汞富集

水稻是重要的粮食作物，也是易吸收富集汞的农作物之一。大米是世界上近一半人口的主食，特别在东南亚地区。2000年中国总膳食汞摄入量的研究结果显示，居民膳食中总汞摄入量的约50%来自谷类(主要为大米)。

Horvat等(2003)和Qiu等(2005)报道万山汞矿区复垦农田稻米中总汞和甲基汞含量范围分别为11.1～1 280 μg/kg和0.56～145 μg/kg。对贵州其他汞矿区(如务川、铜仁汞矿区)农作物汞污染系统调查时发现：务川汞矿区稻米中总汞含量为51～550 μg/kg，均超出了国家食品中汞限量卫生标准(≤0.02 mg/kg，总汞)；铜仁汞矿区稻米中总汞和甲基汞最高含量分别为1 120 μg/kg和174 μg/kg；稻米甲基汞含量高出邻近玉米、蔬菜类(油菜、卷心菜等)作物甲基汞含量近10～100倍，汞矿区稻米中含有较高含量的总汞和甲基汞。

汞矿区居民甲基汞暴露途径及暴露风险进行了初步调查，发现食用稻米已成为汞矿区居民人体甲基汞暴露的主要途径，局部区域居民日甲基汞暴露量高达1.8 μg/kg，超出美国环境保护署建议的食用标准近200倍。我国南方居民饮食结构中多以大米为主食，而南方地区土壤汞含量的背景值较高。而对我国南方7个省市调查中发现，大米总汞含量的平均值为10.1 ng/g，而甲基汞含量为2.47 ng/g，占总汞比例的35.8%，12.7%的样本(36个米样)超过国家稻米食用标准限值(20 ng/g)。农村居民大米甲基汞摄入量要比城市居民高，而贵州农村居民摄入甲基汞的来源则主要为大米，所占比例高达98%。

(李　平　商立海)

参考文献

[1] 包正铎，王建旭，冯新斌，等. 贵州万山汞矿区污染土壤中汞的形态分布特征[J]. 生态学杂志，2011，30(5)：907-913.

[2] 洪春来，贾彦博，杨肖娥，等. 农业土壤中汞的生物地球化学行为及其生态效应[J]. 土壤通报，2007，38(3)：590-596.

[3] 惠霂霖，张磊，王祖光，等. 中国燃煤电厂汞的物质流向与汞排放研究[J]. 中国环境科学，2015，35(8)：2241-2250.

[4] 菅小东，沈英娃，姚薇，等. 我国汞供需现状分析及削减对策[J]. 环境科学研究，2009，22(7)：788-792.

[5] 李冰，卢自勇，朱玲，等. 通过品种选择降低稻米对总汞和甲基汞的吸收[J]. 环境科学与技术，2015，38(7)：28-32.

[6] 李舒，高伟，王书肖，等. 上海崇明地区大气分形态汞污染特征[J]. 环境科学，2016，37(9)：3290-3299.

[7] 李永华，孙宏飞，王五一，等. 湘西汞矿区土壤中重金属的空间分布特征及其生态环境意义[J]. 环境科学，2009，30(4)：1159-1165.

[8] 李仲根，冯新斌，汤顺林，等. 城市生活垃圾填埋场垃圾-土壤-植物中汞含量的分布特征[J]. 地球与环境，2006，34(4)：11-18.

[9] 李仲根，冯新斌，汤顺林，等. 垃圾填埋场渗滤液中的汞及现场污水处理设施对其的去除[J]. 地球与环境，2005，33

(2)：52-56.

[10] 林齐维，李庆新，瞿丽雅，等. 丹寨汞矿冶炼厂土壤汞污染的初步研究[J]. 环保科技. 1998，2：23-26.

[11] 刘俊华，王文华，彭安. 土壤中汞生物有效性的研究[J]. 农业环境科学学报，2000，19(4)：216-220.

[12] 刘伟明，马明，王定勇，等. 中亚热带背景区重庆四面山大气气态总汞含量变化特征[J]. 环境科学，2016，37(5)：1639-1645.

[13] 刘永懋，王稔华，翟平阳，等. 中国松花江甲基汞污染防治与标准研究[M]. 北京：科学出版社，1998.

[14] 刘永懋. 松花江甲基汞污染综合防治与对策研究[M]. 长春：吉林出版社，1994.

[15] 汤庆合，丁振华，黄仁华，等. 垃圾填埋场及周边水系中汞污染调查[J]. 城市环境与城市生态，2003，16(6)：15-17.

[16] 汤庆合，丁振华，王文华，等. 不同垃圾填埋单元土壤-植物系统中汞的污染和迁移[J]. 上海环境科学，2003，22(11)：768-771.

[17] 魏俊峰，吴大清，彭金莲，等. 广州城市水体沉积物中重金属形态分布研究[J]. 土壤与环境，1999，8(1)：10-14.

[18] 余有见，胡海涛，施瑶佳，等. 不同基因型水稻耐汞性及汞积累差异比较[J]. 安徽农业科学，2009，37(2)：492-493.

[19] 章申，唐以剑，杨惟理，等. 蓟运河汞污染化学地理特征[J]. 环境科学学报，1981，1(4)：349-362.

[20] 郑冬梅，王起超，郑娜，等. 锌冶炼-氯碱生产复合污染区土壤汞的空间分布[J]. 土壤通报，2007，38(2)：361-364.

[21] 庄敏，贾洪武，王文华，等. 北京密云水库沉积物中汞的存在形式研究[J]. 环境保护科学. 2005，31：23-25.

[22] AgnanY L，Dantec T，Moore C W，et al. New constraints on terrestrial surface atmosphere fluxes of gaseous elemental mercury using a global database[J]. Environ Sci Technol，2016，50(2)：507-524.

[23] Åkerblom S，Bignert A，Meili M，et al. Half a century of changing mercury levels in Sweden freshwater fish[J]. Ambio，2014，43 (1)：91-103.

[24] Bjerregaard P，Christensen A. Selenium reduces the retention of methylmercury in the brown shrimp rangon crangon [J]. Environ Sci Technol，2012，46(11)：6324-6329.

[25] Brooks S，Luke W，Cohen M，et al. Mercury species measured atthe Moody Tower TRAMP site，Houston，Texas[J]. Atmos Environ，2010，44(33)：4045-4055.

[26] Brunke EG，Labuschagne C，Ebinghaus R，et al. Gaseous elemental mercury depletion events observed at Cape Point during 2007-2008[J]. Atmos Chem Phys，2010，10(3)：1121-1131.

[27] Chasar L C，Scudder B C，Stewart A R，et al. Mercury cycling in stream ecosystems 3 trophic dynamics and methylmercury bioaccumulation[J]. Environ Sci Technol，2009，43(8)：2733-2739.

[28] Chen L G，Liu M，Xu Z C，et al. Variation trends and influencing factors of total gaseous mercury in the Pearl River Delta-A highly industrialised region in South China influenced by seasonal monsoons[J]. Atmos Environ，2013，7(7)：757-766.

[29] Chen L，Wang H H，Liu J F，et al. Intercontinental transport and deposition patterns of atmospheric mercury[J]. Atmos Chem Physics，2014，13(9)：25185-25218.

[30] Ci Z J，Zhang X S，Wang Z W，et al. Atmospheric gaseous elemental mercury (GEM) over a coastal/rural site downwind of East China：Temporal variation and long-range transport[J]. Atmos Environ，2011，45(15)：2480-2487.

[31] CiZ J，ZhangX S，Wang Z W，et al. Distribution and air-sea exchange of mercury in the Yellow Sea[J]. Atmos Chem Phys，2011，11(6)：2881-2892.

[32] Clayden M G，Kidd K A，Wyn B，et al. Mercury biomagnification through food webs is affected by physical and chemical characteristics of lakes[J]. Environ Sci Technol，2013，47(21)：12047-12053.

[33] Cole A S，Steffen A，Pfaffhuber K A，et al. Ten-year trends of atmospheric mercury in the high Arctic compared to Canadian sub-Arctic and mid-latitude sites[J]. Atmos Chem Phys，2013，13(3)：1535-1545.

[34] Dai Z，Feng X，Sommar J，et al. Spatial distribution of mercury deposition fluxes in Wanshan Hg mining area，Guizhou province，China[J]. Atmos Chem Physics，2012，12(2)：5739-5769.

[35] Demers J D,Blum J D,Zak D R,et al. Mercury isotopes in a forested ecosystem: Implications for air-surface exchange dynamics and the global mercury cycle[J]. Global Biogeochem Cy,2013,27(1): 222-238.

[36] Dommergue A,Sprovieri F,Pirrone N,et al. Overview of mercury measurements in the Antarctic troposphere[J]. Atmos Chem Phys,2010,10(7): 3309-3319.

[37] Driscoll C T,Mason R P,Chan H M,et al. Mercury as a global pollutant sources,pathways,and effects[J]. Environ Sci Technol,2013,47(10): 4967-4983.

[38] Ebinghaus R, Kock H H, Temme C, et al. Antarctic springtime depletion of atmospheric mercury[J]. Environ SciTechnol,2002,36(6): 1238-1244.

[39] Enrico M,Le Roux G,Marusczak N,et al. Atmospheric mercury transfer to peat bogs dominated by gaseous elemental mercury dry deposition[J]. Environ Sci Technol,2016,50(5): 2405-2412.

[40] Ericksen J A,Gustin M S,Lindberg S E,et al. Assessing the potential for re-emission of mercury deposited in precipitation from arid soils using a stable isotope[J]. Environ Sci Technol,2005,39(20): 8001-8007.

[41] Feng X B,Shang L H,Wang S F,et al. Temporal variation of total gaseous mercury in the air of Guiyang,China[J]. J Geophys Res-Atmos,2004,109(3): 1-9.

[42] Feng XB,Wang SF,Qiu GL,et al. Total gaseous mercury emissions from soil in Guiyang,Guizhou,China[J]. J Geophys Res-Atmos,2005,110(D14): 1-12.

[43] Feng X B,Yan H Y,Wang S F,et al. Seasonal variation of gaseous mercury exchange rate between air and water surface over Baihua reservoir,Guizhou,China[J]. Atmos Environ,2004,38(28): 4721-4732.

[44] Feng X,Dai Q,Qiu G,et al. Gold mining related mercury contamination in Tongguan,Shanxi Province,PR China[J]. Appl Geochem,2006,21(11): 1955-1968.

[45] Feng X,Li G,Qiu G. A preliminary study on mercury contamination to the environment from artisanal zinc smelting using indigenous methods in Hezhang county,Guizhou,China: Part 2. Mercury contaminations to soil and crop[J]. Sci Total Environ,2006,368(1): 47-55.

[46] Feng X,Wang S,Qiu G,et al. Total gaseous mercury exchange between water and air during cloudy weather conditions over Hongfeng Reservoir,Guizhou,China[J]. J Geophys Res-Atmos,2008,113(15): 1-12.

[47] Feng X. Mercury pollution in Chinaan overview[M] Pirrone N,Mahaffey K. (Eds.). Dynamics of Mercury Pollution on Regional and Global Scales: Atmospheric Processes, Human Exposure Around the World. Springer Publishers, Norwell,MA,USA,2005,pp,657-678.

[48] Feng X B, Li P, Qiu GL, et al. Human exposure to methylmercury through rice intake in mercury mining areas, guizhou province,china[J]. Environ Sci Technol,2008,42(1): 326-332.

[49] Friedli H R,Arellano A F,Geng F,et al. Measurements of atmospheric mercury in Shanghai during September 2009 [J]. Atmos Chem Phys,2011,11(8): 3781-3788.

[50] Fu X W,Feng X B,Dong Z Q,et al. Atmospheric gaseous elemental mercury (GEM) concentrations and mercury depositions at a high-altitude mountain peak in south China[J]. Atmos Chem Phys,2010,10(5): 2425-2437.

[51] Fu X W,Feng X B,Guo Y N,et al. Distribution and production of reactive mercury and dissolved gaseous mercury in surface waters and water/air mercury flux in reservoirs on Wujiang River,Southwest China[J]. J Geophys Res-Atmos,2013,118(9): 3905-3917.

[52] Fu X W,Feng X B,Liang P,et al. Temporal trend and sources of speciated atmospheric mercury at Waliguan GAW station,Northwestern China[J]. Atmos Chem Phys,2012,12: 1951-1964.

[53] Fu X W,Feng X B,Liang P,et al. Temporal trend and sources of speciated atmospheric mercury at Waliguan GAW station,Northwestern China[J]. Atmos Chem Phys,2012,12(4): 1951-1964.

[54] Fu X W,Feng X B,Qiu G L,et al. Speciated atmospheric mercury and its potential source in Guiyang,China[J]. At-

mos Environ,2011,45(25): 4205-4212.

[55] Fu X W,Feng X B,Shang L H,et al. Two years of mesurements of atmospheric total gaseous mercury (TGM) at a remote site in Mt. Changbai area,Northeastern China[J]. Atmos Chem Phys,2012,12(9): 4215-4226.

[56] Fu X W,Feng X B,Sommar J,et al. A review of studies on atmospheric mercury in China[J]. Sci Total Environ, 2012,421:73-81.

[57] Fu X W,Feng X B,Wang S F,et al. Exchange fluxes of Hg between surfaces and atmosphere in the eastern flank of Mount Gongga,Sichuan province,southwestern China[J]. J Geophys Res-Atmos,2008,113(20): 1-12.

[58] Fu X W,Feng X B,Yin R S,et al. Diurnal variations of total mercury,reactive mercury,and dissolve gaseous mercury concentrations and water/air mercury flux in warm and cold seasons from freshwaters of southwestern China[J]. Environ Toxicol Chem,2013,32(10): 2256-2265.

[59] Fu X W,Feng X B,Zhang H,et al. Mercury emissions from natural surfaces highly impacted by human activities in Guangzhou province,South China[J]. Atmos Environ,2012,54:185-193.

[60] Fu X W,Feng X B,Zhang H,et al. Mercury in the marine boundary layer and seawater of the South China Sea: Concentrations,sea/air flux,and implication for land outflow[J]. J Geophys Res-Atmos,2010,115(6): 620-631.

[61] Fu X W,Feng X B,Zhu W Z,et al. Total gaseous mercury concentrations in ambient air in the eastern slope of Mt. Gongga,South-Eastern fringe of the Tibetan plateau,China[J]. Atmos Environ,2008,42(5): 970-979.

[62] Fu X W,Feng X B,Zhu W Z,et al. Total particulate and reactive gaseous mercury in ambient air on the eastern slope of the Mt. Gongga area,China[J]. Appl Geochem,2008,23(3): 408-418.

[63] Fu X W,Marusczak N,Heimburger L E,et al. Atmospheric mercury speciation dynamics at the high-altitude Pic du Midi Observatory,southern France[J]. AtmosChemPhys,2016,16(9): 5623-5639.

[64] Fu X W,Zhang H,Lin C,et al. Correlation slopes of GEM/CO,GEM/CO2,and GEM/CH4 and estimated mercury emissions in China,South Asia,the Indochinese Peninsula,and Central Asia derived from observations in northwestern and southwestern China[J]. Atmos Chem Phys,2015,15(2): 1013-1028.

[65] Fu X W,Zhang H,Yu B,et al. Observations of atmospheric mercury in China: a critical review[J]. Atmos Chem Phys,2015,15(16): 9455-9476.

[66] Fu X W,Zhu W,ZhangH,et al. Depletion of atmospheric gaseous elemental mercury by plant uptake at Mt. Changbai, Northeast China[J]. Atmos Chem Phys,2016,16(20): 12861-12873.

[67] Fu X,Yang,X,Lang X,et al. Atmospheric wet and litterfall mercury deposition at urban and rural sites in China[J]. Atmos Chem Phys,2016,16(18): 11547-11562.

[68] Gustin M S,Amos H M,Huang J,et al. Measuring and modeling mercury in the atmosphere: a critical review[J]. Atmos Chem Phys,2015,15(10): 5697-5713.

[69] Holmes C D,Jacob D J,Corbitt E S,et al. Global atmospheric model for mercury including oxidation by bromine atoms[J]. Atmos Chem Phys,2010,10(24): 12037-12057.

[70] Hong Q Q,Xie Z Q,Liu C,et al,Speciated atmospheric mercury on haze and non-haze days in an inland city in China [J]. Atmos Chem Phys,2016,16(21): 13807-13821.

[71] Horvat M,Nolde N,Fajon V,et al. Total mercury,methylmercury and selenium in mercury polluted areas in the province Guizhou,China[J]. Sci. Total Environ. 2003,304(1-3):231-256.

[72] Huang J,Kang S C,Wang S X,et al. Wet deposition of mercury at Lhasa,the capital city of Tibet[J]. Sci Total Environ,2013,447: 123-132.

[73] HuangJ,Kang S C,Zhang Q G,et al. Characterizations of wet mercury deposition on a remote high-elevation site in the southeastern Tibetan Plateau[J]. Environ Pollut,2015,206: 518-526.

[74] Huang J,Kang S C,Zhang Q G,et al. Wet deposition of mercury at a remote site in the Tibetan Plateau: Concentra-

tions, speciation, and fluxes[J]. Atmos Environ, 2012, 62: 540-550.

[75] Issaro N, Abi-Ghanem C, Bermond A. Fractionation studies of mercury in soils and sediments: A review of the chemical reagents used for mercury extraction. Analy. Chim[J]. Analytica Chimica Acta, 2009, 631(1): 1-12.

[76] Jiang G B, Shi J B, Feng X B. Mercury pollution in China[J]. Environ Sci Technol, 2006, 40(12): 3672-3678.

[77] Krupp E M, Mestrot A, Wielgus J, et al. The molecular form of mercury in biota: identification of novel mercury peptide complexes in plants[J]. Chem Commun, 2009, 28: 4257-4259.

[78] Lamborg C H, Hammerschmidt C R, Bowman K L, et al. A global ocean inventory of anthropogenic mercury based on water column measurements[J]. Nature, 2014, 512(7512): 65-68.

[79] Lan X, Talbot R, Castro M, et al. Seasonal and diurnal variations of atmospheric mercury across the US determined from AMNet monitoring data[J]. Atmos Chem Phys, 2012, 12 (21): 10569-10582.

[80] Lavoie R A, Jardine T D, Chumchal M M, et al. Biomagnification of Mercury in Aquatic Food Webs: A Worldwide Meta-Analysis[J]. Environ Sci Technol, 2013, 47(23): 13385-13394.

[81] Li G H, Feng X B, Qiu G L, et al. Environmental mercury contamination of an artisanal zinc smelting area in Weining County, Guizhou, China[J]. Environ Pollut, 2008, 154(1): 21-31.

[82] Li J, Sommar J, Wangberg I, et al. Short-time variation of mercury speciation in the urban of Goteborg during GOTE-2005[J]. Atmos Environ, 2008, 42(36): 8382-8388.

[83] Li L, Wang F Y, Meng B, et al. Speciation of methylmercury in rice grown from a mercury mining area[J]. Environ Pollut, 2010, 158(10): 3103-3107.

[84] Li P, Feng X B, Chan H M, et al. Human Body Burden and Dietary Methylmercury Intake: the Relationship in a Rice-Consuming Population[J]. Environ Sci Technol, 2015, 49(16): 9682-9689.

[85] Li P, Feng X B, Qiu G L, et al. Mercury speciation and mobility in mine wastes from mercury mines in China[J]. Environ Sci Pollut Res Int, 2013, 20(12): 8374-8381.

[86] Li P, Feng X B, Shang L H, et al. Mercury pollution from artisanal mercury mining in Tongren, Guizhou, China[J]. Appl Geochem, 2008, 23(8): 2055-2064.

[87] Li P, Feng X B, Yuan X B, et al. Rice consumption contributes to low level methylmercury exposure in southern China [J]. Environ Int, 2012, 49: 18-23.

[88] Li Y F, Zhao J T, Li Y Y, et al. The concentration of selenium matters: a field study on mercury accumulation in rice by selenite treatment in Qingzhen, Guizhou, China[J]. Plant Soil, 2015, 391: 195-205.

[89] Li Z G, Feng X B, Li G, et al. Distributions, sources and pollution status of 17 trace metal/metalloids in the street dust of a heavily industrialized city of central China[J]. Environl Pollu, 2013, 182: 408-416.

[90] Li Z G, Feng X B, Li G, et al. Mercury and other metal and metalloid soil contamination near a Pb/Zn smelter in east Hunan provinc, China[J]. Appl Geochem, 2011, 26(2): 160-166.

[91] Li Z G, Feng X B, Li P, et al. Emissions of air-borne mercury from five municipal solid waste landfills in Guiyang and Wuhan, China[J]. Atmos Chem Phys, 2010, 10: 3353-3364.

[92] Li Z, Xia C H, Wang X M, et al. Total gaseous mercury in Pearl River Delta region, China during 2008 winter period [J]. Atmos Environ, 2011, 45(4): 834-838.

[93] Liang P, Feng X B, Zhang C, et al. Human exposure to mercury in a compact fluorescent lamp manufacturing area: By food (rice and fish) consumption and occupational exposure[J]. Environ Pollut, 2015, 198: 126-132.

[94] Lin C J, Pan L, Streets D G, et al. Estimating mercury emission outflow from East Asia using CMAQ-Hg[J]. Atmos Chem Phys, 2010, 10(4): 1853-1864.

[95] Lindberg S E, Brooks S, Lin C, et al. Dynamic oxidation of gaseous mercury in the arctic troposphere at polar sunrise [J]. Environ Sci Technol, 2002, 36(6): 1245-1256.

[96] Liu B,Keeler G J,Dvonch J T,et al. Urban-rural differences in atmospheric mercury speciation[J]. Atmos Environ, 2010,44(16): 2013-2023.

[97] Liu Y R,Dong J X,Han L L,et al. Influence of rice straw amendment on mercury methylation and nitrification in paddy soils[J]. Environ Pollut,2016,209: 53-59.

[98] Liu Y R,Yu R Q,Zheng Y M,et al. Analysis of the microbial mommunity structure by monitoring an Hg methylation gene (hgcA) in paddy soils along an Hg gradient[J]. Appl Environ Microbiol,2014,80: 2874-2879.

[99] Liu Y R,Zheng Y M,Zhang L M,et al. Linkage between community diversity of sulfate-reducing microorganisms and methylmercury concentration in paddy soil[J]. Environ Sci Pollut Res Int,2014,21(2): 1339-1348.

[100] Lockhart W L,Wilkinson P,Billeck B N,et al. Modeling Mercury in Power Plant Plumes[J]. Environ Sci Technol, 2006,40(12): 3848-3854.

[101] LymanS N,Jaffe D A. Formation and fate of oxidized mercury in the upper troposphere and lower stratosphere[J]. Nat Geosci,2012,5(2): 114-117.

[102] Ma M,Wang D Y,Du H X,et al. Mercury dynamics and mass balance in a subtropical forest,Southwestern China [J]. Atmos Chem Phys,2016,16(7): 4529-4537.

[103] Mason R P,Choi A L,Fitzgerald W F,et al. Mercury biogeochemical cycling in the ocean and policy implications[J]. Environ Res,2012,119: 101-117.

[104] Meng B,Feng X B,Qiu G L,et al. Distribution Patterns of Inorganic Mercury and Methylmercury in Tissues of Rice (Oryza sativa L.) Plants and Possible Bioaccumulation Pathways[J]. J Agr Food Chem,2010,58(8): 4951-4958.

[105] Meng B,Feng X B, Qiu G L,et al. Inorganic mercury accumulation in rice (Oryza sativa L.)[J]. Environ Toxicol Chem,2012,31(9): 2093-2098.

[106] Meng B,Feng X B,Qiu G L,et al. Localization and Speciation of Mercury in Brown Rice with Implications for Pan-Asian Public Health[J]. Environ Sci Technol,2014,48(14): 7974-7981.

[107] Meng B,Feng X B,Qiu G L,et al. The process of methylmercury accumulation in rice (Oryza sativa L.)[J]. Environ Sci Technol,2011,45(7): 2711-2717.

[108] Muller D,Wip D,Warneke T,et al. Sources of atmospheric mercury in the tropics: continuous observations at a coastal site in Suriname[J]. Atmos Chem Phys,2012,12(16): 7391-7397.

[109] Munthe J,Wangberg I,Iverfeldt A,et al. Distribution of atmospheric mercury species in Northern Europe: final results from the MOE project[J]. Atmos Environ,2003,37(1): 9-20.

[110] Nguyen D L,Kim J Y,Shim S G,et al. Ground and shipboard measurements of atmospheric gaseous elemental mercury over the Yellow Sea region during 2007-2008[J]. Atmos Environ,2011,45(1): 253-260.

[111] Obrist D,Agnan Y,Jiskra M,et al. Tundra uptake of atmospheric elemental mercury drives Arctic mercury pollution [J]. Nature,2017,547(7662): 201-204.

[112] Obrist D,Tas E,PelegM,et al. Bromine-induced oxidation of mercury in the mid-latitude atmosphere[J]. Nat Geosci, 2011,4(1): 22-26.

[113] Peng X,Liu F,Wang WX,et al. Reducing total mercury and methylmercury accumulation in rice grains through water management and deliberate selection of rice cultivars[J]. EnvironPollut,2012,162: 202-208.

[114] Peterson C,Gustin M,Lyman S,et al. Atmospheric mercury concentrations and speciation measured from 2004 to 2007 in Reno,Nevada,USA[J]. Atmos Environ 2009,43(30): 4646-4654.

[115] PickhardtP C,Fisher N S. Accumulation of Inorganic and Methylmercury by Freshwater Phytoplankton in Two Contrasting Water Bodies[J]. Environ Sci Technol,2003,41(1): 125-131.

[116] Pirrone N,Cinnirella S,Feng X B,et al. Global mercury emissions to the atmosphere from anthropogenic and natural sources[J]. Atmos Chem Phys,2010,10(13): 5951-5964.

[117] Poissant L, Amyot M, Pilote M, et al. Mercury water-air exchange over the Upper St. Lawrence River and Lake Ontario[J]. Environ Sci Technol, 2000, 34(15): 3069-3078.

[118] Prestbo E, Gay D A. Wet deposition of mercury in the US and Canada, 1996-2005: Results and analysis of the NADP mercury deposition network (MDN)[J]. Atmos Environ, 2009, 43(27): 4223-4233.

[119] Qiu G L, Feng X B, Li P, et al. Methylmercury accumulation in rice (Oryza sativa L.) grown at abandoned mercury mines in Guizhou, China[J]. J Agric Food Chem, 2008, 56(7): 2465-2468.

[120] Qiu G L, Feng X B, Wang S F, et al. Mercury and methylmercury in riparian soil, sediments, mine waste calcines, and moss from abandoned Hg mines in east Guizhou province, Southwestern China[J]. Appl Geochem, 2005, 20(3): 627-638.

[121] Qiu G L, Feng X B, Wang S, et al. Mercury distribution and speciation in water and fish from abandoned Hg mines in Wanshan, Guizhou province, China[J]. Sci Total Environ, 2009, 407(18): 5162-5168.

[122] Qiu, G L, Feng X B, Li P, et al. Methylmercury accumulation in rice (Oryza sativa L.) grown at abandoned mercury mines in Guizhou, China[J]. J Agric Food Chem, 2008, 56(7): 2465-2468.

[123] Qiu, G L, Feng X B, Wang S F, et al. Environmental contamination of mercury from Hg-mining areas in Wuchuan, northeastern Guizhou, China[J]. EnvironPollut, 2006, 142(3): 549-558.

[124] Reis AT, Rodrigues SM, Araújo C, et al. Mercury contamination in the vicinity of a chlor-alkali plant and potential risks to local population[J]. Sci Total Environ, 2009, 407(8): 2689-2700.

[125] Risch M R, DeWild J F, Krabbenhoft D P, et al. Litterfall mercury dry deposition in the eastern USA[J]. Environ Pollut 2012, 161: 284-290.

[126] Rossi M J. Heterogeneous Reactions on Salts[J]. Chem Rev, 2003, 103(12): 4823-4882.

[127] Rothenberg SE, Feng XB, Dong B, et al. Characterization of mercury species in brown and white rice (Oryza sativa L.) grown in water-saving paddies[J]. Environ Pollut, 2011, 159(5): 1283-1289.

[128] Rothenberg SE, Feng XB, Zhou W, et al. Environment and genotype controls on mercury accumulation in rice (Oryza sativa L.) cultivated along a contamination gradient in Guizhou, China[J]. Sci. Total Environ, 2012, 426: 272-280.

[129] Rothenberg SE, Feng XB. Mercury cycling in a flooded rice paddy[J]. J Geophys Res-Biogeo, 2012, 117: 184-192.

[130] Schroeder W H, Anlauf K G, Barrie L A, et al. Arctic springtime depletion of mercury[J]. Nature, 1998, 394(6691): 331-332.

[131] Schroeder W H, Beauchamp S, Edwards G, et al. Gaseous mercury emissions from natural sources in Canadian landscapes[J]. J Geophys Res-Atmos, 2005, 110(18): 1-13.

[132] Schroeder WH, Munthe J. Atmospheric mercuryan overview[J]. Atmos Environ, 1998, 32(5): 809-822.

[133] Schuster P F, Krabbenhoft D P, Naftz D L, et al. Atmospheric Mercury Deposition during the Last 270 Years: A Glacial Ice Core Record of Natural and Anthropogenic Sources[J]. Environ Sci Technol, 2002, 36(11): 2303-2310.

[134] Selin N E, Jacob D J. Seasonal and spatial patterns of mercury wet deposition in the United States: Constraints on the contribution from North American anthropogenic sources[J]. Atmos Environ, 2008, 42(21): 5193-5204.

[135] Shetty S K, Lin C J, Streets D G, et al. Model estimate of mercury emission from natural sources in East Asia[J]. Atmos Environ, 2008, 42(37): 8674-8685.

[136] Sizmur T, Hodson ME. Do earthworms impact metal mobility and availability in soil? A review[J]. Environ Pollut, 2009, 157: 1981-1989.

[137] Slemr F, Angot H, Dommergue A, et al. Comparison of mercury concentrations measured at several sites in the Southern Hemisphere[J]. Atmos Chem Phys, 2015, 15(6): 3125-3133.

[138] Slemr F, Brunke E G, Ebinghaus R, et al. Worldwide trend of atmospheric mercury since 1995[J]. Atmos Chem Phys, 2011, 11(10): 4779-4787.

[139] Smith-Downey N V, Sunderland E M, Jacob D J, et al. Anthropogenic impacts on global storage and emissions of mercury from terrestrial soils: Insights from a new global model[J]. J Geophys Res-Biogeo, 2010, 115: 227-235.

[140] Sprovieri F, Pirrone N, Bencardino M, et al. Atmospheric mercury concentrations observed at ground-based monitoring sites globally distributed in the framework of the GMOS network[J]. Atmos Chem Phys, 2016, 16(18): 11915-11935.

[141] St Louis V L, Rudd J W M, Kelly C A, et al. The rise and fall of mercury methylation in an experimental reservoir [J]. Environ Sci Technol, 2004, 38(5): 1348-1358.

[142] Stewart A R M K, Saiki J S, Kuwabara C N, et al. Influence of plankton mercury dynamics and trophic pathways on mercury concentrations of top predator fish of a mining-impacted reservoir[J]. Can J Fish Aquat Sci, 2008, 65(11): 2351-2366.

[143] Streets D G, Devane M K, Lu Z, et al. All-time releases of mercury to the atmosphere from human activities[J]. Environ Sci Technol, 2011, 45(24): 10485-10491.

[144] Swartzendruber P C, Jaffe D A, Prestbo E M, et al. Observations of reactive gaseous mercury in the free troposphere at the Mount Bachelor Observatory[J]. J Geophys Res-Atmos, 2006, 111(24): 1-12.

[145] Talbot R, Mao H, Scheuer E, et al. Total depletion of Hg degrees in the upper troposphere-lower stratosphere[J]. Geophys Res Lett, 2007, 34(23): 1-5.

[146] Tang WL, Dang F, Evans D, et al. Understanding reduced inorganic mercury accumulation in rice following selenium application: Selenium application routes, speciation and doses[J]. Chemosphere, 2017, 169: 369-376.

[147] Terzano R, Santoro A, Spagnuolo M, et al. Solving mercury (Hg) speciation in soil samples by synchrotron X-ray microspectroscopic techniques[J]. Environ. Pollut, 2010, 158: 2702-2709.

[148] Tessier A, Campbell PGC, Bisson M. et al. Sequential extraction procedure for the speciation of particulate trace metals[J]. Anal Chem, 1979, 51: 844-851.

[149] Ullrich S M, Ilyushchenko M A, Kamberov I M, et al. Mercurycontamination in the vicinity of a derelict chlor-alkali plant. Part I: Sediment and water contamination of Lake Balkyldak and the River Irtysh[J]. Sci Total Environ, 2007, 381(1-3): 1-16.

[150] Ullrich SM, Tanton TW, Abdrashitova SA, et al. Mercury in the aquatic environment: a review of factors affecting methylation [J]. Crit Rev Environ Sci Technol, 2001, 31: 241-293.

[151] UNEP (United Nations Environment Programme). Global mercury assessment [R]. Geneva: UNEP, 2002.

[152] UNEP (United Nations Environment Programme). Global mercury assessment 2013: Sources, emissions, releases and environmental transport [R]. Geneva: UNEP, 2013.

[153] USEPA. Technology Alternatives for the Remediation of Soils Contaminated with As, Cd, Cr, Hg, and Pb. USEPA/540/S-97/500. Cincinnati: USEPA, 1997.

[154] Wang JX, Feng XB, Anderson CWN, et al. Remediation of Mercury Contaminated Sites-A Review[J]. J Hazard Mater, 2012, s221-222, 1-18.

[155] Wang S F, Feng X B, Qiu G L, et al. Characteristics of mercury exchange flux between soil and air in the heavily air-polluted area, eastern Guizhou, China[J]. Atmos Environ, 2007, 41(27): 5584-5594.

[156] Wang S F, Feng X B, Qiu G L, et al. Mercury concentrations and air/soil fluxes in Wuchuan mercury mining district, Guizhou province, China[J]. Atmos Environ, 2007, 41(28): 5984-5993.

[157] Wang S F, Feng X B, Qiu G L, et al. Mercury emission to atmosphere from Lanmuchang Hg-Tl mining area, Southwestern Guizhou, China[J]. Atmos Environ, 2005, 39(39): 7459-7473.

[158] Wang S, Feng X B, Qiu G L, et al. Characteristics of mercury exchange flux between soil and air in the heavily air-polluted area, eastern Guizhou, China[J]. Atmos Environ, 2007, 41(27): 5584-5594.

[159] Wang X,Bao Z D,Lin C J,et al. Assessment of Global Mercury Deposition through Litterfall[J]. Environ Sci Technol,2016,50(16): 8548-8557.

[160] Wang X,Lin C J,Yuan W,et al. Emission-dominated gas exchange of elemental mercury vapor over natural surfaces in China[J]. Atmos Chem Phys,2016,16(17): 11125-11143.

[161] Wang X,Ye ZH,Li B,et al. Growing Rice Aerobically Markedly Decreases Mercury Accumulation by Reducing Both Hg Bioavailability and the Production of MeHg[J]. Environ Sci Technol,2014,48(3): 1878-1885.

[162] Wang Y D,Wang X,Wong Y S. et al. Generation of selenium enriched rice with enhanced grain yield,selenium content and bioavailability through fertilisation with selenite[J]. Food Chem,2013,141(3): 2385-393.

[163] Wang Y M,Wang D Y,Meng B,et al. Spatial and temporal distributions of total and methyl mercury in precipitation in core urban areas,Chongqing,China[J]. Atmos Chem Phys,2012,12(20): 9417-9426.

[164] Wang Z W,Zhang X S,Xiao J S,et al. Mercury fluxes and pools in three subtropical forested catchments,southwest China[J]. Environ Pollut,2009,157 (3): 801-808.

[165] Wu Q R,Wang S F,Hui M L,et al. New insight into atmospheric mercury emissions from zinc smelters using mass flow analysis[J]. Environ SciTechnol,2015,49:3532-3539.

[166] Wu Q R,Wang S X,Li G L,et al. Temporal Trend and Spatial Distribution of Speciated Atmospheric Mercury Emissions in China During 1978-2014[J]. Environ Sci Technol,2016,50(24): 13428-13435.

[167] WuQ R,Wang S X,Wang L,et al. Spatial distribution and accumulation of Hg in soil surrounding a Zn/Pb smelter [J]. Sci Total Environ,2014,496: 668-677.

[168] Xin M,Gustin M S. Gaseous elemental mercury exchange with low mercury containing soils: Investigation of controlling factors[J]. Appl Geochem,2007,22 (7): 1451-1466.

[169] Xin M,Gustin M,Johnson D,et al. Laboratory investigation of the potential for re-emission of atmospherically derived Hg from soils[J]. Environ Sci Technol,2007,41(14): 4946-4951.

[170] Xiu G L,Cai J,Zhang W Y,et al. Speciated mercury in size-fractionated particles in Shanghai ambient air[J]. Atmos Environ,2009,43(19): 3145-3154.

[171] Xu L L,Chen J S,Niu Z C,et al. Characterization of mercury in atmospheric particulate matter in the southeast coastal cities of China[J]. Atmos Pollut Res 2013,4(4): 454-461.

[172] Xu L L,Chen J S,Yang L M,et al. Characteristics and sources of atmospheric mercury speciation in a coastal city, Xiamen,China[J]. Chemosphere,2015,119: 530-539.

[173] Xu L L,Chen J S,Yang L M,et al. Characteristics of total and methyl mercury in wet deposition in a coastal city, Xiamen,China: Concentrations,fluxes and influencing factors on Hg distribution in precipitation[J]. Atmos Environ,2014,99: 10-16.

[174] Yan H Y,Feng X B,Shang L H,et al. The variation of mercury in sediment profiles from a historically mercury-contaminated reservoir,Guizhou province,China[J]. Sci Total Environ,2008,407(1): 497-506.

[175] Yang X,Wang L. Spatial analysis and hazard assessment of mercury in soil around the coal-fired power plant: a case study from the city of Baoji,China[J]. Environ Geol,2007,53(7): 1381-1388.

[176] Yang Y K,Chen H,Wang D Y,et al. Spatial and temporal distribution of gaseous elemental mercury in Chongqing, China[J]. Environ Monit Assess,2009,156(1-4): 479-489.

[177] Yu B,Wang X,Lin C J,et al. Characteristics and potential sources of atmospheric mercury at a subtropical near-coastal site in East China[J]. J Geophys Res-Atmos,2015,120(16): 8563-8574.

[178] Zhang H,Feng X B,Jiang C X,et al. Understanding the paradox of selenium contamination in mercury mining areas: High soil content and low accumulation in rice[J]. Environ Pollut,2014,188: 27-36.

[179] Zhang H,Feng XB,Larssen T,et al. Bioaccumulation of methylmercury versus inorganic mercury in rice (Oryza sati-

va L.) grain[J]. Environ Sci Technol,2010,44(12): 4499-4504.

[180] Zhang H,Feng X B,Larssen T,et al. Fractionation,distribution and transport of mercury in rivers and tributaries around Wanshan Hg mining district,Guizhou Province,Southwestern China:Part1-Total mercury[J]. Appl Geochem,2010,25(5): 633-641.

[181] Zhang H,Feng X B,Larssen T,et al. Fractionation,distribution and transport of mercury in rivers and tributaries around Wanshan Hg mining district,Guizhou Province,Southwestern China: Part 2 methylmercury[J]. Appl Geochem,2010,25(5): 642-649.

[182] Zhang H,Feng X B,Larssen T,et al. In Inland China,Rice,rather than Fish is the Major Pathway for Methylmercury Exposure[J]. Environ Health Perspect. ,2010,118(9):1183-1189.

[183] Zhang H,Feng XB,Zhu JM,et al. Selenium in soil inhibits mercury uptake and translocation in rice (Oryza sativa L.)[J]. Environ Sci Technol,2012,46(18): 10040-10046.

[184] Zhang H,Fu X W,Lin C J,et al. Monsoon-facilitated characteristics and transport of atmospheric mercury at a high-altitude background site in southwestern China[J]. Atmos Chem Phys,2016,16(20): 13131-13148.

[185] Zhang H,Fu X W,Lin CJ,et al. Observation and analysis of speciated atmospheric mercury in Shangri-La,Tibetan Plateau,China[J]. Atmos Chem Phys,2015,15: 653-665.

[186] Zhang L,Blanchard P,Gay D A,et al. Estimation of speciated and total mercury dry deposition at monitoring locations in eastern and central North America[J]. Atmos Chem Phys,2012,12(9): 4327-4340.

[187] Zhang L,Wang S X,Wang L,et al. Atmospheric mercury concentration and chemical speciation at a rural site in Beijing,China: implications of mercury emission sources[J]. Atmos Chem Phys,2013,13(20): 10505-10516.

[188] Zhang L,Wang S X,Wang L,et al. Updated Emission Inventories for Speciated Atmospheric Mercury from Anthropogenic Sources in China[J]. Environ Sci Technol,2015,49(5): 3185-3194.

[189] Zhang Y,Jaeglé L,Thompson LA,et al. Six centuries of changing oceanic mercury[J]. Global Biogeochemical Cycles,2015,28(11):1251-1261.

[190] Zhao L,Anderson C W N,Qiu GL,et al. Mercury methylation in paddy soil: source and distribution of mercury species at a Hg mining area,Guizhou Province,China[J]. Biogeosciences,2016,13: 2429-2440.

[191] Zhao L,Qiu G L,Anderson C W N,et al. Mercury methylation in rice paddies and its possible controlling factors in the Hg mining area,Guizhou Province,Southwest China[J]. Environ Pollut,2016,215: 1-9.

[192] Zhu HK,Zhong H,Dang F,et al. Incorporation of decomposed crop straw affects potential phytoavailability of mercury in a mining contaminated farming[J]. Bull Environ Contam Toxicol,2015,95(2): 254-259.

[193] Zhu H K,Zhong H,Evans D,et al. Effects of rice residue incorporation on the speciation,potential bioavailability and risk of mercury in a contaminated paddy soil[J]. J Hazard Mater,2015,293: 64-71.

[194] Zhu HK,Zhong H,Wu J,et al. Incorporating rice residues into paddy soils affects methylmercury accumulation in rice[J]. Chemosphere,2016,152: 259-264.

[195] Zhu J,Wang T,Talbot R,et al. Characteristics of atmospheric mercury deposition and size-fractionated particulate mercury in urban Nanjing,China[J]. Atmos Chem Phys,2014,14(5): 2233-2244.

[196] Zhu J,Wang T,Talbot R,et al. Characteristics of atmospheric Total Gaseous Mercury (TGM) observed in urban Nanjing,China[J]. Atmos Chem Phys,2012,12(24): 12103-12118.

第二章　汞污染的健康危害与防治

汞是除了温室气体外的又一种对全球范围产生影响的化学物质，被联合国环境规划署列为全球性污染物。20 世纪以来，随着汞在工业、农业、医药及日常生活中的广泛应用，汞的生产量和使用量剧增，致使大量汞随人类活动进入到环境。存在于环境中的汞主要有三种不同形式，即元素汞（即单质汞，包括汞蒸气形式和固态形式 Hg^0）、无机汞化合物（包括亚汞-Hg^+ 或二价汞-Hg^{2+}）及有机汞（包括甲基汞 MeHg 和乙基汞 EtHg）。元素汞和无机汞化合物进入机体后，均被转化为二价汞离子，并以此化学状态发挥毒性作用。有机汞化合物按其在体内代谢及毒性作用分为两类：一类是体内易分解出二价汞离子的化合物，如乙基汞、苯基汞等，其毒性损害效应与无机汞化合物相近；另一类是碳汞链较为稳定的化合物，主要是烷基汞类，如氯化甲基汞、磷酸乙基汞等，由于不易释放出汞离子，而具有独特的毒性损害效应。人体可以在日常生活和职业生产过程中，通过不同的暴露方式接触到不同形式的汞，由此所致健康危害也有所不同。本章从汞的不同形态出发，阐述人体汞暴露的主要途径及其对人体健康的危害。

第一节　无机汞暴露的健康危害与防治

一、典型案例

委内瑞拉的汞污染事件发生在面临加勒比海的莫洛工厂地带。1974—1975 年间，位于距威廉西区市约 100 千米的苛性钠厂发生“怪病”，致使 16 人死亡，200 人发病，据靠近现场的格拉波大学 Monaco 教授等调查，在患者尿中检出汞，此“怪病”才被诊断为无机汞中毒。

汞法苛性钠生产中以汞为阴极，使用大量元素汞。但由于所生产的苛性钠质量好，投资省，成本低，在 20 世纪五六十年代曾得到迅速发展，70 年代初全世界汞法苛性钠产量曾超过隔膜法而占优势。该苛性钠厂共有 102 个工人，其中 79 人的血液中检出了 100 ppb 以上的汞、23 人的血液中检出了 200 ppb 以上的汞。临床观察发现这些工人均出现震颤、精神失常、齿龈炎、肠胃病、贫血等典型无机汞中毒症状，因此诊断为无机汞中毒。1977 年该苛性钠厂停止了生产，但在此前 15 年间，排出的汞至少有 30 t 左右。排水管道从工厂到海边约 5 千米，水路复杂，途经几个椰林和沼泽地，最后注入大海。研究人员从这一水路流经的椰林中取其椰汁、椰肉及柠檬进行分析，证实了这一地区已被汞污染。该苛性钠厂的含汞废水流进的加勒比海，因加勒比海波高浪阔、潮水扩散快，污染虽不算严重，但海中的汞却经食物链在鱼类等水生动物体内转化为有机汞并蓄积起来，使得居民摄食这些海产品后又出现有机汞中毒。委内瑞拉的汞污染事件是典型的职业人群无机汞中毒，其工业三废污染环境进而又可引起居民有机汞中毒。

二、无机汞暴露的主要途径

无机汞包括元素汞和无机汞化合物。元素汞的主要暴露途径是以汞蒸气形式经呼吸道吸入进入体内。其次，补牙时用的汞合金释放的元素汞经口腔消化道吸收也是一条重要的暴露途径。少数情况下，也可经皮肤吸收。而无机汞化合物的主要暴露途径是消化道，呼吸暴露较少。值得注意的是，使用含氯化汞的美白霜等化妆品成为无机汞化合物的经皮肤暴露途径。

(一)呼吸道暴露

汞是一种易于挥发的元素，常温下能以汞蒸气形式挥发。汞蒸气具有较高的扩散性和较强的脂溶性，元素汞以蒸气状态污染空气，通过呼吸道侵入人体后可被肺泡吸收，并经血液循环至全身。

大量元素汞经呼吸暴露主要见于职业环境中。汞被广泛地用于各种生产工艺过程中，尤其见于采用氯碱工艺生产烧碱和氯、制造体温计和血压计、生产日光灯和荧光灯泡等行业。为了控制职业性汞暴露，许多国家制定了工作场所空气中汞蒸气浓度的标准，以及采用密闭化、自动化的生产设备等，从而保护职业人群健康。然而，小规模的人工金矿开采活动，尤其是在对河床进行水力开挖时，常将几克液态元素汞加入泥沙浆中，汞可与砂中的金颗粒融合生成汞合金(汞齐)的沉淀物，再通过对汞合金进行加热处理(如熔炼)便可使汞挥发而提炼出黄金。在这个过程中，通常因缺乏个人防护设备使得淘金工人、熔炼工人、采矿区居民均可经呼吸道暴露于汞蒸气。

生活中也有经呼吸暴露汞蒸气的机会。家庭中暴露常见于打碎的温度计，汞溢出后易挥发、易吸附且较难处理。含汞灯及荧光灯泡被打碎或处置不当会导致汞泄露到外界环境中，就可能增加一般人群暴露的风险，据统计仅在美国每年就有 4 t 汞以这样的形式被释放到环境中。因此，很多国家已禁止将汞用于温度计的制造以降低其对消费者的风险。

(二)皮肤暴露

在生产制造体温计和血压计等测量工具、生产日光灯和荧光灯泡等产品的工艺过程中，一旦这些含汞产品被打碎或处置不当，挥发的汞蒸气除大部分从呼吸道吸入外，也会通过皮肤吸收一部分，尤其在皮肤破损或溃烂时，汞的吸收量也会增加。

人体皮肤及黏膜都能吸收汞无机化合物。长期使用含汞制剂的人群可造成无机汞化合物被皮肤吸收和积累，如在使用含无机汞化合物的中药、油膏、化妆品、阴道栓剂、护肤霜及使用汞盐作杀菌剂的过程中。需要引起重视的是含无机汞化合物的美白霜在某些国家仍被广泛地使用，这是人群经皮肤暴露无机汞化合物的主要途径之一。

(三)口腔与消化道暴露

人群暴露于元素汞的另一条重要途径是补牙时所用汞合金释放的汞蒸气造成口腔暴露。补牙采用的汞合金大多数标准配方中含有大约 50%的元素汞，其是将元素汞和不同类型的金属合金组合制作而成。这种修复牙齿的方式已经持续了 100 多年，动物实验和人群研究均显示汞合金中的汞能穿过肺泡上皮屏障从而溶解在组织液和血液中，汞合金释放的汞蒸气对健康的潜在影响在全世界范围仍受到广泛关注。

无机汞化合物主要通过水源和食物经消化道摄入人体内，其次，无意或有意食用含汞较高的药物也是一种暴露途径。消化道摄入吸收率取决于溶解度，一般仅为 7%～10%，但溶解度较高的汞无机化合物如氯化汞、醋酸汞、硝酸汞等，吸收率可达 30%左右。而一价汞被吸收时，$Hg-Hg^{2+}$ 离子迅速解离成 Hg^{2+} 和不带电的原子汞(Hg^0)，原子汞进一步被氧化成 Hg^{2+}。

三、无机汞暴露的健康危害

人体短期内暴露高浓度无机汞可引起急性中毒，主要累及呼吸道、消化道、肾脏和皮肤等器官系统；长期低剂量无机汞暴露主要引起慢性中毒，可累及神经系统、心血管与血液系统、免疫系统、内分泌系统和生殖系统及胚胎毒性损害效应等。而长期暴露汞蒸气见于职业性暴露，主要表现为神经精神障碍、口腔炎和肾脏损害。

(一)神经系统毒性效应

吸入的气态元素汞易穿过血脑屏障到达脑组织，在脑组织中被氧化成 Hg^{2+} 损害神经系统，主要导致中枢神经系统缺陷。早期表现为类神经征如失眠、健忘、食欲不振、轻度震颤、易疲劳和易怒，容易被误诊为精神类疾病。继续暴露会导致进行性震颤和兴奋，这是一种以意向性震颤、兴奋、动作协调障碍、神经传导减弱、记忆减退、失眠、胆怯及偶尔精神错乱为特征的综合征，这种症状曾在毡帽行业中接触汞的工人中常见。有些病例还可伴随周围和自主神经紊乱的体征如掌心红、情绪不稳定、流涎、过多出汗和血液浓缩等。一项病例对照研究表明，长期吸入低浓度的汞（0.7～42 $\mu g/m^3$）可能导致工人的震颤、睡眠障碍和认知能力受损。

无机汞化合物暴露后可以蓄积于神经组织中，其在神经系统中最严重的作用是干扰能量的产生，从而损害细胞的解毒过程，最终导致细胞死亡或处于慢性营养不良的状态。通常认为，汞的神经毒性作用与阻碍 P450 酶活性有关。在中枢神经系统中，无机汞化合物暴露能破坏血脑屏障，并促进其他有毒金属和物质渗透进入脑组织。无机汞化合物中毒对中枢神经系统的影响包括抑郁、偏执、极度易怒、幻觉、注意力不集中、健忘、颤抖（手、头、嘴唇、舌头、下巴和眼皮）、体重减轻、持续体温过低、嗜睡、头痛、失眠和疲劳等。在外周神经系统中，循环的无机汞化合物可以被带到神经终端，进而损害蛋白和肌动蛋白复合体。该复合体是神经细胞结构和解毒过程的重要组成部分。此外，无机汞化合物还会对其他特殊的感官系统产生不同的影响，包括失明，视网膜病变，视神经病变，听力损失，嗅觉减退及触觉异常。此外，一些研究人员认为以社会关系、语言和沟通的障碍，以及运动异常和感觉功能障碍为主要表现的自闭症也可能是无机汞化合物中毒的一种表现形式。

(二)呼吸系统毒性效应

研究显示，汞中毒与支气管炎和肺纤维化等肺部疾病有关。汞蒸发或含汞材料燃烧时产生的有毒汞蒸气进入呼吸系统，可导致化学性肺炎，高浓度时会引起急性坏死性支气管炎和肺炎，以呼吸困难、急性咳嗽、胸痛和胸闷为主要症状。早期胸部影像学检查可以观察到肺部炎症弥漫性浸润，进而发展到肺水肿、呼吸窘迫和支气管上皮脱落，最终可因呼吸衰竭而死亡。

(三)消化系统毒性效应

无机汞化合物被人体摄入后经消化道上皮细胞吸收。被吸收的无机汞化合物可引起消化功能障碍，因其可以抑制胰蛋白酶和胃蛋白酶的产生，并且抑制黄嘌呤氧化酶和二肽基肽酶 4 的功能。如短期内暴露高浓度无机汞化合物对胃肠道有直接腐蚀作用。无机汞化合物暴露对消化系统的影响通常表现为腹痛、消化不良、肠炎、溃疡和血性腹泻。此外，其还可破坏肠道菌群，引起消化不良，并进一步介导免疫反应降低机体对致病性感染的抵抗。

(四)肾脏毒性效应

进入体内的汞主要通过肾脏随尿液排出，在未产生肾损害时，尿汞排出量约占总排出量的 70%，发生肾损害后，排出量也相应减少。研究发现，职业工人尿汞平均水平低于 50 μg Hg/L（1 μg Hg/g 尿肌酐近似于 1 μg Hg/L 尿）时，可促使肾排出 N-乙酰基-β-*D*-氨基葡萄糖苷酶（N-acetyl-β-D-glucosaminidase，NAG）增加。NAG 分为 A、B 两种亚型，其中 A 型是溶酶体的可溶性组成成分，通过细胞外分泌进入尿液中；B 型附着于溶酶体膜之上，随着肾细胞膜的损伤而被释放至尿液中。汞暴露主要引起 NAG 的 A 型量增加，提示其对肾脏细胞外分泌作用有影响，但这种影响是可逆的，当工人停止汞暴露后，NAG 水平可恢复正常。早期肾损伤还可发现肾小管刷状缘分泌的 γ 谷酰基转肽酶、碱性磷酸酶等随尿排出增加，随着细胞损伤的进展，胞内酶如乳酸脱氢酶、天冬氨酸转移酶和酸性磷酸酶也会分泌至血液和尿液中。此外，

当环境中汞蒸气浓度≥500 μg/m³时，可出现严重的肾损伤，表现为以蛋白尿和水肿为特征反应的肾病综合征。

无机汞化合物在体内可被还原性的谷胱甘肽(glutathione,GSH)结合并转运至肾，而后被近曲小管分泌至管腔中。γ-谷氨酰转录酶可降解GSH，使得半胱氨酸-汞复合物的汞被释放并被肾小管细胞重吸收，这个循环过程导致无机汞化合物在肾脏中蓄积从而损伤肾组织。有证据表明，无机汞化合物暴露与急性肾小管坏死，肾小球肾炎，慢性肾病，肾病综合征和肾癌之间存在联系。无机汞化合物可导致多种肾脏损伤，包括亚急性肾病综合征、管状功能障碍、局灶性节段性肾小球硬化症、肾小球肾病综合征、肾炎综合征、蛋白尿及膜性肾小球肾炎。摄入1 g无机汞化合物后严重者可引起肾小管上皮坏死，在24 h内便可能发生肾衰竭，进而出现死亡。此前，氯化亚汞(甘汞)因在水中的溶解度很低而被认为是无毒的，但是婴儿使用含汞的出牙粉后，发现尿汞含量也会显著增加，从而造成肾毒性。

(五)其他系统毒性效应

1. 皮肤与口腔牙龈毒性效应 汞暴露后会出现一种特殊的过敏反应性皮炎，被认为是接触性皮炎的表现。最初表现为端部疼痛症(acrodyna)，进而出现边界不清的红斑丘疹，并伴有手掌、脚掌和面部的水肿及硬结，在数周内出现脱皮性溃疡，伴有盗汗、心率、血压增加，这种弥漫性皮疹常见于儿童。成人职业性暴露高浓度汞可引起牙龈炎、口腔炎，早期出现流涎、糜烂、溃疡、牙龈肿胀、酸痛和易出血现象；继而出现牙龈萎缩，牙齿松动甚至脱落；口腔卫生不良者，可在齿龈与牙齿交界边缘上出现蓝黑色汞线。

2. 心血管与血液系统毒性效应 无机汞化合物蓄积在心脏时，可导致心肌病。研究发现，死于特发性扩张型心肌病患者心脏组织中的汞含量比死于其他心脏疾病患者的心脏汞含量平均高出22 000倍。无机汞化合物中毒也可能引起胸痛或心绞痛，尤其发生在45岁以下的人群中。其他研究还发现，汞与溶血性贫血和再生障碍性贫血有关。因为汞能与铁竞争性结合血红蛋白，导致血红蛋白的生成受损。除了贫血外，无机汞化合物也可能是单核细胞增多症的一个致病因素，进而引起白血病和霍奇金氏病。

3. 免疫系统毒性效应 无机汞化合物暴露对免疫系统的损害作用主要可能是损伤多形核白细胞(polymorphonuclear leukocytes,PMNs)。无机汞化合物暴露可抑制肾上腺皮质激素的产生从而阻止PMNs的正常生成，并通过抑制其吞噬外来物质的能力来影响PMNs的功能。研究发现，对汞敏感的个体更容易出现过敏、哮喘和免疫系统相关的症状，尤其是类风湿病的症状。无机汞化合物暴露可以在中枢神经系统中产生免疫反应，引起免疫细胞的生成及其功能发生改变，并使干扰素-γ和白介素-2的产生增加。

研究发现，无机汞化合物的摄入通常与酵母、细菌和霉菌的含量增加有关，这些微生物通常可吸收和储存汞。而成年人使用抗生素可能会对含有大量汞的念珠菌和其他病原体产生破坏作用，从而引起大量汞的突然释放，并产生潜在的危险。体内汞负荷水平被认为与一系列免疫或自身免疫性疾病有关，包括过敏性疾病，肌萎缩侧索硬化症，类风湿性关节炎，自身免疫性甲状腺炎，湿疹，癫痫，银屑病，精神分裂症，硬皮病及系统性红斑狼疮。

4. 内分泌系统毒性效应 低水平无机汞化合物暴露可能会通过损伤脑垂体、甲状腺、肾上腺和胰腺等组织对人和动物的内分泌系统产生影响。无机汞化合物暴露可能通过降低激素与受体的结合或者通过抑制激素生物过程中的一种或多种关键酶或步骤，进而损伤内分泌功能。例如，其可抑制肾上腺激素和21α-羟化酶的合成，但其影响最严重的激素是胰岛素、雌激素、睾酮和肾上腺素。

无机汞化合物暴露还可以通过灭活S-腺苷-甲硫氨酸来抑制儿茶酚胺的降解，进而引起肾上腺素积累，导致多汗症、心动过速、唾液分泌过多(唾液分泌亢进)及高血压等。研究发现，在肾上腺皮质中，无机汞化合物暴露与血浆皮质酮水平降低有关。减少皮质醇的产生会引起促肾上腺皮质激素的补偿增加，从

而导致肾上腺增生，进而导致肾上腺萎缩，这可能是原发性慢性肾上腺皮质功能减退症(chronic adreno-cortical hypofunction，又称为 Addison 病)的一个致病因素。

早在1975年的尸检研究就显示，脑垂体和甲状腺储存并积累了比肾脏更多的无机汞化合物。低水平的脑垂体功能与抑郁症和自杀倾向有关，并且似乎是青少年和其他弱势群体自杀的一个主要因素。汞暴露对脑垂体的影响作用，还可引起尿频和高血压。

甲状腺是人体最大的内分泌腺体之一。甲状腺控制着机体能量消耗和蛋白质合成的速度，以及对其他激素的敏感程度。和脑垂体一样，甲状腺也会表现出对汞具有亲和力。二价汞离子通过竞争碘结合位点，抑制或改变激素的活性阻止甲状腺激素的产生，最终导致体温控制受损、甲状腺机能减退、甲状腺炎症及抑郁症。

此外，胰腺也容易受到无机汞化合物毒性的影响。胰岛素作为一种参与糖尿病的分子，有三个含硫的结合位点可以被二价汞离子结合，进而导致其正常的生物功能受干扰和血糖水平失调。

5. 生殖系统毒性效应 无机汞化合物暴露可以促使下丘脑-垂体-肾上腺和性腺轴的病理生理变化，通过改变促卵泡激素(follicle stimulating hormone，FSH)、促黄体激素(luteinizing hormone，LH)、抑制素、雌激素、孕激素和雄激素的循环，从而影响生殖功能。研究发现，在有职业性汞暴露的牙科助理医生中出现了生育能力降低的现象。另一项研究表明，无机汞化合物暴露水平的增加与男女不育有关。在男性中，氯化汞暴露会对精子形成、附睾的精子数及睾丸的重量等产生不利影响；也有证据表明汞暴露与勃起功能障碍有关。在女性中，有证据表明无机汞化合物暴露与月经失调有关，包括异常出血、异常周期(短，长或不规则)及痛经。

6. 胚胎毒性效应 汞蒸气比无机汞化合物更容易穿过胎盘屏障。孕期接触汞蒸气后，胎儿体内汞含量急剧增加。尽管胎儿器官的汞含量远低于母体器官，但胎儿肝脏中的汞含量明显高于母体肝脏。在胎儿肝脏中，大量的汞会与金属硫蛋白(metallothionein，MT)结合而保留在肝脏中，这些汞继而被重新分配至其他器官如大脑和肾脏，因此，婴儿出生后被观察到大脑和肾脏的汞浓度较高，但随着出生后的发育过程会逐渐降低。动物研究发现，孕猴每周 5 d，每天暴露 0.5 mg Hg/m^3 和 1.0 mg Hg/m^3 汞蒸气 4～7 h，可使血汞达到 25～180 μg Hg/L，子代进而出现运动功能障碍；大鼠在孕 14～19 d 每天暴露 1.8 mg Hg/m^3 汞蒸气 1 h 时，仔鼠可出现学习和适应能力减退。此外，孕期汞蒸气暴露可以导致流产、死胎及低出生体重。

无机汞化合物暴露还与胚胎毒性有关，可引起胎盘坏死和胚胎死亡。动物研究显示，给予 20～25 mg/(kg・bw)氯化汞可引起小鼠妊娠后期死胎率增加，且汞在胚胎体内浓度蓄积增加了 10 倍以上，并进一步干扰维生素 B_{12}、氨基酸、锌、硒等营养素的吸收，使胚胎发育不良。

(六)无机汞中毒的诊断

1. 职业性汞中毒诊断 根据接触金属汞的职业史、出现相应的临床表现及实验室检查结果，参考职业卫生学调查资料，进行综合分析，排除其他病因所致类似病后，方可诊断。具体诊断标准可参见《职业性汞中毒诊断标准》(GBZ 89－2007)。

2. 一般人群汞中毒诊断 评估一般人群汞暴露的健康损害效应及建立其治疗标准是一项非常困难的工作。多数情况下，饮食摄入暴露是暴露途径中最可能引起不良健康结局的。饮食中极低浓度的汞即可对健康产生不良影响，但常忽视其诊疗工作。因此，考虑到这种情况，应提高目前已知的汞健康效应阈值水平并开展相应的治疗工作。

不同的研究推荐了不同的汞暴露引发健康效应的阈值水平。Brodkin 等(2007)认为，需警惕的汞暴露来源如饮食摄入暴露中汞的限值，建议将血汞降至 10.0 μg/L、尿汞降至 19.8 nmol/mmol 肌酐。血汞水平≥40.0 μg/L，则需采取临床干预。英国国家毒物信息服务和临床生物化学家协会(national poisons

information service and the association of clinical biochemists）则提出，存在汞中毒症状的患者，血汞水平≥100 μg/L时或无症状者血汞水平≥200 μg/L 时，需采取干预措施。而一项参考 2005 年美国疾病预防控制中心(centers for disease control and prevention，CDC)、2004 年美国环保局(environmental protection agency，EPA)及 2001 年美国政府工业卫生委员会(American conference of governmental industrial hygienists，ACGIH)等多组数据的研究建立了正常汞浓度范围（基于 95%健康成人的值）为血汞不超过 4.6 μg/L、尿汞不超过 4.0 nmol/mmol 肌酐。

目前，尚无诊断汞中毒的统一标准。美国联邦生物暴露指数(biological exposure indices，BEI)设定尿汞为 50 μg/L，但这只反映了目前的暴露水平不是机体的汞负荷水平。一些研究发现尿汞≤50 μg/L 时，出现了有意义的汞中毒症状。Kazantzis 等研究者认为，不可能建立引起汞中毒相关症状的血汞或尿汞水平。虽然建立诊疗汞中毒的血汞或尿汞水平较难，但当驱汞试验的尿汞等于或超过美国国家健康与营养调查(national health and nutrition examination survey，NHANES)所设参考值的 2 个标准差时，可认定为汞过量暴露。驱汞试验是通过使用螯合剂如 2,3 二巯基-1-丙磺酸钠促使体内蓄积的汞排放，来反映汞机体内汞的蓄积量。驱汞试验的适应证如下：①是否出现了多种与汞暴露相关的不明症状？②是否过量摄食海产品、牙齿填充过汞合金或接种过含硫柳汞的物质？③是否存在职业性汞暴露？④是否有阿尔茨海默病、帕金森病或其他与汞暴露相关的疾病的家族史？⑤是否存在谷胱甘肽转移酶(glutathione S-transferase，GST)多态性的现象？

四、无机汞暴露健康危害的防治

（一）无机汞健康危害的预防

1. 减少汞的需求和使用，从源头控制汞的排放

(1)改革生产工艺，控制汞使用量。工艺改革，用无毒原料代替汞作业是减少、消除汞污染源、有效预防汞中毒的最有效措施。例如，过去氯碱工业采用的水银电解槽是化学工业上耗汞量最多的汞作业，现在将汞电解槽卧式改为立式，减少汞的使用量，或者采用隔膜电解法代替水银电解槽，极大地降低汞的使用量；在制造镜子工业中，全部以硝酸银代替以前的汞锡合金；先进的无汞材料代替牙科银汞填充剂，目前挪威、瑞典、丹麦已禁止将汞合金用作牙齿填料。

(2)加强环境管理，降低工作场所空气汞浓度。合理的厂房设计是降低工作场所空气汞浓度基础。汞的挥发性强，表面张力大，黏度小，在生产和使用过程中易散落形成很多小汞珠，黏附在衣物、墙壁、地面缝隙等处，增加蒸发面积，形成二次污染源。为了便于清除，汞作业厂房内表面应平滑、无缝，墙面与墙面或墙面与地面连接处做成圆角，车间、厂房内表面刷不吸附汞的涂料。工作台面应保持一定的倾斜度，台面材料应选择石板、玻璃、塑料等，禁用金属材料，以防金属与汞发生反应，同时地面设置应有一定的倾斜度以便收集散落在地面的汞。另外，还需经常用水冲洗地面，清洗后的水也应集中贮存，进行汞回收。

为防止汞蒸发，必须降低车间温度并对作业场所中的发生源进行密闭化。车间内安装空调设备，如果不能完全防止汞从发生源溢出，应在密闭系统内进行作业或必须安装局部通风装置。汞作业车间应设置通风排气设置，通风量可视车间的容积而定。

汞作业车间内安装汞蒸气监测装置，当车间内汞浓度超标时，应对室内进行及时处理、清洗。因汞不溶于水和有机溶剂，可用适当浓度的碘溶液，对墙壁和地面喷洒后再用清水清洗。此外，还可用三氯化铁溶液喷雾，在短时间内有效降低汞浓度。

2. 提高监管力度，保护工人职业健康

(1)加强个人防护，建立卫生操作制度。接汞作业工人应穿质地光滑的工作服，佩戴碘化活性炭口

罩，在中等劳动强度的通气情况下，这种口罩可吸收约70%的汞蒸气。如遇汞蒸气浓度极高的情况，可佩戴防毒口罩。工作服、帽子应定期除汞、清洗、更换，并禁止带出车间。注意个人卫生，班后可用细毛刷或10%硫代硫酸钠清洗双手，1∶5 000高锰酸钾溶液漱口。严禁车间内饮水、进食、抽烟。汞作业工人应增加蛋白质的摄入，以促进汞与蛋白质结合，防止汞吸收。加强管理部门的宣教工作，以提高个人防护意识和防护效果。

(2)做好就业前体检及健康体检。坚持就业前体检，患有口腔疾病、胃肠疾病、肝肾疾病或精神疾病均列为职业禁忌证，不得从事汞作业，哺乳期和妊娠期妇女应脱离汞作业岗位。

接汞作业工人应坚持健康体检，体检间隔视接汞浓度情况而定。凡发现工人患有慢性齿龈炎、口腔炎、肝脏疾病、肾脏疾病、神经官能症、中枢神经系统疾病、内分泌失调等，均应调离原岗位并进行驱汞治疗。或虽无上述疾病，但尿汞、血汞、发汞超过生物接触限值，也应调离工作岗位。

(3)加强卫生监督，严格控制汞对环境污染。一切新建、改建、扩建的汞作业项目，必须做到“三同时”，即防汞设施和主体工程同时设计、同时施工、同时投产。保证废水、废气、废渣在运出工地之前，已进行严格净化。

3. 建立汞污染排放标准，加强相关信息监测 运用先进的信息管理系统，建立国家汞污染排放清单，打破行政区限制，转变以点源为防治对象的局限，确保汞从“摇篮到坟墓”的每个过程都有实时记录和数据信息。由于各种汞污染源存在差异性，应建立各涉汞行业的污染物排放标准。对于污染大的涉汞行业，应立法予以控制。建立健全执法机构，由环保局领导，多个部门共同协调，部门间应权责明确，分工合理，使其对人类环境所造成的伤害降到最低。

4. 加强汞污染危害的宣传教育，提高公众意识 加强汞污染危害的宣传教育，普及预防汞污染的知识，提高公众的环保意识。引导人们在购买和使用商品时选择环保型产品，选用正规品牌、经检测合格的美白护肤产品；不使用含汞的民间偏方药物，不滥用含汞制剂农药，含汞的生活垃圾与一般生活垃圾分类收集、分别处理。

(二)无机汞中毒的治疗

1. 螯合剂治疗 出现汞中毒症状的患者应立即使用螯合剂治疗。然而，使用螯合剂对重症中毒者是否有效尚不确定。此外，治疗的适应证尚未完全建立。

常用于治疗急性无机汞中毒的螯合剂有二巯丙醇(british anti-lewisite，BAL)、D-青霉胺(D-penicillamine，DPCN)、二巯基丙磺酸钠(dimercaptopropane sulfonate，DMPS)和二巯基丁二酸(dimercaptosuccinic acid，DMSA)。

D-青霉胺(DPCN)是青霉素的水溶性衍生物，其可增加汞随尿液排出。汞中毒时，成人用药为口服250 mg DPCN，每天4次，用药1～2周；儿童为20～30 mg /kg DPCN(最大量为250 mg/剂)，每日分成4剂服用。D-青霉胺可用于元素汞和无机汞化合物中毒。该药引起的不良反应包括白细胞减少症、血小板减少症、再生障碍性贫血、蛋白尿、血尿和肾病综合征。目前，常用二巯基丁二酸替代D-青霉胺，因其转运金属能力强且副作用少，但也需小心用药。

二巯丙醇(BAL)仅用于肌内注射，其治疗范围较窄且可诱发过敏反应，并伴随疼痛，目前常用二巯基丁二酸(DMSA)和二巯基丙磺酸钠(DMPS)替代二巯丙醇，因它们的水溶性大，故可口服、静脉注射、经直肠给药和经皮给药。

二巯基丁二酸(DMSA)的半衰期约为3 h，汞中毒者用药时药效保持时间较长。当口服给药时，其吸收率约为20%。该药可增加无机汞随尿液排出。该药可口服，不良反应也最少，如黏膜损伤、中毒性表皮坏死等罕见发生，停药后即可恢复。

二巯基丙磺酸钠(DMPS)口服时的吸收率约为 39%，高于 DMSA。DMPS 稳定性高于 DMSA，常用于静脉注射，半衰期约为 20 h。DMPS 也能促使无机汞随尿液排出。表 2-1 显示了用于汞中毒治疗的螯合剂情况。

表 2-1 用于汞中毒治疗的所有螯合剂情况

化学名(常用名，简写)	剂量	不良反应	可螯合的金属元素
2,3-二(巯基)丙烷-1-磺酸钠(二巯基丙磺酸钠;DMPS)	5 mg/kg，每 6～8 h 1 次，口服；肌内注射；静脉注射；皮下注射 儿童：每天 200～400 mg/m²，用药 5 d	下背(肾)痛，胃肠道紊乱，皮疹，疲劳，超敏反应	汞、砷、铅、镉、锡、银、铜、硒、锌、锰
2,3-二(巯基)琥珀酸(二巯基丁二酸;琥珀酸;DMSA)	口服，先 10 mg/kg(或 350 mg/m²)，每 8 h 1 次，用药 5 d；而后 10 mg/kg，每 12 h 1 次，用药 14 d(合计用药 19 d)	胃肠道紊乱，血清转氨酶轻度升高	铅、砷、汞、镉、银、锡、铜
(二硫)-2-氨基-3-甲基-3-巯基丁酸(3-巯基-D-缬氨酸;青霉胺;DPCN)	口服，10 mg/(kg · d)，用药 7 d，必要时延长用药 2～3 周	间质性肾炎，超敏反应，胃肠道紊乱，白细胞减少症和血小板减少症	铜、砷、锌、汞、铅
2,3-二(巯基)丙烷-1-醇(二巯丙醇;BAL)	肌内注射，50 mg/m²～75 mg/m²，每 4 h 1 次，用药 5 d	过敏，胃肠道症状，心动过速、发热、肝功能检测项目升高	砷、金、汞、铅

(资料来源：Ye B J，Kim B G，Jeon M J，et al. Evaluation of mercury exposure level，clinical diagnosis and treatment for mercury intoxication [J]. Ann Occup Environ Med，2016，28：5.)

(1)螯合剂治疗安全性。DMPS 是二巯丙醇的一种类似物，对汞高度亲和。由于安全性高，在过去的五十年，被广泛地使用甚至在药店也能买到。检测 DMPS 药效动力学及评估其诊断目的的指南已在美国、德国、瑞典、新西兰和墨西哥等国家建立。Maiorino 等给予志愿受试者口服 300 mg 的 DMPS，发现 90%的 DMPS 被吸收并迅速转化成二巯基形式。已有数据显示 DMPS 的吸收率在 39%～60%不等。未转化的 DMPS 排泄半衰期为(4.4±1.1)h，而转化成二巯基形式的 DMPS 排泄半衰期为(9.9±1.6)h。Hurlbut 等给予志愿受试者异常大剂量的 DMPS(静脉注射 3 mg/kg 超过 5 min)，发现两名受试者在输液期间出现收缩压瞬间下降 20 mmHg，无其他生命体征改变。未转化的 DMPS 排泄半衰期为 1.3～4 h，而转化后的 DMPS 排泄半衰期为 19.8～37.5 h。在被引用的每项研究中，DMPS 驱汞试验中汞的排出量与职业性汞暴露量、饮食性汞暴露量显著相关，且无明显并发症。因此，几乎所有的研究人员认为 DMPS 驱汞后的尿汞排出量能较好地估计机体的汞负荷。

(2)螯合剂治疗有效性。大量研究显示，使用 DMPS 后，尿汞排出量显著增加；随着治疗时间延长，DMPS 降低机体汞负荷。美国某所大学的一例职业性汞蒸气暴露治疗效果观察病例报告显示，DMPS 100 mg，口服每日 3 次，持续 2 周并继续服用该剂量，每日 4 次，持续 6 周后，能有效缓解肌肉抽搐，关节痛，感觉异常，盗汗，体重下降和过度唾液分泌等现象。症状减轻与尿汞排出量紧密相关，随治疗时间延长逐渐减少。

(3)螯合剂联合治疗。目前，联合用药是重金属中毒治疗最重要的一种治疗方式。联合使用 DMSA 和 MiADMSA 相对单独使用 MiADMSA 更有效。不仅如此，联合用药既能有效控制脂质过氧化，又能控制过氧化氢酶的活力水平。这些效应也有利于减少螯合剂的数量，促进临床恢复和减少副作用。

2. 血液透析血浆除去法 当患者处于危险且无其他可选择的稳定疗法时，血浆交换应在汞中毒诊断

后的 24～36 h 内进行。血浆除去法可去除血浆蛋白上结合的重金属如汞。单独使用螯合剂时，消除无机汞的半衰期为 30～100 d，但当联用 DMPS 和血浆除去法时，时间缩短至 2～8 d。

3. 对症支持治疗　当怀疑汞中毒时，需详细采集患者的环境汞暴露史、职业史，并做体格检查。对患者进行检测，确定是慢性还是急性汞暴露，并及时查找汞暴露的源头加以消除。同时应评估患者的气道、呼吸道和心血管状态。若患者饮入或吸入汞，则需仔细观察患者的呼吸状况包括氧饱和度。当患者出现呼吸困难的症状时，可行胸部 X 光线和动脉血气分析检测，必要时行气管插管和人工通气。为阻止皮肤吸收，需及时脱去患者的衣物，并用肥皂水清洗皮肤。为阻止眼吸收，可用生理盐水清洗眼部。

如果无机汞化合物被吸收，患者又无呕吐现象时，则需持续观察患者的症状直至汞排出体外。同时，行肾一输尿管一膀胱 X 线检测追踪汞在胃肠道的运动情况。处理过程中，加强耳鼻喉科、普外科、消化科等部门的协作。此外，检查鼻咽和空腹时的胃肠道情况，若完好无损，可用木炭灌胃吸附汞。当无机汞中毒引起肾衰竭时，在评估肾功能后，可根据情况进行血液透析。

（范广勤　周繁坤　王文娟）

第二节　有机汞暴露的健康危害与防治

一、典型案例

（一）水俣病事件

水俣病（minamata disease）是世界上第一个出现的由环境污染所致的公害病，即有机汞中毒引发的综合性疾病，临床表现以中枢神经系统症状为主，呈现手足运动笨拙，指趾变形，中心性视野缩小、运动失调、语言障碍等，有严重的后遗症，病死率高达 40%。因 1953 年首先发现于日本熊本县水俣湾附近的渔村而得名。

水俣湾位于日本九州熊本县南端，1925 年，水俣湾东北岸修建了一个生产氮肥的工厂，到 1932 年又扩建了醋酸、乙醛合成工厂。产生的废水经百间港排入水俣湾。工厂生产乙醛、氯乙烯、碳化钙、乙炔等产品，在生产过程中有两个车间使用汞做催化剂，随着乙醛等化工产品产量的不断增加，废水排放量也逐年加大。在工厂排水沟处的底泥中检出了 2 010 mg/kg 的极高浓度汞，汞污染的水经排水沟流入水俣湾，距离排水沟越远汞浓度越低。同时由于水俣湾特殊的地理条件，西面面对不知火海，形成了一个弧形，这造成水俣湾内水流速较小。1963 年，水俣湾底泥中汞含量在 100 mg/kg 以上，有的地方高达 700 mg/kg。有研究证实，汞从污染源排放到环境中后，尽管部分仍以无机汞化合物的形式进行转化，但有限的参与生物迁移的汞可在微生物的作用下，转变为剧毒的甲基汞，并且此过程主要在水体中进行。由于甲基汞具有很强的亲脂性，因此水中低剂量的甲基汞可通过食物链逐级富集和转移，调查表明，水俣湾地区到 1965 年为止，鱼贝类汞含量为 20～40 mg/kg，1966 年 10 月增加到 80 mg/kg，1967 年有所减少，为 10～50 mg/kg。到 1971 年，汞含量为 18 mg/kg，超过了允许范围数十倍（允许范围 0.17～0.20 mg/kg）。

1953 年日本开始出现以神经系统症状为主的“怪病”，1956 年 4 月 21 日，水俣市一个五岁小女孩因步行困难、言语障碍、情绪躁狂等症状被送至医院就诊，两天后她的妹妹也出现类似症状，孩子的母亲描述“邻居家也有类似症状的儿童”，经当地医生调查，附近的渔村发现 30 余名患者，1956 年 5 月 1 日，水俣工厂附属医院院长把这种不明原因的中枢神经系统紊乱症状患者上报，因此 5 月 1 日也被认定为正式发现水俣病的时间。此后，1964 年和 1973 年分别在日本新潟县阿贺川流域和有明海南部沿岸的有明街等地区，又发现新的水俣病例，即新潟水俣病。截至 1974 年，水俣病人数已达 1 400 人，疑似患者 4 000 人以

上。流行病学调查发现，水俣病是有甲基汞在特定的地理自然环境中，通过水中食物链富集于鱼贝类体内，人吃了含有甲基汞的鱼贝类海产品而引发的疾病。水俣病与其他传染性疾病最大的不同点是无发热等急性炎症性表现。由于患者长期暴露于含有甲基汞的环境中，表现出了其特有的流行病学特征。主要表现为发病缓慢，流行过程长，地区分布局限，病死率高，发病与食鱼量成正相关关系，多食者症状重，少食者症状轻，停止食用污染后的鱼，病情减轻。患病者地区分布与致病因子分布存在地域相关，主要在水俣湾沿岸的渔民村庄。发病与年龄、性别无关，与职业关系明显，渔民及其家族多发，有明显的家族聚集性，家族内不呈现人与人之间的传播途径。有明显的季节性，与捕鱼季节一致(4－9 月)。其饮食特征是大量食用水俣湾内捕获的鱼及其海产品，烹调方式虽然存在差异，但产生后果相同。

根据对日本水俣病的研究推算，人体内甲基汞蓄积到约 43 mg/kg 时，会出现感觉障碍，蓄积到 140 mg/kg时会出现水俣病的典型症状。从预防医学的角度来看，出现症状的甲基汞最小蓄积量为20 mg/kg。

水俣病有多种分型方法，通常根据病程长短分为急性、亚急性型和慢型。急性、亚急性大部分患者最初表现为四肢末端或口周围有麻木感，随后出现手的动作障碍，同时还出现协调动作障碍，感觉障碍，软弱无力感和震颤，小脑性语言障碍，步态失调，出现视觉和听力障碍，这些症状逐渐加重，最终导致全身瘫痪，吞咽困难，痉挛以致死亡。有文献也称上述症状为 Hunter-russel 症候群。慢性型水俣病呈现缓慢的进程，多半是在受检期间才出现水俣病的共同症状，自觉症状需要详细询问病史才能发现。症状较全的患者可见感觉障碍、共济失调、视野缩小、听力障碍、语言障碍、眼球运动异常，智力障碍以致震颤、四肢无力等。水俣病的诊断方法：首先是根据流行病学史，患者在发病区食用过污染的海产品，有明显的神经系统症状，如四肢麻木感、感觉障碍，尤其是深部感觉障碍，向心性视野狭窄，特有的语言功能障碍，运动失调及听力减退；其次是实验室检查，尿中汞含量显著增高，血尿常规检查，肝功能、脑脊液检查无明显变化。肌电图未见明显变化，脑电图可有额部一过性快波或痉挛波出现，发汞含量高具有重要的诊断意义。

(二)伊拉克汞中毒事件

伊拉克麦粒汞中毒是同日本水俣病一样的甲基汞中毒事件。作为最严重的食物中毒事件之一，有 650 人因此死亡，受影响的人至少上万人。1972 年，伊拉克从美国和墨西哥进口小麦种子，为防止发霉，贸易商使用了 Cargill 公司研制的含有甲基汞的杀真菌剂。最初这种使用杀菌剂浸泡过的试验品的袋子上印有“此为试验品，不供食用”的字样及“毒物”的标志图案，然而，这批种子运到伊拉克境内后，已经错过了播种时间，标示字迹也已经模糊，分销商不知道是否可食用，就当作可食用的麦粒卖给农民。流行开始时，大家没有意识到污染源是麦粒，但很快发现患者临床症状与过去发生的其他中毒不同，几个月后，经气相色谱对这批小麦磨成的面粉样品分析，这些患者才被确诊为甲基汞中毒。小麦种子中甲基汞的含量平均为 7.9 μg/g，小麦种子磨成面粉中，甲基汞含量平均为 9.1 μg/g。对患者头发逐段分析表明，流行期内发汞含量明显增高。

此次中毒事件中，患者具有明显神经系统症状，但是与水俣病的临床表现不完全一致。其初发症状为四肢及口唇麻木、感觉障碍等，症状程度与所食用面包量成正比，后期出现一系列典型的 Hunter-Russell 综合征。患病区域与小麦流通区域一致，发病与年龄、性别、职业等均无关。流行期内，患者尿汞和发汞水平增高。

此外，根据研究者的推断，有些患者也可能是通过其他途径发生中毒的。例如，进口麦粒作为饲料喂养家畜后，食用污染家畜的肉，食用曾放在装过麦粒袋子里的污染蔬菜，以及在中毒事件发生后，政府将污染麦粒倾倒入海，食用污染水域里的水产品等。这次事件后，世界卫生组织规定，在进出口贸易过程中：危险标签必须以进口国和出口国两种文字书写；危险标签上表示警告的标志，必须与当地习惯一致。

比如，某些国家以蛇，而不是骷髅来做标志的；危险标签必须跟随包装妥善保护。

(三)儿童甲基汞长期暴露的健康影响

世界范围内，关于儿童甲基汞暴露长期健康影响的研究主要集中在新西兰、法罗群岛和塞舌尔，然而三个地点的研究结果不尽相同。来自新西兰和法罗群岛的研究结果显示，母体甲基汞暴露量的增加对儿童的大脑发育结果具有不利影响，但来自塞舌尔群岛的研究结果却显示没有发现对神经系统有一致的负面影响。新西兰的研究发现高发汞组(母亲发汞＞6 μg/g)相比低发汞组(＜3 μg/g 和 3～6 μg/g)子代发育得分偏低的比例升高；在法罗群岛，当地居民偶尔食用高汞含量(平均含量为 1.6 μg/g)的鲸鱼，但是仍发现脐带血汞含量较高者伴随着低的发育得分；在塞舌尔儿童发育研究中(the child development study on the seychelles)，当地居民每天食用低汞含量(＜0.3 μg/g)的各种海鱼，研究发现母亲发汞含量在和神经系统发育评分之间无显著关系。

三个地点研究结果的差异可能是如下原因所致。

(1)塞舌尔群岛的海鱼汞含量相对较低且富含 omega-3 脂肪酸，其他两地主要汞暴露食物的汞含量是塞舌尔的 5～13 倍。鱼肉含丰富的长链不饱和脂肪酸，omega-3 脂肪酸可以促进大脑发育，掩盖了甲基汞的毒性作用；Cohen 等研究发现孕妇每天增加 DHA 摄入 100 mg，孩子 IQ 平均提高 0.13。如何平衡食用鱼肉的营养摄入收益和甲基汞暴露风险也是一个难题。Myers 等研究发现塞舌尔实验结果不一致可能代表其中存在着暴露阈值，也可能是由于营养物质与汞的相互作用的结果。

(2)协同污染物。塞舌尔群岛的鱼类并未检出多氯联苯，杀虫剂水平低于 WHO 限值标准，而法罗群岛主要汞暴露源领航鲸富含多氯联苯(PCB)，PCB 可能会影响实验结果而导致结果不一致。PCB 的神经发育毒性较二噁英小，与甲基汞的毒性相似。后来，进一步研究发现汞与 PCB 暴露水平作用分散，并没有直接证明与神经心理学结果的相关性，因此研究结果不一致不能解释为 PCB 的作用。同时，PCB 与汞共同暴露并没有改变汞对 IQ 测试分数的影响。

(3)塞舌尔地区的汞暴露可能已经对胎儿神经发育产生不利影响，只是现在的技术水平还不能检测出来。Johnson 等(1978)描述塞舌尔结果时，提到大脑的损伤在儿童时期可能并不会显现出来，表现的是未成熟的状态，而当大脑发育真正成熟时，才会表现出大脑的损伤。WHO(1990)根据伊拉克的数据推断，产前母亲发汞在 10～20 μg/g 范围内存在临界值，可能使胎儿神经发育表现出不良效果。最近的研究表明，儿童成熟期间出现潜在或延迟的负面影响可能由于产前母亲汞暴露超过 10～12 μg/g，这说明产前暴露与儿童神经发育可能比我们想象的更加复杂。低水平汞暴露可能会导致胎儿神经发育的延迟，当母体发汞含量每增加 1 μg/g，胎儿智商平均下降约 0.18，美国每年有 316 500～637 200 名新生儿因母亲孕期甲基汞暴露而导致智力损伤，由此给美国带来约 87 亿美元的经济损失。

二、有机汞暴露的主要途径

人群暴露的有机汞种类主要是甲基汞。甲基汞最主要的暴露途径是人们通过摄食鱼类及其他水产品；其次，在部分地区摄入生长在汞污染水生环境中的稻谷也是甲基汞暴露的一条途径。此外，值得注意的是注射接种含防腐剂硫柳汞的疫苗是人群暴露有机汞的另外一条重要途径。

(一)消化道暴露

甲基汞等有机汞进入机体的主要途径是人们通过食用受甲基汞污染的鱼类及其他水产品。元素汞和无机汞化合物在微生物的作用下都会直接或间接地转化为有机汞，而且在鱼体、动物体及人体内的无机汞也会转化为有机汞，主要为甲基汞、二甲基汞等。与元素汞和无机汞化合物相比，有机汞的消化吸收率最高，更易被消化道吸收，而且可以在鱼类和贝类中经生物富集作用进一步浓缩蓄积。长期生活在含

极微量甲基汞水域中的鱼，能使甲基汞在其体内蓄积到很高的浓度，甚至高达水体浓度的几千至几万倍，而贝类的蓄积能力更强。因这种生物放大作用是发生在水生环境中，故人群暴露主要见于摄食污染的鱼类和水生动物，尤其是掠食性鱼类和水生动物。除此之外，近期研究还证实部分生长在水生环境中的稻谷也是甲基汞暴露的一条途径，该情况通常发生在鱼类摄入较少的汞矿开采区域，摄入甲基汞污染的大米是当地居民暴露甲基汞最重要的途径。

联合国环境项目估计全球每人每日摄入的甲基汞的平均量为 2.4 μg，但这个量因不同地区人群饮食结构的不同而不同。人群摄食鱼肉中的甲基汞约有 95%被胃肠道吸收。甲基汞与半胱氨酸络合形成一种近似蛋氨酸结构的物质，从而迅速穿过生物学屏障如肠上皮、血脑屏障、胎盘屏障等。这种复合体可通过大量中性氨基酸转运体转运出生物膜。甲基汞随后在哺乳动物的肝组织、脑组织和吞噬细胞中脱甲基化成为无机汞化合物（Hg^{2+}），该机制尚不明确。一旦转化成无机汞化合物，其将非常稳固地存在于脑组织和机体其他组织中。

(二)疫苗注射暴露

人群暴露有机汞的另外一条重要途径是通过注射含硫柳汞的疫苗暴露乙基汞，添加到疫苗和医药制剂中的乙基汞硫代水杨酸钠（商品名为硫柳汞）主要起防腐和抗菌的作用，从而延长疫苗保质期。早在 20 世纪 30 年代，硫柳汞（$C_9H_9HgNaO_2S$）就已被运用在医疗疫苗中，当进行肌内注射后其会降解为乙基汞和硫代水杨酸。但直到 2001 年，才发现这种在体内的降解作用可能会对婴儿造成毒害效应。发育期的胚胎对有机汞的有害作用尤其敏感，因此，孕妇和婴儿接种含硫柳汞疫苗更应受到关注。目前，疫苗中使用硫柳汞的现象在很多经济富裕的国家如美国和欧洲已显著减少，主要是考虑到它作为一种乙基汞复合物的潜在毒性。但它仍然在其他地方被使用，特别是在发展中国家，多用途注射瓶加入硫柳汞用于防腐的优势超过了其他公认的有毒危害防腐剂。因此，孕妇、新生儿、婴幼儿和儿童注射接种含硫柳汞疫苗是其暴露有机汞的重要途径。

三、有机汞暴露的健康危害

有机汞化合物的健康损害效应一直以来备受人们关注。有机汞包括甲基汞、乙基汞、苯基汞等，其中以甲基汞毒性最大。1865 年首次在有机汞合成工作的实验室工作人员发生了甲基汞的重大职业中毒事件，当时人们并不了解该化合物的毒性特点，直到 Hunter 等(1954)对有机汞的职业危害和毒理学特性作了详尽的描述。随后，水俣病、伊拉克汞中毒事件、新西兰人群研究、法罗群岛队列研究及塞舌尔人群研究等一系列甲基汞的健康危害相关历史事件被揭示(表 2-2)。对于有机汞，尤其是甲基汞的健康危害，目前已有较为充分的了解。有机汞化合物除了主要引起神经毒性作用外，还会引起心血管系统、生殖系统、消化系统、免疫系统和肾脏等损伤及胚胎毒性。

表 2-2　甲基汞环境污染及控制的主要历史事件

年份	事件	参考文献
1865	首次报道重大的职业甲基汞中毒事件	Edwards，1865
1887	首次进行甲基汞毒性实验研究	Hepp，1887
1930	报道乙醛生产工人发生有机汞中毒	Koelsch，1937
1940—1954	甲基汞杀菌剂生产工人中毒病例	Hunter and Russell，1954
1952	首次报道两例婴儿的发育期甲基汞神经毒性	Engleson and Herner，1952
1956	发现日本水俣市海产品相关的原因不明疾病	SSSGMD，1999

续表

年份	事件	参考文献
1959	研究污染企业导致动物猫甲基汞毒性	Eto,2001
1967	证明污染河流沉积物中汞的甲基化	Jensen andJernelov,1967
1968	正式确认甲基汞是水俣病的病因	SSSGMD,1999
1955—1972	发现甲基汞中毒流行与食用甲基汞污染的谷粒有关,且甲基汞暴露造成了野生动物种群数量下降	Bakir,1973;Borg,1969
1972	甲基汞发育神经毒性引起的迟发性效应实验研究	Spyker,1972
1972	JECFA 基于成年人甲基汞毒性公布每周暴露限值为 3.3 μg/kg	JECFA,1972
1973	报道伊拉克成年人甲基汞毒性的剂量反应关系	Bakir,1973
1986	流行病学研究首次报道新西兰儿童出现不良效应与母亲怀孕期间摄入甲基汞污染的鱼类有关	Kjellström,1986
1997	前瞻性研究确认法罗群岛儿童的不良效应来源于母亲怀孕期间摄入海产品暴露甲基汞	Grandjean,1997
1998	白宫研讨会中 30 位科学家识别了甲基汞毒性证据中的不确定性	NTP,1998
2000	NRC 公布支持甲基汞的每天暴露限值为 0.1 μg/kg	NRC,2000
2003	JECFA 更新并公布甲基汞的每周暴露限值为 1.6 μg/kg	JEFCA,2003
2004	欧盟专家委员会建议甲基汞暴露水平最小化	EFSA,2004
2005	欧盟禁止汞的出口	European Union,2007
2009	UNEP 决定制定关于控制汞污染的国际公约	UNEP,2009
2013	UNEP 通过《关于汞的水俣公约》,在世界范围内限制汞的使用、进口和出口	UNEP,2013

(资料来源:Grandjean P,Satoh H,Murata K,et al. Adverse effects of methylmercury:environmental health research implications [J]. Environ Health Perspect. 2010,118(8):1137-1145.)

(一)神经系统毒性效应

早在 1958 年,McAlpine 和 Araki 就发现,出现在水俣湾的神经系统疾病相关症状与该地区居民摄入含甲基汞的鱼类有关。甲基汞毒作用的主要靶器官是大脑和神经系统,患者表现出显著的末梢神经紊乱、视野缩小、共济失调、发音障碍、听觉障碍及手震颤等症状。世界卫生组织基于人群的甲基汞中毒研究结果估计,当成年人血汞水平达到 200 μg/L(约为 50 μg/L 的发汞水平)时,就会有 5%的暴露者患有神经系统疾病。但这些评估受到 Kosatsky 和 Foran 的怀疑,他们通过对研究进行重新分析,发现能观察到临床效应的最低剂量(lowest observed effect level,LOEL)其实是相当低的,只有在中高剂量甲基汞暴露的成年人和年龄较大的儿童中才可能出现主观的神经系统症状。然而,也有研究发现即使暴露于远远低于以往发生甲基汞中毒的浓度,在敏感人群中依然可能发生临床神经毒性。

神经系统比体内其他系统对甲基汞的毒性都敏感。甲基汞可抑制体外神经元微管的形成和蛋白质合成,进而改变膜的活性,扰乱 DNA 合成。在神经细胞内,它破坏有丝分裂并干扰神经元的迁移。研究

发现，产前或产后暴露于甲基汞均会对中枢神经系统产生不良影响，但在产前暴露可对胎儿大脑发育造成严重毒性影响。暴露于高水平的甲基汞会导致智力低下，脑瘫，癫痫发作，最终导致死亡。

有关低水平甲基汞暴露与神经发育研究发现，大多数情况下出生前甲基汞暴露比出生后甲基汞暴露能引起儿童更严重的损伤。Jedrychowski 等(2006)和 Lederman 等(2008)发现出生前甲基汞暴露后，在12 月龄或 36 月龄的婴幼儿人群中便可观察到甲基汞损伤效应。此外，在慢性汞暴露人群中，评估晚期汞负荷水平可反映早期汞暴露的长期发展结局。例如，在 4～6 岁的儿童研究中发现，儿童血汞水平与增强的动作震颤幅度有关，并且在成年人中也表现出运动速度和灵活性较差等运动功能损伤。一项儿童注意缺陷多动障碍(attention deficit hyperactivity disorder，ADHD)病例对照研究也发现，甲基汞暴露与其注意力缺陷及过动症等不良行为有关。无论年龄大小，某些功能区可能对甲基汞毒性更敏感，如记忆、语言技能和视觉运动功能。

硫柳汞是一种乙基汞衍生物，已经使用了几十年，但文献中关于其毒性作用的资料很少。大多数关于疫苗中硫柳汞的健康风险评估都是从甲基汞毒性外推而来的。在 SJL/J 小鼠模型上进行的毒性实验发现，硫柳汞导致小鼠生长迟缓及活动度减少等行为功能改变。此外，400 mg 的硫柳汞暴露量就可导致中枢神经系统病变，尤其是小脑，严重可导致死亡。

(二)心血管系统毒性效应

大量研究发现，甲基汞暴露与一系列心血管相关的健康效应有关联。这些效应包括冠心病、急性心肌梗死、缺血性心脏病、高血压等心血管疾病。研究揭示，甲基汞暴露导致成年男性患急性心肌梗死风险增加一倍。

发汞浓度 $\geqslant 2\ \mu g/g$ 的男性相比更低浓度甲基汞暴露的男性，罹患急性心肌梗死或死于冠心病等心血管疾病的风险将增加 2 倍。虽然鱼类所含的必需脂肪酸降低了罹患急性冠心病的风险，但鱼类中的汞污染会削弱这种有利效应。一项基于芬兰东部地区 1871 名 42～60 岁的男性人群队列研究发现，与低发汞浓度($< 2.03\ \mu g/g$)的男性相比，高发汞浓度($\geqslant 2.03\ \mu g/g$)的男性发生急性冠状动脉事件的风险增加了 1.6 倍、发生心血管疾病的风险增加了 1.68 倍和发生死亡的风险增加了 1.38 倍，同时高浓度的发汞也会减弱血清 DHA 和 DPA 的保护作用。在这项研究中，风险增加主要发生在发汞浓度$>2.03\ \mu g/g$ 时，而这个浓度仅是美国 EPA 提供的每日汞参考摄入量(终生不发生明显不良反应的估计量)的 2 倍。相比之下，欧洲的一项大型多中心队列研究揭示，心肌梗死风险增加发生在人群脚趾甲汞浓度为 $0.36\ \mu g/g$ 时，其近似为发汞水平$< 1\ \mu g/g$。

甲基汞暴露与其他心血管相关健康效应的证据较弱。研究发现，孕期甲基汞暴露与 7 岁儿童舒张压和收缩压的增加及心率降低有关。然而，当儿童生长至 14 岁时，与血压的这种相关性并未持续存在；但与心率降低的关联却依然存在，可心率异常对实际临床的影响尚不清楚。针对巴西亚马孙人的一项研究也发现，发汞为 $10\ \mu g/g$ 的研究对象的收缩压(≥130 mmHg)提高了近 3 倍。

(三)胚胎毒性效应

母亲甲基汞中毒可增加胎儿汞暴露的危险。甲基汞能轻易通过胎盘，进而损害胎儿的大脑。通过母婴途径暴露甲基汞后，即使母亲未出现或出现轻微的甲基汞中毒症状，而出生的婴儿则出现严重的大脑麻痹症状，表现为智力障碍、小脑共济失调、病理反射、发音困难及运动过度等症状。这些症状是先天性甲基汞中毒的临床特征。在新生儿中，怀孕期间的甲基汞暴露与神经管缺陷、颅面畸形及发育迟缓等有关。甲基汞可通过胎盘抑制胎儿的大脑发育，从而在发育的后期阶段导致脑瘫和精神运动发育迟缓。世界不同地区的诸多研究发现，母体或者儿童早期甲基汞暴露可引起神经系统功能障碍及新生儿、婴儿和儿童的发育迟缓。母体甲基汞暴露与出生后儿童的语言、注意力、记忆力及空间视觉和运动能力下降有

关。在死亡的胎儿尸检中，也发现小脑普遍发育不全、大脑皮质的神经细胞数量减少、大脑总重量减少、异常神经元迁移及大脑中枢和神经组织紊乱。在灵长类动物研究中，母体的血液甲基汞水平与妊娠率的下降和流产率的增加有关。

20 世纪 50～60 年代，关于日本水俣市甲基汞暴露对渔民家庭后代出生性别比和死胎情况研究发现，水俣市后代男婴出生率下降。此外，甲基汞暴露增加了男性胎儿死胎的敏感性，引起出生胎儿的性别比例改变。

有关低剂量甲基汞对妊娠和胎儿生长影响的研究相对较少。在这些研究中，有两项研究在调整鱼类摄入量后，采用统计估计发现，脐带血汞浓度与低出生体重有关，而其他未对鱼类和海产品摄入量作调整的研究，则未观察到这两者的相关性。在评估脐带血汞浓度与孕龄相关性的研究中发现，甲基汞与早产有关，但另一项类似研究却未发现这种相关性。可见，低水平甲基汞暴露对胎儿生长的潜在效应尚不明确，但已有数据揭示可能对出生后的生长发育有潜在效应。

（四）免疫系统毒性效应

在 2000 年，美国科学研究委员会（National Research Council，NRC）报道了几项实验动物甲基汞暴露和免疫毒性指标相关的研究，发现免疫系统对甲基汞较敏感，并指出甲基汞会对免疫细胞的比率、细胞反应及发育中的免疫系统产生影响。与无机汞相似，在遗传易感性的小鼠中，甲基汞暴露后可产生免疫应答，也可引起免疫抑制。此外，摄入被甲基汞严重污染的亚马孙鱼类也发现免疫毒性的证据，包括血清细胞因子水平的变化和疟疾感染的风险。在韩国成年人的调查中发现，高血汞水平可能与过敏性皮炎风险增加有关。将出生在加拿大渔民家庭和沿海城镇家庭的婴儿分别进行研究发现，婴儿脐带血中汞的水平与 T 细胞和血浆 IgM 水平的比例成反比，但与其他 T-B 和自然杀伤细胞的比例及功能无关。

（五）消化系统和肾脏毒性效应

有机汞中毒的临床效应研究发现，无意的或有自杀倾向的人在摄入致死量的甲基汞后，迅速出现消化道溃疡、穿孔、出血等。肠黏膜屏障的破坏导致大量的汞吸收和肾脏分布，发生肾脏损害，重者可致急性肾功能衰竭。此外，许多病例报告了婴儿暴露于用苯基汞冲洗杀菌的尿布，以及儿童暴露于含有汞的室内乳胶漆，可出现斑丘疹、结节肿胀、肢体疼痛、周围神经病、高血压和肾小管功能障碍。然而，人们对有机汞的个体易感性了解甚少。

（六）甲基汞中毒的诊断

根据水体汞污染水平、食用被汞污染的鱼贝类食物的历史、体内汞蓄积状况，以及临床表现和化验资料，进行综合分析，排除其他疾病，方可诊断。具体诊断标准可参见《水体污染慢性甲基汞中毒诊断标准及处理原则》（GB 6989－1986）。

四、有机汞暴露健康危害的防治

（一）甲基汞健康危害的预防

甲基汞是存在于环境中对人体健康危害最为严重的有机汞化合物，可通过食物链转移，蓄积于剑鱼、鲨鱼和金枪鱼等大型、长寿掠食性鱼类的肌肉组织中。而这类渔产品在提供胎儿发育所必需营养素的同时，甲基汞暴露的风险也在增加，并可导致发育神经毒性和智力降低。因此，限制甲基汞暴露的预防措施应着重于避免摄食或减少摄食甲基汞含量高的鱼类，合理食用健康、新鲜海产品。

1. 合理安全食用海产品，禁食汞矿区污染的稻米、农作物等　海产品是人类接触甲基汞的主要来源。鱼类肝、肾、肺等内脏组织甲基汞蓄积较多，不吃或少吃鱼头、鱼皮和内脏。美国营养膳食指南建议妊娠

期妇女每周 2～3 顿海鲜餐(220～330 g)，尽量食用体积小的鱼类。美国 FDA 曾宣布，鲨鱼、鲭鱼、鳕鱼、金枪鱼等处于食物链较高阶段的鱼类体内甲基汞含量较高，警示人类应少食这些鱼类。禁食汞矿区污染的稻米、玉米、家畜等。

2. 硫柳汞防腐剂的安全使用 2011 年无汞药物联盟等机构提出，应停止在疫苗等药物中使用硫柳汞。虽然目前关于硫柳汞的安全性存在较大争议，但 WHO 和其他许多机构均已启动减少甚至消除疫苗中使用硫柳汞的措施，例如，以无汞单剂量瓶取代多剂量瓶、用其他防腐剂取代硫柳汞的使用、降低疫苗中硫柳汞的使用。

(二)甲基汞中毒的治疗

同元素汞和无机汞化合物中毒的治疗，甲基汞中毒的治疗也主要是进行螯合剂驱汞治疗和对症支持性治疗。值得注意的是，目前，美国 FDA 尚未批准任何螯合剂用于治疗甲基汞和乙基汞中毒。并且，前面涉及的二巯丙醇(BAL)和 D-青霉胺(DPCN)并不能用于治疗有机汞中毒。

二巯基丁二酸(DMSA)可增加甲基汞随尿液排出。动物实验还发现，其可有效促使甲基汞从脑组织排出。因此，该药是重症甲基汞中毒者最常用的螯合剂，可口服，不良反应也最少，如黏膜损伤、中毒性表皮坏死等罕见发生，停药后即可恢复。二巯基丙磺酸钠(DMPS)也能促使甲基汞和无机汞随尿液排出。动物实验还发现，DMPS 相比 DMSA 能更有效地促使甲基汞从肾脏排出。然而，DMPS 却不能促使甲基汞从脑组织排出。

(范广勤　周繁坤　王文娟　李平)

参考文献

[1] 原田正纯. 委内瑞拉的汞污染事件 [J]. 公害研究，1981，10(2)：79-82.

[2] 薛长江，郝凤桐，吴娜，等. 不同原因所致非职业性汞中毒的临床特点分析[J]. 环境与职业医学，2011，28(2)：73-76.

[3] 孙贵范. 职业卫生与职业医学 [M]. 第 7 版. 北京：人民卫生出版社，2012.

[4] 何鹏，梁争论. 硫柳汞防腐剂在人用疫苗中的应用[J]. 中国生物制品学杂志，2013，26(1)：135-143.

[5] CDC (USA Centers for Disease Control and Prevention). National Report on Human Exposure to Environmental Chemicals[R]. Atlanta：CDC，2005.

[6] EPA (USA Environmental Pretection Agency). In：System IRI，editor. Lead and compounds (inorganic) [CASRN 7439-92-1] [R]. Washington (DC)：EPA，2004.

[7] ACGIH (American Conference of Governmental Industrial Hygienists). Mercury，elemental and inorganic：BEI，Documentation. 7th ed [R]. Cincinnati：ACGIH，2001.

[8] Brodkin E，Copes R，Mattman A，et al. Lead and mercury exposures：interpretation and action [J]. Can Med Assoc J，2007，176(1)：59-63.

[9] Bernhoft R A. Mercury toxicity and treatment：a review of the literature [J]. J Environ Public Health，2012，2012：460508.

[10] Meyer-Baron M，Schaeper M，Seeber A. A meta-analysis for neurobehavioural results due to occupational mercury exposure [J]. Arch Toxicol，2002，76(3)：127-136.

[11] Kazantzis G. Diagnosis and treatment of metal poisoning general aspects. In：Nordberg GF，editor. The toxicology of metals. 3rd ed [M]. New York：Elsevier；2007，pp. 313-314.

[12] Ye BJ，Kim BG，Jeon MJ，et al. Evaluation of mercury exposure level，clinical diagnosis and treatment for mercury intoxication [J]. Ann Occup Environ Med，2016，28：5.

[13] Meyer-Baron M，Schaeper M，Seeber A. A meta-analysis for neurobehavioural results due to occupational mercury exposure [J]. Arch Toxicol. 2002，76(3)：127-136.

[14] Mohammad-Khah A，Ansari R. Activated charcoal：preparation，characterization and applications：a review article

[J]. Int J Chem Tech Res. 2009,1: 2745-2788.

[15] Sears M E. Chelation: harnessing and enhancing heavy metal detoxification-a review [J]. Scientific World Journal. 2013,2013: 219840.

[16] Böse-O'Reilly S,Drasch G,Beinhoff C,et al. The Mt. Diwata study on the Philippines 2000-treatment of mercury intoxicated inhabitants of a gold mining area with DMPS (2,3-dimercapto-1-propane-sulfonic acid,Dimaval) [J]. Sci Total Environ. 2003,307(1-3): 71-82.

[17] Flora S J,Pachauri V. Chelation in metal intoxication [J]. Int J Environ Res Public Health,2010,7(7): 2745-2788.

[18] Russi G,Marson P. Urgent plasma exchange: how,where and when [J]. Blood Transfus,2011,9(4): 356-3561.

[19] Nenov V D,Marinov P,Sabeva J,Nenov D S. Current applications of plasmapheresis in clinical toxicology [J]. Nephrol Dial Transplant. 2003,18(s5): 56-58.

[20] Mc A D,Araki S. Minamata disease: an unusual neurological disorder caused by contaminated fish[J]. Lancet,1958,2(7074): 629-631.

[21] Skerfving S B,Copplestone J F. Poisoning caused by the consumption of organomercury-dressed seed in Iraq[J]. Bull World Health Organ,1976,54(1):101-112.

[22] Axelrad A D. ,Bellinger C D. ,Ryan M L. ,et al. Dose-Response Relationship of Prenatal Mercury Exposure and IQ: An Integrative Analysis of Epidemiologic Data[J]. Environ Health Perspect,2007,115(4): 609-615.

[23] Davidson P W,Myers G J,Weiss B,et al. Prenatal methyl mercury exposure from fish consumption and child development: A review of evidence and perspectives from the Seychelles Child Development Study[J]. NeuroToxicology,2006,27(6):1106-1109.

[24] Grandjean P,Weihe P,White F R. ,et al. Cognitive Deficit in 7-Year-Old Children with Prenatal Exposure to Methylmercury[J]. Neurotoxicol Teratol,1997,19(6):417-428.

[25] Huang L,Cox C,Myers G J,et al. Exploring nonlinear association between prenatal methylmercury exposure from fish consumption and child development: evaluation of the Seychelles Child Development Study nine-year data using semiparametric additive models[J]. Environ Res,2005,97(1):100-108.

[26] Jacobson J L,Muckle G,Ayotte P,et al. Relation of Prenatal Methylmercury Exposure from Environmental Sources to Childhood IQ[J]. Environ Health Perspect,2015,123(8): 827-833.

[27] Johnson D,Almli CR. Age,brain damage,and performance. In: Finger S,editor. Recovery from brain damage. Research and theory[M]. New York: Plenum Press; 1978. pp. 115-34.

[28] Myers G J,Thurston S W,Pearson AT,et al. Postnatal exposure to methyl mercury from fish consumption: A review and new data from the Seychelles Child Development Study[J]. NeuroToxicology,2009,30(3): 338-349.

[29] Myers G J,Davidson P W,Cox C,et al. Prenatal methylmercury exposure from ocean fish consumption in the Seychelles Child Development Study[J]. Lancet,2003,361(9370): 1686-1692.

[30] Myers G J,Marsh D O,Cox C,et al. A pilot neurodevelopmental study of Seychelles children following in utero exposure to methylmercury from a maternal fish diet[J]. Neurotoxicology,1995,16(4): 629-638.

[31] Strain J J,Davidson P W,Bonham M P,et al. Associations of maternal long-chain polyunsaturated fatty acids,methyl mercury,and infant development in the Seychelles Child Development Nutrition Study[J]. NeuroToxicology,2008,29(5): 776-782.

[32] Van Wijngaarden,Beck C,Shamlaye C F,et al. Benchmark concentrations for methyl mercury obtained from the 9-year follow-up of the Seychelles Child Development Study[J]. NeuroToxicology,2006. 27(5): 702-709.

[33] Al-Saleh I. Potential health consequences of applying mercury-containing skin-lightening creams during pregnancy and lactation periods [J]. Int J Hyg Environ Health. 2016,219(4-5): 468-74.

[34] Alves M F,Fraiji N A,Barbosa A C,et al. Fish consumption,mercury exposure and serum antinuclear antibody in Amazonians [J]. Int J Environ Health Res. 2006,16(4): 255-262.

[35] Aschner M,Lorscheider F L,Cowan K S,et al. Metallothionein induction in fetal rat brain and neonatal primary astro-

cyte cultures by in utero exposure to elemental mercury vapor (Hg0) [J]. Brain Res. 1997,778(1): 222-232.

[36] ATSDR (Agency for Toxic Substances and Disease Registry). Toxicological profile for mercury: TP-93/10 [R]. Atlanta, Georgia: Centers for Disease Control. 1999.

[37] Bakir F, Damluji S F, Amin-Zaki L, et al. Methylmercury poisoning in Iraq [J]. Science, 1973, 181(96): 230-241.

[38] Bhardwaj A, Kar J P, Thakur O P, et al. Electrical characteristics of PbSe nanoparticle/Si heterojunctions [J]. J Nanosci Nanotechnol, 2009, 9(10): 5953-5957.

[39] Cao Y, Chen A, Jones R L, et al. Does background postnatal methyl mercury exposure in toddlers affect cognition and behavior? [J] Neurotoxicology, 2010, 31(1): 1-9.

[40] Ceccatelli S, Dare E, Moors M. Methylmercury-induced neurotoxicity and apoptosis [J]. Chem Biol Interact, 2010, 188 (2): 301-308.

[41] CDC (Centers for Disease Control and Prevention). Summary of the joint statement on thimerosal in vaccines. Public Health Service[J]. Morb Mortal Wkly Rep, 2000, 49(27): 622-631.

[42] Chen Y W, Huang C F, Tsai K S, et al. Methylmercury induces pancreatic beta-cell apoptosis and dysfunction [J]. Chem Res Toxicol, 2006, 19(8): 1080-1085.

[43] Cheuk D K, Wong V. Attention-deficit hyperactivity disorder and blood mercury level: a case-control study in Chinese children [J]. Neuropediatrics, 2006, 37(4): 234-240.

[44] Clifton J C. Mercury exposure and public health [J]. Pediatr Clin North Am. 2007, 54(2): 237-269.

[45] Clarkson T W. The three modern faces of mercury [J]. Environ Health Perspect 2002, 110(1): 11-24.

[46] Després C, Beuter A, Richer F, et al. Neuromotor functions in Inuit preschool children exposed to Pb, PCBs, and Hg [J]. Neurotoxicol Teratol, 2005, 27(2): 245-257.

[47] Drescher O, Dewailly E, Diorio C, et al. Methylmercury exposure, PON1 gene variants and serum paraoxonase activity in Eastern James Bay Cree adults [J]. J Expo Sci Environ Epidemiol, 2014, 24(6): 608-614.

[48] Edwards G N. Two cases of poisoning by mercuric methide [J]. Saint Bartholomew's Hosp Rep 1865, 1: 141-150.

[49] EFSA (European Food Safety Authority). Opinion of the Scientific Panel on Contaminants in the Food Chain Related to Mercury and Methylmercury in Food. EFSA-Q--030 [R]. Brussels: European Food Safety Authority, 2004.

[50] Engleson G, Herner T. Alkyl mercury poisoning [J]. Acta Paediatr 1952, 41(3): 289-294.

[51] Eto K, Yasutake A, Nakano A, et al. Reappraisal of the historic 1959 cat experiment in Minamata by the Chisso factory. Tohoku J Exp Med 2001, 194(4): 197-203.

[52] European Union. Directive 2007/51/EC of the European Parliament and of the Council of 25 September 2007 Amending Council Directive 76/769/EEC Relating to Restrictions on the Marketing of Certain Measuring Devices Containing Mercury [R]. European Union, 2007.

[53] Fillion M, Mergler D, Sousa Passos CJ, et al. A preliminary study of mercury exposure and blood pressure in the Brazilian Amazon. Environ Health. 2006, 5: 29.

[54] Freire C, Ramos R, Lopez-Espinosa MJ, et al. Hair mercury levels, fish consumption, and cognitive development in preschool children from Granada, Spain [J]. Environ Res, 2010. 110(1):96-104.

[55] Gardner R M, Nyland J F, Silva I A, et al. Mercury exposure, serum antinuclear/antinucleolar antibodies, and serum cytokine levels in mining populations in Amazonian Brazil: a cross-sectional study [J]. Environ Res, 2010. 110(4): 345-354.

[56] Gardner R M, Nyland J F, Silbergeld E K. Differential immunotoxic effects of inorganic and organic mercury species in vitro [J]. Toxicol Lett, 2010, 198(2): 182-190.

[57] Grandjean P, Satoh H, Murata K, et al. Adverse effects of methylmercury: environmental health research implications [J]. Environ Health Perspect, 2010, 118(8): 1137-1145.

[58] Grandjean P, Murata K, Budtz-Jørgensen E, et al. Cardiac autonomic activity in methylmercury neurotoxicity: 14-year follow-up of a Faroese birth cohort [J]. J Pediatr, 2004, 144(2): 169-176.

[59] Guallar E, Sanz-Gallardo M I, van't Veer P, et al. Heavy Metals and Myocardial Infarction Study Group. Mercury, fish oils, and the risk of myocardial infarction [J]. N Engl J Med, 2002, 347(22): 1747-1754.

[60] Häggqvist B, Havarinasab S, Björn E, et al. The immunosuppressive effect of methylmercury does not preclude development of autoimmunity in genetically susceptible mice [J]. Toxicology, 2005, 208(1): 149-164.

[61] Hepp P. Über quecksilberäthylverbindungen und über das verhältniss der quecksilberäthyl- zur quecksilbervergiftung [J]. Naunyn Schmiedebergs Arch Exp Pathol Pharmacol, 1887, 23: 91-128.

[62] Heyer NJ, Echeverria D, Bittner AC Jr, et al. Chronic low-level mercury exposure, BDNF polymorphism, and associations with self-reported symptoms and mood [J]. Toxicol Sci, 2004, 81(2): 354-363.

[63] Hunter D, Russell D S. Focal cerebellar and cerebellar atrophy in a human subject due to organic mercury compounds [J]. J Neurol Neurosurg Psychiatry 1954, 17(4): 235-241

[64] Hybenova M, Hrda P, Prochazkova J, et al. The role of environmental factors in autoimmune thyroiditis [J]. Neuro Endocrinol Lett, 2010, 31(3): 283-289.

[65] Iavicoli I, Fontana L, Bergamaschi A. The effects of metals as endocrine disruptors [J]. J Toxicol Environ Health B Crit Rev, 2009, 12(3): 206-223.

[66] JECFA (Joint Expert Committee on Food Additives, Food and Agriculture Organization/World Health Organization). Evaluation of Mercury, Lead, Cadmium and the Food Additives Amaranth, Diethylpyrocarbonate, and Octyl Gallate. WHO Food Additives Series, No. 4 [R]. Geneva: World Health Organization. 1972.

[67] JECFA (Joint Expert Committee on Food Additives, Food and Agriculture Organization/World Health Organization). Summary and Conclusions. Joint FAO/WHO Expert Committee on Food Additives [R], Sixty-first Meeting, Rome, 2003.

[68] Jedrychowski W, Jankowski J, Flak E, et al. Effects of prenatal exposure to mercury on cognitive and psychomotor function in one-year-old infants: epidemiologic cohort study in Poland [J]. Ann Epidemiol, 2006, 16(6): 439-447.

[69] Jedrychowski W, Perera F, Rauh V, et al. Fish intake during pregnancy and mercury level in cord and maternal blood at delivery: an environmental study in Poland [J]. Int J Occup Med Environ Health. 2007, 20(1): 31-37.

[70] Jensen S, Jernelov A. Biosynthesis of methylmercury (in Swedish) [J]. Nordforsk Biocidinformation, 1967, 10: 4-5.

[71] Johnson F O, Atchison W D. The role of environmental mercury, lead and pesticide exposure in development of amyotrophic lateral sclerosis [J]. Neurotoxicology, 2009, 30(5): 761-765.

[72] Kim B M, Lee B E, Hong Y C, et al. Mercury levels in maternal and cord blood and attained weight through the 24 months of life [J]. Sci Total Environ, 2011, 410: 26-33.

[73] Kjellström T, Kennedy P, Wallis S, et al. Physical and Mental Development of Children with Prenatal Exposure to Mercury from Fish. Stage 1: Preliminary Tests at Age 4. Report 3080 [R]. Solna: National Swedish Environmental Protection Board. 1986.

[74] Knobeloch L, Steenport D, Schrank C, et al. Methylmercury exposure in Wisconsin: A case study series [J]. Environ Res, 2006, 101(1): 113-122.

[75] Koelsch F. Gesundheitsschädigungen durch organische Quecksilberverbindungen [J]. Arch Gewerbepathol Gewerbehyg, 1937, 8(2): 113-116.

[76] Kosatsky T, Foran P. Do historic studies of fish consumers support the widely accepted LOEL for methylmercury in adults [J]. Neurotoxicology, 1996, 17(1): 177-186.

[77] Landrigan PJ. What causes autism? Exploring the environmental contribution [J]. Curr Opin Pediatr, 2010, 22(2): 219-225.

[78] Lederman S A, Jones R L, Caldwell K L, et al. Relation between cord blood mercury levels and early child development in a World Trade Center cohort [J]. Environ Health Perspect. 2008, 116(8): 1085-1091.

[79] Lee B E, Hong Y C, Park H, et al. Interaction between GSTM1/GSTT1 polymorphism and blood mercury on birth weight [J]. Environ Health Perspect. 2010, 118(3): 437-443.

[80] Li S J, Zhang S H, Chen H P, et al. Mercury-induced membranous nephropathy: clinical and pathological features [J]. Clin J Am Soc Nephrol. 2010, 5(3): 439-444.

[81] Lucas M, Dewailly E, Muckle G, et al. Gestational age and birth weight in relation to n-3 fatty acids among Inuit (Canada) [J]. Lipids, 2004, 39(7): 617-626.

[82] Marques R C, Abreu L, Bernardi J V E, Dórea J G. Neurodevelopment of Amazonian children exposed to ethylmercury (from Thimerosal in vaccines) and methylmercury (from fish) [J]. Environ Res, 2016, 149: 259-265.

[83] Mcalpine D, Araki S. Minamata disease: an unusual neurological disorder caused by contaminated fish [J]. Lancet, 1958, 2(7047): 629-631.

[84] Miller S, Pallan S, Gangji A S, et al. Mercury-associated nephrotic syndrome: a case report and systematic review of the literature [J]. Am J Kidney Dis, 2013, 62(1): 135-138.

[85] Cohen J T, Bellinger D C, Connor W E, et al. A quantitative analysis of prenatal intake of n-3 polyunsaturated fatty acids and cognitive development. Am J Prev Med. 2005, 29(4): 366-374.

[86] Myers G J, Davidson P W, Shamlaye C F, et al. Effects of prenatal methylmercury exposure from a high fish diet on developmental milestones in the Seychelles Child Development Study [J]. Neurotoxicology, 1997, 18(3): 819-829.

[87] Myers G J, Thurston S W, Pearson A T, et al. Postnatal exposure to methyl mercury from fish consumption: a review and new data from the Seychelles Child Development Study [J]. Neurotoxicology, 2009, 30(3): 338-349.

[88] Nierenberg D W, Nordgren R E, Chang M B, et al. Delayed cerebellar disease and death after accidental exposure to dimethylmercury [J]. N Engl J Med. 1998, 338(23): 1672-1676.

[89] NRC (National Research Council). Toxicological Effects of Methylmercury [R]. Washington, DC: National Academy Press. 2000.

[90] NTP (National Toxicology Program). Report of the Methylmercury Workshop on Scientific Issues Relevant to Assessment of Health Effects from Exposure to Methylmercury [R]. NTP, 1998.

[91] Nyland J F, Wang S B, Shirley D L, et al. Fetal and maternal immune responses to methylmercury exposure: a cross-sectional study [J]. Environ Res. 2011, 111(4): 584-589.

[92] Ohno T, Sakamoto M, Kurosawa T, et al. Total mercury levels in hair, toenail, and urine among women free from occupational exposure and their relations to renal tubular function [J]. Environ Res, 2007, 103(2): 191-197.

[93] Park H, Kim K. Association of blood mercury concentrations with atopic dermatitis in adults: a population-based study in Korea [J]. Environ Res, 2011, 111(4): 573-578.

[94] Park JD, Zheng W. Human exposure and health effects of inorganic and elemental mercury [J]. J Prev Med Public Health, 2012, 45(6): 344-352.

[95] Plusquellec P, Muckle G, Dewailly E, et al. The relation of environmental contaminants exposure to behavioral indicators in Inuit preschoolers in Arctic Quebec [J]. Neurotoxicology, 2010, 31(1): 17-25.

[96] Pyszel A, Wrobel T, Szuba A, et al. Effect of metals, benzene, pesticides and ethylene oxide on the haematopoietic system [J]. Med Pr, 2005, 56(3): 249-255.

[97] Ramon R, Ballester F, Aguinagalde X, et al. Fish consumption during pregnancy, prenatal mercury exposure, and anthropometric measures at birth in a prospective mother-infant cohort study in Spain [J]. Am J Clin Nutr, 2009, 90(4): 1047-1055.

[98] Saint-Amour D, Roy MS, Bastien C, et al. Alterations of visual evoked potentials in preschool Inuit children exposed to methylmercury and polychlorinated biphenyls from a marine diet [J]. Neurotoxicology, 2006, 27(4): 567-578.

[99] Singh VK. Phenotypic expression of autoimmune autistic disorder (AAD): a major subset of autism [J]. Ann Clin Psychiatry, 2009, 21(3): 148-161.

[100] Solt I, Bornstein J. Childhood vaccines and autism: much ado about nothing? [J]. Harefuah, 2010, 149(4): 251-255.

[101] Spyker JM, Sparber SB, Goldberg AM. Subtle consequences of methylmercury exposure: behavioral deviations in offspring of treated mothers [J]. Science, 1972, 177(49): 621-623.

[102] SSSGMD (Social Scientific Study Group on Minamata Disease). In the Hope of Avoiding Repetition of Tragedy of Minamata Disease [R]. Minamata, Japan: National Institute for Minamata Disease. 1999.

[103] Stern A H. A review of the studies of the cardiovascular health effects of methylmercury with consideration of their suitability for risk assessment [J]. Environ Res, 2005, 98(1): 133-142.

[104] Syversen T, Kaur P. The toxicology of mercury and its compounds [J]. J Trace Elem Med Biol, 2012, 26(4): 215-226.

[105] Tan S W, Meiller J C, Mahaffey K R. The endocrine effects of mercury in humans and wildlife [J]. Crit Rev Toxicol, 2009, 39(3): 228-269.

[106] Virtanen J K, Voutilainen S, Rissanen T H, et al. Mercury, fish oils, and risk of acute coronary events and cardiovascular disease, coronary heart disease, and all-cause mortality in men in eastern Finland [J]. Arterioscler Thromb Vasc Biol, 2005, 25(1): 228-233.

[107] Vojdani A, Pangborn J B, Vojdani E, et al. Infections, toxic chemicals and dietary peptides binding to lymphocyte receptors and tissue enzymes are major instigators of autoimmunity in autism [J]. Int J Immunopathol Pharmacol, 2003, 16(3): 189-199.

[108] UNEP (United Nations Environment Programme). Minamata Convention on Mercury [R]. UNEP, 2013.

[109] Virtanen J K, Voutilainen S, Rissanen T H, et al. Mercury, fish oils, and risk of acute coronary events and cardiovascular disease, coronary heart disease, and all-cause mortality in men in eastern Finland [J]. Arterioscler Thromb Vasc Biol, 2005, 25(1): 228-233.

[110] Wada H, Cristol D A, McNabb F M, et al. Suppressed adrenocortical responses and thyroid hormone levels in birds near a mercury-contaminated river [J]. Environ Sci Technol, 2009, 43(15): 6031-6038.

[111] Xue F, Holzman C, Rahbar M H, et al. Maternal fish consumption, mercury levels, and risk of preterm delivery [J]. Environ Health Perspect, 2007, 115(1): 42-47.

[112] Yokoo EM, Valente JG, Grattan L, et al. Low level methylmercury exposure affects neuropsychological function in adults [J]. Environ Health. 2003, 2(1): 8.

[113] Yoshida M. Placental to fetal transfer of mercury and fetotoxicity [J]. Tohoku J Exp Med. 2002, 196(2): 79-88.

第三章　汞的毒作用机制

不同价位及形态的汞对机体损伤的途径及方式存在显著差异，因此对于汞毒作用机制的评价须综合考虑其生物转运与转化。目前，人们已经对汞毒作用的机制进行了深入的研究，但其确切机制仍未完全阐明。现有文献报道主要着眼于汞对神经系统、泌尿系统的毒性及其毒性机制，而人体其他系统毒性的研究相对薄弱。同时，不同形式的汞在进入人体，在体内转运、转化及产生毒性作用时，会受到其他物质的影响，其毒作用结果可能会因其他物质的干预而产生迥然不同的结果。本章从汞的不同形态出发，阐述汞对机体不同器官、系统的毒作用机制及其毒作用的影响因素。

第一节　汞的生物转运与转化

一、无机汞的生物转运与转化

元素汞（即单质汞，Hg^0）是常温下唯一以液体形式存在的金属，但由于汞的特殊理化性质，自然界中几乎不存在纯净的液态金属汞，一般情况下都是以汞的化合物形式存在。在无机汞化合物中，汞以一价或二价形态与其他元素结合，常见的无机汞化合物有硫化汞、氯化亚汞、氯化汞及氧化汞等。这些无机汞的化学性质不同，但一般都具有毒性。

Patrick 等（2014）研究显示，元素汞具有高度挥发性和脂溶性，主要以不带电荷的单原子汞蒸气形式通过呼吸道进入人体，其物理特性与麻醉气体相似，在肺中易穿过细胞膜并迅速弥散，透过肺泡壁被吸收进入血液和组织液，吸收率可达 70%，并可穿过血脑屏障和胎盘屏障。Abernethy 等（2010）发现，Hg^0 会以硫化汞自我覆盖的方式限制汞蒸气的释放，很难通过胃肠道吸收，其吸收率不到 1%。无机汞化合物可通过呼吸道、消化道及皮肤等途径进入人体，经消化道进入机体的无机汞可通过肠道转运，肠细胞类型决定其转运方式，主要有主动转运和被动转运两种方式。食物中的氨基酸、肽等含有丰富的硫醇分子可结合 Hg^{2+}，结合成的化合物与经小肠吸收的某些内源性分子（氨基酸、肽）的大小、形态相似，因此 Hg^{2+} 易被消化道吸收。大部分无机汞化合物都具有皮肤刺激性，一旦接触会出现水泡或溃疡，高浓度暴露会引起皮疹、过敏、肌肉抽搐等，由此表明无机汞化合物可以通过皮肤吸收。

汞蒸气进入体内最初的分布特征取决于其物理特性，而长期的组织分布特征与无机汞相似，暴露时间决定其在体内分布形态。Rahola 等（1973）研究表明，成年志愿者单次吸入汞蒸气的研究显示，其半衰期因器官而异，全身平均半衰期约 60 d。红细胞是 Hg^0 在体内的主要运输载体，机体暴露的前几个小时，血液中的 Hg^0 几乎全部集中于红细胞，约 20 h 后，红细胞中 Hg^0 浓度水平下降，血浆水平升高，其后红细胞与血浆中的汞比例保持在 2∶1，半衰期均为 80 h 左右。由于元素汞本身无法与组织结合，进入体内 80%的汞蒸气可被过氧化氢酶氧化为二价汞离子（Hg^{2+}），在体内代谢发挥毒作用。其代谢转化的速率和位置，决定毒性大小和毒性模式。

Hg^{2+} 在肝窦侧膜可与硫醇或白蛋白、铁蛋白、γ-球蛋白等血浆蛋白结合，但由于这些汞的化合物分子较大，只有一部分可从肝窦侧膜吸收，大部分还是通过吞噬、胞饮等内吞作用转运。Hg^{2+} 与蛋白质巯基（—SH）有特殊亲和力，Hg^{2+} 在体内与一些酶类（如对细胞内的糖降解系、三羧酸循环及氧化还原中起重

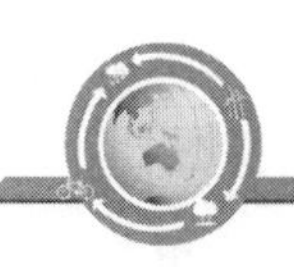

要作用的各种酶类)或谷胱甘肽等所含有的—SH结合,干扰其活性甚至使其失活。从单次静脉注射汞盐的动物研究显示,无机汞进入机体后可分布在哺乳动物某些特异的细胞和组织中,尤其是对外胚层和内胚层上皮细胞和一些腺体有特殊的亲和力,易蓄积的腺体主要有唾液腺、甲状腺、肝脏、胰腺和汗腺,以及肾脏、睾丸和前列腺。Bridges等(2012)指出,肾脏对Hg^{2+}的摄取和蓄积能力强、发生迅速,大鼠暴露于非肾毒性剂量$HgCl_2$ 1～3 h内,肾脏中Hg^{2+}的含量高达总暴露量的40%。因此,机体暴露于无机汞后,大多数蓄积在肾脏,近端小管是Hg^{2+}的主要蓄积部位,其他肾小管段亦可少量吸收、蓄积和排泄Hg^{2+}。传统认为Hg^{2+}无法穿透胎盘屏障,但ASK等(2002)少量动物实验研究发现Hg^{2+}也可蓄积于胎盘和胎儿。

无机汞主要经粪便和尿液排出体外,少部分经乳汁、呼出气、皮肤、唾液、汗液、毛发排出。吸入汞蒸气后在机体未产生肾损害之前,尿汞的排出量占总排泄量的70%,但尿汞排泄较为缓慢且不规则。

二、有机汞的生物转运与转化

Hg^{2+}与烷基、烯基、炔烃基、芳基、有机酸残基等结合可形成有机汞化合物,常见的有机化合物有甲基汞、二甲基汞、二乙基汞等。有机汞化合物中,烷基汞的毒性最大,尤其是甲基汞。在自然界中,水生微生物(厌氧的硫酸盐还原菌)的作用可使无机汞转化为甲基汞,在鱼体内70%～90%的汞是以甲基汞的形式存在。

人类对于甲基汞的暴露主要是由于食用被污染的食物,因此主要经消化道吸收进入机体。Wang等(2012)研究表明(CH_3Hg^+)主要与L-半胱氨酸(Cys)结合形成CH_3Hg-S-Cys,通过摄食进入机体后,CH_3Hg^+主要是以CH_3Hg-S-Cys形式存在于肠腔内。CH_3Hg^+可与食物中的硫醇的分子形成多种硫化合物,因此摄入食物的成分对肠细胞吸收CH_3Hg^+能力有较大影响。经肠吸收后,CH_3Hg^+通过肝门静脉血液输送至肝脏,CH_3Hg^+与谷胱甘肽(glutathione S-transferase,GSH)形成的化合物CH_3Hg-S-G的结构与GSH相似,该物质可利用小管膜中GSH的转运蛋白从肝细胞转运至胆汁。因此,细胞内GSH的浓度可影响肝对CH_3Hg^+的转运,肝细胞中GSH浓度升高会加速CH_3Hg^+往胆汁中的排泄,同时Cys也会加速细胞对CH_3Hg^+的摄取。分泌至胆汁后,CH_3Hg-S-G可被γ-谷氨酰转移酶和半胱氨酸蛋白酶分解产生CH_3Hg-S-Cys,被胆管和肠细胞重新吸收。

Kershaw等(2012)研究发现甲基汞经消化道进入血液后,30 h内随血液分布于全身,生物体中甲基汞的浓度与血液中的浓度成比例地存在,测量血液甲基汞浓度可推断器官中的浓度,约4 d后在体内各组织器官分布达到平衡状态。红细胞膜的Na^+、K^+-ATP酶可结合7分子CH_3Hg^+、Mg^+、Ca^{2+}-ATP酶可结合1分子CH_3Hg^+,Wistar大鼠静脉注射非肾毒性剂量的甲基汞24 h后,约30%的CH_3Hg^+存在于血液中,其中99%的CH_3Hg^+存在于红细胞中。

甲基汞在吸收初期时,在血液、肝脏中浓度较高,然后逐渐向脑部蓄积,水俣病患者肝、肾部位病理改变均较脑部轻微。甲基汞有亲脂性,对具有高脂肪含量的中枢神经系统具有特殊的亲和力,易穿过血脑屏障和胎盘屏障。妊娠期小鼠静脉注射甲基汞的实验表明,胎鼠脑中蓄积量是母体的1.7～4.8倍,通常损伤最严重的部位是大脑和小脑皮质,脑干其次,损伤最轻的是脊髓,慢性中毒还会导致周围神经损伤,其中毒症状主要和特定区域的神经凋亡有关。研究发现,CH_3Hg-S-Cys可竞争性结合内皮细胞和神经胶质细胞的氨基酸转运载体LAT1和LAT2,穿过血脑屏障,因此,中性氨基酸会抑制内皮细胞对CH_3Hg^+的摄取,而神经胶质细胞中Cys会增加血脑屏障毛细血管内皮细胞对CH_3Hg^+的摄取。尽管甲基汞穿透胎盘的能力比其他汞化合物高10倍,但从血液向母乳的转运能力低于无机汞,一般母乳中甲基汞浓度约为血液中的5%。机体暴露于甲基汞时,血汞在毛发生长阶段移动并蓄积在毛囊,头发中的汞浓度与血液浓度成正比,与摄食量呈正相关。Cheng等(2009)在我国舟山调查渔民家庭发现,渔民头发中总汞和甲

基汞含量分别为 5.7 μg/g 和 3.8 μg/g，高于其他家庭成员 2.0～2.6 倍，而他们日常饮食中消耗的鱼类也是其家庭成员的 2.4～2.5 倍。

经胆汁排泄及肠道菌群的转化作用，大多数甲基汞通过去甲基化溶解并以 Hg^{2+} 形式排泄到粪便中，少部分经胆汁中排出的甲基汞可被重吸收进行肠肝循环。甲基汞的排泄速度慢，在体内的半衰期长，一般为 70 d 左右，但甲基汞可经母乳排出，因此母乳喂养妇女体内甲基汞的半衰期比其他妇女短得多。甲基汞经尿排泄量较少，由于无机汞的存在，尿液中难以准确检测到甲基汞浓度，尿汞浓度无法准确反映机体甲基汞积累量。另外，甲基汞也可通过呼气、唾液和汗液排泄。

（王文娟）

第二节　汞的毒作用机制

通过不同途径进入人体的汞及其化合物能够引起多系统功能损害，如中枢及外周神经系统、泌尿系统、免疫系统、生殖系统、胚胎发育等，而其中尤以神经系统和泌尿系统损伤最为显著。虽然人们致力于汞的毒性损伤研究已有多年，但对汞的毒性表现及其作用机制的认识仍有待于进一步加深。而目前的研究普遍认为，其毒性作用机制主要包括以下几个方面。

一、汞的神经毒性机制

汞神经毒性损伤的作用机制主要是汞与蛋白质的巯基结合，包括与谷胱甘肽(GSH)结合，形成不可逆复合物，干扰酶的活性，干扰其抗氧化功能；与细胞膜表面酶的巯基结合，改变细胞膜结构和功能等。

（一）有机汞的神经毒性机制

1. 抑制蛋白质的合成　β_2-微管蛋白是微管的组成部分之一，而微管又是细胞骨架的重要成分之一，在维持细胞增长、细胞分裂及细胞骨架稳定等方面具有重要作用。因此，β_2-微管蛋白在神经元的正常发育和成形中起着非常重要的作用。甲基汞可以抑制 β_2-微管蛋白的合成，进而干扰神经元内部的结构及生化的动态平衡。有资料显示这可能是慢性汞中毒与阿尔茨海默病(Alzheimer's disease，AD)之间可能的机制之一。

2. 破坏线粒体的功能　有机汞对小鼠线粒体结构及功能可产生明显影响。实验证明，低、中、高剂量有机汞染毒的小鼠，线粒体 ATP 酶活性都有所下降，以高剂量组最明显。线粒体超微结构改变随染毒剂量增加而加重。甲基汞对酶的抑制作用，可能是由于它作用于配基，而不是直接作用于酶的活性中心，或者是它与酶所催化的基质分子形成复合物所致。此外，甲基汞与酶整体的任何单一组分结合，也可影响整个酶的活性。有机汞对线粒体 ATP 酶活性的影响使得 ATP 迅速减少，可能是引起蛋白质合成减少的更为重要的原因。甲基汞通过其亲脂性作用，渗入突触小体膜，并损伤了线粒体内膜，导致氧化磷酸化过程的解偶联和 ATP 生成的减少，使得突触小体蛋白质合成受到抑制。

3. 对神经细胞内离子的影响　甲基汞可使大鼠大脑皮质、小脑神经细胞内游离钙水平显著升高，且呈剂量-效应关系，甲基汞升高神经细胞内游离钙的作用与细胞外钙大量内流和细胞内钙释放有关，且以细胞外钙内流为主。细胞外钙离子内流与天冬氨酸受体门控 Ca^{2+} 通道及电压门控 Ca^{2+} 通道有关，而与电压依赖 Na^{+} 通道无关。Bapu 等通过实验证明汞还可使机体内的 Mg、Na、K、Mn、Cu、Cr、Ni 含量下降，尤以血清 Mg 下降为甚。

4. 干扰神经递质　对乙酰胆碱(acetylcholine，ACh)的影响：甲基汞可使动物脑中不同区域(大脑皮质、小脑、海马、脑干)的胆碱摄取下降，而胆碱的高亲和力摄取系统是 ACh 合成的限速因子，故可导致合

成原料胆碱来源减少，而使 ACh 含量降低。

对一氧化氮（nitric oxide，NO）的影响：NO 在大脑中的作用非常复杂，具有神经递质、调节因子等多重功能，并且与学习记忆密切相关。在小脑中，NO 是重要信使之一，因此也成为一氧化氮合成酶（nitric oxide synthase，NOS）活性最高的部位。正常情况下 NOS 及其 mRNA 呈阴性，但在汞暴露后则呈阳性，且小脑 NOS 活性增高并显示钙依赖性。但目前有关汞对脑内 NO 影响的研究非常少，故尚需进一步研究。

对谷氨酸递质系统的影响：许多关于甲基汞的神经毒性和谷氨酸递质系统的研究认为，甲基汞对神经胶质细胞谷氨酸-谷氨酰胺循环所造成的损伤是其对中枢神经系统毒性损伤的主要原因之一。

对其他递质的影响：在甲基汞作用下，肾上腺素水平在中枢神经系统所有区域都有所降低，尤以大脑皮质和脑桥髓质最为明显，多巴胺水平仅在黑质有所下降，5-羟色胺水平在丘脑下部、纹状体、海马和嗅球部位有所升高。体外研究表明，甲基汞能促进突触小体释放单胺类递质和兴奋性氨基酸，且其释放量与甲基汞的浓度和暴露时间呈正相关；同时，它还抑制突触对单胺类递质和兴奋性氨基酸的摄取，导致其在突触间隙的水平增高，不断刺激受体，激发级联反应，引起神经细胞的损伤。

5. 损伤神经胶质细胞的结构　胶质纤维酸性蛋白（glial fibrillary acidic protein，GFAP）由星形胶质细胞所合成，在细胞内构成微丝，形成星形胶质细胞的骨架。研究发现汞暴露组大鼠小脑白质 GFAP 较对照组明显增多，提示汞可以改变星形胶质细胞 GFAP 的表达，干扰细胞对 GFAP 的合成，从而改变细胞的结构和功能。

6. 自由基的产生及氧化应激　自由基的产生及氧化应激反应可通过脂质过氧化来损伤神经细胞。脑神经细胞富含多不饱和脂肪酸，易被诱发脂质过氧化，从而加剧脑组织的损伤。研究显示，甲基汞可升高小脑中脂质过氧化物（lipid peroxides，LPO）的含量。此外，研究发现甲基汞可使小脑中活性氧形成率显著升高，而活性氧是细胞过氧化损伤的始动因子。脂质过氧化一旦启动，即可通过自由基链式反应发展下去从而导致其终产物 LPO 水平升高。已有大量实验证明汞可广泛诱发血清、心脏、肝脏、肾脏、肌肉、脑、睾丸等组织中 LPO 水平的升高，汞诱发脂质过氧化可引起膜脂和膜蛋白损伤，产生“膜穿孔”。另外还能通过脂质过氧化，造成 DNA 结构和功能的改变。汞在机体内，一方面与 GSH 等抗氧化物结合，并抑制 GSH 过氧化物酶、超氧化物歧化酶等抗过氧化物酶体系的活性，降低体内消除自由基的能力。另一方面，又可产生自由基，使脂质过氧化物进一步增强，导致体内 LPO 含量升高。脂质过氧化对线粒体结构及其呼吸酶的损伤可使呼吸链功能低下，从呼吸链上产生氧的漏失，形成活性氧自由基，引起氧化脂质的堆积，最终导致细胞的死亡。

7. 对金属硫蛋白的影响　金属硫蛋白（metallothionein，MT）是一种低分子量且能与重金属结合的蛋白质。因其富含巯基，故与 Hg^{2+} 有极大的亲和力。MT 有 3 种亚型：MT-Ⅰ、MT-Ⅱ、MT-Ⅲ。免疫组化及原位杂交研究发现 MT-Ⅰ及 MT-Ⅱ主要分布于胶质细胞及室管膜细胞，而 MT-Ⅲ在神经元中优先表达。研究发现，在培养的神经元中予以汞暴露，MT-Ⅰ和 MT-Ⅱ的 mRNA 及蛋白质表达增加，而 MT-Ⅲ表达下降 30%～60%。MT-Ⅲ mRNA 表达降低会导致汞易于进入脑组织，进而产生神经毒作用，这可能与 MT-Ⅲ蛋白质生成减少有关。这种损害在 MT-Ⅲ及锌含量丰富的脑区如海马等部位尤为明显。总之，汞在蛋白质和 mRNA 水平干扰了 MT 在脑中的表达。此外，MT-Ⅲ基因表达的下调还参与了一些神经元的变性过程。

（二）汞及其无机化合物的神经毒性机制

1. 与体内大分子发生共价结合　Hg^{2+} 对水具有高度亲和性，因而其对体内含有 S、O、N 等电子供体的基团具有很强的攻击力。一旦与这些基团结合，能抑制拥有这些基团的酶及蛋白质的功能，甚至使其

失活。如与含巯基的硫辛酸、泛酰巯乙胺、辅酶 A 等结合，就会影响大脑丙酮酸的代谢。此外体内有较多的非功能性巯基，构成球蛋白的疏水部分，如果与汞结合则体积缩减，整个分子构象改变，使酶失去活性。Hg^{2+} 除与酶、结构蛋白等大分子物质发生共价结合造成功能和结构损伤外，它的亲电子性还决定它对 DNA 也能造成明显的损伤，可造成 DNA 单链断裂。

2. 引起细胞“钙超载” 研究表明，Hg^{2+} 可导致细胞外液 Ca^{2+} 大量进入细胞，引起“钙超载”。后者已被大量实验证实为细胞损伤的重要分子机制。因细胞内高浓度钙可直接激活胞质内的磷脂酶 A_2，从而造成生物膜的磷脂分解，并生成大量花生四烯酸与氧自由基，造成细胞损伤。此外 Hg^{2+} 还可激活 Ca^{2+} 的反应位点，直接诱发 Ca^{2+} 介导的各种反应，导致细胞损伤。

二、汞的肾脏毒性机制

肾脏是人体的主要排泄途径之一，也是汞在体内最主要的靶器官之一。以不同方式进入体内的汞及其化合物，均可在肾内蓄积。汞的毒性能够直接损伤肾小管，引起急性肾功能衰竭和急性间质性肾炎，组织学表现为急性肾小管坏死。实验结果表明，汞暴露组大鼠肾皮质汞是肝汞含量的 15 倍。肝、肾皮质、尿汞及尿 N-乙酰-β-D-葡萄糖苷酶(N-acetyl-beta-D-glucusamidase，NGA)、碱性磷酸酶(alkaline phosphatase，ALP)、乳酸脱氢酶(lactate dehydrogenase，LDH)活性，尿蛋白和血尿素氮(blood urea nitrogen，BUN)含量均高于对照组，表明汞可造成大鼠急性肾损伤。另有研究显示慢性汞暴露可以引发肾小球膜性病变和系膜增生性病变，引起肾小球毒性损伤的发病机制为重金属汞与体内蛋白结合形成半抗原，透过肾小球滤过膜，最终导致膜性病变。

无机汞可以快速地引起肾脏损伤，以 $HgCl_2$ 100 mg/kg 染毒小鼠，在 1 h 后就可观察到近曲小管发生退行性改变。而对慢性氧化汞接触者的肾功能检测发现，尿中 $β_2$-微球蛋白($β_2$-microglobulin，$β_2$-MG)含量增多，血清及尿中 Tamm-Horsfall 蛋白(THP)降低，表明汞性肾损伤早期主要为肾小管，包括近曲小管、髓袢升支和远曲小管的损伤。对汞接触工人(尿蛋白呈阳性，排除其他肾脏疾病)进行放射性核素肾图检查，结果显示肾浓聚、排泄功能均出现不同程度的降低。肾脏病理组织检查及免疫荧光检查显示，肾小管-间质或肾小球出现损害，肾小球间毛细血管丛扩张，基底膜轻度不均匀性增厚，肾小球系膜细胞和系膜基质轻度增生，小球囊腔变窄，有蛋白质渗出；肾小管一般可见上皮细胞浊肿，少数远曲小管中有透明管型。

依据汞的存在形式不同，其与肾相互作用的部位亦存在差异，如无机汞是在 S_3 段近端小管被处理，而有机汞则可能在 S_2 和 S_3 段均有累及。金属结合蛋白、包涵体、细胞专一性的受体如某些蛋白质能够影响肾小管细胞的表达，这些因子能够诱导在近端小管 S_3 段的氧化脱甲基作用，并且增加无机汞通过肾的排泄量。无机及有机汞均会损伤肾脏的近端小管线粒体，导致细胞呼吸功能的丧失，改变亚铁血红素生物合成途径的关键酶。无机汞和有机汞都能够改变肾小管细胞溶酶体的结构和功能，汞制剂对肾脏溶酶体系统的结构及生物化学功能的干扰促使与汞结合生成的金属结合蛋白、金属硫蛋白释放到尿中，从而导致蛋白尿的产生。

虽然对于汞的肾脏毒性已经进行了大量的动物实验和流行病学调查，但汞的接触剂量与肾损伤效应之间的剂量-效应关系至今仍未明确。目前有研究显示，汞引起的尿中卟啉含量的变化与肾内蓄积的汞之间可能存在着一定的剂量关系。卟啉是哺乳动物组织内亚铁血红蛋白生物合成的中间体，通常在组织内以 8、7、5、4 几个羧基键结合亚铁血红蛋白。正常情况下，尿中卟啉的排泄量和代谢形式基本恒定。动物实验证实，汞染毒后小鼠尿卟啉特异性增高，连续注射金属螯合剂 DMPS 后，尿汞与尿中卟啉呈显著负相关，但其二者之间的剂量-效应关系如何及不同种属之间是否均存在这种量效关系还有待于进一步深入研究。

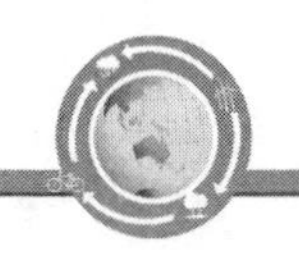

过往关于汞的肾毒性研究多集中于高浓度汞接触引发的急性或亚急性中毒，而随着人们健康意识的增强、生产技术的革新及检测方法的改进，现今的汞暴露人群多是长期暴露于低浓度汞环境中；目前对于低浓度汞毒性的研究又多集中于环境中低浓度有机汞（如水体中的有机汞）所致的健康损害，而对低剂量金属汞引起的健康损害尤其是肾脏损伤效应的研究相对较少且存在争议。过往有研究认为相对低水平的汞暴露可能不会引起肾小球损伤及肾小管重吸收功能障碍，而近年来有些研究结果则表明低剂量汞暴露在体内蓄积量尚未达到出现明显肾功能损伤时，肾脏即已出现肾小管重吸收功能障碍。

三、汞对其他系统器官的毒性机制

（一）汞的生殖毒性机制

汞可以穿过血-睾屏障并在睾丸组织中蓄积，从而影响精子数量、质量及生精过程，降低雄鼠的交配率和雌鼠的受孕率。小鼠经口摄入甲基汞，其体重和附睾重量进行性减轻，睾丸组织中标志小鼠生殖能力的乳酸脱氢酶（lactate dehydrogenase，LDH）活性受到抑制，生殖细胞膜发生变化，直接影响细胞生理功能，导致其他依赖细胞膜完整性的酶活性也降低甚至是完全丧失。

汞对生殖功能的影响一直为人们所关注。流行病学调查发现，汞对女性生殖功能影响主要引起月经异常（周期、经期、经量、痛经）、产程延长、失血量增多及异常妊娠结局发生率的增加。实验研究和流行病学调查均发现暴露于较高浓度汞可以影响生殖功能，但其毒性机制至今还未完全明确。小鼠急性汞暴露实验表明，高剂量（4 mg/m^3）汞蒸气可以影响雌性动物的发情周期，降低动物体内雌二醇水平，增高黄体酮水平，使黄体细胞（corpora lutea，CL）发生形态学改变。但是，由于动物实验不能观察长期效应，以及实验剂量的局限性，使得很难将急性动物实验的结果与职业汞接触女性的观察结果相比较。

（二）汞的胚胎、发育毒性机制

动物实验及流行病学调查证明甲基汞能诱发胚胎和胎儿畸形，其毒性作用的靶器官主要是胚胎和胎儿神经系统。甲基汞的高脂溶性及扩散性可以使其透过胎盘屏障和血脑屏障，对胎儿的神经系统造成直接损害，导致神经系统畸形。日本水俣病的流行病学调查发现，摄入一定量的甲基汞时，在孕妇尚未出现任何症状时胎儿就可能已经受到严重的神经损伤。流行病学调查也发现，母亲发汞含量在 1 μg/g 时，胎儿即有神经系统受损的征象；母亲发汞含量为 4.5 μg/g 时，胎儿的听觉脑干诱发电位Ⅲ峰延迟，出生后出现神经、心理功能障碍，尤其是语言功能区、注意力、记忆力、视觉、空间运动功能障碍；母亲发汞为 10～20 μg/g时，即可引起儿童神经系统发育受损；当母亲发汞达到 13～15 μg/g 时，儿童的智商开始下降，随着母亲发汞含量的增加，胎儿神经系统损害程度加重。目前宫内接触甲基汞导致发育阶段脑组织损伤的确切分子机制尚不清楚，有研究认为这种对甲基汞的敏感性是血脑屏障发育不完全所致。

（三）汞的免疫毒性机制

在动物实验中，长期低剂量接触各种形态的汞都有可能引发自身免疫性疾病，其特点为发生 T 细胞依赖的多克隆 B 细胞活化，同时伴随血清中 IgG1、IgE 抗体含量增加，并产生抗核仁自身抗体（anti-nucleolus autoantibody，AnolA）。进一步研究发现，汞诱发小鼠产生的 AnolA，能够有选择性地进入特定组织，如肝、肾，且穿过核膜聚集在核仁，与相应的抗原反应，而在心脏、胃、脾脏、肠等组织的细胞核仁内没有发现 AnolA 的聚集。而且，已有大量的研究表明，$HgCl_2$ 可以抑制中性粒细胞的附着、极化、趋化过程，即使在低剂量下（2.5～10 μmol/L）也可以观察到 $HgCl_2$ 对免疫球蛋白 IgG 介导的绵羊红细胞的吞噬作用产生抑制作用。人群流行病学调查也可观察到低浓度汞造成人体体液免疫的抑制效果。

四、汞的其他毒性机制

(一)对遗传物质的影响

随着分子生物学技术的不断发展,近年来对汞的毒性机制在基因水平上进行了一系列研究,研究发现汞(甲基汞)对基因表达、损伤修复等多个过程均存在影响。近年来,汞所致即早基因(immediate early genes,IEG)表达异常引起了人们的关注,汞所诱导的即早基因的表达异常已被认为是造成胎、幼儿神经发育毒性的机制之一。通常情况下,即早基因(c-fos,c-jun)参与神经细胞的生长、分化、信息传递、学习和记忆等生理过程。当外界微环境出现伤害性刺激时,可作为“第三信使”在刺激激活神经元的第二信使与目的基因表达间传递信息。研究发现,以 0.1 mg/kg 氯化汞染毒大鼠,即可在大脑、小脑、海马区等组织中检测到 c-fos 蛋白和 c-jun 蛋白的阳性表达,而对照大鼠则为阴性,而且 c-fos 蛋白的表达强度与染毒剂量在统计学上呈显著的正比关系。应用原位分子杂交技术检测汞的发育毒性时发现,甲基汞能刺激正常胚胎细胞基本不表达的高度保守基因热休克蛋白 70(heat shock proteins 70,HSP70)mRNA 在胚胎脑和尾部细胞中大量表达,而原本应表达的纤维粘连蛋白(fibronectin,FN)mRNA 和 *p*16 mRNA 明显受到抑制。HSP70、FN 和 *p*16 这 3 种分子 mRNA 表达水平的异常可能对胚胎发育结局产生影响。

(二)引起 DNA 损伤和修复障碍

DNA 损伤的错误修复和修复不完全是导致永久性遗传改变的起点。研究显示,汞可能会引起 DNA 损伤及修复障碍,导致基因突变。动物试验发现,0.1～1 mmol/L $HgCl_2$ 即可使小鼠离体骨髓细胞和睾丸生殖细胞的 DNA 损伤率和 DNA 彗星迁移距离随染毒剂量增高而增高,表明氯化汞可导致上述两种细胞 DNA 单键断裂。应用程序外 DNA 合成(unscheduled DNA synthesis,UDS)的方法观察不同浓度甲基汞对小鼠外周血、胸腺淋巴细胞 DNA 损伤修复合成的影响,发现在高剂量下甲基汞可明显抑制 DNA 的损伤修复。较大剂量甲基汞明显抑制合成修复作用,可能是染毒剂量增加到一定程度,产生细胞毒性,细胞功能处于低水平,DNA 正常合成及修复能力均下降所致。

(三)对细胞凋亡的影响

细胞凋亡(apoptosis),又称程序性细胞死亡(programmed cell death,PCD)。因凋亡与机体的癌变和畸变关系密切,因此一直受到研究者的重视。研究显示,连续 15 d 皮下注射 10 mg/kg 氯化甲基汞,可诱导小鼠胸腺和大鼠神经细胞凋亡,导致胸腺细胞、脑神经细胞损伤,并且 *p*53 基因参与甲基汞诱导神经细胞凋亡的基因调控过程。有研究利用 TUNEL、尼罗兰硫酸盐(nile blue sulfate,NBS)活体染色及电镜技术检测甲基汞诱导胚胎细胞发生凋亡及凋亡与畸胎形成的关系,结果显示 0.8 mg/kg 浓度甲基氯化汞(methylmercury chloride,MMC)染毒可以观察到 50%大鼠胚胎脑部出现细胞凋亡,而且细胞凋亡发生的数量与畸胎发生关系密切。大量实验证实汞能诱发细胞凋亡,而研究还发现,汞的暴露剂量与细胞凋亡的发生紧密相关。低剂量的甲基汞,可使细胞内 pH 值发生变化,激活核酸内切酶,引发细胞凋亡;高浓度甲基汞使细胞内钙离子蓄积,造成细胞形态学上的坏死。新近研究结果表明,汞对凋亡的影响可能由于靶器官的不同而出现诱发凋亡和凋亡衰减两种不同的结局。在深入研究汞引发自身免疫性疾病的机制过程中,研究人员发现汞可引发 CD95 介导的淋巴细胞凋亡衰减,可能是因为 Hg^{2+} 与 CD95 上的关键硫醇相结合,从而抑制了竞争物与 CD95 的结合,继发影响凋亡信号传递过程。CD95 是一种横跨膜的蛋白,属于 TFN 受体超家族,是接受凋亡信号引发细胞凋亡的起始因子之一。

(刘明朝　骆文静)

第三节　汞毒作用的影响因素

元素汞、无机汞化合物和有机汞在自然环境中在一定条件下可相互转化。另外，汞的毒性与其摄入途径也密切相关，如元素汞在消化道难以吸收因此基本上无毒，但通过呼吸道吸入的气态汞因高吸收率因而是高毒的。此外，还有研究证实，在锌、硒等元素适量存在的情况下，汞对机体的毒性作用可被显著遏制。因此，研究汞的毒性作用还需要考虑其毒作用的影响因素，如化学物因素、环境因素、机体因素、化学物的联合作用等。

一、影响汞毒性的化学物因素

毒物的化学结构决定其固有性质，从而决定其毒性。就汞而言，在自然环境及工作环境中人所能接触到的汞及其化合物主要包括元素汞；汞的无机化合物，如硝酸汞[$Hg(NO_3)_2$]、升汞($HgCl_2$)、甘汞(氯化亚汞，Hg_2Cl_2)、溴化汞($HgBr_2$)、砷酸汞($HgAsO_4$)、硫化汞(HgS)、硫酸汞($HgSO_4$)、氧化汞(HgO)、氰化汞[$Hg(CN)_2$]等；汞的有机化合物，如二烃基汞 R_2Hg[如$(CH_3)_2Hg$和$(C_6H_5)_2Hg$等]及卤化烃基汞 RHgX 等。各种形态的汞及其化合物都会对机体造成以神经毒性和肾脏毒性为主的多系统损害。而由于有机汞具有亲脂性、生物积累效应和生物放大效应，其毒性远远超过无机汞，其中甲基汞是有机汞中毒性最强的汞化合物之一。研究表明，在微生物的作用下，环境中的无机汞可以通过生物甲基化、乙基化等反应生成相应的有机汞，而有机汞可被动、植物吸收，并通过食物链富集，最终危害人类健康。而对于汞及其化合物的自身理化性质而言，其自身的挥发性、在水等溶剂中的溶解度、分散度、比重等性质直接决定了其毒性程度。另外，其进入机体的途径也在很大程度上决定了其毒性大小。如汞和甘汞等难溶于水，不容易被胃肠吸收，因此毒性小。但是，经呼吸道吸入则易使机体中毒，因为肺泡的吸收率比肠黏膜高得多，无机汞在肠道的吸收率小于5%，肺泡的吸收率却高达80%。同时，由于汞可以流动且易挥发(甘汞也易挥发)，很容易扩散到脑和血液中，从而造成汞中毒。能溶于水的无机汞化合物，容易被肠道吸收，如升汞(氯化汞)则毒性很强，经口摄入 0.2～0.4 g 便可致死。有机汞化合物，如甲基汞、乙基汞、二甲基汞等，其毒性极强。由于它们具有极强的亲脂性，很容易被肠、肺、皮肤吸收，能溶入人体的一切组织，在那里与各种酶及蛋白质等结合，从而破坏其功能。它们渗入血液，与红细胞结合；渗入脑组织，会在脑内产生积聚。值得注意的是，自然界的元素汞、无机汞都能在微生物的作用下转化为有机汞，而且在鱼体、动物体及人体中的无机汞也会转化为有机汞。因此，汞的慢性中毒实际上多属于有机汞的慢性中毒。中毒症状主要是中枢神经系统症状，开始时表现疲乏、头晕、失眠、食欲不振、记忆力减退、心神不定、易发怒，随后发生颤抖、手脚麻痹、吞咽困难、言语不清、耳聋、视力模糊、肌肉运动失调，继而发展为情绪紊乱和中枢神经失调的其他症状，如疯狂、痉挛等，最后可导致昏迷甚至死亡。

二、影响汞毒性的环境因素

在自然环境中，汞主要以无机汞的形式存在，在生物和非生物作用下，无机汞能甲基化转化成毒性极强的甲基汞。甲基汞是一种强亲脂性、高神经毒性的有机汞化合物，它可以在生物体内蓄积，通过食物链进入人体，对人类健康造成危害。环境中甲基汞的含量受到生物和非生物因素的控制，其中微生物对汞的甲基化在汞的生物化学循环中具有重要的作用。研究表明，微生物在纯培养和原位培养下都能使汞甲基化。研究还进一步证实，微生物对汞的甲基化存在普遍性，但由于自然界中甲基化主要发生在厌氧环境下，所以对于汞甲基化微生物种类的研究也主要集中在厌氧或兼性厌氧微生物，如硫酸盐还原菌和铁还原菌。而影响汞微生物甲基化的影响因素主要包括微生物群落结构、汞浓度及形态、氧化还原电位、pH

值、温度、有机质等因素。

三、影响汞毒性的机体因素

研究显示，在接触同一剂量的毒物时，不同的个体可出现迥然不同的反应。造成这种差别的因素很多，如机体的健康状况、年龄、性别、生理变化、营养状态（机体抵抗力和相关酶的活性）和免疫状况等。如患有肝、肾疾病的患者，由于其解毒、排泄功能受损，易发生汞的中毒；未成年人由于各器官、系统的发育及功能尚未成熟，对某些毒物的敏感性可能增高，尤其是婴幼儿，由于尚处于大脑发育早期，其血-脑、血-脑脊液屏障尚未完全构建，因而导致汞等毒性物质可由饮食等途径进入婴幼儿体内，并在脑等器官内蓄积。而对于胎儿而言，已有大量文献表明，包括重金属在内的许多环境污染物能完全或部分通过胎盘屏障进入胎儿体内。有研究显示脐带血中汞浓度与产妇静脉血中汞浓度显著正相关。提示汞能够通过胎盘屏障。另有研究提示元素汞和甲基汞都能顺利通过胎盘，而当元素汞转化为极性化合物后，就不能再回到母体，结果导致汞在胎儿体内的蓄积，包括发育中的胎儿大脑。无机汞因其可以蓄积于胎盘影响其功能，因而对发育中的胎儿也具有极大的危害。研究表明正在发育的人胎盘具有Ⅰ相反应和Ⅱ相反应酶之间的协同诱导现象。汞可以抑制G-6-PD酶的活性，酶活性的抑制与汞含量呈正相关，表明汞对胎盘线粒体及胎盘的能量代谢可能存在直接作用。汞可蓄积在人胎盘移出物中，具有明显的剂量-效应关系，这种蓄积作用可能会影响到胎盘的组织结构，甚至干扰胎盘的正常生物转化作用。流行病学调查显示，胎儿期汞暴露大多数是慢性接触。早在20世纪，美国国家环境健康科学院就对汞进行过一系列的研究，其在法罗群岛和新西兰的研究发现，出生前高汞暴露与出生后神经行为测定得分在统计学上有显著相关性，但是塞舌尔群岛的研究却没有发现这种相关性。DA Axelrad等运用贝叶斯模型集合以上3个流行病学调查资料发现，关于母亲汞负荷和儿童期智商降低的剂量反应关系：母亲发汞水平每升高1 ppm，后代智商降低0.18分。法罗群岛队列7岁时的随访资料显示，儿童注意力、语言、记忆功能的下降和出生前甲基汞暴露显著相关，而运动和视觉功能的损害关系较弱。该队列14岁的随访结果与7岁的相似。在独立的神经心理测试中，运动能力、注意力、语言能力与甲基汞暴露高度相关。另有报道显示：出生前较高浓度汞暴露不仅可导致儿童智力发育落后、脑瘫、耳聋、失明及语言问题等，而且会影响心血管功能，汞暴露还可引起孤独症样表现，如社交能力损害、刻板动作、行为和感觉异常。

四、汞与其他化学物的联合作用

两种或两种以上的化学物质共同作用于机体所产生的综合生物学效应。通常包括相加作用、独立作用、协同作用、拮抗作用等。

（一）硒对汞毒性的拮抗作用及其机制

1. 硒对汞毒性的拮抗作用 硒既是生物体必需的微量元素，也是一种因吸收剂量而潜在的有毒元素，研究表明，当人体内硒水平低于0.1 μg/g时，会表现为缺硒、克山病、大骨节病等症状，目前已发现有40余种疾病与缺硒有关；但是当体内硒含量高于5 μg/g时，则会引起硒中毒。在生理状态下，硒是生物体多种酶和蛋白质的主要组成成分，参与多种生物代谢过程，具有延缓衰老、防癌抗癌、增强机体免疫力等生理功能，对砷、汞、铬、铅、银等有毒重金属元素具有天然的拮抗作用。硒主要以硒酸盐、亚硒酸盐、有机硒形式被生物体所吸收。由于硒是生物体所必需的微量元素，因此，硒主要以被动扩散和主动吸收被生物体吸收以维持正常的机体功能。自硒拮抗汞的毒性效应首次报道以来，硒、汞相互作用研究就成为环境化学和毒理学领域的热点。虽然已经进行大量的研究工作，但是关于硒、汞相互作用的具体机制，到目前为止尚未获得统一认识。目前的观点主要包括两方面：①由于硒是许多重要酶的活性中心，如谷胱

甘肽过氧化物酶(glutathione peroxidase，GSH-Px)等，这些酶在机体内起着维持体内氧化还原平衡的重要作用。当机体暴露于汞时，汞与酶中硒的结合使得机体内这些重要酶失去活力，无法维持机体的氧化还原平衡，从而造成机体损伤。外源性补充硒后，这些酶的活力得以恢复，从而使机体健康水平得以恢复。②由于硒与汞的结合能力比硫与汞的结合能力更强(硒与汞的络合能力更强，络合常数为 10^{45}，比硫与汞络合能力高 6 个数量级)，硒可与机体内的汞竞争性结合从而使体内与巯基结合的汞排出体外，而巯基是生物体内许多重要酶，如细胞色素氧化酶、丙酮酸激酶、琥珀酸脱氢酶等酶的活性中心，通过使体内含巯基酶活力的恢复达到解毒作用。

研究显示，大量哺乳动物体内积累了很高浓度的汞和硒，但动物本身并没表现出明显的中毒现象。有研究显示，硒和汞两种元素同时补给，能够减缓或抑制硒或汞单独暴露中毒时大鼠的病理损害、体重降低、死亡率、染色体突变、代谢分布改变等不良现象。早前有报道硒对动物体无机汞和甲基汞的毒性具有抑制作用。若同时注射氯化汞($HgCl_2$)与亚硒酸钠(Na_2SeO_3)到大鼠体内，由 $HgCl_2$ 引起的汞中毒症状可以显著减轻。研究者还以日本鹌鹑为研究对象，饮食中补充硒后能够抵御甲基汞的毒性，提高日本鹌鹑的存活率，以及改善因单独汞暴露引起的产量、质量和孵化率的降低；而饮食中补充汞则会抑制单独过量硒暴露引起的产量、孵化率降低和畸形胚胎百分比升高的现象。该结果充分说明鹌鹑体内汞和硒的毒性作用表现为相互拮抗作用。随后，研究者在小鼠、鸡及兔等实验动物中均发现了这一现象，硒对无机汞和甲基汞具有拮抗作用这一结论被随后一系列实验不断证实。目前，对人体内硒、汞相互作用的研究虽然相对较少但也发现了一些相似的规律。有研究对斯洛文尼亚汞矿去世工人和附近居民尸检后发现，机体脏器中硒与汞的摩尔比随着汞含量的增加而趋近于 1，两者具有很好的相关性。一项针对 195 例人肾上腺皮质中汞、硒浓度的调查结果显示，随着汞浓度的升高，硒与汞摩尔比例降低；当汞浓度达到 700～1 000 ng/g时，汞与硒摩尔比为 1∶1。有研究对松花江流域高汞低硒地区 29 对母子头发中的汞、硒含量进行了研究，母体发汞和硒摩尔比平均为(0.75±1.2)ng/g，婴儿发汞平均为(0.53±1.12)ng/g。婴儿发汞的水平与母体大致相当，但硒的水平却高于母体，汞硒摩尔比从整体上来看婴儿低于母体 40%左右，提示婴儿能够从母体中吸收更多硒用于抵抗汞的毒性。汞矿石、辰砂中含有大量的硒，在长期汞矿开采、冶炼和工业生产过程中，万山地区存在较严重的汞硒污染问题。研究者在贵州万山地区野外调查显示，当地部分地区土壤硒含量可高达 16.97 mg/kg。进一步研究发现，在万山地区长期汞暴露人群血浆中存在硒蛋白 P(Se-P)表达升高的现象，并且在 Se-P 蛋白峰中可同时检测到汞的存在，表明长期汞暴露人体血浆中也有可能形成类似的汞-硒-硒蛋白 P 的复合物。在随后的研究中，研究者对万山汞矿地区长期汞暴露人群服用富硒酵母后的尿液进行研究，检测结果显示其中汞含量显著升高，而脂质过氧化损伤指标丙二醛(malondialdehyde，MDA)及 DNA 氧化损伤指标 8-羟基脱氧鸟苷(8-hydroxy-2 deoxyguanosine，8-OHDG)的含量明显降低，表明补硒可以促进汞暴露人群体内汞的排出，减轻汞暴露所致脂质损伤及 DNA 损伤，改善汞暴露人群的健康状况。

2. 硒对汞毒性拮抗机制　尽管目前还没有确凿证据能够阐明硒抑制甲基汞毒性的机制，但关于硒与汞之间的拮抗作用机制已进行了大量的研究工作，并观察到由于不同形式汞毒性的差异，它们同其他元素之间的相互作用机制也不同。

1)Hg-Se 复合物的形成

研究发现，同时向小鼠静脉注射 $HgCl_2$ 和 Na_2SeO_3，在小鼠血液中发现摩尔比为 1∶1 的 Hg 与 Se 的化合物，当二者等摩尔浓度同时出现时，二者的拮抗作用最明显。部分研究者提出，在动物血液中，存在与特定血浆蛋白结合且具有等摩尔比的$(HgSe)_n$聚合物，这种复合物所结合的血浆蛋白后来被确认为硒蛋白 P(SelP)。体外研究发现，当 Na_2SeO_3 与 $HgCl_2$ 同时与大鼠血浆反应时，会形成以硒化汞(HgSe)为核，然后与血浆中的硒蛋白 P 结合的汞-硒-硒蛋白 P 复合物。

2)硒促进去甲基化

硒参与生物体的去甲基化过程。研究表明,大鼠喂食较高摩尔浓度 MeHg/Se 的食物时,表现出严重的甲基汞中毒症状,相反,当喂食相同剂量甲基汞,但 MeHg/Se 摩尔浓度降低时,则没有表现出甲基汞中毒症状。针对大量动物实验的研究表明,在饮食中增加硒的摄入剂量,能够显著降低甲基汞中毒症状。对于硒与甲基汞毒性的拮抗机制已进行了大量研究,同时也推断出形成 $(CH_3Hg)_2Se$ 是硒拮抗甲基汞毒性的关键点。目前,还没有非常明确的证据表明硒可以抑制甲基汞的毒性。但众多研究结果倾向于支持硒对甲基汞有抑制作用。且相关机制总结如下:硒降低无机汞毒性源于 CH_3Hg^+ 的去甲基化过程。体内 Se^{2-} (HSe^-) 源于硒复合物的代谢产物,随后与 CH_3Hg^+ 去甲基化的 Hg^{2+} 结合,形成 HgSe 复合物。带—SeH基团的硒蛋白与 Hg 结合形成汞硒蛋白复合物见反应式(1)~(7)。

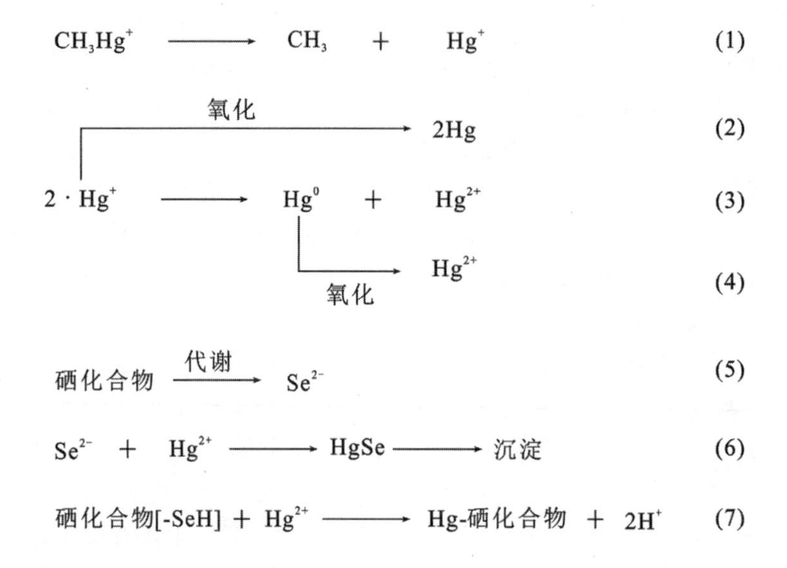

(二)锌对汞毒性的拮抗作用及其机制

汞发挥毒性作用的主要机制之一是与体内多种酶的活性中心的巯基结合。巯基是一种有活性的还原性基团,汞与其结合导致硫的失活,阻断了酶、辅助因子和激素的功能,即汞的氧化损伤作用。此外,尚与$-CONH_2$、$-NH_2$、$-COOH$ 和$-PO_4$ 等功能基团具有很强的亲和力。锌是人体必需的微量元素之一,它参与体内各种新陈代谢,参与 200 多种酶的合成,生物学功能非常广泛,是公认的体内重要的抗氧化剂,能够预防自由基介导的组织细胞损伤。锌、汞同属周期系中的ⅡB 族元素,化学性质相似,有相互取代及竞争性抑制的作用,在吸收分布和发挥生物学作用等环节相互影响。锌具有诱导低分子量金属结合蛋白质合成的作用,它可以抵抗汞产生自由基造成的过氧化作用,汞也能取代含锌酶中的锌,从而改变其活性。因此,锌可能通过其抗氧化作用对汞的氧化损伤产生影响。汞在体内产生的超氧化物阴离子自由基可被 CuZn-SOD 歧化为氧化氢和氧,清除自由基,减少其对细胞膜的损伤,从而拮抗汞的毒性效应。预先给予醋酸锌保护,可提高 CuZn-SOD 活性,使染汞大鼠胸腺和脾脏的脏器系数增加、LPO 含量降低。醋酸锌对氯化汞所致的非特异性免疫和细胞免疫功能的抑制有明显保护作用。锌可能作为免疫系统的非特异性刺激因子拮抗汞所致的免疫毒性。汞离子比锌离子与金属硫蛋白的亲和力更强,因而能置换出锌金属硫蛋白中的锌离子,而结合态的汞离子不能破坏膜蛋白质的构象,也不能诱导产生自由基,从而抑制了汞离子所诱导的过氧化作用。汞发挥毒性作用的另一主要机制是促进细胞凋亡。汞诱发脂质过氧化可引起膜脂和膜蛋白损伤,造成“膜穿孔”,从而改变细胞膜的通透性,破坏细胞离子平衡,引起细胞内 Ca^{2+} 浓度上调,激活核酸内切酶而导致细胞凋亡。另外,亦可诱导神经细胞中细胞凋亡相关基因如 *c*-

fos、*c-jun*、*p*53 等的过量表达。许多实验表明，一定水平的锌可以抑制许多因素引起的细胞凋亡。锌对凋亡调控的机制尚未完全阐明。目前较肯定的是锌在凋亡调控中具有多个作用位点，锌可能通过阻断 Ca^{2+} 凋亡信号的传导系统，影响蛋白激酶 C 信号系统，抑制核酸内切酶及抑制凋亡蛋白酶 caspase 等从而调控细胞凋亡。有实验显示，与单纯染汞组比较，牛磺酸能明显减少凋亡细胞百分数，减轻肾小管上皮细胞损伤的凋亡形态改变，使 *bax* 蛋白表达下调，*bcl-2* 的蛋白表达上调，提示牛磺酸作为一种广泛认知的内源性抗氧化剂，可以拮抗氯化汞所致的肾细胞凋亡，对肾脏的保护机制可能是通过重建机体内的凋亡相关基因 *bax*/*bcl-2* 比值实现。

(三)汞和铅的联合毒性作用及其机制

汞和铅都是毒性较大的重金属。有研究表明，分别用 Hg^{2+} 和 Pb^{2+} 按等毒性浓度配比对草鱼鱼苗进行联合毒性试验时，在 24 h、48 h、72 h、96 h 的 AI 值均小于 0，表现出拮抗作用。而另一项针对水螅的研究也发现，Hg^{2+} 和 Pb^{2+} 对水螅进行联合急性毒性试验时，总体表现出拮抗作用。

现有研究认为，金属汞进入机体后，主要在红细胞及肝细胞内被氧化成 Hg^{2+}，Hg^{2+} 与巯基蛋白或含巯基的半胱氨酸、GSH、辅酶 A、硫辛酸等低分子化合物及体液中的阴离子结合。汞的毒性作用的分子基础主要是因为汞离子极易与蛋白质上的巯基或二巯基结合，从而改变蛋白质的结构与活性。而铅进入有机体后多与红细胞结合，随血流迅速分布于肝、肾、脾、脑等脏器和组织中。铅能抵制红细胞内 δ-氨基乙酰丙酸脱水酶(ALA-D)和亚铁螯合酶等含有巯基的酶，使其相应的代谢过程受到影响，从而减轻汞的毒作用，因此汞与铅同时存在时表现出拮抗作用。

（刘明朝　骆文静）

第四节　汞暴露与生物学标志

汞为全球污染物，在工业生产、生活中广泛存在。不同形式的汞可通过呼吸道、消化道、皮肤等途径进入机体，然后随着血液分布到全身，有机汞更易透过血脑屏障进入中枢神经系统。汞暴露后具有很强的生物积累效应，造成多系统、多脏器的损伤，如呼吸系统、消化系统、中枢神经系统、泌尿系统、心血管系统及生殖发育损伤等。根据汞的暴露途径及暴露时间的不同，选择适合的生物监测指标，可以评价人体汞接触水平及损伤程度，以便对于汞暴露的危害进行早期识别和控制，达到保护健康的目的。

一、暴露生物学标志

汞暴露生物标志主要反映机体生物材料(血液、尿液、头发、指甲)中汞、甲基汞代谢的量或者汞与靶细胞、靶分子相互作用产物的水平。目前监测汞的接触生物标志物主要为血汞、尿汞和发汞。

(一)血汞

汞进入机体后，可随血液循环到达靶器官。血汞含量可以反映近期一段时间环境汞污染的暴露和积累情况。动物实验和人群研究均显示汞能穿过肺泡上皮屏障进入组织液和血液中，在靶器官内蓄积。甲基汞半衰期为 50～70 d，血汞的检测可反映机体近期(1～2 个半衰期)汞吸收情况。血汞可以作为环境汞暴露的内剂量标记物，尤其适合急性汞中毒时进行吸收剂量及病情判断。唐蔚对某煤矿的煤矿工人、矿区管理者和矿区居民进行血汞含量检测，发现矿工的血汞与工人的工龄有显著正相关性(相关系数 0.261，$P<0.01$)。对于普通人群来说，日常生活中饮食尤其是海产品、受甲基汞污染粮食的摄入与血汞的浓度密切相关。因此，血液中汞含量就成为评价和衡量普通人群甲基汞接触水平的主要生物指标。近年来，大量流行病学研究都采用血汞作为一项重要的评估汞暴露的生物监测指标。美国全国健康和营养

调查报告中 2003—2004 年一般人群血汞含量为 0.797 μg/L。当血汞浓度达到或超过 100 μg/L,即认为具有较高的汞中毒风险,可观察到共济失调和感觉异常等临床症状。

(二)发汞

汞进入机体后可以在头发、指甲、趾甲等部位蓄积,且能够长时间稳定存在,可用于评价汞的累积暴露;同时采集的发样容易运输和保存,因此发汞被作为一种有效的生物标志物。发汞能较确切地反映体内汞的蓄积情况,并与血汞及靶组织中的汞水平密切相关。在电子废弃物拆解回收行业中,作业工人头发样品中无机汞含量为农民和当地市民发样无机汞浓度水平的 4 倍左右,且与工人每日工作时间、与空气和灰尘中的汞含量成正相关。在贵州地区的锡矿和汞矿,作业工人发总汞含量在 0.12～17.8 μg/g;某煤矿区为 0.09～4.86 μg/g。对于普通人群,汞的暴露主要是饮食尤其是海产品中甲基汞摄入,头发中 80%以上的汞来自甲基汞接触,因此发汞是反映甲基汞接触的良好指标。Harada 等认为正常人体头发总汞含量的上限值为 10 μg/g,联合国粮农组织和世界卫生组织食品添加剂联合专家委员会(Joint FAO/WHO expert committee on food additives,JECFA)推荐的发汞安全浓度为 2.2 μg/g,EPA 推荐的安全发汞浓度为 1 μg/g。此外,有研究显示 30～50 岁人群发汞含量较高。值得注意的是,在发汞作为暴露标志物的时候,要密切关注染发情况。有研究显示染发对发汞含量有明显影响,染发剂中的物质在烫染过程中可能与汞形成挥发性的络合物,可明显降低头发中汞的含量。

(三)尿汞

大部分吸收入体内的汞经粪便和尿液排出,因此尿汞可作为评价近期金属汞蒸气和无机汞化合物接触量的指标。尿汞水平在汞及其化合物吸收入机体数日后增加,1～3 个月到达高峰。停止汞接触后,尿汞排出增加情况仍可持续 6～8 个月,且与汞在肾中的蓄积量相关。尿汞是汞中毒诊断的实验室指标,尤其是在较低汞接触环境下,尿汞水平可间接反映体内汞蓄积状况。有研究表明在空气中汞浓度＜50 μg/m³时,空气中的汞和尿汞呈相关性。普通非职业人群汞暴露的主要来源是日常的饮食,一般人群尿汞应低于 50 μg/g Cr,因此膳食消费是人体汞暴露的主要途径。研究显示中国健康人群的尿汞本底值为 1.15～1.59 μg/L。江浙皖沪地区 18～23 岁健康青年的尿汞平均水平分别为 0.88 μg/g、0.93 μg/g、0.90 μg/g 和0.84 μg/g Cr,不同地区间无统计学差异。钱建平等研究显示桂林地区普通人群尿汞平均浓度为(0.348±0.193) μg/L,而当地交警尿汞平均浓度为(2.372±0.657) μg/L,且与交警的工龄、执勤地点的车流量成正相关,提示尿汞可反映普通人群汞的接触。但是随着接触时间的增加,尿汞浓度的增加逐渐趋于平缓。原因可能是尿汞主要反映的是汞在肾脏中的沉积,并非一段时期内的积累和暴露。某汞冶炼厂的作业工人的尿汞检测也显示职业汞接触者的尿汞含量与接触剂量存在等级相关。对灯泡厂的工人调查表明,在环境汞未超标的情况下,部分作业工人的尿汞水平也超过我国《职业接触汞的生物限值》[WS/T265－2006]中规定的 20 μmol/mol Cr。且尿汞水平与工龄(超过 2 个月)和工种相关。同样随着工龄的延长,汞的吸收和随尿排出相对稳定,说明在较低环境汞浓度暴露条件下,尿汞可很好地反映汞暴露情况,但是随着汞暴露水平的增加,尿汞的增加会趋于稳定,这时,尿汞不再是一个较好的暴露标志。值得注意的是,不同研究中尿汞的表示方法有 mg/L 和 μg/g Cr 两种方式,以0.01 mg /L为正常人参考值做标准判断结果的漏诊率较高;判断个体样本的测定值是否超过正常参考值或生物限值,以 μg/g Cr 方式报告尿汞含量更符合临床实际;但大样本调查研究,以 mg /L 或 μg/g Cr 两种方式报告得出的结论差异无统计学意义。

二、效应生物学标志

效应生物学标志指机体中可测出的汞暴露后生化、生理、行为或其他改变的指标。根据汞暴露的健

康效应，汞生物学标志的研究主要集中在以下几个方面。

(1)急性汞中毒所致肾损主要为肾小管损害，包括近曲小管损伤、髓袢升支和远曲小管损害。肾脏是汞的主要排泄和蓄积器官，尿中N-乙酰基-β-D-氨基葡萄糖苷酶(N-acetyl-β-D-glucosaminidase,)、微球蛋白、尿微球蛋白可作为汞作业者肾脏损害的早期监测指标。此外，氯化汞诱导的大鼠模型中肾损伤因子-1(kidney injury molecule 1,Kim-1)在近端肾小管片段免疫反应活性增加，且尿Kim-1表达与肾组织病理表现一致，且先于血尿素氮、血肌酐和尿NAG表达，提示尿中Kim-1可作为汞暴露致肾损伤的早期效应标志。尿中性粒细胞明胶酶脂质相关运载蛋白(urinary neutrophil gelatinase-associated lipocalin,U-NGAL)在多种因素所致肾小管损害中均有明显的异常表达，而成为反映急性肾小管损伤的重要分子，且比尿NAG更敏感，更早期得到检测。

(2)慢性汞暴露主要损伤神经系统，包括中枢和周围神经系统。在发病初期主要表现为神经衰弱综合征和轻度易兴奋症表现。神经行为改变是汞中毒的另一重要表现，世界卫生组织推荐的神经行为组合测试(neurobehavioral core test batteries,NCTB)，可反映情感、注意力/反应速度、听力记忆、手工操作敏感度、感知-运动速度、视感知/记忆、心理等。研究显示汞暴露后神经行为变化可在汞毒性震颤前出现或同时并存。突出表现为易兴奋、食欲下降等。对于汞的新生儿的神经发育影响，新生儿20项行为神经评分法(neonatal behavioral neurological assessment,NBNA)，包括行为能力、被动肌张力、主动肌张力、原始反射和一般评估可以反映母体汞暴露对儿童的影响。有研究显示，新生儿NBNA总得分下降与脐带血中汞含量成正相关。

(3)其他：①金属硫蛋白(metallothionein,MT)富含半胱氨酸(Cys)，由于Cys上的—SH对重金属有很强的亲和力，所以可以结合大量重金属。有研究证明氯化汞可以诱导保护蛋白MT的表达，且随着氯化汞水平的升高，MT表达较对照组明显增加。长期慢性甲基汞暴露可导致脑组织中MT表达下降，这可能为汞中毒的候选效应标志物。②神经生长因子(nerve growth factor,NGF)是具有神经元营养和促突起生长双重生物学功能的一种神经细胞生长调节因子，它对中枢及周围神经元的发育、分化、生长、再生和功能特性的表达均具有重要的调控作用。有研究显示慢性汞暴露可导致血液中NGF含量下降。③此外，汞作业工人尿中8-羟基鸟嘌呤也高于非汞作业人群，与汞含量成正相关，可称为汞致DNA氧化损伤的生物学标志。④ 抗核抗体(ANA)。在一个汞暴露的巴西矿区工人的队列研究中发现，血清中集中抗核抗体如抗氧化物、炎症调控因子等的滴度增加与汞暴露导致的自发免疫失衡有关。

三、易感生物学标志

汞易感标志物是反映机体先天具有或后天获得的对汞暴露后产生反应能力差异的指标。有研究表明具有载脂蛋白-Eε4/4基因型的汞作用工人如慢性疲劳、易怒、注意力下降、慢性头疼、震颤等神经损伤症状得分高于正常人，可作为一种汞接触的体内生物标志物，从而为临床鉴别诊断提供依据。此外，对于密歇根牙医协会的医生的研究表明，携带MT1M(rs2270837)AA基因型或MT2A(rs10636)CC基因型的医生的尿汞含量低于携带MT1M或MT2A GG基因型的医生。调整甲基汞的摄入后，携带MT1A(rs8052394)GA、GG基因型和MT1M(rs9936741)TT基因型的人的发汞含量分别低于携带MT1A AA或MT1M TC和CC基因型的人。

四、汞生物学标志研究与展望

生物标志物研究为汞环境评估、健康风险评估、临床诊断提供了强有力的手段，有效的生物标志物能够及早地帮助发现汞暴露的潜在风险，为采取针对性的预防措施、降低汞暴露的损伤效应提供了理论基础。目前汞生物标志物研究较多的暴露生物学标志，主要包括血汞、尿汞和发汞，血汞和尿汞用作评价近期汞蒸气和无机汞化合物接触量的指标；发汞是反映汞蓄积的指标，其检测指标的选择应该根据暴露人群中汞的接触形态、途径、类型等选择合适的监测指标。从生物样品采集和保存上看，头发的采集具有无创性、易保存的特点，优于血液和尿液。值得关注的是无论是血汞、尿汞和发汞，都是检测的总汞含量，而血液中甲基汞的含量更适用于普通人群的汞暴露情况，因此可以同时检测血液中总汞、甲基汞的含量，以便更好地反映汞暴露的来源，采取有针对性的措施进行人群干预。在汞的检测方法中，有原子吸收（AAS）、原子荧光（AFS）、电感耦合等离子质谱（ICP-MS）等，但是这些都只能反映生物样品中总汞的水平，无法对汞的不同形态进行分别评定。LC/ICP-MS 等仪器联用方法的出现为生物样品中汞的形态分析提供了可能，为汞的生物监测提供更好的依据。而汞的效应和易感生物学标志研究中，特异性不强。尤其是进行大样本验证前瞻性队列研究较少，限制了其应用。这可能与目前国际上还缺乏生物学标志验证及其有效性评价的国际标准有关。

总之，汞生物学标志对于卫生标准的制定、危险度的评价、生物监测及公共卫生决策等具有重要意义。因此，应采用新的研究手段如组学技术包括转录组学、蛋白质组学、代谢组学、暴露组学等，引入网络模型构建来探讨汞暴露到临床疾病的连续的、敏感的生物标志物。同时，建立广泛的汞暴露的生物样品库、生物信息库，这将极大地推动汞生物学标志的研究。

（张艳淑）

参考文献

[1] 孙贵范. 职业卫生与职业医学 [M]. 第 7 版. 北京：人民卫生出版社，2012.

[2] 熊锡山；王汉斌. 汞中毒的神经系统损害[J]. 中国医刊，2012，47(2)：20-23.

[3] 赖小希，方国祥. 慢性汞接触者肾功能指标的变化[J]. 湖北预防医学杂志，2001，12(1)：10-11.

[4] 李勇，李松，赵如冰，等. 甲基汞对大鼠胚胎细胞毒性和相关基因表达的影响[J]. 中华预防医学杂志，1999，33(2)：81-84.

[5] 金龙金，楼哲丰，董杰影，等. 汞、镉对小鼠离体骨髓细胞和睾丸 生殖细胞的 DNA 损伤作用[J]. 癌变·畸变·突变，2004，16(2)：94-97.

[6] 石龙，孙志伟，刘晓梅，等. 甲基汞对小鼠淋巴细胞程序外 DNA 合成的影响[J]. 中国公共卫生，2003，19(7)：87-89.

[7] 李勇，潘漪清，朱惠刚. 氯化甲基汞激发程序性细胞死亡与胚胎神经系统发育的关系探讨[J]. 卫生研究，1998，27(4)：241-244.

[8] 肖瑶，朴丰源，关怀，等. 孕妇血与新生儿脐血重金属水平相关性分析[J]. 中国公共卫生，2009，25(12)：1426-1427.

[9] 杨兴斌，赵燕，海春旭，等. 硒、锌对索曼神经毒剂诱导大鼠过氧化损伤的保护机制[J]. 中国临床康复，2004，9(8)：1792-1793.

[10] 庞全海，张莉，张春有，等. 微量元素锌在动物健康及营养中的研究进展[J]. 动物医学进展. 2002，23(2)：41-43.

[11] 杨水莲，倪为民，李晓军，等. 健康人群尿汞本底值的调查[J]. 中华劳动卫生职业病杂志，2006，24(7)：418-419. 。

[12] 钱建平，张力，张爽，等. 桂林市交警尿汞含量及分布研究[J]. 环境科学与技术，2014，37(5)：89-93.

[13] 陈志磊，安凤杨，迟沪顺. 尿 β2-MG 在接触汞作业者肾脏早期损害评价中的价值[J]. 生物技术世界，2015，8：105.

[14] 赵立强，沈江 游全程，等. 汞中毒肾脏损害的早期监测指标筛选[J]. 四川大学学报医学版，2008，39(3)：

461-463.

[15] Bjorklund G, Dadar M, Mutter J, et al. The toxicology of mercury: Current research and emerging trends [J]. Environ Res, 2017, 159: 545-554.

[16] Bridges C C, Zalups R K. Transport of inorganic mercury and methylmercury in target tissues and organs[J]. J Toxicol Environ Health B Crit Rev, 2010, 13(5):385-410.

[17] Andres S, Laporte JM, Mason R P. Mercury accumulation and flux across the gills and the intestine of the blue crab (Callinectes sapidus) [J]. Aquat Toxicol, 2002, 56(4): 303-320.

[18] Cheng J, Gao L, Zhao W, et al. Mercury levels in fisherman and their household members in Zhoushan, China: impact of public health[J]. Sci Total Environ, 2009, 407(8): 2625-2630.

[19] Bridges C C, Zalups R K. Mechanisms involved in the transport of mercuric ions in target tissues[J]. Arch Toxicol, 2017, 91(1): 63-81.

[20] Harris H H, Pickering I J, George G N. The chemical form of mercury in fish[J]. Science, 2003, 301 (5637): 1203.

[21] Ismail A I. Neurotoxicity of mercury in dental amalgam[J]. JAMA, 2006, 296(12): 1461-1462

[22] Risher J F, Amler S N. Mercury exposure: evaluation and intervention the inappropriate use of chelating agents in the diagnosis and treatment of putative mercury poisoning[J]. Neurotoxicology, 2005, 26(4): 691-699.

[23] Dantzig P I. A new cutaneous sign of mercury poisoning[J]. Ann Intern Med, 2003, 139(1): 78-80.

[24] Deschamps F, Strady C, Deslee G, et al. Five years of follow-up after elemental mercury self-poisoning[J]. Am J Forensic Med Pathol, 2002, 23(2): 170-172.

[25] Alissa E M, Ferns G A. Heavy metal poisoning and cardiovascular disease[J]. J Toxicol, 2011, 2011: 870125.

[26] Ishihara N. Bibliographical study of the toxicity of organic mercury compounds[J]. Nihon Eiseigaku Zasshi, 2011, 66(4): 746-749.

[27] Zalups R K. Molecular interactions with mercury in the kidney[J]. Am Soc Pharmacol Exp Therap, 2001, 52(1): 113-143.

[28] Stephanie D, Pingree P, Kevin T, et al. Quantitative evaluation of urinary porphyrins as a measure of kidney mercury content and mercury body burden during prolonged methylmercury exposure in rats[J]. Toxicol Sci, 2001, 61(2): 234-240.

[29] Frankol A, Budihna M V, Dodic-Fikfak M. Long-term effects of elemental mercury on renal function in miners of the Idrija Mercury Mine[J]. Ann Occup Hyg, 2005, 49(6): 521-527.

[30] Rami rez G B, Vince Cruz M C, Pagulayan O, et al. The tagum study I: analysis and clinical correlates of mercury in maternal and cord blood, breast milk, meconium, and infants' hair[J]. Pediatrics, 2000, 106(4): 774-781.

[31] Mahaffey K R. Methylmercury exposure and neurotoxicity[J]. JAMA ,1998, 280(8):738.

[32] Worth R G, Espe R M, Warra N S, et al. Mercury inhibition of neutrophil activity:Evidence of aberrant cellular signalling and incoherent cellular metabolism[J]. Scand J Immunol, 2001(53): 49-55.

[33] Davis B J , Price H C, O'Connor R W, et al. Nercury vapor and female productive toxicity[J]. Toxicol Sci, 2001, 59: 291-296.

[34] Lawson N M, Mason R P, Laporte J M. The fate and transport of mercury, methylmercury, and other trace metals in Chesapeake Bay tributaries[J]. Water Res, 2001, 35(2): 501-515.

[35] Clarkson T W. The toxicology of mercury[J]. Crit Rev Clin Lab Sci, 1997, 34(4): 369-403.

[36] Clarkson T W. The three modern faces of mercury[J]. Environ Health Perspect, 2002, 110: 11-23.

[37] Vonk J W, Sijpesteijn A K. Studies on the methylation of mercuric chloride by pure cultures of bacteria and fungi [J]. Antonie Van Leeuwenhoek, 1973, 39(3): 505-513.

[38] Vonk J W, Sijpestijn A K. Increase of fungitoxicity of mercuric chloride by methionine, ethionine and S-methylcysteine[J]. Antonie Van Leeuwenhoek, 1974, 40(3): 393-400.

[39] Pan-Hou H S, Hosono M, Imura N. Plasmid-controlled mercury biotransformation by Clostridium cochlearium T-2 [J]. Appl Environ Microbiol, 1980, 40(6): 1007-1011.

[40] Compeau G C, Bartha R. Sulfate-reducing bacteria: principal methylators of mercury in anoxic estuarine sediment [J]. Appl Environ Microbiol, 1985, 50(2): 498-502.

[41] Kerin E J, Gilmour C C, Roden E, et al. Mercury methylation by dissimilatory iron-reducing bacteria[J]. Appl Environ Microbiol, 2006, 72(12): 7919-7921.

[42] Weber, J H. Review of possible paths for abiotic methylation of mercury(II) in the aquatic environment[J]. Chemosphere, 1993, 26(11): 2063-2077.

[43] Celo V, Lean D R, Scott S L. Abiotic methylation of mercury in the aquatic environment[J]. Sci Total Environ, 2006, 368(1):126-137.

[44] Raposo JC, Ozamiz G, Etxebarria N, et al. Mercury biomethylation assessment in the estuary of Bilbao (North of Spain)[J]. Environ Pollut, 2008, 156(2): 482-488.

[45] Compeau G C, Bartha R. Sulfate-reducing bacteria: principal methylators of mercury in anoxic estuarine sediment [J]. Appl Environ Microbiol, 1985, 50(2): 498-502.

[46] Macalady J L, Mack E E, Nelson D C, et al. Sediment microbial community structure and mercury methylation in mercury-polluted Clear Lake, California[J]. Appl Environ Microbiol, 2000, 66(4): 1479-1488.

[47] King J K, Kostka J E, Frischer M E, et al. A quantitative relationship that demonstrates mercury methylation rates in marine sediments are based on the community composition and activity of sulfate-reducing bacteria[J]. Environ Sci Technol, 2001, 35(12): 2491-2496.

[48] Holloway J M, Goldhaber M B, Scow K M, et al. Spatial and seasonal variations in mercury methylation and microbial community structure in a historic mercury mining area, Yolo County, California[J]. Chemical Geology, 2009, 267(1-2): 85-95.

[49] Harris H H, Pickering I J, George G N. The chemical form of mercury in fish[J]. Science, 2003, 301 (5637): 1203.

[50] Kuo T H, Chang C F, Urba A, et al. Atmospheric gaseous mercury in Northern Taiwan[J]. Sci Total Environ, 2006, 368(1): 10-18.

[51] Hintelmann H, Wilken R D. Levels of total mercury and methylmercury compounds in sediments of the polluted Elbe River: influence of seasonally and spatially varying environmental factors[J]. Sci Total Environ, 1995, 166(1-3): 1-10.

[52] Barkay T, Wagner-Döbler I. Microbial transformations of mercury: potentials, challenges, and achievements in controlling mercury toxicity in the environment[J]. Adv Appl Microbiol, 2005, 57: 1-52.

[53] Balogh S J, Nollet Y H. Mercury mass balance at a wastewater treatment plant employing sludge incineration with offgas mercury control[J]. Sci Total Environ, 2008, 389(1):125-131.

[54] Olson B H, Cooper R C. Comparison of aerobic and anaerobic methylation of mercuric chloride by San Francisco Bay sediments[J]. Water Res, 1976, 10(2): 113 -116.

[55] Moon C S, Paik J M, Choi C S, et al. Lead and cadmium levels in daily foods, blood and urine in children and their mothers in Korea[J]. Int Arch Occup Environ Health, 2003, 76(4): 282-288.

[56] Batáriová A, Spevácková V, Benes B, et al. Blood and urinelevels of Pb, Cd and Hg in the general population of the Czech Republic and proposed reference values[J]. Int J Hyg Environ Health, 2006, 209(4): 359-366.

[57] Axelrad D A, Bellinger D C, Ryan L M, et al. Dose-response relationship of prenatal mercury exposure and IQ: an

integrative analysis of epidemiologic data[J]. Environ Health Perspect, 2007, 115(4): 609-615.

[58] Naganuma A, Ishii Y, Imura N. Effect of administration sequence of mercuric chloride and sodium selenite on their fates and toxicities in mice[J]. Ecotoxicol Environ Saf. 1984, 8(6): 572-580.

[59] Beckett G J, Arthur J R. Selenium and endocrine systems[J]. J Endocrinol, 2005, 184(3): 455-465.

[60] Tinggi U. Selenium: its role as antioxidant in human health[J]. Environ Health Prev Med, 2008, 13(2): 102-108.

[61] Horvat M, Nolde N, Fajon V, et al. Total mercury, methylmercury and selenium in mercury polluted areas in the province Guizhou, China[J]. Sci Total Environ, 2003, 304(1-3): 231-256.

[62] Hansen J C, Kristensen P, Al-Masri S N. Mercury/selenium interaction. A comparative study on pigs[J]. Nord Vet Med, 1981, 33(2): 57-64.

[63] Pillai R, Uyehara-Lock J H, Bellinger F P. Selenium and selenoprotein function in brain disorders[J]. Int Union Biochem Mol Biol Life, 2014, 66(4): 229-239.

[64] Paiízek J, Oštádalová I. The protective effect of small amounts of selenite in sublimate intoxication[J]. Experientia, 1967, 23(2): 142-143.

[65] Ralston N V, Ralston C R, Rd B J, et al. Dietary and tissue selenium in relation to methylmercury toxicity[J]. Neurotoxicology. 2008, 29(5): 802-811.

[66] Watanabe C, Yoshida K Y, Kun Y, et al. In utero methylmercury exposure differentially affects the activities of selenoenzymes in the fetal mouse brain[J]. Environ Res. 1999, 80(3): 208-214.

[67] Ralston N V, Raymond L J. Dietary selenium's protective effects against methylmercury toxicity[J]. Toxicology. 2010, 278(1): 112-123.

[68] Dyrssen D, Wedborg M. The sulfur-mercury (II) system in natural waters[J]. Water Air Soil Pollut, 1991, 56(1): 507-519.

[69] Carvalho C M L, Lu J, Zhang X, et al. Effects of selenite and chelating agents on mammalian thioredoxin reductase inhibited by mercury: implications for treatment of mercury poisoning[J]. FASEB J, 2011, 25(1): 370-381.

[70] Raymond L J, Ralston N V. Mercury: selenium interactions and health implications[J]. Seychelles Med Dental J, 2004, 7: 72-77.

[71] Dietz R, Riget F, Born E W. An assessment of selenium to mercury in Greenland marine animals[J]. Sci Total Environ. 2000, 245(1-3): 15-24.

[72] Ganther H, Goudie C, Sunde M, et al. Selenium: relation to decreased toxicity of methylmercury added to diets containing tuna[J]. Science, 1972, 175(4026): 1122-1124.

[73] Hansen J C, Kristensen P, Westergaard I. The influence of selenium on mercury distribution in mice after exposure to low dose Hg0 vapours[J]. J Appl Toxicol, 1981, 1(3): 149-153.

[74] Hill C H. Reversal of selenium toxicity in chicks by mercury, copper, and cadmium[J]. J Nutr. 1974, 104(5): 593-598.

[75] Naganuma A, Hirabayashi A, Imura N. Behavior and interaction of methyl mercury and selenium in rabbit blood[J]. Japn J Toxicol Environmen Health, 1981, 27: 64-68.

[76] Falnoga I, Tusek-Znidaric M, Horvat M, et al. Mercury, selenium, and cadmium in human autopsy samples from Idrija residents and mercury mine workers[J]. Environ Res. 2000, 84(3): 211-218.

[77] Drasch G, Böse-O'Reilly S, Beinhoff C, et al. The Mt. Diwata study on the Philippines 1999--assessing mercury intoxication of the population by small scale gold mining[J]. Sci Total Environ, 2001, 267(1-3): 151-168.

[78] Chai Z F, Feng W Y, Qian Q F, et al. Correlation of mercury with selenium in human hair at a typical mercury-polluted area in China[J]. Biol Trace Element Res, 1998, 63(2): 95-104.

[79] Li Y F, Dong Z Q, Chen C Y, et al. Organic selenium supplementation increases mercury excretion and decreases

oxidative damage in long-term mercury-exposed residents from Wanshan, China[J]. Environ Sci Technol, 2012, 46(20): 11313-11318.

[80] Burk R F, Foster K A, Greenfield P M, et al. Binding of simultaneously administered inorganic selenium and mercury to a rat plasma protein[J]. Proc Soc Exp Biol Med. 1974, 145(3): 782-785.

[81] Kerper L E, Ballatori N, Clarkson T W. Methylmercury transport across the blood-brain barrier by an amino acid carrier[J]. Am J Physiol, 1992, 262(5): 761-765.

[82] Simmons-Willis T A, Koh A S, Clarkson T W, et al. Transport of a neurotoxicant by molecular mimicry: the methylmercury-L-cysteine complex is a substrate for human L-type large neutral amino acid transporter (LAT) 1 and LAT2[J]. Biochem J, 2002, 367(1): 239-246.

[83] Suzuki KT, Kurasaki K, Ogawa S, et al. Metabolic transformation of methylseleninic acid through key selenium intermediate selenide[J]. Toxicol Appl Pharmacol, 2006, 215(2): 189-197.

[84] Naganuma A, Kosugi K, Imura N. Behavior of inorganic mercury and selenium in insoluble fractions of rabbit tissues after simultaneous administration[J]. Toxicol Lett, 1981, 8(1-2): 43-48.

[85] Mochizuki Y, Kobayashi T, Doi R. In vitro effects of mercury-selenium compounds on enzymes[J]. Toxicol Lett, 1982, 14(3-4): 201-206.

[86] Obermeyer B D, Palmer I S, Olson O E, et al. Toxicity of trimethylselenonium chloride in the rat with and without arsenite[J]. Toxicol Appl Pharmacol, 1971, 20(2): 135-146.

[87] Newland M C, Reed M N, Leblanc A, et al. Brain and blood mercury and selenium after chronic and developmental exposure to methylmercury[J]. Neurotoxicology, 2006, 27(5): 710-772.

[88] Watanabe C. Modification of mercury toxicity by selenium: practical importance? [J]. Tohoku J Exp Med, 2002, 196(2): 71-77.

[89] Koeman J H, Wsmvd V, Goeij J J, et al. Mercury and selenium in marine mammals and birds[J]. Sci Total Environ, 1975, 3(3): 279-287.

[90] Ahn C B, Song C H, Kim W H, et al. Effects of Juglans sinensis Dode extract and antioxidant on mercury chloride-induced acute renal failure in rabbits[J]. J Ethnopharmacol. 2002, 82(1): 45-49.

[91] Centers for disease control and prevention (CDC), Fourth National Report on Human Exposure to Environmental Chemicals[R] , Atlanta: USA CDC, 2019.

[92] Liu X, Cheng J, Song Y, et al. Mercury concentration in hair samples from Chinese people in coastal cities[J] J Environ Sci. 2008, 20(10): 1258-1262.

[93] Motts J A, Shirley D L, Silbergeld E K, et al. Novel biomarkers of mercury-induced autoimmune dysfunction: a Cross-sectional study in Amazonian Brazil[J]. Environ Res. 2014, 132: 12-18.

[94] Tsuji J S, Williams P R D, Edwards M R, et al. Evaluation of mercury in urine as an indicator of exposure to low levels of mercury vapor[J]. Environ Health Perspect, 2003, 111(4): 623-30.

[95] Godfreyay M E, Wojcikb D P, Krone C A. Apolipoprotein E genotyping as a potential biomarker for mercury neurotoxicity[J]. J Alzheimer's Disease, 2003, 5(3):189-195.

[96] WangY, Goodrich J M, Gillespie B, et al. An Investigation of Modifying Effects of Metallothionein Single-Nucleotide Polymorphisms on the Association between Mercury Exposure and Biomarker Levels[J]. Environ Health Perspect, 2012, 120(4): 530-534.

[97] Goodrich J M, WangY. Gillespie B, et al. Glutathione enzyme and selenoprotein polymorphisms associate with mercury biomarker levels in Michigan dental professionals[J]. Toxicol Appl Pharmacol, 2011, 257(2): 301-308.

第四章　汞污染的环境与健康风险评估

我国的环境汞污染形势十分严峻，部分区域因长期和大规模的工矿业活动导致的环境汞污染问题非常突出，使得周围水体、沉积物、大气、土壤及生物遭受严重汞污染。在这样的情况下，到底会产生什么样的生态环境效应？当地居民汞暴露的健康风险如何？我们无从得知。为了弄清楚这些问题，迫切需要开展环境汞污染风险评估工作。本章系统介绍了环境汞污染的生态风险评估和健康风险评估方法体系，并阐述了汞的检测与分析方法，为我国环境汞污染风险评估提供了技术支持。

第一节　环境风险评估

广义上，环境风险评估是对人类的各种社会经济活动所引发或面临的危害（包括自然灾害）对人体健康、社会经济、生态系统等可能造成的损失进行评估。狭义上，环境风险评估常用概率来估计有毒有害物质危害人体健康和生态系统的影响程度，并提出减小环境风险的方案和对策，包括有毒有害物质造成的健康风险评估和生态风险评估。

生态风险是由环境的自然变化或人为活动引起的生态系统组成、结构的改变而导致系统功能损失的可能性。生态风险评估是定量预测各种风险源对生态系统产生风险的或然性及评估该风险可接受程度的方法体系，因而是生态环境风险管理与决策的定量依据。1990 年，美国国家环保局开始使用生态风险评估一词，并逐步在人体健康风险评估的技术基础上演进为以生态系统及其组分为风险受体的生态风险评估概念；1998 年美国正式颁布了《生态风险评估指南》，提出生态风险评估三步法，即提出问题、分析（暴露和效应）和风险表征。提出问题，即在评估前需要对观点和问题进行清楚的定义，这样收集的数据才能有针对性地回答问题。提出的问题包括潜在受体清单、敏感的生境、途径、媒介、终点和涉及的化合物。其次是分析，包括暴露分析和效应分析，主要是评估受体如何暴露于胁迫因子，以及可能导致的生态效应。最后是风险表征，将暴露特征和得到的剂量-效应进行整合，得到风险发生的概率。近 20 年来，美国环境署和各国环保管理机构纷纷进行生态风险评估技术框架研究，并在评估范围、评估内容及评估方法等方面进行扩展研究。

一、生态风险评估的程序和方法

（一）危害识别

危害识别主要包括 3 个内容：风险源识别、受体分析和评估终点确定。通过对调查、监测和收集得到的有效信息进行分析，确定造成风险的主要暴露源，并确定可能因此受到危害的对象——生物受体。评估终点是反映受体遭受污染物损害的指标体系，表征了生态系统的可测度特性，是风险管理目标的具体化和量化。

（二）暴露表征

1. 暴露过程分析　研究暴露过程要充分考虑生态系统与受体的特征。污染物对受体的暴露途径一般包括接触与摄入。接触是定量的，与受体接触压力的行为相关。摄入是受体对所接触污染物的有效吸收，与食物链、生物吸收因子、生物有效性、环境因子等因素相关。暴露时间可分为急性、亚急性和慢性3类时间段，污染物生态风险评估通常将暴露时段上的平均强度作为暴露强度。

2. 暴露量估算 暴露量一般通过公式或模型来估算。以无脊椎动物和植物为食的野生动物，可通过暴露公式来计算暴露量。对于水生生物而言，疏水模型是研究有机物富集的经典模型，但由于过于简化，与实际环境中有较大差异，目前多用于水生生态营养级较低、定量要求不高的水生生物，如浮游生物和底栖生物。对处于较高营养级的鱼类，根据其生理过程的研究成果，可采用水体生理富集动力学模型定量分析幼体有机物富集的过程，研究具有较高的代表性。

(三)生态效应表征

1. 剂量-效应关系研究 生态毒理学研究是生态效应表征的基础，主要通过实验室研究的生态毒性数据来建立剂量-效应关系。目前美国环保署建立了比较详尽的毒性数据库 ECOTOX，主要是针对水生和陆生植物的单物种试验，在美国的生态风险评估中具有很高的参考价值。我国尚未形成一个系统的毒性数据库，毒性数据的获取也多参照 ECOTOX 数据库。

2. 生态效应外推研究 由于现实条件的限制，剂量-效应关系往往不是通过试验直接得到的，而是应用外推的手段，来拓展实验室毒性数据的适用范围，解决某些数据无法获取的问题，从而建立剂量-效应关系。通常外推包括物种间的外推、评估终点间的外推及不同场所与条件的外推。许多外推方法受数据库的限制，缺少充分经验或对作用机制不了解，外推的不确定性很大。

(四)风险表征

1. 商值法 商值法是判定已知浓度化学污染物是否具有潜在有害影响的半定量生态风险评估方法，即根据已有文件或经验数据，设定需要受到保护受体的化学污染物浓度标准，再将污染物在受体中的实测浓度与浓度标准进行比较获得商值，由商值得出“有无风险”的结论。当风险表征结果为无风险时，并非表明没有污染发生，而表示污染尚处于可以接受的程度。之后出现的改进的商值法把污染物在受体中浓度的“有无风险”，改进为“多个风险等级”。改进的商值法有两类。

第一类是根据研究对象的特点，设定多个风险等级，将实测浓度与浓度标准进行比较获得商值，用“多个风险等级”表示风险表征判断结果。路永正(2008)采用单项评定指数法对松花江不同江段中鱼类的生态风险性进行评估，划分了无风险、低风险、较高风险、高风险4个风险等级，发现各种鱼类的汞含量大多数处于无生态风险或低生态风险水平。

第二类是以商值法为基础发展而成的地质累积指数法和潜在生态风险指数法。

(1)地质累积指数法是德国海德堡大学 Muller 等(1969)在研究河底沉积物时提出的一种计算沉积物重金属元素污染程度的方法。通过测量环境样本浓度和背景浓度计算地质累积指数法 I_{geo} 以评估某种特定化学物造成的环境风险程度。地质累积指数的污染程度分级如表4-1所示。I_{geo} 计算公式如下：

$$I_{geo}=\log_2\left[\frac{C_n}{k\times BE_n}\right]$$

式中，I_{geo} 为地质累积指数，C_n 为样品中元素 n 的浓度，BE_n 为环境背景浓度值，k 为修正指数，通常用来表征沉积特征、岩石地质及其他影响。

表 4-1 地质累积指数的污染程度分级

地质累积指数 I_{geo}	级别	污染程度
$I_{geo}\leqslant 0$	0	无污染
$0<I_{geo}<1$	1	轻度－中度污染

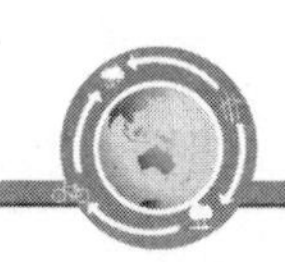

续表

地质累积指数 I_{geo}	级别	污染程度
$1<I_{geo}<2$	2	中度污染
$2<I_{geo}<3$	3	中度一强污染
$3<I_{geo}<4$	4	强污染
$4<I_{geo}<5$	5	强一极严重污染
$I_{geo}>5$	6	极严重污染

（资料来源：Muller G. Index of geoaccumualtion in sediments of the Rhine River[J]. Geojournal，1969，2(3)：108-118.）

李津津等(2016)系统研究了中山市农田土壤汞污染，采用地质累积指数法对土壤汞污染进行评估。结果显示，139 个土壤样品中，有 131 个样品汞的地质累积指数<0，属于无污染；7 个样品汞的地质累积指数在 0～1，属于轻度一中度污染；只有 1 个样品汞的地质累积指数在 1～2，属于中度污染。

(2)潜在生态风险指数法是瑞典 Hakanson(1980)研究水污染控制时建立的一种计算水体重金属等主要污染物的沉积学方法。通过计算潜在生态风险因子E_r^i与潜在生态风险指数 RI，可以对水体沉积物中的重金属污染程度进行评估。计算公式如下：

$$C_f^i = C_d^i / C_R^i C_d = \sum_{i=0}^{m} C_f^i E_r^i = T_r^i \times C_f^i RI = \sum_{i=1}^{m} E_r^i$$

式中，C_f^i为金属 i 污染系数，C_d^i为金属 i 实测浓度值，C_R^i为现代工业化以前沉积物中第 i 种重金属的最高背景值，C_d为多金属污染度，T_r^i为金属 i 的生物毒性系数，E_r^i为金属 i 的潜在生态风险因子，RI 为多金属潜在生态风险指数(E_r^i、RI 等级划分标准见表 4-2)。T_r^i为金属 i 的生物毒性系数，Hakanson(1980)作如下定义，Zn=1<Cr=2<Cu=Pb=5<As=10<Cd=30<Hg=80。汞的生物毒性系数最高，说明环境汞污染严重的生物毒性。

表 4-2　潜在生态风险因子、潜在生态风险指数分级与对应生态风险程度

生态风险程度	潜在生态风险因子E_r^i	潜在生态风险指数 RI
极高	$E_r^i \geqslant 320$	
很高	$160 \leqslant E_r^i < 320$	RI≥600
高	$80 \leqslant E_r^i < 160$	300≤RI<600
中等	$40 \leqslant E_r^i < 80$	150≤RI<300
轻微	$E_r^i < 40$	RI<150

（资料来源：Hkanson L. An ecology risk index for aquatic pollution control：a sedimentilogical approach[J]. Water Research，1980，14(8)：108-118.）

王馨慧等(2016)以北京市凉水河为研究对象，研究了典型城市河流表层沉积物中汞污染特征与生态风险，并利用潜在生态风险指数法评估汞的生态风险。凉水河干流上游表层沉积物中汞的 E_i 范围为 951～1 197，平均值为 1 080，潜在生态风险程度很高；干流下游表层沉积物中汞的 E_i 范围为 23～1 934，平均值为 499，潜在生态风险程度很高；支流表层沉积物中汞的 E_i 范围为 10～2019，平均值为 456，潜在生态风险程度很高。整体来看，凉水河各个河段表层沉积物中汞的潜在生态风险程度都处于很高的水平。

由于可分别计算E_r^i与 RI 的数值，潜在生态风险指数法的计算结果不仅能够反映单一重金属对环境造成的影响，还能说明多种重金属并存时对周围环境造成的综合影响程度。更由于对E_r^i和 RI 的计算结果具有明确的划分等级标准，因而不同区域和时段的生态风险的评估结果之间也具有可比性。

商值法的数据和标准一般易于获得，且成本低、便于操作，因此在生态环境管理初期，可以通过设定合适物种的污染物标准浓度，以方便对生态风险进行管理。但商值法评估结果为半定量，属于一种低水平的风险评估，且由于不同物种对不同污染物之间敏感度的差异，对标准浓度的设定具有潜在的不确定性。改进的商值法在结果定量化上有很大进步，但仍有诸多不足，如无法反映污染物的浓度与被污染受体效应之间的关系；不能推论测度点之外的其他点上污染物浓度对受体的损伤效应；没有计算生态环境受到污染或损失的范围等。

2. 暴露-反应法 暴露-反应法是依据受体在不同剂量化学污染物的暴露条件下产生的反应。建立暴露-反应曲线或模型，再根据暴露-反应曲线或模型，估计受体处于某种暴露浓度下产生的效应，这些效应可能是物种的死亡率、再生潜力变化等的一种或数种。暴露-反应曲线或模型一般在危害评估过程中专门建立，并因污染物的种类、毒性、受体的种类的不同而变化。针对单一物种建立的暴露-反应曲线或模型只能反映污染物对单一的被评估物种的危害效应，而无法反映对整个环境的危害程度。

二、生态风险评估的不确定性分析

不确定性分析始终在生态风险评估中占有重要地位。生态风险评估的各个阶段都存在着很多的不确定性，如风险源的筛选、风险受体的界定、评估端点的判断，以及在生态风险评估方法中，评估因子的选择、统计方法或统计模型的选择、模拟生态系统中各要素的设置及生态风险模型的构建和参数确定等都存在着较大的随机性和主观选择，这都会给评估结果带来很大的不确定性，因此建立有效的不确定分析方法和降低风险评估不确定性的方法是生态风险评估的一个重要研究内容。

目前处理生态风险评估中不确定性的方法可归为 3 类：①基于概率理论的方法，这类方法建立在随机变量概率分布基础上，如使用蒙特卡罗抽样（monte caro sampling，MCS）和拉丁超立方抽样（latin hypercube sampling，LHS）技术模拟风险的概率分布。②区间分析，区间分析将变量看成一个区间量，把变量的不确定性因素转为区间值，进行区间数学的运算，该方法已应用于水质管理评估中。③基于模糊理论的方法，该方法通过采用模糊三角数建立生态风险评估的模糊评估模型，从而量化了生态风险的不确定性。此外，方差分析和敏感性分析等方法也广泛应用于生态风险评估的不确定性分析。

（冯新斌　李平）

第二节　健康风险评估

汞污染的健康风险评估主要采用美国国家科学院（national academy of sciences，NAS）的四步法，即危害识别、剂量-效应关系评价、暴露评估及风险表征，对暴露于某一特定环境条件下，不同汞形态可能引起的机体某些有害健康效应的概率进行定性、定量评估，并进一步评估暴露汞的个体或群体健康受到影响的风险程度。为预警环境汞污染、明确健康危害风险的大小和危害重点，以及建立卫生标准和制定干预措施提供依据。

一、评估体系及方法

环境汞污染对人体健康的影响是以环境作为载体，以暴露为界面而产生的。大气、土壤、水体、沉积物及生物体等环境介质中广泛分布的汞，可通过呼吸、饮食和皮肤暴露等途径进入人体，经过吸收和代谢

等在体内产生一定的暴露剂量，从而对人体健康造成危害。

环境汞污染健康风险是环境汞污染和人体暴露共同作用的结果，理论上讲，“汞的零污染”和“汞的零暴露”都不能构成环境对人体健康的危害。环境汞污染一方面取决于汞在各种环境介质中的浓度，另一方面取决于汞本身危害性的大小；人体汞暴露取决于人们在生活、工作中对汞的暴露参数，如暴露途径、暴露频率和持续时间等。因而，汞健康风险评估体系主要有 3 个要素：汞的毒性、汞的环境浓度和人体汞暴露参数，这三大要素构成健康风险评估的数据基础。在进行汞健康风险评估时，这些基础信息的完整性、准确性和一致性，直接决定汞健康风险评估结果的可靠性。环境汞健康风险评估包括汞危害识别、剂量-效应评定、暴露评估和风险表征。

(一)环境汞污染的危害识别

生物地球化学循环中汞的形式有 3 种：元素汞(Hg^0)相对稳定，易挥发、溶解度低，长期在空气中漂移；无机汞(Hg^{2+})以硫化物、氯化物、羟基化合物等形式广泛存在于环境；有机汞，最主要的是甲基汞(MeHg)，在食物链中具有很强的生物富集效应，鱼体甲基汞的含量是周围水体的 10^6 倍。不同化学形态的汞、不同汞暴露途径及暴露量所导致的健康效应不同。识别、评估环境中不同形态的汞对人群健康危害是健康风险评估中重要的第一步。

液态 Hg^0 的消化道吸收量常常较少，温度计中的液态汞被误服也未见吸收后引起急性汞中毒，但是当液态汞蒸发为气态 Hg^0 后情况则完全不一样，吸入的气态 Hg^0 将近有 80%会被吸收入血，可导致急性间质性肺炎，并且气态 Hg^0 很容易以未被氧化的形式穿过血脑屏障最终到达脑组织损害神经系统。随着时间的推移，气态 Hg^0 在机体内会被氧化为 Hg^{2+}，Hg^{2+} 蓄积在肾脏最终导致肾损害。通过消化道吸收 Hg^{2+} 相对较少，但是大剂量的 Hg^{2+} 摄入，比如误服或者自杀式的吞入会造成消化道损害和肾脏功能紊乱，最终导致死亡。众所周知，MeHg 很容易通过消化道吸收，动物实验表明，经口摄入 MeHg，其在胃肠道的吸收率超过 90%。MeHg 具有亲脂性，对成人脑的侵害部位有一定的选择性，主要侵犯大脑运动区、感觉区和视听中枢及小脑，而对胎儿脑的侵犯则遍及全脑。

收集和整理汞的理化特性、环境和人群暴露行为及环境毒理学等方面的资料，对相关数据的质量、适用性和可靠程度进行分析，建立汞对人群危害识别的指标体系(表 4-3)，根据毒性的有关及确凿程度划分健康风险等级，也是环境汞污染健康危害识别的重要方法。

表 4-3 汞对人体健康危害识别的指标体系

指标体系	危害评价指标	指标分级准则				汞及无机汞化合物的指标分级	甲基汞的指标分级
		极高风险	高风险	中等风险	低风险		
理化特性指标	水溶性(mg/L)	>10 000	1 000～10 000	100～1 000	<100	低	高
	脂水分配系数	L_{gpo}/W>2	1～2	0.5～1	<0.5	高	极高
	挥发性(mmHg，1 mmHg=133.322 Pa)	>78	25～78	10～25	<10	低	高
环境暴露指标	环境持久性(d)	>100	10～100	0.001～10	<0.001	高	高
	环境背景值(mg/L)	严重超标	超标	未超标	痕量或未检出	*	*
	生物富集系数	L_{gBcf}>3	1.5～3	0.5～1.5	<0.5	极高	极高

续表

指标体系	危害评价指标			指标分级准则				汞及无机汞化合物的指标分级	甲基汞的指标分级
				极高风险	高风险	中等风险	低风险		
环境毒理学指标	急性毒性 LC50								
	鼠(mg/L) 鱼(mg/L)			＜5 ＜1	5～500 1～100	500～5000 100～1000	＞5000 ＞1000	高 —	高 高
	慢性毒性	＞1月	经口、皮吸入	＜0.5 ＜1	0.5～5 1～10	5～50 10～100	＞50 ＞100	中 高	高 —
		＜1月	经口、皮吸入	＜2.5 ＜5	2.5～25 5～50	25～250 50～500	＞250 ＞500	—	—
	致癌性			按 RTECS 标准致癌(carcinoxonic)或对人疑致癌	按 RTECS 标准致肿瘤(neoplastic)	按 RTECS 标准疑致癌(equlvocal tamoriyonic)	无阳性结果	低	中等
	致畸性			3种(或以上)受试动物致畸或对人疑致畸	对一种动物或一种大型哺乳动物致畸	一种动物致畸	无阳性结果	高	极高
	致突变性			对3种(或以上)受试动物短期致突变实验为阳性或对人一种为阳性	对2种受试动物短期致突变实验为阳性或对哺乳动物一种为阳性	对1种受试动物短期致突变实验为阳性	无阳性结果	高	高
	神经毒性			严重感觉消失或异常;肌无力伴功能障碍;共济失调;视听觉障碍	感觉消失或中度感觉异常;轻度肌无力;意向性震颤;耳鸣	深腱反射消失;轻度共济失调或轮替性运动障碍	无或无改变	高	极高

注:* 表示根据具体需评价的环境而定。— 表示缺乏数据

(资料来源:李丽娜,吕炳全.上海市水环境中重金属类污染物的健康风险评价[M].上海:同济大学出版社,2012.)

(二)环境汞污染的剂量-效应关系评价

汞在环境中以3种不同的形式存在,其暴露来源、暴露途径、靶器官、代谢过程均不相同。甲基汞大多来源于鱼类和海产品,与其他两种汞形式(Hg^0、Hg^{2+})相比,具有更高的生物利用度,易于被胃肠道吸收,易通过血脑屏障侵入中枢神经系统,导致神经系统的持久性损伤,尤其是对发育个体的神经损害。元素汞暴露主要来源于银汞合金的牙科修复、手工和小规模金矿开采,高浓度元素汞暴露主要引起脑和肾脏损害。

在英国布里斯托尔市对父母与子女进行的纵向队列研究($n=1311$)发现,产前低水平汞接触也会造成子女的智商降低,并在营养和社会人口等辅助因子调整后与汞暴露呈正相关关系。一项前瞻性队列研

究发现，参与者的发汞浓度的增加与自闭症谱系障碍严重程度具有显著相关性（$n=18$）。在韩国进行的921对母子研究发现，脐带血汞浓度增加与24个月年龄的婴儿体重呈负相关关系（$\beta=0.36$，$p=0.01$）。美国普通人群的横断面研究，Park等（2013）发现高血压与血汞并无关联，但与尿汞呈负相关。一项纳入3 875名美国成年人的前瞻性队列研究，在调整诸多混杂因素后发现脚趾甲汞水平与成年人糖尿病发病率有关，且高汞暴露者发生糖尿病的风险是低汞暴露者的1.65倍（95% CI=1.07～2.56；$p=0.02$），并在流行病学研究中首次提出年轻时高水平汞暴露可能增加今后患糖尿病的风险。

国际癌症研究中心（international agency for research on cancer，IARC）将元素汞及无机汞化合物列为3类致癌性物质，甲基汞化合物列为2B类致癌性物质。在评价汞污染健康风险的剂量-效应关系时，常将汞作为非致癌的有阈化学物，其剂量-效应关系评价方法主要有常用的未观察到有害效应的剂量水平（no observed adverse effect level，NOAEL）、数学模型模拟基准剂量（benchmark dose，BMD）及分类回归（categorical regression）等方法。

1. 未观察到有害效应的剂量水平法　作为非致癌物，汞的剂量反应评定一般采用不确定性系数法推导出可接受的安全水平（acceptable safety level，ASL）。因管理目的和内容的不同，ASL在不同的管理部门被称为参考剂量（reference dose，RfD）、实际的安全剂量（virtually safe dose，VSD）、最大容许浓度（maximum allowable concentration，MAC）等。RfD是一种日平均剂量水平估算值，即人群（包括敏感亚群）在给定的时间内（通常为终生）暴露于该水平的特定非致癌污染物，不至于发生明显的有害效应危险，或者说人群（包括敏感亚群）暴露于该日平均剂量水平预期在一生中发生非致癌（或非致突变）性有害效应的危险度很低，实际上是不可检出的。美国EPA将RfD定义为：人群终生暴露后不会产生可预测的有害效应的日平均剂量水平估计值。RfD的估算一般是在充分收集现有的动物实验研究和人群流行病学研究资料的基础上，选择可用于剂量效应评定的关键性研究，从中确定NOAEL或者未观察到有害效应的最低剂量水平（lowest observed adverse effect level，LOAEL），然后将这些值除以相应的不确定性系数（uncertainty factor，UF）和修正系数（modifying factor，MF）。计算公式为：

$$\mathrm{RfD}=\mathrm{NOAEL}\text{或}\frac{\mathrm{LOAEL}}{\mathrm{UF}\times\mathrm{MF}}$$

UF包括的内容有：①人群的个体差异，一般取10；②动物长期实验的资料向人的外推，一般取10；③由亚慢性试验资料推导慢性实验结果，一般取10；④用LOAEL代替NOAEL时，一般取10；⑤实验资料不完整时，一般取10。MF用于毒性实验的资料存在严重缺陷，会增加外推的不确定性，取值最大为10。

目前对大部分的非致癌物已经有推导出的ASL值，针对环境污染物汞而言，不同国家和组织机构公布的ASL值不尽相同。参照国内外有关文献和资料，常用ASL值主要分为如下几类（参见表4-4）：

（1）美国环境保护署（United States environmental protection agency，US EPA）的综合风险信息系统（integrated risk information system，IRIS）公布的摄入RfD和吸入参考浓度（reference concentration，RfC）：其中规定无机汞准许摄入RfD为0.000 3 mg/(kg·d)，元素汞（汞蒸气）准许吸入RfC为0.000 3 mg/(kg·d)，及甲基汞准许摄入RfD为0.000 1 mg/(kg·d)。

（2）世界卫生组织（world health organization，WHO）/联合国粮农组织（food and agriculture organization，FAO）食品添加剂联合专家委员会（joint FAO/WHO expert committee on food additives，JECFA）公布的每周允许摄入量（provisional tolerable weekly intake，PTWI）：其中规定无机汞为4 μg/kg，甲基汞为1.6 μg/kg，总汞为5 μg/kg。换算成每日安全摄入RfD后，无机汞为0.000 57 mg/(kg·d)，甲基汞为0.000 23 mg/(kg·d)，总汞为0.000 71 mg/(kg·d)。

（3）欧洲食品安全局（european food safety authority，EFSA）公布的每周允许摄入量（provisional tol-

erable weekly intake,PTWI):其中规定无机汞为 4 μg/kg,甲基汞为 1.3 μg/kg。换算成每日安全摄入 RfD 后,无机汞为 0.000 57 mg/(kg·d),甲基汞为 0.000 19 mg/(kg·d)。

(4)中国食品安全国家标准《食品中污染物限量》(GB2762－2017)公布的食品汞限量值:肉食性鱼类及其制品甲基汞限量为 1.0 mg/kg,水产动物及其制品(肉食性鱼类及其制品除外)甲基汞限量为 0.5 mg/kg;食用菌及其制品总汞限值为 0.1 mg/kg;谷类及其制品总汞限值为 0.02 mg/kg。

(5)中国国家职业卫生标准(GBZ21－2007)《工作场所有害因素职业接触限值第一部分:化学有害因素》公布的工作场所空气中化学物质容许浓度:其中规定作业场所空气中汞蒸气时间加权平均容许浓度(permissible concentration-time weighted average,PCTWA)为 0.04 mg/m^3。

表 4-4 不同国家和组织机构公布的汞暴露可接受的安全水平(ASL)值

国家/地区	参考指标(单位)	Hg^0	Hg^{2+}	MeHg	THg
US EPA-IRIS	RfD/RfC [mg/(kg·d)]	0.0003	0.0003	0.0001	—
WHO-JECFA	PTWI(μg/kg)	—	4	1.6	5
EFSA	PTWI(μg/kg)	—	4	1.3	—
食品安全国家标准	限量(mg/kg)	—	—	1	—
国家职业卫生标准	PCTWA(mg/m^3)	0.04	—	—	—

注:表中 Hg^0 指元素汞(蒸气);Hg^{2+} 指无机汞化合物;MeHg 指有机汞(甲基汞);THg 指总汞。食品安全国家标准《食品中污染物限量》(GB2762－2017)公布的肉食性鱼类及其制品甲基汞限量为 1.0 mg/kg,其他食品请参见该标准。

2. 基准剂量法 数学模型模拟方法(BMD 法)为某种物质引起机体不良效应的反应率升高到某一特定水平(如 1%、5%或 10%的反应率)时相应的剂量,是通过对观察资料进行数学模型拟合后估算得到的,通常以 BMD 的统计学可信区间(90%或 95%)下限(lower confidence limit on the benchmark dose,BMDL)代替 NOAEL 或 LOAEL 作为参考剂量的起点。BMD 是根据整个剂量-效应曲线,而不是仅仅根据单个剂量(如 NOAEL 或 LOAEL)推导所得,可以反映剂量-效应曲线的斜率;用于估计观测数据范围内的剂量-效应关系能避免低于实验剂量的数据外推;在相当程度上解决了对模型的依赖性,可在具体毒性作用机制不明的情况下,推导出有用的信息。BMD 法常受到所报道资料的限制,计算较为复杂。当剂量间隔设置不合理以致所有的资料无法提供任何剂量-效应关系的曲线形状信息时所受限制则更大,只能在所得资料适用于数学模拟的情况下使用。因此,它不能完全替代 NOAEL 法,而应被考虑作为又一种具有某些特殊优点的健康风险评估的方法来使用。

3. 分类回归法 分类回归(categorical regression)的方法也可用于计算 NOAEL 的相应替代值。分类回归是一种使用了数据分析的特殊剂量-效应模拟方法。它不仅包含了反应率随剂量的增加而变化的信息,也包含了反应的严重程度随剂量或暴露时间的增加而变化的信息,还可以用于将不同研究资料或不同效应终点资料进行合并和分析。分类回归法的关键在于对反应严重性进行分类,然后估计某一反应情况(如 10%的严重反应率)下的浓度-时间联合作用。其缺点在于分类并进行模型拟合需要花费较多的时间;用于推断持续暴露时间的可信度随着原有暴露持续时间的观察资料缺少而降低。此外,决定哪些研究可以被包括在模型中,尤其是存在相当数目的模棱两可的研究资料时,依赖于大量的科学判断。

(三)环境汞污染的暴露评估

目前,有两种方法评估环境汞污染的暴露剂量。一是通过测量食物、空气和水中的汞含量,结合食物消化率、呼吸量、暴露频率等估计汞的外暴露剂量;二是测定头发、血、尿、指甲和胎盘等机体组织的汞浓度来评估汞的内暴露剂量。

1. 外暴露剂量的评估　外暴露剂量的评估首先需要确定汞在各种环境介质中的浓度及人群的可能暴露途径，然后估计每种途径的暴露剂量，再得出总的暴露剂量。

职业生产过程和生活垃圾焚烧过程可产生汞蒸气及无机汞化合物气溶胶，进入人体的暴露途径主要为呼吸吸入。甲基汞等有机汞进入人体的主要途径是经口摄入污染的鱼类及其他水产品；无机汞化合物污染的水源和食物、补牙时用的汞合金产生元素汞也可以通过口腔摄入进入人体内。使用美白霜等化妆品后经皮肤吸收也是人群暴露无机汞的主要途径之一。因此，汞的健康风险评估应对大气、食物、水及化妆品等多种介质携带的不同形态汞，通过呼吸吸入、口腔摄入和皮肤接触 3 种暴露途径进入人体后，对人体健康产生的危害进行评估。

目前对汞进行的健康风险评估都是采用非致癌物质的风险评估方法。对于非致癌物质的生物学效应常用日平均暴露剂量(average daily doses，ADD)进行外暴露剂量评估。因此，汞通过不同暴露途径进入人体的暴露量的计算公式总结如下：

$$ADD=\frac{C\times IR\times EF\times ED}{BW\times AT}$$

式中各参数的含义和单位见表 4-5。

表 4-5　日平均暴露剂量计算中各参数的含义和不同暴露途径的暴露剂量单位

参数	含义	经呼吸道	经口	经皮肤
ADD	经某种暴露途径汞日平均暴露剂量	mg/(kg·d)	mg/(kg·d)	mg/(kg·d)
C	某环境介质中的汞浓度	mg/m^3	mg/L(饮水) mg/kg(饮食)	mg/kg
IR	对该环境介质的汞接触或摄入率	m^3/d	L/d(饮水) kg/d(饮食)	kg/d
EF	汞的暴露频率	d/a	d/a	d/a
ED	汞暴露的持续时间	a	a	a
BW	体重	kg	kg	kg
AT	平均汞暴露时间	d	d	d

注：皮肤暴露的 IR 计算公式为：IR＝SA×PC×ET×CF，其中 SA 为皮肤接触表面积，cm^2；PC 为化合物的皮肤渗透常数，cm/h；ET 为暴露时间，h/d；CF 为体积转换因子，1 kg/1 000 cm^3。此处以经皮肤暴露化妆品为例

在环境介质中汞浓度准确定量的情况下，暴露参数值的选取越接近于评估目标人群的实际暴露情况，则暴露剂量的评估越准确，相应的健康风险评估的结果也越准确。而这些暴露参数因人、因不同情况而异，比如经呼吸道暴露的 IR(日平均呼吸量)与性别、年龄、运动状态等都有关系。

以上只考虑了存在于一种环境介质中的汞，通过人体一个界面的暴露剂量。但是实际情况中，往往在多个介质中同时存在汞暴露，在计算总暴露时必须对每一个含汞污染的介质都分别计算出暴露量，然后再相加得出总暴露量。

2. 内暴露剂量的评估　在暴露评估中，由于各种条件的限制，通常不能直接对人群的汞内暴露剂量进行测定。为了对人群的实际汞暴露和剂量-效应关系进行准确的评价，可根据公式以确切的生物学标志推算汞内暴露剂量。

关于甲基汞的首选生物标志物应该能反映脑中 MeHg 的浓度，因为脑是 MeHg 最主要的靶器官。一般来说，在持续接触甲基汞的情况下，体内的汞含量达到稳定状态取决于饮食汞的摄入量。动物实验表

明，在这种稳定的状态下，血液中汞的浓度与大脑中的汞浓度的比值是固定的。因此，血液或血液红细胞的汞浓度被认为是一种良好的生物标志物。头发形成期的发汞浓度也能反映血液 MeHg 的浓度，也经常作为评估 MeHg 暴露的生物标志物。一般而言，发汞浓度为血汞浓度的 250～300 倍，因为头发中含有丰富的含硫蛋白，这种蛋白质会与 MeHg 结合。WHO 通过比较血液和头发汞含量作为生物标志物的研究结果，建议将发汞与血汞的比例定为 250∶1，即从发汞转换到血汞的比例。这也鼓励研究者将发汞作为首选的生物标志物，因为它很大程度上解决了样品收集、存储和运输问题。但人们担心在使用这一比率时，用发汞反映汞内暴露剂量会存在一些不确定性。Liberda 等测定加拿大魁北克省北部的 9 个原住民社区 1 333 人的头发及血液总汞浓度发现，发汞与血汞的比例范围为 3～2 845。Yaginuma-sakurai 等(2012)研究发现 27 名参与者的平均发汞与血汞的比例为 344±54。因此，使用由 WHO 建议 250∶1 的头发汞浓度转化为血液浓度的比例可能是不可靠的，尤其在个人水平上。因此，未来的汞内暴露剂量评估应在关注人类健康情况下的参考血汞浓度。

在妊娠期间，MeHg 暴露的主要靶器官是胎儿的大脑。因为胎盘是运输 MeHg 最主要的器官，胎儿血液的 MeHg 浓度比母亲高约 2 倍。因此，脐带血的汞含量是评估产前汞暴露最理想的生物标志物。母亲在分娩时，指甲和脚趾甲的汞浓度与脐带血汞浓度有很强的相关性，因此也被当作生物标志物。

内暴露剂量实际为体内吸收并可与生物受体结合的化学物质量。在剂量-效应关系评价和风险评估中具有更重要的应用价值。常用的估算方法有以下 3 种：

(1)根据人体生物材料的检查结果进行估算。判断人体有无汞的危害，可以直接检查生物样品血汞、尿汞、发汞含量等。

(2)根据外暴露测定算出摄入量(ADD)与人对汞在不同介质的吸收率 P 进行估算。

$$\mathrm{ED}_i = \sum_{i=1}^{i} (\mathrm{ADD}_i \times P_i)$$

其中，ED_i表示人体通过不同介质(共 i 种介质暴露，包括食物、水、空气、化妆品等)吸收汞后的内暴露估算总剂量；P 为人对汞在不同介质的吸收率。具体吸收率可以通过专业文献，如“国民体质与健康数据库”及“公共卫生科学数据库”等数据库中查找。

(3)根据生理药物代谢动力学模型进行预测。生理药物代谢动力学(physiologically based pharmacokinetic，PBPK)模型是一种基于影响污染物在机体靶作用组织、器官中的吸收、分布/储存、代谢和排泄(absorption，distribution，metabolism and excretion，ADME)时相过程的生理学、物理化学、生物化学等决定因素，定量估计机体暴露于污染物时，污染物作用于靶组织、器官剂量的模型方法。人体摄入污染物后，建立以污染物的 ADME 生物动力学过程为基础的 PBPK 模型，旨在描述环境污染物摄入量与人体内环境污染物含量、健康效应之间的关系。用于污染物健康风险评估的 PBPK 模型目的是为了实现机体组织、器官中污染物剂量的预测或外推，从而避免直接通过动物或人体检测获取数据。在应用于风险评估时，PBPK 模型能够预测特定的动物或人体环境暴露中污染物的药代动力学过程，以及组织、器官中的潜在暴露剂量。

在已有的复杂通用 PBPK 模型基础上，Young 等(2001)采用保留污染物处置(disposition)的总物质平衡来分析甲基汞及其代谢产物、无机汞的分布和清除。该模型使用基于体重的异速生长关系(allometric relationships)，模拟计算不同物种体内甲基汞向无机汞的代谢转换、甲基汞和无机汞的消除速率及甲基汞和无机汞与肾脏、肝脏和脑等脏器的结合系数。计算这些参数的具体异速生长方程式(allometric equation)如下：

$$\text{PBPK 参数} = \mathrm{A} \times \text{体重}^{\mathrm{B}}$$

或者

$$\mathrm{Log(PBPK\ 参数)=LogA+BLog(体重)}$$

其中,式中 A 和 B 为常数。

该模型通过体型变异法,对随着生长而变化着的母体和胚胎各个器官、组织的血液流速进行数学描述。其他主要的参数包括甲基汞清除器官肝脏的器官-血液结合率、代谢速率常数、动力学清除速率常数等。除此,还有"扩散系数",用以描述由靶位点交互作用或细胞内/细胞外扩散决定的血液和器官转运速率。所有这些参数以与时间无关而与浓度变化有关的非线性函数表达,被编辑进模型程序中。器官重量、血液流速及其他生理参数是模型不可分割的部分,作为动物总重的函数被编辑进入模型。因此,对于胚胎期暴露模拟,该模型可实现血流速率、器官大小和生长速度的内部校正。

该模型用时间函数来描述组织中甲基汞向其代谢物转化及在组织中的分布。模型程序可用于处理最多 10 次重复染毒,可以是相同途径的,也可以是不同途径的(如经口、呼吸、皮肤、皮下和/静脉滴注或注射)。针对不同哺乳动物,模型给出的基本参数取值不同,且范围较大。Young 等分析了应用于 12 个种系动物(即小鼠、仓鼠、大鼠、豚鼠、猫、家兔、猴子、绵羊、猪、山羊、牛和人)的 PBPK 模型。利用现有数据,揭示甲基汞和无机汞在某些物种组织结合系数、代谢速率常数和清除参数的异速生长(基于权重)关联性。

由于不同的生物标志物和方法用于评估暴露,人类汞的生物监测设计和资料解释需要进一步统一协调。

(四)环境汞污染的风险特征分析

风险特征分析(risk characterization)是环境汞健康风险评估的最后一个阶段,目的是对前 3 个阶段(危害判定、剂量-效应关系评价、暴露评估)的评估结果进行综合、分析和判断,获取暴露人群由于暴露环境汞污染可能导致某种健康后果的危险度,以确定健康风险发生的概率。该过程还包括提供可接受的风险水平及评估结果的不确定性等,为风险决策者和采取必要的防范和降低风险发生的措施提供科学依据。

风险特征分析的方法主要有两类:一类是定性风险特征分析;一类是定量风险特征分析。定性风险特征分析是运用于对某种特定人群暴露的环境效应终点尚无数据来推算剂量效应的可接受安全水平,但又有危害效应定性的毒性资料时,其要回答的问题是有无不可接受的风险,以及风险属于什么性质。定量风险特征分析一般是通过比较相关暴露场景目标化学物的估算暴露量和导致的主要健康效应的可接受安全水平值进行比较分析阐述的。其不但需要说明有无不可接受的风险及风险的性质,而且需要定量给出结论。

对于非致癌物汞而言,因其被认为是有阈值毒物,并且目前已有多个国际组织和机构确定其阈剂量,并规定相关的可接受安全水平值(例如,USEPA 公布的不同形态汞及其不同暴露途径的 RfD 值),因此可以直接进行定量风险特征分析。汞的非致癌效应以风险指数表示,即对暴露量与毒性(或标准)进行比较。本研究中采用的汞致健康危险的风险模型为:

$$R=\frac{\mathrm{ADD}}{\mathrm{RfD}}\times 10^{-6}$$

式中:R——发生某种特定有害健康效应而造成等效死亡的终生危险度;

ADD——有阈化学污染物的日平均暴露剂量,mg/(kg·d);

RfD——化学污染物在某种暴露途径下的参考剂量,mg/(kg·d);

10^{-6}——与 RfD 相对应的假设可接受危险度水平。

R 以 1 作为风险限值,若 $R\geqslant 1$,则存在非癌症类健康风险,风险值越大,健康风险越高;若 $R<1$,则健康风险较小,属于安全范围。

二、变异性及不确定性

健康风险评估中，由于对评估参数、模型和特定细节认知的缺乏，对危害程度或其表达方式认识不充分等原因，健康风险评估整个过程的每一步骤都存在一定的不确定性。降低健康风险评估的不确定性可以使风险评估结果更加科学、更易被决策者和公众接受。

(一)汞污染健康风险不确定性因素与误差来源

环境汞污染健康风险评估的不确定性因素或误差来源主要有3个方面：客观世界的内在随机性、人类对客观世界认识的不完全性和评估方法本身的缺陷。

鉴定汞的毒性对人体健康危害影响时，需要选择动物进行毒理实验，再由实验所得数据外推到人类。在应用动物实验资料时，人和动物之间、动物种属之间、动物品系之间都有差异，究竟哪种动物更接近于人，很难确定。动物的短期筛选实验能否预测人群长期暴露结果，从高剂量得出的效应与反应结果能否推算到低剂量，均有重大的不确定性。在外推的过程中，有时附加10倍安全因子甚至100倍安全因子，然后把所得数据作为环境汞污染对人体健康危害的标准值。可以说，在整个实验过程中，动物是受试者，而真正受到健康危害影响的却是人类。尽管在外推的过程中附加一定的安全因子，但确切地说，有毒物质汞在人体内的反应机制、对人体健康的影响及影响程度是不清楚的，也无法用语言准确地加以描述。而且，在危害识别中，限于现有的科学水平，往往对化学物质所致的损害及其风险度的大小，难以确切判断，对某些因素的评估不够确定。

在环境汞污染健康危害剂量-效应关系评价中，对实验组或危险人群组的暴露定义不完善，也就是浓度、持续时间、暴露汞种类、暴露途径、剂量率等都不十分准确；采用低于终生暴露或短期观察的实验研究；采用暴露途径不合适的实验研究；在实验研究或危险人群组暴露中，汞与其他有毒物质存在相互作用；未能诊断或错误诊断汞中毒的原因；而非特异效应受到其他因素的影响增加了额外的不精确性；还有先进技术观察到的效应实际含义的不确定性，比如神经生物电生理发现甲基汞引起的生物电释放延迟没有阈值等，使得汞危害剂量-效应关系评价中存在不确定性。由于每天活动形式的复杂性，将一个危险人群组中的个体暴露做了错误的分组；不适当的对照组；将实验结果外推到极低剂量范围等过程监测方法、监测数据、分类及数学模式的推算中存在不确定性。

在暴露评定中，初次暴露的年龄、性别、混杂接触、吸烟习惯、潜伏期的长短等都可能不同；环境汞污染的接触剂量、机体摄取剂量和体液监测剂量等，是否能真实反映起有效作用的靶组织剂量；由样本推测总体时，代表性是否理想等都存在种种未知数。如甲基汞的健康影响有不确定性，生物标记与真实脑组织甲基汞剂量是不一样，亚临床毒性很容易被忽略和低估；头发和脐带血甲基汞测量的精确度也将显著影响暴露水平的评估和分类错误。汞进入环境后在不同介质的分配和降解，以及在人体组织器官中剂量估算参数和模型存在不确定性。

由于不确定性的存在，使得对给定变量的大小和出现的概率不能做出最好的估算，或者说评估的结果可信度不能保证，给管理者的决策造成一定的影响。

(二)汞污染健康风险不确定性分类

EPA将不确定性分为3类。

(1)事件背景的不确定性。包括事件的描述、专业判断的失误及信息丢失造成分析的不完整性。

(2)参数选择的不确定性。例如，气象水文条件随着季节而变化，不同的人群包括性别、年龄和地理位置不同等。尽量避免采用敏感性分析和分析不确定性传播的方法。

(3)模型本身的不确定性。在健康风险评估中，评估模型中的每一个参数都存在不确定性。选用的数学模型往往是对真实情况进行简化后得到，与实际发生的情况存在差异。在健康风险评估中，要尽量将这些不确定因素降低到最低程度。

(三)汞污染健康风险不确定性分析

1. 蒙特卡罗分析方法　蒙特卡罗分析方法(monte carlo analysis，MCA)是一种以概率统计理论为指导，运用概率密度函数对每个参数重复随机取样，取得的值输入风险-暴露模型，得到暴露-剂量分布，从而进行风险评估不确定分析的数值计算方法。MCA 方法提供运用概率方法传播参数的不确定性，更好地表征风险和暴露评估。其分析步骤包括定义输入参数的统计分析；从这些分布中随机取样；使用随机选取的参数系列重复模型模拟；分析输出值，得到比较合理的结果。对于某些复杂的模型，分析其不确定性的来源是极其困难的，而 MCA 则比较方便地处理复杂模型中的不确定性问题。Barnthouse(1986)用 Monte-Carlo 模拟技术研究由单一物种毒性外推到生态系统过程的不确定性问题，较好地将这一过程的不确定性转变为关于某种效应的不确定状态。从而某一特殊有毒效应水平的风险可以由一个直接毒性和源于外推过程产生的不确定性函数确定。

目前大多数风险评估是基于最大合理暴露量(reasonable maximum exposure，RME)情况下的风险评估，该分析方法(baseline risk analysis，BRA)相对保守，存在很大的不确定性，保守的程度难以度量，提供给决策者信息有限。在运用 BRA 方法得到风险值为 10^{-5} 的情况下，运用 MCA 方法可以得到合理的概率分布区间，提供给决策者更多的信息。但是，MCA 的不足之处是评估过程变得复杂，难以确定 MCA 本身的优劣程度。EPA 趋向于应用 MCA 的概率技术，研究不同概率情况下的事故发生后果，给环境风险管理者提供更为广泛的参考。

2. 泰勒简化方法　泰勒简化方法(method of moment)是一种运用泰勒扩展序列对输入的风险模型进行简化、近似，以偏差的形式表达输入值和输出值之间的关系，进行风险评估不确定分析的方法。由于风险模型中输入值和输出值之间的函数关系过于复杂，不能从输入值的概率分布得到输出值的概率分布。利用这种简化能够表达评估模型的均值偏差及其他用输入值表示输出值的关系。

3. 概率树方法　概率树方法(probability trees)是一种源于风险评估中的事故树分析，根据概率树可以表示 3 种或更多种不确定结果，其发生的概率可以用离散的概率分布定量表达，从而进行风险评估中不确定性分析的方法。如果不确定性是连续的，在连续分布可以被离散的分布所近似的情况下，概率树方法仍然可以应用。

4. 专家判断法　专家判断法是基于 Bayesian 理论，认为任何未知数据都可以看成是一个随机变量，并把这个未知数据表达成概率分布的形式，未知参数设定为特定的概率分布，从概率分布可以得到置信区间，依靠专家给出的概率进行主观的风险评估不确定性分析的一种方法。Bayesian 理论认为个人具备丰富的专业知识，经过研究后熟悉情况，具备风险评估的信息。信息不仅来源于传统的统计模型，而且包括一些经验资料。因此，专家所提供的资料符合逻辑，主观判读具有科学性和技术性。应用该方法的第一步是组织专业领域的专家开展讨论会。

风险评估的最终结果是评估污染物对环境或人体健康的影响，环境学家和毒理学家经常持不同意见，有时甚至会截然相反。主要原因在于环境学家使用的是较完善的污染物模型，而毒理学家使用的是毒理学模型(如死亡率模型)，并且由于他们各自所具有的学科背景知识不同，以及所使用文献资料的迥然差异等，造成了对评估结果的影响分析不同。如果综合考虑两方面专家的意见，将有助于减少在风险评估过程中的不确定性。

5. 其他方法 如敏感度分析、置信区间法等。敏感度分析是用来确定参数值的变化对暴露-剂量评估结果的影响。置信区间法是从置信限与容许限的角度，借助统计分析理论，研究参数值的不确定性。

（范广勤　周繁坤）

第三节　汞的检测与分析方法

一、环境样品中汞含量分析方法

（一）环境样品的采集方法

1. 气体样品的采集 气体样品包括大气样品和废气。汞在大气中以气态总汞和颗粒态汞形式存在，一般来讲，前者占95%左右，气态总汞在ng/m^3级别，而颗粒态汞小于100 pg/m^3。气态总汞又分为单质气态汞和活性气态汞。对于单质气态汞一般用高精度的大气测汞仪直接在线监测即可，但对于精度较低的测汞仪则需要先通过吸附装置进行预富集，再通过某种方法转化为汞单质蒸气，以便仪器测定。目前主要的富集手段：①湿法吸收。用强氧化剂的吸收液如$KMnO_4$-H_2SO_4等用于测定总汞，KCl溶液等用于测定二价活性气态汞离子。吸收液经过$SnCl_2$还原为单质汞蒸气上机测定。②固体吸附剂吸附。常见的如用碘或其他卤素处理过的活性炭等。利用固体吸附剂直接吸附汞蒸气后，再进行直接热裂解或热解析分析。该方法在新型烟气汞采样设备中有较多应用。③巯基棉富集。在微酸性介质中，用巯基棉富集气体中各种形态的汞，再用盐酸-氯化钠解吸，$SnCl_2$还原后仪器测定。④ 汞齐富集。一般用金或银等贵金属富集管吸附空气中的微量汞，形成汞齐，然后500℃以上热解为单质汞蒸气上机测定。这一方法消除了化学分析试剂的空白问题，灵敏度好、空白低，金管和银管等可以重复使用，非常方便。

2. 水体样品的采集 水样中的汞含量一般较低，采样的时候要尽量避免样品被污染。河水通常采用非金属的有机玻璃采水器采集水体表层0.5 m深度以下的水样，对于海洋、水库或湖泊的水体剖面水样采集通常采用Niskin Go-Flo采水器或有机玻璃采水器选取不同深度间隔进行采集，通常间隔为2 m或4 m。

样品采集后，装入除汞处理的玻璃采样瓶或特氟龙采样瓶，加入0.4%～1%的亚沸蒸馏的低汞浓硝酸或超纯盐酸，海水样品（Cl^->500 mg/L）以2 mL/L的比例加入9 mol/L H_2SO_4溶液保存，双层保鲜袋包好，0～4℃冷藏存放，于28 d内完成分析。对于溶解气态汞必须现场测定。

3. 沉积物的采集 沉积物采集分为表层沉积物和柱状沉积物的采集。表层沉积物通常采用皮特森采泥器，采集表层10 cm左右的底泥。沉积物柱芯样品用SWB-1型便携式不扰动沉积物采样器采集，确保界面水清澈、沉积物未被扰动。小心抽取界面水后，将沉积物柱按照一定间隔进行分层切割，需要测定甲基汞的沉积物柱芯，需要迅速将沉积物柱转入厌氧袋，进行厌氧环境的下分层切割，并将分层样品分装于超净处理的50 mL离心管中，用Parafilm®密封，置于冰箱中低温（－18 ℃）保存，以便后期固液相分离处理。

孔隙水的提取在转速3 500 r/min、4℃下离心30 min，在充满氮气的手套袋内用0.45 μm低空白醋酸纤微孔滤膜（Minipore®）过滤，用于测定DHg和DMeHg，保存方式同分层水。沉积物固相样品经真空冷冻干燥后，玛瑙研钵研磨，去除其中较大的石块和杂质后过150目尼龙筛，常温密封保存于塑料自封袋内，用于测定THg和TMeHg。

4. 土壤样品采集 土壤样品分为污染土壤样品和背景土壤样品。污染样品的采集首先要保证所采集样品具有代表性，能够客观表征土壤污染情况。因此，在制定采样方案前，必须对研究区域的土地利用情况、污染历史与现状等情况进行详细的了解。在此基础上选择一定数量有代表性的采样单元（0.13～

$0.2\ hm^2$)，在每个单元中布设一定数量的采样点。同时选择对照采样单元布设采样点。为减少土壤空间分布不均匀性的影响，在一个采样单元内，应在不同方位上进行多点采样，并且均匀混合成为一个具有代表性的土壤样品。常见的采样布点法有对角线布点法、梅花形布点法、棋盘式布点法和蛇形布点法。采样深度通常只需取 0～15 cm 或 0～20 cm 的表层或耕作层土壤。若要了解污染深度，则应该按照土壤剖面层次分层采样。样品采集可以用采样筒取样、土钻取样或挖坑取样。一般在各采样点分别采集 1～2 kg均匀混合后用四分法从中选取 1 kg 土壤，代表该点的混合样品。样品以聚乙烯塑料袋封装保存，防止交叉污染。

土壤背景值样品的采集必须是可以代表区域土壤总体特征且远离污染源的采样点。不在水土流失严重或表土被破坏处采集样品，要远离铁路、公路至少 300 m 以上。选择土壤类型特征明显的地点挖掘土壤剖面，要求剖面发育完整、层次清楚且无入侵体。一般要设置 3～5 个重复样点。

土壤需要经过冷冻干燥或自然风干。风干是将全部土样倒在洗刷干净、干燥的塑料薄膜或瓷盘内进行风干，到半干的状态时把土块压碎，去除石块、残根等杂物后铺成薄层，经常翻动，在阴凉处使其慢慢风干。风干后的土壤要用玛瑙研钵研磨并过 150 目尼龙筛，常温保存备用。

(二)环境样品的前处理

对于大气样品，步骤相对简单。活性炭或汞齐吸附收集到的大气样品通常采用高温燃烧直接测定，无须前处理，湿法吸收或巯基棉富集的气体样品通常与固体样品消解以相同的方法进行处理。

本节重点介绍水样和非生物固体样品的前处理。最常见的有常压湿法消解法、微波消解法、萃取法、巯基提纯法等，具体的步骤见第四章第三节中生物样品的前处理，所不同的是对于非生物样品一般不需要硫酸消解，其他步骤相同。

鉴于汞的含量分析涉及不同形态汞的测定，其前处理除了以上一般的步骤外，还需要进一步的氧化、衍生或还原，本节将对不同形态汞测定的前处理进一步进行介绍。

1. 无机汞测定的前处理　水样或消解液中通常存在大量的离子、微生物和有机质，它们能以物理或化学吸附的形式与不同价态的汞结合，形成环境中复杂的汞形态体系。目前，总汞检测常用的方法有冷原子吸收法、冷原子荧光法、原子荧光法、二硫腙分光光度法、电感耦合等离子体-发射光谱法等，上述方法均须将样品中各形态汞转变为 Hg^{2+}，常用的方法有：①$KBrO_4$-KCl 氧化法；②HNO_3 氧化法；③$KMnO_4$-$K_2S_2O_8$法等，对于水样和固体样品的消解液，完成第一步湿法消解后，也需要加入 $KBrO_4$-KBr 配制的 BrCl 溶液氧化，再加 $NH_3OH \cdot HCl$ 去除游离的卤素，最后加入氯化亚锡还原成单质汞上机测定。

2. 甲基汞测定的前处理　样品甲基汞测定的前处理技术主要有巯基棉吸附、萃取和蒸馏法。我国现行的两个国家标准：水样中烷基汞的测定(GB/T 14204－1993)和巯基棉富集 GC-ECD 测定环境样品中甲基汞含量的方法(GB/T 17132－1997)，都是根据萃取的方法来富集检测水体中痕量甲基汞的。

(1)巯基棉吸附法。该方法采用巯基棉吸附样品中的甲基汞，再进行解吸后测定，但其回收率不稳定、回收效率低且容易富集杂质。

(2)萃取技术。萃取技术是目前富集汞应用最多的方法，有酸萃取、碱萃取、二氯甲烷萃取法及固相微萃取技术。

(3)蒸馏法。蒸馏主要用于成分复杂的水样中甲基汞的萃取，也可用于无机汞含量较低的土壤或沉积物中甲基汞的前处理。

(4)衍生化法。萃取-反萃取或蒸馏后的样品，通过将离子态甲基汞衍生化为挥发态的烷基甲基汞，再通过气相色谱法分离测定。目前主要有 3 种衍生化方法：氢化物发生法($NaBH_4$)、葛氏试剂衍生法(BuMgBr)和直接水相衍生法($NaBEt_4$ 或 $NaBPh_4$)，其中四乙基硼化钠作为衍生试剂效率较高。特别是经蒸馏的样品用水相衍生法处理，会大大提高测定的精度；但是该方法涉及的仪器价格比较昂贵，不易广泛使用。

二、生物样品中汞的检测和分析方法

(一)生物样品的采集

1. 血液样品采集 血液汞能较好地反映生物体急性汞接触水平，一般用于评估机体总汞及有机汞(尤其是甲基汞)的暴露程度。

用硝酸浸泡过的聚四氟乙烯试管中加入肝素或EDTA抗凝剂或直接购买商业化处理的肝素抗凝管，加入血液样本后，立即缓慢充分摇匀，并置于4 ℃下的冰箱里保存备用。采样时间的选择上，新生儿脐带血在出生时立即采集，孕妇外周血的最佳采集时间是分娩后1 d。如果需要运输，可置于双层包装的塑料袋中冷冻保存。样本应于采集后的数天内进行分析，如果总汞和甲基汞都需分析，采血量应不少于1 mL，最好为5 mL。

2. 毛发样品采集 毛发的基质蛋白质中富含硫氨基酸，汞易于与其中的巯基相结合。毛发汞浓度高于血汞和尿汞，慢性暴露时，发汞浓度大约是血汞的250倍，能够较好地反映人体长期的汞暴露水平。不同长度的毛发汞含量能代表不同历史时期的汞暴露情况，并且毛发取样简单没有创伤、易于被人们接受、运输和保存简便，而且无机汞和有机汞都能在头发组织存在，因此目前对人群研究多采用发汞来衡量人体的总汞暴露情况。但是头发易被外源污染，彻底清洗非常重要。

用外科剪从枕后区域剪下一束头发，200～400 mg，剪去远端，保留长度约为5 cm，放入封闭的聚乙烯袋。每份样本剪成平均长度为1 cm，混匀，依次经过丙酮、去离子水、丙酮洗涤，反复3次，低温烘干后保存备用。

3. 尿液及胎粪样品采集 进入人体的无机汞主要通过肾脏随尿排出，因此尿汞是评价无机汞暴露的标志物。由于汞在人体不同组织内分布不同，尿汞水平往往与临床症状不相符，但评价低浓度的无机汞暴露时，血液的分析会受到甲基汞的干扰，因此尿液的分析就比较简便有效。胎粪是胎儿的特殊生物样本，对其中蓄积汞尤其是无机汞及代谢产物的检测分析将有助于揭示胎儿宫内无机汞蓄积暴露的健康风险。

所有盛装样品的塑料瓶都需硝酸浸泡，双蒸水冲洗3次，室温下干燥备用。样品置于塑料瓶中，加入醋酸(1% v/v)酸化后4 ℃下保存备用。胎粪的采集主要是从产后24 h内尿布上进行采集，采集的样品低温干燥后称重、记录，密封保存待测。

4. 指甲样品采集 指甲的生长是基于甲母质细胞不断分裂，体内微量元素及其代谢产物可通过甲母质的毛细血管丛蓄积于指甲内，因此可以利用指甲作为生物样本检测体内汞的吸收蓄积情况。指甲汞含量的测定主要用于心血管毒性研究。

用清洁不锈钢剪刀，剪取大约1 mm长的指甲作为样品，分别装袋、编号、记录，在实验室对样品进行清洗、晾干处理，将指甲样品浸泡在中性洗涤剂20 min，除去表面的油脂污染物，再用双蒸水冲洗3次，晾干。若指甲上涂有指甲油须提前用丙酮清洗干净，再依上述程序清洗，最后保存于干净塑料袋中待测。

5. 呼出气采集 职业人群的暴露则主要为生产或使用汞及其化合物，呼吸道吸入是汞蒸气暴露的最重要途径，所以呼出气是反映职业人群汞蒸气暴露的主要标志物。

采集方法包括湿法吸收或固体吸收，湿法吸收是用含强氧化剂的吸收液如H_2O_2、$KMnO_4$-H_2SO_4、$K_2Cr_2O_7$-HNO_3等吸收大气中的气态汞(将所有形态气态汞均氧化为Hg^{2+})；利用固体吸附剂则包括MnO_2或$KMnO_4$、活性炭等。目前应用最广的是由金或银等金属与汞形成汞齐的原理来进行预富集，采

集以后将金/银捕集管在>500℃高温下进行热解析，捕集的气态汞以 Hg^0 蒸气的形式进入 CVAFS 或 CVAAS 检测器进行测定。

6. 其他组织样品采集 长期慢性汞暴露情况下，汞易于富集于不同的组织器官。如无机汞易于富集于肝肾，而甲基汞易于富集于神经系统尤其是大脑。因此，脏器组织汞含量检测也可作为生物体慢性汞暴露指标。

所有盛装组织的塑料管需要硝酸浸泡，并用双蒸水冲洗 3 次，室温下干燥。将解剖干净的脏器组织称重后置于处理好的塑料管中，密封，置于－80 ℃超低温冰箱保存备用。

7. 食物样品采集 人体甲基汞暴露的主要途径是食用受到甲基汞污染的水产品及大米样品，因此水产品及大米样品可作为评估人群甲基汞暴露的主要食物样品。

将采集好的植物样品（水稻）摊开放置于新鲜的铝箔纸上，在实验室的阴凉处自然风干，将采集的整株水稻按照根、茎、叶、梗壳、大米进行分离，最后用样品袋分装编号、保存待测。

将采集的水产品用液氮或其他方式冷冻后，运回实验室进行处理和分析。在实验室常温条件下将样品解冻，用去离子水将其冲洗干净，滤纸擦干，再用不锈钢解剖刀和镊子进行解剖，选取肌肉、鳃、心脏等组织样品。取肌肉时，不锈钢刀剥去鱼鳞、鱼皮，从鳃盖至鱼尾切开剥离肌肉中的鱼刺，洗去血污，用滤纸吸干表面水分，剪碎鱼肉后干燥，最后磨碎待测。其他组织的取样步骤相同。取样工具和储存样品的容器等预先用硝酸进行清洗处理。

（二）生物样品的前处理

目前生物样品中汞的前处理方法主要有常压湿法消化法、微波消解法、萃取法、巯基乙醇提取法等。

1. 常压湿法消化法 用酸或碱从样品中提取金属元素是处理样品的基本方法之一，而且是有效破坏有机物的常用方法。将样品和消化液放入敞口容器，在一定条件下加热消化样品，在氧化性的消化液中分离出有机物，再进行适当处理即可得到待测溶液。常用消化液为硝酸（HNO_3）、高氯酸（$HClO_4$）、硫酸（H_2SO_4）、盐酸（HCl）及过氧化氢（H_2O_2）等一种或者多种酸的组合，可以根据样品基质和氧化性酸的特点选用不同的混合酸。该方法由于多用敞开式容器，汞易挥发丢失，使回收率偏低、测定结果不稳定，而且高氯酸与有机物接触易发生爆炸，过氧化氢易分解，消化液和样品用量大，因此在消化过程需要控制加热温度和消化时间，保证回收率，并注意操作安全。

2. 微波消解法 微波消解是近年来国内外普遍使用的样品预处理方法。将样品加入聚四氟乙烯溶液杯中，再加入消化液后置于微波消解仪，在设定的参数条件下进行微波消解，取出冷却后，开启消解罐，继续加热消化液赶尽二氧化氮（NO_2），以确保消化完全和 NO_2 被排尽。微波消解是直接通过物质吸收微波能量来达到快速加热目的，同时利用密闭容器形成高温、高压条件，这样既能提高反应的速率，又能提高试样的分解能力，以达到理想的消解效果。微波消解方法具有快速、分解完全、空白值低、元素无挥发损失等优点，同时蛋白质被破坏避免汞的吸附损失，但较为耗时，样品用量大。

3. 巯基乙醇提取法 巯基乙醇提取法是一种有效的样品前处理方法。将样品放入聚乙烯管中并加入巯基乙醇提取液，然后将混合溶液放入振摇器，在室温下振摇 12 h 以上，离心过滤后直接测定。该方法操作简便，所用的 2-巯基乙醇稳定性好，易与汞形成稳定的化合物，提取效率高。该方法目前用于人发等生物样品甲基汞的测定。

4. 超声波辅助溶剂萃取法 超声波辅助溶剂萃取法是一种简便易行的样品前处理方法，将样品放于离心管，加入溶剂，放置过夜，超声后进行离心，取上层溶液直接稀释测定。该方法利用超声辅助提高了汞的提取率，但回收率不高。超声波辅助溶剂萃取法已用于人发、动物肝脏等生物样品汞的测定。

5. 浊点萃取 浊点萃取是一种提取效率高、对金属富集作用强的前处理方法，该方法主要利用表面

活性剂(如曲拉通 Triton X-100)代替溶液萃取的有机溶剂提取汞。该法先加入螯合剂,与汞离子结合生成螯合物,再利用无离子表面活性剂萃取螯合物,通过加入电解质发生盐析分离或水浴升高温度两种方法来实现不同相的分离。一种是水相,另一种是包含螯合物的表面活性剂相。通过移出水相后,对表面活性剂相进行测定。该方法的优点为无污染、试剂无毒、价格低廉且用量少,仪器设备简单、费用低,所用的螯合剂稳定性好,形成的螯合物具有好的疏水性,表面活性剂浊点较低,易于提取汞。浊点萃取已被用于人发、尿样、动物脏器等样品汞的测定,而且回收率较好。

除了上述的前处理方法,还有蒸汽蒸馏法等其他方法,由于提取率低,应用相对较少。

(三)生物样品检测方法

目前生物样品中总汞的测定方法主要包括原子吸收光谱法(AAS)、原子荧光法(HG-AFS)、电感耦合等离子体-原子发射光谱法(ICP-AES)、电感耦合等离子体-质谱法(ICP-MS)及直接测汞仪(DMA)检测法。而生物样品有机汞的检测则需要先经过气相色谱法(GC)、高效液相色谱(HPLC)等方法进行成分分离后再行检测。

1. 原子吸收光谱法 原子吸收光谱法(atomic absorption spectroscopy,AAS),又称原子吸收分光光度分析。AAS在国内外已被广泛用于汞的分析,尤其是冷原子吸收法极大地提高了测定的灵敏度,是测定生物样品汞含量普遍使用的方法。AAS检测样品汞是基于汞蒸气对波长253.7 nm的共振线具有强烈的吸收作用。生物样品经过酸消解或者催化酸消解使汞转化为离子状态,在强酸介质中再以氯化亚锡将其还原成元素汞,载气将元素汞吹入汞测定仪,进行原子吸收检测。其吸光度值在一定范围内与汞含量成正比,再结合外标法计算出试样汞元素的含量。

该方法具有抗干扰能力强、分析速度快、样品用量少、进样量小、选择性及稳定性好、检出限低、精密度高、仪器设备相对比较简单、操作简便等优点;缺点是标准曲线的动态范围较窄,通常小于2个数量级。

2. 原子荧光光谱法 原子荧光光谱法(atomic fluorescence spectrometry,AFS),又称原子荧光分析法。AFS也是测定痕量汞的有效方法。生物样品经酸加热消解后,在酸性介质中,样品中的汞被硼氢化钾或硼氢化钠还原成原子态汞,由载气(氩气)带入原子化器中。在汞空阴极灯照射下,基态汞原子被激发至高能态,再由高能态回到基态发射出特征波长的荧光,荧光强度与汞含量成正比,以荧光强度进行定量分析汞元素含量。

该方法是我国发展较快的一种新的痕量分析技术,其灵敏度比原子吸收法更高,具有干扰少、线性测量范围宽、原子化器和测量系统记忆效应小、仪器结构简单、调整方便等优点。硼氢化钠、硼氢化钾还原剂的引入,较传统的还原法在还原能力、反应速度、自动化操作和抗干扰程度等诸多方面表现出极大的优势。

3. 电感耦合等离子体-质谱法 电感耦合等离子体-质谱法(inductive coupled plasma-mass spectrometry,ICP-MS)测量生物样品中汞的方法已被建立。ICP-MS进行样品汞的分析是利用高频电感耦合等离子体(ICP)作为高温离子源,用电场和磁场将运动的离子按照质荷比分离,测定离子准确质量数即可进行定量分析。

该方法具有高灵敏度、高选择性、样品预处理简单、准确性好,可以获得被测元素信号强度特征和同位素比率信息等优点;但是分析成本高,价格昂贵。

4. 电感耦合等离子体-原子发射光谱法 电感耦合等离子体-原子发射光谱法(inductive coupled plasma-atomic emission spectrometry,ICP-AES)也被用于生物样品汞的分析。ICP-AES进行样品汞的分析是利用高频电感耦合等离子体(ICP)作为光源激发汞元素,使汞原子处于激发态,由激发态返回基态时放出辐射,产生特征光谱,利用光谱强度与样品浓度成正比进行定量分析。

该方法可以用来检测生物样品的汞含量，其灵敏度和准确度不及 ICP-MS，但成本价格较 ICP-MS 低。

5. 直接测汞仪法　直接测汞仪法（direct mercury analyzer，DMA）用于分析生物样品的总汞含量。DMA 进行汞测定是基于冷原子吸收与热解处理相结合的原理，样品前处理及测定过程全部在仪器中进行，含汞废气经吸收液无害化处理后排放。

目前，使用 DMA-80 自动测汞仪（Milestone 公司生产）进行汞含量检测时，无须样品的预处理即可对固、液态样品的总汞进行检测。该法准确度、精密度和灵敏度高（检出极限为 0.02 ng），快速（平均每5 min 测定一个样品）、简便、可靠、低污染，大大简化了检测过程。

6. 气相色谱法　气相色谱法（gas chromatography，GC）可用来检测生物样品中有机汞（甲基汞）的含量。GC 进行甲基汞测定主要采用氯化钠研磨生物样品后加入含二价铜离子的盐酸完全萃取后，经离心过滤，将上清液调试至一定酸度，用巯基棉吸附，再进行盐酸氯化钠溶液洗脱，最后以甲苯萃取，用带电子捕获检测器（electron capture detector，ECD）的气相色谱仪测定。如果样品中有含硫有机物，如硫醇、硫醚和噻吩等，也可同时被富集，因此在分析过程中会积存在色谱柱内降低柱效，可通过定期向色谱柱内注入氯化汞饱和溶液消除这些含硫有机物的干扰。

由于气相色谱法的预处理烦琐、干扰因素较多、ECD 的选择性差，而且检出限较高，不利于环境中痕量甲基汞的检测。因此在基于气相色谱法检测的基础上逐渐发展气相色谱-原子吸收法（gas chromatography-atomic absorption spectroscopy，GC-AAS）、气相色谱-原子荧光光谱法（gas chromatography-ataomic fluorescence spectrometry，GC-AFS）等甲基汞检测技术方法。AAS 具有灵敏度高、选择性好、准确度高和操作方便等优点，因此 GC-AAS 联用进行痕量甲基汞的准确测定。AFS 具有灵敏度高、线性范围宽和仪器价格相对便宜等优点，因此近年来 GC-AFS 联用也被广泛用于生物样本甲基汞的检测。

7. 液相色谱-原子荧光光谱法　液相色谱-原子荧光光谱法（liquid chromatography-atomic fluorescence spectrometry，LC-AFS）可用于检测生物样品中甲基汞的含量。生物样品中的甲基汞经超声波辅助盐酸溶液提取后，使用反相色谱柱分离，色谱流出液进入在线紫外消解系统，在紫外光照射下与强氧化剂过硫酸钾反应，甲基汞转变为无机汞。酸性条件下，无机汞与硼氢化钾在线反应生成汞蒸气，由原子荧光光谱仪测定。通过保留时间定性，外标法峰面积定量测定。

相对于 LC-ICP/MS 法，LC-AFS 法具有仪器成本较低、操作简便、灵敏度高、检出限低和抗干扰能力强等显著优点，是检测生物体内甲基汞含量的常用方法。此外，在此基础上发展起来的高效液相色谱-原子荧光光谱法（high performance liquid chromatography-atomic fluorescence spectrometry，HPLC-AFS）对于生物体内甲基汞含量的检测效果更佳。

8. 液相色谱-电感耦合等离子体质谱联用法　液相色谱-电感耦合等离子体质谱联用法（liquid chromatography-inductive coupled plasma/mass spectrometry，LC-ICP/MS）可用于不同形态汞化合物的检测。液相色谱过程中，生物样品中的甲基汞经超声波辅助盐酸溶液提取后，使用反相色谱柱分离，色谱流出液进入在线紫外消解系统，在紫外光照射下与强氧化剂过硫酸钾反应，甲基汞转变为无机汞。无机汞在高频电感耦合等离子体作用下产生离子化，再用电场和磁场将运动的离子按它们的质荷比分离，测出离子准确质量数即可进行汞的定性和定量分析。

ICP-MS 具有较低的检出限、较宽的线性范围（相对于目前其他检测方法）和多元素共存时相互干扰较小的优点。因此采用 LC-ICP/MS 联用技术可以准确测量生物体的甲基汞含量。

此外，在此基础上发展了高效液相色谱-原子荧光光谱法（high performance liquid chromatography-inductive coupled plasma/mass spectrometry，HPLC-ICP/MS）。由于 HPLC 具有较好的分离效果，ICP-MS 具有更低的检出限、更宽的线性范围、多元素同时分析能力、干扰少，是不同形态含汞化合物检测的首

选方法；而且 HPLC-ICP/MS 还具有接口简单、应用范围广泛、前处理过程简单、待测样品原始形态不易改变等优点，因此广泛用于生物样品中甲基汞的分析检测。由于 ICP/MS 仪器成本较高，在实际使用中可能受到限制。

除了上述方法，还有化学荧光探针法等其他检测方法。

（四）质量控制

1. 样品采集制备过程的质量控制

（1）在生物样品采样和制备过程中，应注意避免样品受污染。

（2）用于汞含量测定的容器及耗材，均须硝酸溶液浸泡 24 h 处理，用水反复冲洗，最后用超纯水冲洗干净，以去除汞污染。

（3）所使用的试剂均选用优级纯，使用的水选用超纯水。试验所用试剂的汞含量对空白测定影响较大。因此应尽量选择汞含量低的试剂。

（4）低浓度的汞不稳定，故所采集的生物样品经适当处理后，装入洁净并经处理的聚乙烯瓶中密封，根据样品性质和保存时间选择 4 ℃或者－80 ℃保存。

（5）汞的所有分析过程均易受到环境中汞的污染，分析过程应该加强对环境汞的控制，保持清洁、加强通风。

2. 样品前处理过程的质量控制

（1）汞的易挥发和易吸附特点使其分析测定受到诸多限制，特别是样品前处理直接决定着整个分析方法的检出限、准确度和精密度。

（2）生物样品前处理的关键在于能完全释放样品的汞，并且避免汞的挥发损失。常压湿法消化法使用强酸和氧化剂联用的方式在敞开式容器进行，消化过程的高温可使汞挥发损失，因此消化过程需要注意温度的控制。目前密闭微波消解样品的方法应用较广，因其消解效率高、可以完全降解样品中的有机汞、可以避免汞的挥发损失。

（3）如需分别测定生物样品的无机汞和有机汞，前处理过程汞的形态不应发生转化。目前超声波辅助溶剂萃取法能够达到上述要求。

3. 样品检测分析过程的质量控制

（1）方法线性范围：外标定量时，每批样品均应绘制标准曲线，其相关系数应不低于 0.999。

（2）质控样品：每批样品至少做一个空白试验，测定结果应小于 2.2 倍检出限，否则应检查试剂纯度，必要时更换试剂或者重新提纯。

（3）准确度：每批样品应该测定标准物质，检验标准物质的回收率；如果没有标准物质，应该至少测定10％的加标回收样品，样品数不足 10 个时，应至少测定一个加标回收样品。

（4）精密度：每批样品应至少测定 10％的平行样品，样品数不足 10 个时，应至少测定一个平行样品。

（闫海鱼　周繁坤）

参考文献

［1］ 李丽娜，吕炳全．上海市水环境中重金属类污染物的健康风险评价［M］．上海：同济大学出版社，2012.

［2］ 何滨，江桂斌．汞形态分析中的前处理技术［J］．分析测试学报，2002，21(1)：89-94.

［3］ 李国旗，安树青，陈兴龙，等．生态风险研究述评［J］．生态学杂志，1999，18(4)：57-64.

［4］ 李如忠．基于不确定信息的城市水资源水环境健康风险评估［J］．水利学报，2007，38(8)：895-900.

［5］ 李仲根，冯新斌，何天容，等．王水水浴消解-冷原子荧光法测定土壤和沉积物中的总汞［J］．矿物岩石地球化学通报，

2005，24(2)：140-143.

[6] 路永正，阎百兴，李宏伟，等. 松花江鱼类中汞含量的演变趋势及其生态风险评估[J]. 农业环境科学学报，2008，27(6)：2430-2433.

[7] 马燕，郑祥. 生态风险评估研究[J]. 国土与自然资源研究，2005，2：49-51.

[8] 毛小苓，倪晋仁. 生态风险评估研究述评[J]. 北京大学学报(自然科学版)，2005，41(4)：646-654.

[9] 王海棠，刘浩，甘志永. 环境水样中甲基汞的前处理和分析方法技术进展研究[J]. 环境科学与管理，2015，40(7)：151-154.

[10] 王馨慧，单保庆，唐文忠，等. 典型城市河流表层沉积物中汞污染特征与生态风险[J]. 环境科学学报，2016，36(4)：1153-1159.

[11] 阳文锐，王如松，黄锦楼，等. 生态风险评估及研究进展[J]. 应用生态学报，2007，18(8)：1869-1876.

[12] 张永春. 有害废物生态风险评估[J]. 中国环境科学出版社，2002，181-183.

[13] 中华人民共和国国家卫生和计划生育委员会. 食品中污染物限量(GB2762-2017)，2017.

[14] 中华人民共和国卫生部. 工作场所有害因素职业接触限值第一部分：化学有害因素（GBZ 2.1-2007），2007.

[15] Abass K，Koiranen M，Mazej D，et al. Arsenic，cadmium，lead and mercury levels inbloodof Finnish adults and their relation to diet，lifestyle habits and sociodemographicvariables[J]. Environ Sci Pollut ResInt，2017，24(2)：1347-1362.

[16] Aranda P R，Gil R A，Moyano S，et al. Cloud point extraction of mercury with PONPE 7.5 prior to its determination in biological samples by ETAAS[J]. Talanta，2008，75(1)：307-311.

[17] Avramescu M L，Zhu J，Yumvihoze E，et al. Simplified sample preparation procedure for measuring isotope-enriched methylmercury by gas chromatography and inductively coupled plasma mass spectrometry[J]. Environ Toxicol Chem，2010，29(6)：1256-1262.

[18] Barnthouse L W. User's manual for ecological risk assessment [M]. New York：ORNL-6251 Press，1986.

[19] Barregård L. Biological monitoring of exposure to mercury vapor[J]. Scand J Work Environ Health，1993，19(1)：45-49.

[20] Bjermo H，Sand S，Nälsén C，et al. Lead，mercury，and cadmium in blood and their relation to diet among Swedish adults[J]. Food Chem Toxicol，2013，57：161-169.

[21] Björkman L，Lundekvam B F，Laegreid T，et al. Mercury in human brain，blood，muscle and toenails in relation to exposure：an autopsy study[J]. Environ Health，2007，6：30.

[22] Bloom N S，Prestbo E M，Hall B，et al. Determination of atmospheric Hg by collection on iodated carbon，acid digestion and CVAFS detection[J]. Water Air Soil Pollution，1995，80(1-4)：1315-1318.

[23] Chen H，Liu J S，Gao Y，et al. Progress of ecological risk assessment[J]. Acta Ecologica Sinica，2006，26(5)：1558-1566.

[24] Chen Z，Myers R，Wei T，et al. Placental transfer and concentrations of cadmium，mercury，lead，and selenium in mothers，newborns，and young children[J]. J Expo Sci Environ Epidemiol，2014，24(5)：537-544.

[25] Clarkson T W. The Three Modern Faces of Mercury[J]. Environ Health Perspect，2002，110(1)：11-23.

[26] Çulha S T，Yabanlı M，Baki B，et al. Heavy metals in tissues of scorpionfish (Scorpaena porcus) caught from Black Sea (Turkey) and potential risks to human health[J]. Environ Sci Pollu Res Int，2016;23(20)：20882-20892.

[27] De Souza S S，Campiglia A D，Barbosa F Jr. A simple method for methylmercury，inorganic mercury and ethylmercury determination in plasma samples by high performance liquid chromatography-cold-vapor-inductively coupled plasma mass spectrometry[J]. Anal Chim Acta，2013，761：11-17.

[28] Delft W V，Vos G. Comparison of digestion procedures for the determination of mercury in soils by cold-vapour atomic absorption spectrometry[J]. Anal Chim Acta，1988，209(1-2)：147-156.

[29] Dias Fonseca F R，Malm O，Francine Waldemarin H. Mercury levels in tissues of Giant otters (Pteronura brasiliensis) from the Rio Negro，Pantanal，Brazil[J]. Environ Res，2005，98(3)：368-371.

[30] Dittert I M, Maranhão T A, Borges D L, et al. Determination of mercury in biological samples by cold vapor atomic absorption spectrometry following cloud point extraction with salt-induced phase separation[J]. Talanta, 2007, 72(5): 1786-1790.

[31] Domanico F, Forte G, Majorani C, et al. Determination of mercury in hair: Comparison between gold amalgamation-atomic absorption spectrometry and mass spectrometry[J]. J Trace Elem Med Biol, 2017, 43: 3-8.

[32] Feng W, Wang M, Li B, et al. Mercury and trace element distribution in organic tissues and regional brain of fetal rat after in utero and weaning exposure to low dose of inorganic mercury[J]. Toxicol lett, 2004, 152(3): 223-234.

[33] Feng X B, Li P, Qiu G L, et al. Human exposure to methylmercury through rice intake in mercury mining areas, Guizhou province, China[J]. Environ Sci Technol, 2008, 42(1): 326-32.

[34] García-Esquinas E, Pérez-Gómez B, Fernández-Navarro P, et al. Lead, mercury and cadmium in umbilical cord blood and its association with parental epidemiological variables and birth factors[J]. BMC Public Health, 2013, 13: 841.

[35] Geier D A, Kern J K, King P G, et al. Hair toxic metal concentrations and autism spectrum disorder severity in young children[J]. Int J Environ Res Public Health, 2012, 9(12): 4486-4497.

[36] Golubeva N, Burtseva L, Matishov G. Measurements of mercury in the near-surface layer of the atmosphere of the Russian Arctic[J]. Sci Total Environ, 2003, 306(1): 3-9.

[37] Gorecki J, Díez S, Macherzynski M, et al. Improvements and application of a modified gas chromatography atomic fluorescence spectroscopy method for routine determination of methylmercury in biota samples[J]. Talanta, 2013, 115: 675-80.

[38] Grandjean P, Budtz-Jørgensen E, White R F, et al. Methylmercury exposure biomarkers as indicators of neurotoxicity in children aged 7 years[J]. Am J Epidemiol, 1999, 150(3): 301-305.

[39] He K, Xun P, Liu K, et al. Mercury exposure in young adulthood and incidence of diabetes later in life: the CARDIA Trace Element Study[J]. Diabetes Care, 2013, 36(6): 1584-1589.

[40] He Q, Zhu Z, Hu S, et al. Solution cathode glow discharge induced vapor generation of mercury and its application to mercury speciation by high performance liquid chromatography-atomic fluorescence spectrometry[J]. J Chromatogr A, 2011, 1218(28): 4462-4467.

[41] Hkanson L. An ecology risk index for aquatic pollution control: a sedimentilogical approach[J]. Water Res, 1980, 14(8): 108-118.

[42] Horvat M, Byrne A R, May K. A modified method for the determination of methylmercury by gas chromatography [J]. Talanta, 1990, 37(2): 207-2012.

[43] Huang Z, Pan X D, Han J L, et al. Determination of methylmercury in marine fish from coastal areas of Zhejiang, China [J]. Food Addit Contam Part B, 2012, 5(3): 182-187.

[44] International Agency on Research of Cancer (IARC). IARC Cancer Database. IARC, Lyon, 1993. Available from URL. http://monographs. iarc. Fr/ENG/Classification/ListofClassifications. Pdf.

[45] JECFA (Joint FAO/WHO Expert Committee on Food Additives). Evaluation of certain food additives and contaminants [R]. 72nd Report of the JECFA. WHO Technical Report Series 959. Geneva: WHO, 2011.

[46] JECFA (Joint FAO/WHO Expert Committee on Food Additives). Mercury. In: Safety evaluation of certain food additives and contaminants [R]. Twenty-second meeting of the JECFA. Food Additives Series Number 13. Geneva: WHO, 1978.

[47] Jin L, Zhang L, Li Z, et al. Placental concentrations of mercury, lead, cadmium, and arsenic and the risk of neural tube defects in a Chinese population [J]. Reprod Toxicol, 2013, 35: 25-31.

[48] Julvez J, Smith G D, Golding J, et al. Prenatal methylmercury exposure and genetic predisposition to cognitive deficit at age 8 years[J]. Epidemiology, 2013, 24(5): 643-650.

[49] Kaewamatawong T, Rattanapinyopituk K, Ponpornpisit A, et al. Short-term exposure of Nile Tilapia (Oreochromis

niloticus) to mercury: histopathological changes, mercury bioaccumulation, and protective role of metallothioneins in different exposure routes[J]. Toxicol Pathol, 2013, 41(3): 470-479.

[50] Kim B M, Lee B E, Hong Y C, et al. Mercury levels in maternal and cord blood and attained weight through the 24 months of life[J]. Sci Total Environ, 2011, 410-411: 26-33.

[51] King E, Shih G, Ratnapradipa D, et al. Mercury, lead, and cadmium in umbilical cord blood[J]. J Environ Health, 2013, 75(6): 38-43.

[52] Landis M S, Stevens R K, Schaedlich F, et al. Development and characterization of an annular denuder methodology for the measurement of divalent inorganic reactive gaseous mercury in ambient air[J]. Environ Sci Technol, 2002, 36 (13): 3000-9.

[53] Leung K M Y, Kwong R P Y, Ng W C, et al. Ecological risk assessment of endocrine disrupting organotin compounds using marine neogastropods in Hong Kong[J]. Chemosphere, 2006, 65(6): 922-938.

[54] Li H B, Chen F, Xu X R. A highly sensitive spectrophotometric method with solid-phase extraction for the determination of methylmercury in human hair[J]. J Anal Toxicol, 2000, 24(8): 704-707.

[55] Li Y F, Chen C, Li B, et al. Mercury in human hair and blood samples from people living in Wanshan mercury mine area, Guizhou, China: an XAS study[J]. J Inorg Biochem, 2008, 102(3): 500-506.

[56] Liang L, MHorvat, N S. An improved speciation method for mercury by GC/CVAFS after aqueous phase ethylation and room temperature precollection[J]. Talanta, 1994, 41(3): 371-379.

[57] Liberda E N, Tsuji L J, Martin I D, et al. The complexity of hair/blood mercury concentration ratios and its implications[J]. Environ Res, 2014, 134: 286-294.

[58] Liu Z Q, Zhang Y H, Li G H, et al. Sensitivity of key factors and uncertainties in health risk assessment of benzene pollutant[J]. J Environ Sci, 2007, 19(10): 1272-1280.

[59] Luecke R H, Wosilait W D, Pearce B A, et al. A physiologically based pharmacokinetic computer model for human pregnancy [J]. Teratology, 1994, 49(2): 90-103.

[60] Magos L, Clarkson T W. Atomic absorption determination of total, inorganic, and organic mercury in blood[J]. J Assoc Off Anal Chem, 1972, 55(5): 966-971.

[61] Montgomery K S, Mackey J, Thuett K, et al. Chronic, low-dose prenatal exposure to methylmercury impairs motor and mnemonic function in adult C57/B6 mice[J]. Behav Brain Res, 2008, 191(1): 55-61.

[62] Nordberg G F, Fowler B A, Nordberg M. Handbook on the Toxicology of Metals [M]. Academic Press, Waltham, 2015.

[63] NRC (National Research Council). Toxicological Effects of Methylmercury [R]. Academic Press, Washington, DC, 2000.

[64] Odewabi A O, Ekor M. Levels of heavy and essential trace metals and their correlation with antioxidant and health status in individuals occupationally exposed to municipal solid wastes [J]. Toxicol Ind Health, 2017, 33(5): 431-442.

[65] Palmer C D, Jr M E L, Geraghty C M, et al. Determination of lead, cadmium and mercury in blood for assessment of environmental exposure: A comparison between inductively coupled plasma - mass spectrometry and atomic absorption spectrometry[J]. Spectrochim Acta Part B At Spectrosc, 2006, 61(8): 980-990.

[66] Park SK, Lee S, Basu N, et al. Associations of blood and urinary mercury with hypertension in U. S. adults: the NHANES 2003-2006[J]. Environ Res. 2013, 123: 25-32.

[67] Paruchuri Y, Siuniak A, Johnson N, et al. Occupational and environmental mercury exposure among small-scale gold miners in the Talensi-Nabdam District of Ghana's Upper East region[J]. Sci Total Environ, 2010, 408(24): 6079-6085.

[68] Qiu G L, Feng X B, Li P, et al. Methylmercury Accumulation in Rice (Oryza sativa L.) Grown at Abandoned Mercury Mines in Guizhou, China[J]. J Agric Food Chem, 2008, 56(7):2465-2468.

[69] Rahman L, Corns W T, Bryce D W, et al. Determination of mercury, selenium, bismuth, arsenic and antimony in human hair by microwave digestion atomic fluorescence spectrometry[J]. Talanta, 2000, 52(5), 833-843.

[70] Rodrigues J L, de Souza S S, De Oliveira Souza V C, et al. Methylmercury and inorganic mercury determination in blood by using liquid chromatography with inductively coupled plasma mass spectrometry and a fast sample preparation procedure[J]. Talanta, 2010, 80(3): 1158-1163.

[71] Roman H A, Walsh T L, Coull B A, et al. Evaluation of the cardiovascular effects of methylmercury exposures: current evidence supports development of a dose-response function for regulatory benefits analysis[J]. Environ Health Perspect, 2011, 119(5): 607-614.

[72] Sakamoto M, Chan H M, Domingo J L, et al. Significance of fingernail and toenail mercury concentrations as biomarkers for prenatal methylmercury exposure in relation to segmental hair mercury concentrations[J]. Environ Res, 2015, 136:289-294.

[73] Sakamoto M, Murata K, Kubota M, et al. Mercury and heavy metal profiles of maternal and umbilical cord RBCs in Japanese population[J]. Ecotoxicol Environ Saf, 2010, 73(1):1-6.

[74] Shakhawat C, Tahir H, Neil B. Fuzzy rule-based modelling for human health risk from naturally occuring radioactive materials in produced water[J]. J Environ Radioact, 2006, 89(1): 1-17.

[75] United Nations Environment Programme (UNEP). The Global Atmospheric Mercury Assessment: Souces, Emission, Transport [R]. Geneva: UNEP, 2008.

[76] United Nations Industrial Development Organization (UNIDO). Protocols for Environmental and Health Assessment of Mercury Released by Artisanal and Small-Scale Gold Miners [R]. UNIDO, 2008.

[77] Integrated Risk Information System (US EPAIRIS). Mercuric choride (HgCl2) (CASRN 7487-94-7) [R]. 1995.

[78] Integrated Risk Information System (US EPAIRIS). Mercury, Elemental (CASRN 7349-97-6) [R]. 1995.

[79] Integrated Risk Information System (US EPAIRIS). Methylmercury (MeHg) (CASRN 22967-92-6) [R]. 2001.

[80] United Nations Environmental Protection Agency (US EPA). Method 1630, Methyl Mercury in Water by Distillation, Aqueous Ethylation, Purge and Trap, and CVAFS, EPA 821-R-01-020. Washington: USEPA, 2001.

[81] United Nations Environmental Protection Agency (US EPA). Method 1631, Total mercury in tissue, sludge, sediment, and soil by acid digestion and BrCl Oxidation, EPA821-R-01-013. Washington: USEPA, 2001.

[82] United Nations Environmental Protection Agency (US EPA). Method 1669, Method for Sampling Ambient Water for Determination of Metals at EPA Ambient Criteria Levels. Washington: USEPA, 1996.

[83] United Nations Environmental Protection Agency (US EPA). Method 7473, Mercury in Solids and Solutions by Thermal De- composition Amalgamation, and Atomic Absorption Spectrophotometry. Washington: USEPA, 2001.

[84] United Nations Environmental Protection Agency (US EPA). Summary report for the workshop on Monte Carlo Analysis in risk assessment forum EPA-630-R-96-010. Washington: USEPA, 1996.

[85] Vahter M, Akesson A, Lind B, et al. Longitudinal study of methylmercury and inorganic mercury in blood and urine of pregnant and lactating women, as well as in umbilical cord blood[J]. Environ Res, 2000, 84(2):186-94.

[86] Wang M, Feng W, Shi J, et al. Development of a mild mercaptoethanol extraction method for determination of mercury species in biological samples by HPLC-ICP-MS[J]. Talanta, 2007, 71(5): 2034-2039.

[87] Weiss B, Stern S, Cernichiari E, et al. Methylmercury contamination of laboratory animal diets[J]. Environ Health Perspect, 2005, 113(9): 1120-1122.

[88] World Health Organization (WHO). Environmental health criteria 101. Methylmercury [R]. Geneva: WHO, 1990.

[89] Xu ZQ, Ni SJ, Tuo XG, et al. Calculation of heavy metal's toxicity coefficient in the evaluation of potential ecological risk index[J]. Environ Sci Technol, 2008, 31(2): 112-115.

[90] Yaginuma-Sakurai K, Murata K, Iwai-Shimada M, et al. Hair-to-blood ratio and biological half-life of mercury: experimental study of methylmercury exposure through fish consumption in humans[J]. J Toxicol Sci, 2012, 37(1): 123-130.

[91] Yawei W, Lina L, Jianbo S, et al. Chemometrics methods for the investigation of methylmercury and total mercury contamination in mollusks samples collected from coastal sites along the Chinese Bohai Sea[J]. Environ Pollut, 2005, 135(3): 457-467.

[92] Yin X B. Dual-cloud point extraction as a preconcentration and clean-up technique for capillary electrophoresis speciation analysis of mercury[J]. J Chromatogr A, 2007, 1154(1-2): 437-443.

[93] Young J F, Wosilait W D, Luecke R H. Analysis of methylmercury disposition in humans utilizing a PBPK model and animal pharmacokinetic data[J]. J Toxicol Environ Health A, 2001, 63(1): 19-52.

[94] Zhang H, Feng X B, Larssen T, et al. Bioaccumulation of methylmercury versus inorganic mercury in rice (Oryza sativa L.) grain[J]. Environ Sci Technol, 2010, 44(12): 4499-504.

[95] Zhang H, Feng X, Larssen T, et al. In inland China, rice, rather than fish, is the major pathway for methylmercury exposure[J]. Environ Health Perspect, 2010, 118(9): 1183-1188.

第五章　汞污染防控与管理

汞是一种全球性污染物，而且其具有持久性、高生物富集性和高生物毒性等特性。我国用汞历史悠久，也曾发生过因工业用汞而造成的汞污染事件，目前某些区域仍存在严重的环境汞污染。旨在保护人类与环境免受汞及其化合物人为排放和释放危害的关于汞的《水俣公约》已于 2017 年 8 月 16 日生效。汞公约包括 35 条正文、5 个附件，从全生命周期对汞提出管理要求，对汞的生产、排放、使用、贸易等方面做出了实质性的规定。我国是世界上最大的汞生产、使用和排放国，因此我国的汞污染及控制已经成为全球关注的热点、难点和焦点问题。本章详细阐述了国际汞公约、汞污染防控政策与管理体系和汞污染防控技术，旨在为推进我国的汞污染控制提供技术支持。

第一节　国际汞公约

一、汞公约来历及谈判历程

1972 年 6 月 5 日至 15 日，第一次国际环保大会在瑞典斯德哥尔摩召开，通过了著名的《联合国人类环境会议宣言》和《人类环境行动计划》，达成了“只有一个地球”、人类与环境是不可分割的“共同体”的共识，明确人类必须保护自然环境。在这次会议上，包括汞在内的重金属被认定为重要的污染物。

1998 年，联合国欧洲经济委员会成员国在《长距离越境空气污染物公约》(*Convention on Long-Range Transboundary Air Pollution*，*CLRTAP*)框架下签订了《关于重金属的奥胡斯议定书》(*Protocol to the* 1979 *Convention on Long-Range Transboundary Air Pollution on Heavy Metals*)，在此议定书中，对汞的排放、产品及废物中的汞和汞化合物都有较详细规定。

早在 20 世纪 80 年代，日本发生震惊世界的水俣病后，一些国家便开始了汞污染控制行动。日本于 1986 年 6 月前已将水银电解法全部转换为其他方法；2001 年又将含汞的废荧光灯管正式列为可回收利用产品，实施再生利用率考核，促进并增强各企业积极开发再生利用技术。美国自 20 世纪 90 年代初就针对医药废物焚化炉及城市垃圾焚烧炉等开始对汞污染排放实施控制，1999 年开始对燃煤发电厂进行汞控制，计划到 2010 年达到 20％的汞控制率，2018 年达到 70％的汞控制率，现已有 20 多个州决定制定更严格的政策来控制本州火力发电厂汞排放。欧盟则是在既有汞污染控制行动基础上，全面制定控汞战略和专项法规措施：欧盟于 2005 年正式发布《欧盟汞控制战略》，全面提出包括减少汞的排放、削减汞的供应与需求、控制产品用汞数量、防止汞的暴露、提高控汞意识、促进国际控汞的 6 项战略目标；2008 年 10 月，欧盟进一步颁布了《关于禁止金属态汞和某些汞化合物、混合物出口及安全汞储存的 EC1102/2008 号条例》，规定从 2011 年 3 月起全面禁止各类商业目的含汞产品出口，并要求对现有用汞行业实施安全的汞储存，力求减少全球汞的供应和需求。

自 2001 年以来，在一些国家的大力推动下，对汞污染问题的关注和讨论逐渐升温，使之成为一个新的全球环境热点问题。欧盟极力推动以 1998 年签订的《关于重金属的奥胡斯议定书》为蓝本，建立全球汞控制条约并采取积极控制措施。2005 年初，联合国环境规划署(United Nations Environment Programme，UNEP)设立全球性汞伙伴关系计划，来自 140 个国家的环境部长们一致同意采取自愿步骤减少

汞排放。2009年2月，在肯尼亚内罗毕举行的UNEP第25届理事会上，决定在2010—2013年召开5轮政府间谈判委员会系列会议，这5轮政府间谈判的会议分别在瑞典斯德哥尔摩(2010.06.07－2010.06.11)、日本千叶(2011.01.24－2011.01.28)、肯尼亚内罗毕(2011.10.31－2011.11.04)、乌拉圭埃斯特角城(2012.06.27－2012.07.02)和瑞士日内瓦(2013.01.13－2013.01.18)召开，最终达成了《关于汞的水俣公约》(*Minamata Convention on Mercury*)文本，以保护人类与环境免受汞及其化合物人为排放和释放的危害。

2013年10月7－12日在日本熊本召开《关于汞的水俣公约》外交全权代表大会，有91个国家和欧盟签署了公约。《关于汞的水俣公约》是继“里约＋20会议”以后国际社会通过的第一个多边环境条约，也是继《蒙特利尔议定书》《斯德哥尔摩公约》之后又一个对发展中国家具有强制减排义务的限时公约。

2016年3月10－15日，联合国环境规划署组织的《关于汞的水俣公约》政府间谈判委员会第七次会议在约旦死海市召开，本次会议旨在推动公约在全球尽早生效，并为第一次缔约方大会的召开做准备。会议分别就贸易与库存、资金、报告和成效评估、议事规则与财务规则成立4个接触小组，并最终审议并临时通过了汞贸易申报表格填报指南、汞库存鉴别指南、大气汞控制最佳可得技术/最佳环境实践指南、公约缔约方大会与全球环境基金的合作备忘录等重要文件，并对第一次缔约方大会前的工作做了初步安排。

2016年4月28日，我国第十二届全国人民代表大会常务委员会第20次会议决定：批准2013年10月10日由中华人民共和国政府代表在日本熊本签署的《关于汞的水俣公约》。我国最高权力机关批准了该项国际公约，也对国内汞的使用和排放做出了明确限制。

2016年8月31日，中国政府向联合国交存《关于汞的水俣公约》批准文书，成为公约第30个批约国。根据公约规定，公约将在第50份批准、接受、核准或加入文书交存之日后第90天生效，《关于汞的水俣公约》(以下简称《公约》)已于2017年8月16日生效。

二、汞公约内容简介

《公约》包括35条正文、5个附件，从全生命周期对汞提出管理要求，涵盖汞的供应来源和贸易、添汞产品、使用汞或汞化合物的生产工艺、手工和小规模采金业、各种点源排放、土壤或水体面源释放、汞废物以外的汞环境无害化临时储存、汞废物、污染场地、财政资源和财务机制、能力建设、技术援助和技术转让、健康方面、公共信息、认识和教育等。

《公约》对汞的生产、排放、使用、贸易等方面做出了实质性的规定。《公约》限定了汞的使用和排放，明确确立了减排的时间表，要求各签约国对含汞电池、开关、继电器、化妆品、荧光灯、农药、气压计、体温计、血压计、温度计在内的多个产品在2020年之前退出市场，或是达到《公约》规定的安全标准。要求各签约国逐步减少对牙科汞合金的使用，同时降低含汞材料使用、要求封装使用、寻找替代品等。要求2018年淘汰使用汞或汞化合物作为催化剂的乙醛生产，2025年淘汰氯碱生产。要求2020年对氯乙烯单体的生产、甲醇钠、甲醇钾、乙醇钠或乙醇钾等工艺生产减少至2010年使用的50%，要求公约生效10年内淘汰使用含汞催化剂进行的聚氨酯生产。对手工和小规模采金业，要求采取行动消除整体矿石汞齐化，消除露天焚烧汞合金或经过加工的汞合金，消除在居民区焚烧汞合金，消除在没有首先去除汞的情况下，对添加汞的沉积物、矿石或尾矿石进行氰化物沥滤等。各签约国要限制汞的大气排放，尤其是燃煤电厂、燃煤工业锅炉、有色金属冶炼、垃圾焚烧、水泥制造等行业的汞排放。

另外，公约还针对高危人群的保护做出具体规定，如加强卫生保健专业人员的培训，提高医疗服务水平，更好地诊断与治疗与汞危害相关的疾病。

三、我国履约面临的挑战

我国是世界上汞生产和使用量最大的国家，也是受到汞污染影响最为严重的国家。我国汞矿的分布

较为集中，11 家大型的国有汞矿有 7 家集中在西南地区，其他 2 家在西北地区，2 家在中南地区。

大气汞污染防治是我国履约工作的重中之重。我国人为源大气汞排放量占全球排放总量的 30%左右，居世界首位。在当前严重的汞污染及《关于汞的水俣公约》的压力下，我国的汞污染治理及限制汞使用是未来环境治理的重点内容；在全球大气质量及 PM 的治理体系中，汞排放的治理已经是箭在弦上，将成为大气治理中继脱硫、脱硝之后的下一个目标。张磊等(2017)建议建立并更新我国燃煤部门大气汞排放清单，推行最佳可得技术和最佳环境实践(BAT/BEP)，实行全国汞减排总量控制，采用浓度控制和脱汞效率控制相结合的排放标准。

我国消耗汞最多的行业是聚氯乙烯(PVC)生产，在 PVC 生产中，以汞为触媒、煤炭为主要原料来进行生产。在过去的 10 多年内，我国 PVC 行业发展极为迅速，其消耗的汞从 2004 年的 600 t，到 2014 年突破 1 000 t。在 PVC 产品生产方面，无汞的催化剂已在研发中。

我国第二大用汞行业是计量仪器制造业，每年平均消耗 290 t 汞，主要用于体温计和血压计的生产，其中生产体温计的用汞量近年来以每年 8%～9%的速度增加。含汞计量仪器技术成本低是其得以继续以汞为原料来进行生产的驱动力。

我国第三大用汞行业是电池生产，每年的需求量大约是 150 t。近年来，电池生产的用汞量已经开始大幅降低。随着许多跨国公司都主动宣布实现纽扣电池的全面无汞化，这一下降趋势还将继续，同时国内的无汞化进程也会加速推进。目前，中国已经生产了数百万无汞的碱性纽扣电池，约占目前总产量的 10%，进步较为显著。

总之，我国对汞污染的控制还处于探索阶段，基础研究薄弱，无法为汞污染、防治、排放、控制等问题提供技术和理论支撑。我国目前还没有建立完善的汞污染、使用监测系统，无法对汞的排放量实施有效的、动态的监控，进而难以对汞污染、排放量进行全面评估。

四、我国的履约行动

燃煤发电厂的汞排放占中国汞排放总量的 40%，因为我国一直没有相应的技术规范和标准，而且控制设备也较为落后。2011 年，环保部发布的《火电厂大气污染排放标准》(二次意见稿)中首次将汞排放纳入到大气污染指标体系，并于 2013 年正式颁布《火电厂大气污染排放标准》(GB 13223－2013)。

2011 年 5 月开始，环保部在重庆市开展火力电厂大气汞排放的监测试点工作，通过实时监测的方式了解火力电厂大气汞排放的具体数值，以完善汞排放的监测技术体系，为出台国家标准提供相应的监测技术支持。此后，北京、天津、上海、江苏、贵州、云南等省市也相继开展火电厂大气汞排放的监测工作，华能、国电等央企也在其各地的所属企业安装了监测设备。这些监测的数据对我国出台的新国标提供了一个较好的参考，同时也为编制有色金属冶炼、水泥生产的大气汞排放提供了有益的参考，对我国研究汞治理提供了坚实的数据基础。

2017 年 8 月 15 日，我国环境保护部、外交部、发展改革委、科技部、工业和信息化部、财政部、国土资源部、住房城乡建设部、农业部、商务部、卫生计生委、海关总署、质检总局、安全监管总局、食品药品监管总局、统计局、能源局等共同发布《关于汞的水俣公约》2017 年 8 月 16 日在我国生效的公告。

针对汞公约的要求，公告要求 2017 年 8 月 16 日起，禁止开采新的原生汞矿，各地国土资源主管部门停止颁发新的汞矿勘查许可证和采矿许可证。并规定 15 年后，即 2032 年 8 月 16 日起，全面禁止原生汞矿开采。

要求 2017 年 8 月 16 日起，禁止新建的乙醛、氯乙烯单体、聚氨酯的生产工艺使用汞、汞化合物作为催化剂或使用含汞催化剂；禁止新建的甲醇钠、甲醇钾、乙醇钠、乙醇钾的生产工艺使用汞或汞化合物。2020 年氯乙烯单体生产工艺单位产品用汞量较 2010 年减少 50%。

要求禁止使用汞或汞化合物生产氯碱(特指烧碱)。自2019年1月1日起,禁止使用汞或汞化合物作为催化剂生产乙醛。自2027年8月16日起,禁止使用含汞催化剂生产聚氨酯,禁止使用汞或汞化合物生产甲醇钠、甲醇钾、乙醇钠、乙醇钾。

禁止生产含汞开关和继电器。自2021年1月1日起,禁止进出口含汞开关和继电器(不包括每个电桥、开关或继电器的最高含汞量为20 mg的极高精确度电容和损耗测量电桥及用于监控仪器的高频射频开关和继电器)。

禁止生产汞制剂(高毒农药产品)、含汞电池(氧化汞原电池及电池组、锌汞电池、含汞量高于0.000 1%的圆柱形碱锰电池、含汞量高于0.000 5%的扣式碱锰电池)。自2021年1月1日起,禁止生产和进出口附件中所列含汞产品(含汞体温计和含汞血压计的生产除外)。自2026年1月1日起,禁止生产含汞体温计和含汞血压计。

(冯新斌　商立海)

第二节　汞污染防控政策与管理体系

一、环境质量标准

(一)土壤环境质量标准

1. 土壤环境质量标准(表5-1)　生态环境部和国家市场监督管理总局于2018-06-22发布《农用地土壤污染风险管控标准(试行)》(GB 15618—2018),代替GB 15618—1995,标准于2018-08-01实施;标准规定了农用地土壤污染风险筛选值和管制值。农用地土壤污染风险筛选值:指农用地土壤中污染物含量等于或者低于该值的,对农产品质量安全、农作物生长或土壤生态环境的风险低,一般情况下可以忽略;超过该值的,对农产品质量安全、农作物生长或土壤生态环境可能存在风险,应当加强土壤环境监测和农产品协同监测,原则上应当采取安全利用措施。农用地土壤污染风险管制值:指农用地土壤中污染物含量超过该值的,食用农产品不符合质量安全标准等农用地土壤风险高,原则上应当采取严格管控措施。

生态环境部和国家市场监督管理总局于2018-06-22首次发布《土壤环境质量建设用地土壤污染风险管控标准(试行)》(GB 36600—2018),于2018-08-01实施;标准规定了保护人体健康的建设用地土壤污染风险筛选值和管制值。建设用地土壤污染风险筛选值:指在特定土地利用方式下,建设用地土壤中污染物含量等于或者低于该值的,对人体健康的风险可以忽略;超过该值的,对人体健康可能存在风险,应当开展进一步的详细调查和风险评估,确定具体污染范围和风险水平。建设用地土壤污染风险管制值:指在特定土地利用方式下,建设用地土壤中污染物含量超过该值的,对人体健康通常存在不可接受风险,应当采取风险管控或者修复措施。

建设用地中,城市建设用地根据保护对象暴露情况的不同,可划分为以下两类。第一类用地:GB50137规定的城市建设用地中的居住用地(R),公共管理与公共服务用地中的中小学用地(A33)、医疗卫生用地(A5)和社会福利设施用地(A6),以及公园绿地(G1)中的社区公园或儿童公园用地等。第二类用地:GB50137规定的城市建设用地中的工业用地(M),物流仓储用地(W),商业服务业设施用地(B),道路与交通设施用地(S),公用设施用地(U),公共管理与公共服务用地(A)(A33、A5、A6除外),以及绿地与广场用地(G)(G1中的社区公园或儿童公园用地除外)等。

表 5-1　我国土壤环境质量标准(mg/kg)

级别	一级		二级		三级
		pH 值≤5.5	5.5＜pH 值≤6.5	6.5＜pH 值≤7.5	pH 值＞7.5
汞农用地筛选值	水田	0.5	0.5	0.6	1.0
	其他	1.3	1.8	2.4	3.4
农用地管制值		2.0	2.5	4.0	6.0
		第一类用地	第二类用地		
汞建设用地筛选值		8	38		
建设用地管制值		33	82		

2. 食用农产品产地环境质量评价标准(HJ 332－2006)(表 5-2)

表 5-2　我国食用农产品产地土壤环境质量评价指标限值(mg/kg)

项目	pH 值＜6.5	pH 值 6.5～7.5	pH 值＞7.5
总汞水作、旱作、果树等≤	0.30	0.50	1.0
蔬菜≤	0.25	0.30	0.35

食用农产品灌溉水质量标准:总汞≤0.001 mg/L。

3. 温室蔬菜产地环境质量评价标准(HJ 333－2006)(表 5-3)

表 5-3　我国温室蔬菜产地土壤环境质量评价指标限值(mg/kg)

项目	pH 值＜6.5	pH 值 6.5～7.5	pH 值＞7.5
总汞≤	0.25	0.30	0.35

温室蔬菜产地灌溉水质量标准:总汞≤0.001 mg/L。

4. 展览会用地土壤环境质量评价标准(暂行)(HJ 350－2007)　根据不同的土地开发用途对土壤中污染物的含量控制要求,将土地利用类型分为两类:Ⅰ类主要为土壤直接暴露于人体,可能对人体健康存在潜在威胁的土地利用类型;Ⅱ类主要为除Ⅰ类以外的其他土地利用类型,如场馆用地、绿化用地、商业用地、公共市政用地等。

土壤环境质量评价标准分为 A、B 两级。如表 5-4 所示,A 级标准为土壤环境质量目标值,代表了土壤未受污染的环境水平,符合 A 级标准的土壤可适用于各类土地利用类型。B 级标准为土壤修复行动值,当某场地土壤污染物监测值超过 B 级标准限值时,该场地必须实施土壤修复工程,使之符合 A 级标准。符合 B 级标准但超过 A 级标准的土壤可适用于Ⅱ类土地利用类型。

表 5-4　我国展览会用地土壤环境质量评价标准(mg/kg)

项目	A 级	B 级
汞≤	1.5	50

(二)水环境质量标准

1. 地表水环境质量标准(GB 3838－2002)　依据地表水水域环境功能和保护目标,按功能高低依次

划分为5类，如表5-5所示。Ⅰ类主要适用于源头水、国家自然保护区；Ⅱ类主要适用于集中式生活饮用水地表水源地一级保护区、珍稀水生生物栖息地、鱼虾类产卵场、仔稚幼鱼的索饵场等；Ⅲ类主要适用于集中式生活饮用水地表水源地二级保护区、鱼虾类越冬场、洄游通道、水产养殖区等渔业水域及游泳区；Ⅳ类主要适用于一般工业用水区及人体非直接接触的娱乐用水区；Ⅴ类主要适用于农业用水区及一般景观要求水域。

表5-5　我国地表水环境质量标准基本项目标准限值

项目	Ⅰ类	Ⅱ类	Ⅲ类	Ⅳ类	Ⅴ类
总汞(mg/L)	≤0.000 05	≤0.000 05	≤0.000 1	≤0.001	≤0.001

2. 地下水质量标准(GB/T 14848－2017)　依据我国地下水质量状况和人体健康风险，参照生活饮用水、工业、农业等用水质量要求，依据各组分含量高低(pH除外)，分为五类。

Ⅰ类：地下水化学组分含量低，适用于各种用途；

Ⅱ类：地下水化学组分含量较低，适用于各种用途；

Ⅲ类：地下水化学组分含量中等，以GB 5749—2006为依据，主要适用于集中式生活饮用水水源及工农业用水；

Ⅳ类：地下水化学组分含量较高，以农业和工业用水质量要求以及一定水平的人体健康风险为依据，适用于农业和部分工业用水，适当处理后可作生活饮用水；

Ⅴ类：地下水化学组分含量高，不宜作为生活饮用水水源，其他用水可根据使用目的选用。

表5-6　我国地下水质量标准

项目	Ⅰ类	Ⅱ类	Ⅲ类	Ⅳ类	Ⅴ类
总汞(mg/L)	≤0.000 1	≤0.000 1	≤0.001	≤0.002	>0.002

3. 海水水质标准(GB 3097－1997)　按照海域的不同使用功能和保护目标，海水水质分为4类，如表5-7所示。第一类适用于海洋渔业水域。海上自然保护区和珍稀濒危海洋生物保护区。第二类适用于水产养殖区、海水浴场、人体直接接触海水的海上运动或娱乐区，以及与人类食用直接有关的工业用水区。第三类适用于一般工业用水区、滨海风景旅游区。第四类适用于海洋港口水域、海洋开发作业区。

表5-7　我国海水水质标准(GB3097－1997)

项目	第一类	第二类	第三类	第四类
总汞(mg/L)	≤0.000 05	≤0.000 2	≤0.000 2	≤0.000 5

4. 农田灌溉水质标准(GB 5084－2005)　农田灌溉水质标准(GB 5084－2005)，水作、旱作、蔬菜作物均为总汞≤0.001 mg/L。

5. 渔业水质标准(GB 11607－1989)　渔业水质标准(GB 11607－1989)，总汞≤0.000 5 mg/L。

(三)大气环境质量标准

根据环境空气质量标准(GB 3095－2012)，环境空气功能区分为两类，如表5-8所示。一类区为自然保护区、风景名胜区和其他需要特殊保护的区域；二类区为居住区、商业交通居民混合区、文化区、工业区和农村地区。一类区适用一级浓度限值，二类区适用二级浓度限值。

表 5-8 我国环境空气中汞参考浓度限值

污染物项目	平均时间	浓度限值		单位
		一级	二级	
汞(Hg)	年平均	0.05	0.05	μg/m³

二、职业卫生标准

近年来,我国先后修订、颁布《工作场所汞的职业接触限值》《职业接触汞的生物限值》和《职业性汞中毒诊断标准》等职业卫生标准,作业场所中汞的环境样品采集、作业工人生物样品的采集和检测是作业工人汞中毒诊断的重要依据。

工作场所空气中汞浓度测定,按照 GBZ159－2004《工作场所空气中有害物质监测的采样规范》进行环境样品采集,样品检测按照 GBZ/T160－2004《工作场所空气中有害物质测定汞及其化合物》进行。工作场所有害因素职业接触限值第一部分化学有害因素(GBZ 2.1－2007)规定工作场所空气汞蒸气的限值时间加权平均允许浓度(PC-TWA)为 0.02 mg/m³,短时间接触允许浓度(PC-STL)为 0.04 mg/m³;汞的立即威胁生命或健康(IDLHs)的浓度为 10 mg/m³;有机汞及其化合物的容许浓度(TWA)为 0.01 mg/m³,STL 为 0.03 mg/m³。作业工人的职业健康检查按照 GBZ188－2007《职业健康监护技术规范》进行职业健康检查和询问职业接触史,尿汞含量大于 20 μmol/mol Cr 或 35 μg/g Cr 为"尿汞增高"。尿汞含量测定按照 GBZ/T173－2006《职业卫生生物监测质量保证规范》。

血汞含量可准确反映人体接触汞的情况,可作为汞中毒预防、诊断、治疗的重要依据,但是我国尚未颁发血汞的检验标准及生物限值。发汞可以较好地反映人体对汞的吸收和蓄积情况,而且含量比尿汞高,因此头发的监测可作为汞分析的补充手段。因此建议加强不同地区人群的血汞和发汞的检测,以确立血汞和发汞的职业接触限值。

三、汞排放标准

环境汞排放标准的建立,有利于约束汞排放企业的汞排放水平,更好地保护生态环境。目前我国已经建立了涵盖众多门类工业企业的废气和废水汞排放标准,分别汇总于表 5-9 和表 5-10。

从表 5-9 可以看出,我国不同行业之间大气汞的排放标准范围在 0.01～0.1 mg/m³,近年来大部分行业在修订大气排放标准中新增了汞的指标,或者加严了汞排放指标,目前排放标准值最高的行业为危险废物焚烧行业和火葬场,汞排放标准为 0.1 mg/m³;而烧碱、聚氯乙烯行业、无机化学工业、锡、锑、汞工业、电厂工业汞排放标准最严,为 0.01 mg/m³。对于燃煤电厂,《火电厂大气污染物排放标准》(GB 13223－2011)首次提出了汞的排放限值,规定从 2015 年 1 月 1 日起,所有火电厂烟气中的汞及其化合物排放限值为 0.03 mg/m³。这一标准值与德国及欧盟其他国家的标准 30 μg/m³一致。水泥生产方面,《水泥工业大气污染物排放标准》(GB 4915－2013)中规定了水泥窑及窑尾余热利用系统大气汞排放标准为 50 μg/m³,从 2015 年 7 月 1 日全部水泥企业执行此标准。另外,我国部分行业,如垃圾焚烧,汞排放标准在修订后进行了加严,从 GB 18485－2001 的 0.2 mg/m³降低到 GB 18485—2014 的 0.05 mg/m³,已与欧盟等国家的标准一致。而我国的大部分有色金属冶炼(如锡、锑、汞、铜、镍、钴冶炼)行业的汞排放标准(0.01～0.012 mg/m³)相较于其他行业,已是非常严格的。

我国不同行业废水中总汞的排放标准范围在 0.001～0.25 mg/L(表 5-10),排放标准值最高的行业为危险废物填埋场,总汞排放标准为 0.25 mg/L,而城镇污水处理厂汞排放标准最严,为 0.001 mg/L。对于烷基汞,绝大部分标准则要求不得检出,《危险废物填埋污染控制标准》(GB 18598—2001)要求有机汞含量不得超过 0.001 mg/L。

表 5-9　我国各行业大气汞排放标准

序号	行业标准	标准号	行业及工艺	污染物项目	排放标准（mg/m³）	执行时间	执行企业	企业边界污染物浓度限值（mg·m⁻³）	备注
1	烧碱、聚氯乙烯工业污染物排放标准	GB 15581—2016	乙炔法聚氯乙烯企业	汞及其化合物	0.010	2016-9-1	新建	0.000 3	现有企业执行现行标准
						2018-7-1	全部		
2	火葬场大气污染物排放标准	GB 13801—2015	—	汞	0.1	2017-7-1	全部	—	—
3	无机化学工业污染物排放标准	GB 31573—2015	所有	汞及其化合物	0.01	2017-7-1	全部	0.000 3	—
4	锅炉大气污染物排放标准	GB 13271—2014	10 t/h 以上蒸汽锅炉，7MW 以上热水锅炉	汞及其化合物	0.05	2015-10-1	全部	—	燃煤锅炉
			10 t/h 以下蒸汽锅炉，7MW 以下热水锅炉	汞及其化合物	0.05	2016-7-1	全部		
			新建锅炉	汞及其化合物	0.05	2014-7-1	全部		
5	锡、锑、汞工业污染物排放标准	GB 30770—2014	锡冶炼	汞及其化合物	0.01	2016-1-1	全部	0.000 3	—
			锑冶炼	汞及其化合物	0.01				
			汞冶炼	汞及其化合物	0.01				
			烟气制酸	汞及其化合物	0.01				
6	电池工业污染物排放标准	GB 30484—2013	锌锰/锌银/锌空气电池	汞及其化合物	0.01	2016-1-1	全部	0.000 05	—
7	水泥工业大气污染物排放标准	GB 4915—2013	水泥窑及窑尾余热利用系统	汞及其化合物	0.05	2015-7-1	全部	—	—

续表

序号	行业标准	标准号	行业及工艺	污染物项目	排放标准（mg/m^3）	执行时间	执行企业	企业边界污染物浓度限值（$mg \cdot m^{-3}$）	备注
8	铜、镍、钴工业污染物排放标准	GB 25467—2010	铜冶炼	汞及其化合物	0.012	2012-1-1	全部	0.001 2	—
			镍、钴冶炼	汞及其化合物	0.012				
			烟气制酸	汞及其化合物	0.012				
9	铅、锌工业污染物排放标准	GB 25466—2010	烧结、熔炼	汞及其化合物	0.05	2012-1-1	全部	0.000 3	—
10	火电厂大气污染物排放标准	GB 13223—2011	燃煤锅炉	汞及其化合物	0.03	2015-1-1	全部	—	—
11	生活垃圾焚烧污染控制标准	GB 18485—2014	—	汞及其化合物	0.05	2016-1-1	全部	—	测定均值
12	危险废物焚烧污染控制标准	GB 18484—2001	不同焚烧容量	汞及其化合物	0.1	2002-1-1	全部	—	以 11% O_2（干气）作为换算基准

企业边界大气污染物任何 1 h 平均浓度限值

表 5-10　我国各行业水体汞排放标准

序号	行业标准	标准号	行业及工艺	污染物项目	排放标准(mg·L^{-1})		执行时间	执行企业	备注
					直接排放	间接排放			
1	烧碱、聚氯乙烯工业污染物排放标准	GB 15581—2016	乙炔法聚氯乙烯企业	总汞	0.003	0.003	2016-9-1	新建	现有企业执行现行标准
							2018-7-1	全部	
2	石油炼制工业污染物排放标准	GB 31570—2015	—	总汞	0.05	0.05	2017-7-1	全部	—
				烷基汞	不得检出	不得检出			
3	石油化学工业污染物排放标准	GB 31571—2015	—	总汞	0.05	0.05	2017-7-1	全部	—
				烷基汞	不得检出	不得检出			
4	再生铜、铝、铅、锌工业污染物排放标准	GB 31574—2015	—	总汞	0.01	0.01	2017-1-1	全部	—
5	合成树脂工业污染物排放标准	GB 31572—2015	—	总汞	0.05	0.05	2017-7-1	全部	—
				烷基汞	不得检出	不得检出			
6	无机化学工业污染物排放标准	GB 31573—2015	所有	总汞	0.005	0.005	2017-7-1	全部	—
7	锡、锑、汞工业污染物排放标准	GB 30770—2014	—	总汞	0.005	0.005	2016-1-1	全部	—
8	电池工业污染物排放标准	GB 30484—2013	锌锰/锌银/锌空气电池	总汞	0.005	0.005	2016-1-1	全部	—
9	钒工业污染物排放标准	GB 26452—2011	—	总汞	0.03	0.03	2013-3-1	全部	—
10	铜、镍、钴工业污染物排放标准	GB 25467—2010	—	总汞	0.05	0.05	2012-1-1	全部	—
11	铅、锌工业污染物排放标准	GB 25466—2010	—	总汞	0.03	0.03	2012-1-1	全部	—

续表

序号	行业标准	标准号	行业及工艺	污染物项目	排放标准(mg·L^{-1})		执行时间	执行企业	备注
					直接排放	间接排放			
12	钢铁工业水污染物排放标准	GB 13456—2012	钢铁联合企业	总汞	0.05	0.05	2015-1-1	全部	—
			轧钢	总汞	0.05	0.05			
13	铁矿采选工业污染物排放标准	GB 28661—2012	采矿废水	总汞	0.05	0.05	2015-1-1	全部	—
			选矿废水	总汞	0.05	0.05			
14	污水海洋处置工程污染控制标准	GB 18486—2001	—	总汞	0.05		2002-1-1	全部	—
15	城镇污水处理厂污染物排放标准	GB 18918—2002	—	总汞	0.001		2003-7-1	全部	—
			—	烷基汞	不得检出				
16	医疗机构水污染物排放标准	GB 18466—2005	传染病、结核病医疗机构	总汞	0.05		2006-1-1	全部	
			综合医疗机构和其他医疗机构	总汞	0.05				预处理标准 0.05 mg·L^{-1}
17	化学合成类制药工业水污染物排放标准	GB 21904—2008	—	总汞	0.05		2010-7-1	全部	
				烷基汞	不得检出				检出限 10 ng·L^{-1}
18	中药类制药工业水污染物排放标准	GB 21906—2008	—	总汞	0.05		2010-7-1	全部	—
19	油墨工业水污染物排放标准	GB 25463—2010	—	总汞	0.002		2012-1-1	全部	—
				烷基汞	不得检出				
20	生活垃圾填埋场污染控制标准	GB 16889—2008	浸出液	汞	0.05		2008-7-1	全部	—
			水污染物	总汞	0.001				
21	危险废物填埋污染控制标准	GB 18598—2001	危险废物允许进入填埋区	汞及其化合物	0.25		2002-1-1	全部	—
				有机汞	0.001				
22	电镀污染物排放标准	GB 21900—2008	—	总汞	0.01		2010-7-1	全部	—

(李平　张艳淑　李仲根)

第三节　汞污染防控技术

一、大气汞污染减排技术

我国人为源大气汞排放占全球总排放的30%，居世界首位。主要排放源包括燃煤、有色金属冶炼、水泥生产、垃圾焚烧及其他行业。我国每年人为源的大气汞排放量为500～800 t，其中燃煤行业(燃煤电厂和工业锅炉)汞排放占比例最高，我国目前也主要围绕此行业开展汞污染防控研究。因此，本部分内容主要针对燃煤行业大气汞污染减排技术进行介绍。

(一)烟气中汞的形态及其转化

燃煤烟气中的汞主要有3种存在形态：元素态汞(Hg^0)、氧化态汞(Hg^{2+})和颗粒态汞(Hg^P)。元素态汞，又称单质汞，是燃煤烟气中汞的主要形态之一，具有较高的挥发性，几乎不溶于水，能在大气中停留时间长达0.5～2年。燃煤中绝大部分的汞在燃烧过程中以Hg^0转移到烟气，而在烟气从管道排出的过程中，部分Hg^0被氧化成Hg^{2+}，颗粒物吸附Hg^0和Hg^{2+}形成颗粒态汞(Hg^p)。元素态汞是最难控制的形态，也是燃煤烟气脱汞的难点。Hg^0在一定条件下可以被吸附在固体表面，在电除尘器中可被部分捕集，但这些过程受温度及飞灰特性影响使得脱汞效率差异很大。氧化态汞，存在形式为HgX_2，理想的阴离子为卤素。因为HgX_2(X=F、Cl、Br、I)具有强的水溶性和挥发性，容易被吸附，较易在电除尘器中被除去，受温度及飞灰特性影响显著，较易通过湿法脱硫装置洗涤除去。此外，在HgX_2(X=F、Cl、Br、I)浓度比较高的情况下，可用硫化物使汞稳定后再脱除。颗粒态汞，在大气中停留时间短，易被电除尘器除去，其去除效果也取决于温度及飞灰特性。研究表明，煤燃烧时产生的汞在飞灰中占23%～27%，在烟气中占56%～70%，只有约2%的汞进入灰渣。因此，减少燃煤汞污染的关键是控制烟气中的汞向大气中排放。

(二)燃烧脱汞技术

目前煤汞的控制排放技术研究主要集中在3个方面：燃烧前脱汞、燃烧中脱汞和燃烧后脱汞。其中以燃烧后脱汞技术的研究最为广泛。

燃烧前脱汞主要采用煤的洗选技术脱除煤中的一部分汞。该技术建立在煤粉中有机物质与无机物质的密度和有机亲和性不同的基础上。一般说来，汞与其他矿物质类似，主要存在于无机组分中。在洗选时汞会集中富集在浮选废渣中，从而起到了除去煤中汞的作用。洗选煤不仅可以去除原煤中的部分灰分和硫分，而且能有效地提高煤炭的燃尽性能并去除相应的污染物。通过洗选煤方法对煤中汞的去除效率最高可达60%。提高我国原煤入洗率可以在一定程度上控制烟气中汞的排放。值得注意的是洗煤成本相对较高，且汞仍存在洗煤废物中并需要深度处理，因此洗煤并不能从根本上解决燃煤汞的排放控制问题。

燃烧中脱汞是改变燃烧状况，降低烟气中汞浓度，或者改变烟气特性从而使烟气中的汞更容易被下游烟气净化装置去除。目前，有关燃烧过程中脱除汞的研究很少，一般通过优化燃烧方式，如采用烟气循环流化床燃烧、低氧燃烧等，使汞较多地转化为易被下游除尘系统捕集的固态汞，并抑制其再释放。烟气循环流化床反应器是一种可以喷入吸附剂的装置。垂直的循环流化床反应器安装在电除尘器后基于SO_2与湿石灰的反应进行烟气脱硫。循环流化床反应器被认为是一种非常有前景的装置：流化床中通过吸附剂和飞灰的物料循环，由于颗粒物在炉内滞留时间较长，其对汞的吸附增多，同时小颗粒的排放减少，因而烟气中汞等微量重金属的最终排放将减少，节省了昂贵的吸收剂。另外，相对较低的炉内温度提高了Hg^{2+}含量，有利于汞在后续烟气净化装置中脱除。除改进燃烧方式外，向燃煤中加氧化剂(溴素)及向炉膛喷氧化剂，或向炉膛再注入飞灰或喷入碳基（或钙基）吸附剂，也是燃烧中脱汞采取的方式。以飞灰再注入为例，燃煤中的飞灰通过物理、化学吸附和化学反应等途径来实现对汞的吸附，进而影响烟气中汞的形态分布以便脱除。

燃烧后烟气用除尘、脱硫和脱硝等设备协同脱除烟气中的汞，是目前较广泛使用的技术。一般情况下，静电除尘器的除汞能力有限（<20%），布袋除尘器潜力较大，能够除去70%以上的汞，但受烟气高温影响，且袋式除尘器自身存在滤袋材质差、寿命短、压力损失大、运行费用高等局限性，限制了其使用。脱硫设施温度较低，有利于 Hg^0 的氧化和 Hg^{2+} 的吸收，是目前除汞相对有效的协同净化设备。特别是在湿法脱硫系统中，由于 Hg^{2+} 易溶于水，容易与石灰石或石灰吸收剂反应，对 Hg^{2+} 去除效率很高。根据国内6家电厂的汞排放研究，发现湿法烟气脱硫设备对 Hg^{2+} 的脱除效率可达78%，但仅能去除烟气中3.14%的 Hg^0。因此，烟气中 Hg^{2+} 占总汞的比例是影响脱硫设施对汞去除率的主要因素，如果在烟气进入脱硫塔前，加入某种催化剂，促使烟气中的 Hg^0 转化为 Hg^{2+}，脱硫设施的除汞率就会大大提高。实际上，脱硝工艺的作用也主要是加强汞的氧化而增加将来烟气脱硫对汞的去除率。脱硝过程中，当烟气中 Hg^0 经过催化剂表面活性中心时，在烟气中 HCl 和 O_2 的参与下，被氧化为 Hg^{2+}，烟气中的 HCl、NH_3 能够影响烟气中汞的氧化和吸附，其中烟气中 HCl 含量的增加有助于汞的氧化，而 NH_3 的存在则不利于汞的氧化。

针对我国燃煤行业含汞废气的治理而言，将吸附剂吸附与除尘、脱硫、脱硝等现有污染物控制设备结合，实现除尘脱硫脱硝脱汞一体化具有很大的发展空间，不仅能够提高脱汞效率，且无须增加新设备，减少投资费用，是很有发展前途的脱汞方法。

二、含汞废水治理技术

（一）含汞废水的来源及现状

含汞废水主要来自于燃煤、氯碱行业、再生汞行业、冶炼、采矿、硫酸行业、电池行业等工业。火电厂是燃煤行业含汞废水的主要来源。火电厂发电时产生大量的烟气往往通过石灰-石膏湿法进行脱硫，其吸收塔浆液内的水在不断循环的过程中，会富集重金属元素和 Cl^- 等，结果会加速脱硫设备的腐蚀，所以脱硫装置要排放一定量含汞脱硫废水。电石法聚氯乙烯工艺在氯乙烯单体合成过程中由于汞触媒的使用，会产生汞的升华流失，随着合成气进入后续水洗、碱洗净化系统，形成含汞废酸和含汞废水。再生汞行业主要是以电石法聚氯乙烯生产过程中产生的废汞触媒和含汞废物为主要原料再生汞或汞触媒。我国再生汞企业主要以火法冶炼工艺回收汞，废汞触媒再生工艺中，废水主要来源于预处理、干燥和多管冷凝器3个工序段及厂区地面冲洗水和污染厂区地面初期雨水等，废水处理后以回用为主。汞离子与铜、银、金、锌等元素的离子半径接近，使汞有可能以类质同象形式进入到这些元素的矿物中，所以除了汞矿外，锌矿、铜矿和金矿等也会产生含汞废水。硫酸行业含汞废水主要来自生产污水、地坪和设备冲洗水等。目前我国生成的普通锌锰电池采用氯化汞作为缓蚀剂，以抑制电池内部气体的产生，防止和延缓负极金属锌的腐蚀，提高电池的贮存和防漏功能。含汞废水主要来源是电池生成线清洗生产地面的废水、调配浆料中洒漏的药剂废水，清洗生成地面的废水等。

据统计，全球有80多种以汞为原料的工业，汞的用途多达3 000种，这导致每年有大量的汞通过“废气、废水、废渣”的形式排放进入环境，对环境造成严重的污染。在排放进入环境的汞中，以含汞废水的污染对生态系统的危害和人类健康的威胁最为直接，尤其在厌氧环境条件下通过微生物的作用把环境中的无机汞转化为甲基汞、二甲基汞、苯基汞等有机汞，这些有机汞可通过食物链的生物富集和放大作用，进而对野生动物安全带来威胁，也是造成人类健康风险的主要汞形态。据联合国环境署（UNEP）估计，全球人为源释放到水环境的汞达1 000 t/年。

(二)含汞废水中汞的形态及影响因素

废水中的汞主要以+1价和+2价无机化合物及有机化合物状态存在。水体中的pH值、温度等因素对水体中汞的形态具有很大影响,无机汞在碱性条件下可以与S^{2-}离子形成HgS沉淀物,沉入水底的底泥;在pH值较低时,水体中的汞主要以$HgCl_4^{2-}$为主要形态,在pH值较高时,以$Hg(OH)_2$、HgOHCl、$HgCl_2$为主要存在形态,这些形态的无机汞还可以和水体中的无机配位体形成络合物。由于汞在水体中的这些特性导致排放入水体的汞能够以沉淀物或络合物的形式长期存在于水体的底泥中,随着河流水体流动迁移,在遇到适合的pH值和温度条件时转化为毒性极大的甲基汞等有机汞进入水体,导致水体中生物受到毒害甚至造成类似日本水俣病的人体中毒事件。

(三)含汞废水防控技术

1. 化学沉淀法　化学沉淀法是我国应用最为广泛的含汞废水处理方法,这种方法能适用于较宽的汞浓度范围,可以用于处理多种汞盐,尤其当含汞废水中有较高的二价汞浓度时,应当优先考虑化学沉淀法。常用的化学沉淀法主要有两种,一种为混凝沉淀法,另一种为硫化物沉淀法。

混凝沉淀法的原理是在含汞废水中加入混凝剂(石灰、铁盐、铝盐),通过在弱碱性条件下,汞离子与混凝剂形成氢氧化物絮凝体被去除。一般情况下,铁盐对Hg(II)的混凝效果比铝盐更好。

硫化物沉淀法的原理是在弱碱性条件下利用硫离子与汞离子之间较强的亲和力生成硫化汞沉淀,从而将汞离子从溶液中去除。硫化物沉淀法由于其能与溶液中汞离子形成沉淀而高效除汞从而被广泛用于含汞废水的处理中。当溶液中汞离子浓度较高时,硫化物沉淀法对汞离子的去除率可以达99.9%以上,但这种方法由于受到沉淀剂和环境条件的影响,出水浓度往往达不到排放要求,还需要进一步处理;此外,产生的污泥,如处置不当可能带来二次污染。

2. 电解法　电解法的原理是通过电解反应将溶液中的Hg(II)在阴极转换为汞单质从溶液中去除。在电解法中,电解池的阳极一般用铁板,在电流作用下在阳极发生氧化反应,将废水溶液中的汞离子还原为汞单质,在阴极发生还原反应,将电解液中的阴离子氧化为单质。随着电解反应的继续进行,导致溶液中的pH值升高,在碱性环境中汞离子以沉淀的形态析出。电解法对浓度很高的无机含汞废水有很好的去除效果,但电解法对溶液中汞离子的去除能力有限,在溶液中Hg(II)浓度降到一定程度后便不能再继续降低,且电解法处理含汞废水的耗电量很高,对于回收的含汞废物,如果处理不好还容易造成二次污染。因此电解法在处理含汞废水中推广和应用较少。

3. 离子交换法　离子交换法的一个显著特点是它能用于处理浓度较低的含汞废水。离子交换法主要是利用离子交换树脂将交换剂上的离子与溶液中的Hg(II)进行互换从而去除溶液中的Hg(II)。离子交换法受pH值影响明显,吸附后的交换树脂一般用强酸或强碱进行洗脱。据报道,用40倍吸附Hg(II)树脂体积的HCl洗脱,洗脱率可达90%。废水中杂质和交换剂品种对离子交换法吸附汞离子的吸附效果有明显影响,且离子交换树脂成本较高,同时,废水中杂质、交换剂种类、产量等都对除汞效率有干扰,对于高浓度的重金属废水处理效果并不理想。

4. 吸附法　吸附法的原理是利用吸附剂活性表面及其孔隙内的活性吸附位点来吸附重金属离子。其特点有:①可用于含汞废水的深度处理,特别是对于浓度较低的含汞废水有很好的去除效果;②吸附剂可以通过酸洗、加热等方法再生,从而可以对吸附剂进行重复利用;③由于吸附剂多由生物材料制成,没有化学试剂,所以吸附法处理含汞废水基本不会造成二次污染。活性炭及一些农作物秸秆等都可以作为除汞的吸附剂,特别是用农业废弃物改性后的吸附剂对溶液中汞离子有很好的去除效果。活性炭在活化过程中能形成一些与重金属结合性很好的含氧官能团,这些官能团在活性炭吸附重金属过程中通过化学作用与重金属相结合从而增强了活性炭的吸附性能。用活性炭吸附处理浓度较高的含汞废水,去除效率

较高(85%～99%),处理浓度较低的含汞废水,出水的汞离子含量很低。如进水 Hg(II)浓度为 5～10 μg/L,活性炭对 Hg(II)去除率可达 80%,出水 Hg(II)浓度低于 2 μg/L。除此之外,还有很多利用膨润土、黏土等作为吸附剂吸附处理重金属汞的研究。但吸附法只适用于处理成分单一且浓度较低的含汞废水,且由于受吸附剂再生效率和选择性的限制,目前还不能进行大规模含汞废水的处理。

5. 金属还原法 金属还原法处理含汞废水的原理是利用毒性小并且电极电位不高的金属把废水中的汞离子置换出来,从而达到除汞的效果。出于成本及反应速率的考虑,一般选择铁、锌为置换金属。金属还原法的工艺一般是让含汞废水通过有还原金属的滤床,还原金属将含汞废水中的汞离子还原成金属汞或汞齐析出,其最大的特点是可以直接回收金属汞。但金属还原法不能完全脱汞,必须和其他方法相结合才能使出水汞离子浓度达标。

6. 微生物法 微生物法在处理含汞废水时具有普通物理化学法不具备的一些优点:运行费用低;对低浓度含汞废水的去除效率很高;能适应较宽的操作 pH 值和温度范围;可以对重金属汞进行特定的吸附。现有工艺无法将含汞废水中汞离子的质量分数降至很低,微生物法填补了这个不足。正因为微生物法有这些优势,近年来用微生物法处理重金属废水越来越受关注。国内外有很多关于用微生物法处理含汞废水的研究,集中在分离提纯耐汞的纯菌种、在细菌中引入抗汞基因形成新型基因工程菌及培养多种抗汞菌混合的混合菌剂等方面。

如上所述,结合各种除汞方法的不足之处及发展前景,可以从以下几个方面考虑提高废水除汞效率:①根据含汞废水复杂程度,选择合适的处理条件,如温度、酸碱度等;②急需开发既经济实惠又有广泛适应环境条件的离子交换树脂,节约成本同时提高除汞效率;③需要进一步研发经济环保的吸附剂;④ 结合企业实际情况,综合选用多种联合除汞技术脱除废水中的汞;⑤ 耐汞菌种的寻找与其提纯及结合基因工程培养多种抗汞菌混合菌剂。除此之外,改善优化企业生产工艺流程也是减少废水汞含量的有效途径。

三、汞污染土壤修复技术

(一)全国土壤汞污染现状及防治需求

据 2014 年《全国土壤污染状况调查公报》显示,全国土壤污染点位超标率高达 16.1%,重金属污染较严重,主要以镉、汞、铅等重金属和类金属砷为主。西南、中南地区土壤重金属超标范围较大,其中土壤汞污染超标点位比率为 1.6%,污染分布趋势呈现从西北到东南、从东北到西南方向逐渐升高的态势。

为了尽早缓解我国土壤污染问题,2016 年国务院发布了"土十条"规划(即《土壤污染防治行动计划》),明确将汞污染问题突出的贵州铜仁市列为国家首批六大土壤污染综合防治先行区之一,拟通过开展相关土壤污染治理与修复试点示范,先行先试,在土壤污染源头预防、风险管控、治理与修复、监管能力建设等方面探索土壤污染综合防治模式,逐步建立我国土壤污染防治技术体系。

(二)汞污染土壤修复技术

常见的汞污染土壤修复治理技术主要有以下几种:

1. 固化/稳定化 固化是指将污染土壤机械地固封在固化体中,切断污染物与外界环境的联系,达到控制污染物迁移的目的。常用的固化剂有水泥、火山灰、热塑性塑料等。稳定化是指向土壤中添加稳定剂,通过吸附、沉淀等化学反应,改变污染物的形态,减小污染物的溶解移动性、浸出毒性和生物有效性。固化/稳定化的效应统称为钝化。固化/稳定化法处理汞污染土壤的优点在于其工艺简单、快速经济;缺点是没有将汞等污染物从土壤中移除,需要长期监测,且固化后的土壤结构遭到破坏,增容量较大。

2. 土壤淋洗 土壤淋洗包括物理分离和化学萃取两种技术。物理分离来源于采矿技术,主要适用于污染物的粒度、密度等性质与母质土壤有明显差别或污染物吸附在土壤颗粒的情况。水力分级、重选、浮

选和磁性分离等都是较为常用的方法。化学萃取主要是通过萃取剂的解析和溶解作用将重金属转移到淋洗液中，随后再对富含重金属的废液进一步处理。常见的汞萃取剂有水、螯合剂(EDTA 等)、硫代硫酸盐($Na_2S_2O_3$等)、酸类(盐酸、硫酸等)。淋洗法的优点是周期短、效率高、技术应用性好，可对淋洗液中的金属进行回收；缺点是对单质汞的去除效果不好，黏土和腐殖质含量高的土壤处理困难，对淋洗液的处理使得成本增加。

3. 热解修复　热解修复是采用加热或向土壤中通入热蒸汽的方式将汞及其化合物转化为挥发性汞，再集中收集处理。一般情况下，汞在土壤中主要是以单质汞和二价汞(包括 HgS、HgO 和 $HgCO_3$)的形式存在。研究表明，当温度达到 600～800℃时，这些汞就会转化成气态汞从土壤中释放，从而对其回收利用。温度和时间是影响汞去除的主要因素。时间越久，温度越高，汞的去除效果越好。热解修复汞污染土壤，加热温度一般在 320～700℃。但是，高温会使土壤有机质和结构水遭到破坏，影响土壤肥力。热解修复的优点在于可以快速高效地去除土壤中的汞，并实现汞的回收；缺点是设备成本和能耗高，高温也会破坏土壤结构，且在汞污染含量高时才有高效率。

4. 电动修复　电动修复是近年来一种新兴的土壤原位修复技术，其基本原理是在污染土壤中布置相应的电极，施加低压直流电场。在电场的作用下，经过电泳/电迁移、电渗析和电解过程，使污染物向电极运输，最后回收处理。电动修复受到很多条件(如土壤类型、污染物性质等)的影响。由于汞在自然界土壤中的溶解度很低，单纯的电动修复很难进行。因此，需要人为地添加化学试剂如 EDTA、碘化物、氯化物、纳米铁等来增加汞的可移动性，提高电动修复的效率。电动修复的优点为对低渗透性的土壤修复效果好，费用低，没有二次污染，不破坏土壤肥力，实现了原位修复；缺点是修复周期长，只适用于淤泥和黏土性土壤，并且受到 pH 值、碳酸盐、有机质等条件的影响。

5. 纳米技术　纳米修复技术就是利用 1～100 nm 的微小粒子，改变污染物的移动性、毒性、生物可利用性等。纳米颗粒具有小尺寸效应、表面效应、量子效应等，其较高的比表面积，对土壤中的 Hg^{2+} 有极强的吸附性。因此，可以利用纳米技术来修复土壤汞污染。有研究表明，用羧甲基纤维素钠(CMC)-FeS 纳米粒子对汞污染土壤进行修复，样品渗滤液中汞减少 79%～96%，TCLP 渗滤液中的汞减少 26%～96%。此外，TiO_2 纳米颗粒实可以促进沉积物中汞的释放。纳米修复技术的优点为其是一种新兴的土壤修复技术，且纳米材料逐渐向低成本、可降解性生态环保的方向发展，具有十分广阔的前景；缺点是易受 pH 值的影响，在土壤中流动性较差，易形成聚合物。

6. 植物修复　植物修复指利用植物及根际微生物减少、去除土壤中重金属浓度及毒性的一种修复技术。按照修复机制的不同，土壤汞污染植物修复分为植物固化、植物挥发、植物提取。植物固化修复是指植物(如香根草、蜈蚣草等)根系分泌有机酸等物质来吸收、沉淀土壤中的汞，使其富集到根部及其周围，从而达到修复土壤的效果。一般这类植物的根系比较发达。植物提取修复技术是指植物通过自身吸收或添加协助剂(如硫代硫酸盐、螯合剂等)促进吸收土壤中的汞，使其富集到植物地上部分，进行处理和回收重金属汞，以达到修复土壤的技术。与植物固化和植物提取修复技术相比，植物挥发修复技术去除土壤汞污染往往受到限制：Hg^0 从植物叶部挥发受到光照和温度的影响较大，且 Hg^0 挥发到大气中会对大气造成污染，因此植物挥发技术应用并不多。植物修复的优点是对土壤性质破坏程度最低并对多种污染物都行之有效，另外其成本低，环境友好；缺点是生长周期长、种植量大且收获植物需进一步处理，并且也易受污染物浓度、植物年龄和气候的影响。

7. 微生物修复　微生物修复就是利用土壤中的某些微生物的生物活性对重金属具有吸收、沉淀、氧化和还原等作用，把重金属离子转化为低毒产物，从而降低土壤中重金属的毒性。大量研究已经证实，真菌可以通过分泌氨基酸、有机酸及其他代谢产物来溶解重金属及含重金属的矿物。微生物修复技术的优点为其前景广阔，部分微生物具有显著脱甲基作用，可降低土壤中汞毒性，而且该方法能与植物修复有效结合；但其缺点也较为明显：土壤中的汞并不能完全被去除，微生物对环境变化感知强烈，而且有关微生物对汞吸附、沉淀机制研究较为薄弱。

总体而言，土壤修复的技术原理从根本上可分为两类，第一类是降低土壤中有害物质的浓度；第二类是改变污染物在土壤中的存在形态或同土壤的结合方式，降低其在环境中的可迁移性与生物可利用性。对于汞污染土壤而言，降低土壤中汞的浓度，往往需要人为活化土壤中的汞后再采取各种提取方法以达到去除土壤中汞的目标。尽管去除土壤中的汞是汞污染土壤修复治本的方法，但目前已有的各种技术方法均存在成本高、环境次生风险高或不确定的问题，且国内外均没有大规模的、成熟的应用案例。

实际上，土壤汞污染防治风险管控的核心应该是优先保障农作物安全生产利用。我国大多数旱地农作物汞污染主要以无机汞为主，但对高污染区域水田环境种植的稻米存在一定的甲基汞累积风险。在目前大多数汞污染土壤治理修复技术尚未开展过野外中试和小试的情况下，建议首先通过农艺调控措施进行风险管控，再逐步辅助以钝化等其他技术措施，最终达到标本兼治的目的。

（冯新斌　张华）

参考文献

[1] 管一明，许月阳，薛建明，等. 燃煤电厂汞减排技术研究[J]. 电力科技与环保，2012，28(2)：26-28.

[2] 何石鱼，赵会民，刘长东，等. 燃煤汞污染控制研究进展[J]. 中国电力，2016，49(2)：170-175.

[3] 环境保护部环境保护对外合作中心. 中国涉汞政策法规标准汇编[M]. 北京：中国环境出版社，2014.

[4] 金晓丹，王敦球，朱义年，等. 大气汞污染及其防治技术的研究进展[J]. 广西轻工业，2008，9(118)：109-131.

[5] 金秀敏，火电厂脱汞技术简述[J]. 河北电力技术，2014，33(5)：55.

[6] 匡俊艳，徐文青，朱廷钰，等. 燃煤烟气汞污染控制技术研究进展[J]. 煤化工，2011，39(4)：19-23.

[7] 牛丽丽，徐超，刘维屏. 中国燃煤汞排放及活性炭脱汞技术[J]. 环境科学与技术，2012，9：45-55.

[8] 王晨平，段钰锋，佘敏，等. SO_2活化改性石油焦吸附剂的汞吸附特性[J]. 化工学报，2017，68(12)：4764-4773.

[9] 王家兴，董永胜，李明，等. 生物质炭再燃脱汞技术的试验研究[J]. 中国电机工程学报，2014，1：142-146.

[10] 王书肖，张磊，吴清茹，等. 2016. 中国大气汞排放特征、环境影响及控制途径[M]. 北京：科学出版社，2016.

[11] 王书肖，张磊. 我国人为大气汞排放的环境影响及控制对策[J]. 环境保护，2013，41(9)：31-34.

[12] 武宝会，李帅英，牛国平，等. 燃煤机组烟气污染物协同脱除技术及应用[J]. 热力发电，2017，46(11)：103-107.

[13] 夏文青，黄亚继，李睦. 燃煤脱汞技术研究进展[J]. 能源研究与利用，2015，6：24-29.

[14] 杨应举，张保华，刘晶，等. 可再生循环利用 $Cu_xMn_{(3-x)}O_4$ 尖晶石吸附剂脱汞实验研究[J]. 燃烧科学与技术，2016，1-5.

[15] 张磊，王书肖，惠霂霖，等. 我国燃煤部门履行《关于汞的水俣公约》的对策建议[J]. 环境保护，2016，44(22)：38-42.

[16] 张萍，潘卫国，郭瑞堂，等. 燃煤烟气污染物协同控制技术的研究进展[J]. 应用化工，2016，46(12)：2447-2450.

[17] 赵毅，于欢欢，贾吉林，等. 烟气脱汞技术研究进展[J]. 中国电力，2006，39(12)：59-62.

[18] Chang T C，Yen J H. On-site mercury-contaminated soils remediation by using thermal desorption technology[J]. J Hazard Mater，2006，128(2)：208-217

[19] Gong Y Y，Liu Y Y，Xiong Z，et al. Immobilization of mercury in field soil and sediment using carboxymethyl cellulose stabilized iron sulfide nanoparticles[J]. Nanotechnology，2012，23(29)：294007.

[20] Mulligan C N，Yong R N，Gibbs BF. Remediation technologies for metal-contaminated soils and groundwater：an evaluation[J]. Eng Geol，2001，60(1-4)：193-207.

[21] Padmavathiamma P K，Li L Y. Phytoremediation technology：hyperaccumulation metals in plants[J]. Water Air Soil Pollut，2007，184(1)：105-126.

[22] Reddy K R，Chaparro C. Electrokinetic remediation of mercury-contaminated soils[J]. Environ Eng，2003，129(12)：

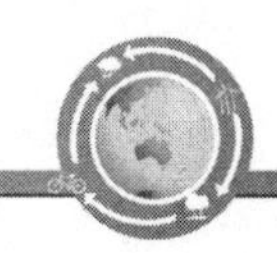

307-338.

[23] Sinha A, Khare S K. Mercury bioremediation by mercury accumulating enterobacter sp. cells and its alginate immobilized application[J]. Biodegradation, 2012, 23(1): 25-34.

[24] Smolińska B, Kròl K. Leaching of mercury during phytoextraction assited by EDTA, KI and citric acid[J]. Chem Technol Biotechnol, 2012, 87(9): 1360-1366.

[25] Wang J X, Feng X B, Anderson C W N, et al. Remediation of mercury contaminated sites-a review[J]. J Hazard Mater, 2012, 221: 1-18.

[26] Wasay S A, Arnfalk P, Tokunaga S. Remediation of a soil polluted by mercury with acidic potassium iodide[J]. J Hazard Mater, 1995, 44(1): 93-102.

[27] Zhang J Y, Li C X, Wang D Y, et al. The effect of different TiO_2 nanoparticles on the release and transformation of mercury in sediment[J]. J Soils Sediments, 2017, 17(2): 536-542.

第二篇

环境砷污染与健康

第六章 环境砷污染

砷作为自然界普遍存在并被广泛使用的有毒类金属元素，能够通过特定的自然过程或人为活动形成环境中的富集和污染，并通过直接吸食或生物地球化学循环进入人体造成危害。国内外随着环境砷污染与健康危害事件的频繁发生，其污染来源、生物地球化学循环过程与毒害机制也越来越受到人们的重视，例如我国在《重金属污染综合防治“十二五”规划》中就将砷列为第一类重点防控污染物。搞清环境砷污染的来源与生物地球化学循环过程对如何应对和控制环境砷污染对人类健康的危害具有重要作用。

第一节 砷污染概况

一、砷及其化合物的理化性质

(一)元素砷的结构和性质

砷(arsenic)，元素符号 As，是元素周期表中第五主族、第四周期的元素，属于有毒类金属元素，原子序数为 33，最外层电子结构为 $4S^2 4P^3$，其基本物理化学参数见表 6-1。

表 6-1 砷的基本物理化学参数

元素	原子序数	相对原子质量	最外层电子构型	熔点/℃	沸点/℃	化学电价
As	33	74.92	$4S^2 4P^3$	808	603	−3，0，+1，+3，+5

砷的外层电子结构决定了其在化学反应中可以以多种价态形式存在，其既可取得 3 个电子呈−3 价，如可与氢化合生成砷化氢 AsH_3，也可以失去 3 个或 5 个电子呈+3 价、+5 价，如可与氧化合生成三氧化二砷(As_2O_3)或五氧化二砷(As_2O_5)，也可以以单质砷形式存在。在自然条件下砷只有一种稳定的原子核，其中含 33 个质子和 42 个中子，它的平均原子量为 74.9216。砷具有多种同位素，从 ^{69}As 到 ^{81}As 都有存在，但只有 ^{75}As 一种是稳定的，其具有 3/2 自旋，可以通过核磁共振获取一定的有用信息。

自然环境中只有在极特殊的条件下才可能有单质砷的存在，譬如某些热液矿床裂隙中，热液作用的晚期可能有单质砷的产生，并常常与镍、钴、银、铅的各种砷化物、锑化物和少数硫化物伴生。在极个别的砂矿和盐丘中，偶尔也能见到晶形完好的单质砷。单质砷有灰砷(金属砷)、黄砷和黑砷等形态及同素异形体。其中在常温下灰砷最为稳定，能导电、传热，表现为金属性质，故又称金属砷。它是脆的晶体，具有菱面体结构，原子连接成层，每个原子有 6 个相邻的原子。在 1 个大气压，800℃绝氧的情况下砷主要以正四面体晶体的状态存在。固态砷熔点为 814℃，但在 615℃时即开始升华。气态砷的分子由 4 个砷原子构成，800℃以上开始分解，到 1 750℃时全部分解为两个原子组成的 As_2。元素砷气体快速冷却得到黄砷，它是淡黄色的晶体，不稳定，受热即会变成灰砷。黑砷是砷气体缓慢凝结生成的无定型黑色粉末。

灰砷在空气中不易被氧化，但在400℃有氧气存在的情况下可被氧化为三氧化二砷。灰砷与稀酸并不反应，但浓硝酸可将其氧化成砷酸(H_3AsO_4)，其与浓硫酸作用可得六氧化四砷(As_4O_6)，它实际上是二个三氧化二砷的结合物。砷与热浓盐酸的反应第一步是与酸中的水作用，生成三氧化二砷，第二步与酸反应生成三氯化砷($AsCl_3$)。碱的水溶液也不与砷反应，但碱在熔融条件下，砷可与空气中氧反应生成砷酸盐。

(二)砷化合物及其性质

砷可以形成氧化物、氢化物、含氧盐、硫化物等无机化合物。自1760年Cadet制备第一种砷的有机化合物以来，已有数以千计的有机砷化合物被用于生产和生活的方方面面。

1. 砷的氧化物及其性质 砷的氧化物主要为三氧化二砷与五氧化二砷，相应的含氧酸为亚砷酸和砷酸。

(1)三氧化二砷(As_2O_3)。俗称砒霜，也称白砒，为白色粉末，剧毒，是人类最早使用的毒药和杀虫剂之一。因其溶于水后生成亚砷酸，又称为亚砷酐。三氧化二砷微溶于水，10℃时的溶解度为12 g/L，100℃时溶解度为60 g/L。常温下的三氧化二砷可以有三种晶形，即八面体晶形、单斜晶形和无定形。将其加热到215℃可直接气化，在空气中冷凝成不同大小的三氧化二砷颗粒，运用该原理可纯化三氧化二砷试剂。

三氧化二砷为两性氧化物，其酸性略强于碱性，故易溶于碱生成亚砷酸盐(M_3AsO_3)和偏亚砷酸盐($MAsO_2$)。除碱金属亚砷酸盐外，其他金属亚砷酸盐都难溶于水。三氧化二砷可以被高锰酸钾等强氧化剂氧化到+5价，形成砷酸盐。在富氧水体中，As^{3+}易于转化为As^{5+}。在有新生态氢环境中As^{3+}也可被还原为As^{3-}，形成砷化氢(AsH_3)气体。

(2)五氧化二砷(As_2O_5)。又称砷酐，高毒，但其毒性低于三氧化二砷，为白色无定形固体，密度为4.086×10^3 kg/m^3，在315℃时可分解为三氧化二砷和氧。五氧化二砷在空气中易于潮解，易溶于水，每100 mL冷水中可溶解150 g，但在热水中仅能溶解76.7 g。

+5价砷的含氧酸有砷酸、偏砷酸和焦砷酸。$H_3AsO_4\cdot H_2O$为正砷酸，是无色透明晶体，比重2.0～2.5，熔点仅为35.5℃，在160℃可失去结晶水变成焦砷酸，继而变成偏砷酸，完全失去水后变成五氧化二砷。

五氧化二砷和砷酸主要表现为酸性和氧化性，砷酸的电离值与磷酸相近，酸度也极为相近，都为中等强度的酸。其可与碱反应生成砷酸盐，与还原剂反应视还原剂的强弱可分别还原为+3价、0价和−3价。

砷酸钠和砷酸钙都可被用作杀虫剂。此外，砷酸钠还可用作除草剂，并可被用来制取砷酸铅。砷酸根可与钼酸发生反应：

$$AsO_4^{3-}+3NH^{4+}+12MoO_4^{2-}+24H^+ = 4(NH_4)_3AsO_4\cdot 12MoO_3+12H_2O$$

该反应可生成多元的砷钼杂多酸化合物，其经过还原剂还原可生成钼蓝，是比色法(钼蓝法)测定样品中微量砷方法的基础。

2. 砷的硫化物及其性质 砷的硫化物主要有三硫化二砷(As_2S_3)与五硫化二砷(As_2S_5)。这两种物质都不溶于浓盐酸(HCl)，但溶于碱。三硫化二砷为黄色或红色单斜晶体，微溶于水，易溶于乙醇，既可以被还原也可以被氧化。五硫化二砷溶于碱可生成砷酸盐及硫代硫酸盐。自然界最常见的砷的硫化物矿物主要有毒砂、雄黄和雌黄等。

(1)毒砂(FeAsS)。又称砷黄铁矿，是广泛分布且最为重要的原生砷矿物，伟晶岩矿物和高、中、低温

热液矿床中都能看到，但最常见于高、中温热液矿床中，其是工业上生产砷的最主要的原料。毒砂晶体一般为银白色、锡白至钢灰色，金属光泽，不透明，性脆，条痕为灰黑色，有时带浅紫、浅褐色，硬度为5.5～6.0，比重为5.9～6.29。

理论上毒砂中的铁、硫、砷含量比例分别为34.30%、19.69%和46.01%。但在自然界中，钴常可代替铁，形成毒砂-钴毒砂-钴硫砷铁矿系列矿物。含钴量由极低到大于12%，但通常70%以上的毒砂含钴量低于0.5%。毒砂中硫和砷的比例也不是固定的，通常高温条件下形成的毒砂砷含量较高，低温形成的含硫较高。毒砂中砷和硫的原子比为0.9∶1.1～1.1∶0.9。

(2)雄黄和雌黄(As_4S_4，As_2S_3)。雄黄和雌黄是最常见的含砷矿物，也是使用最为广泛的天然含砷矿物。雄黄为火红色至褐红色矿物，橙红至火红色条痕，半贝壳状断口，硬度为1.5～2.0，比重为3.56。树脂到油脂光泽，透明至半透明。

雌黄为金黄、柠檬黄到橙黄色矿物，淡柠檬黄色条痕。解理片能弯曲，但无弹性。珍珠光泽，微透明到透明。硬度亦为1.5～2.0，比重为3.49。

雄黄和雌黄都主要产于低温热液矿床中，在含硫温泉的升华物中也时有产出。中医中，雄黄和雌黄都被作为药物使用至今。

3. 砷的有机化合物及其性质　+3价和+5价的砷都可以形成C-As键的有机化合物。一般认为砷化氢(AsH_3)是砷最简单的有机化合物。砷化氢为无色气体，稍有大蒜气味，是剧毒物质，空气中浓度为50 mg/m^3时，可1 h致人死亡，致死剂量仅为25～40 mg。砷化氢一般可在酸性条件下用金属锌与含砷物质来制备，其熔点为−116.3℃，沸点为−55℃，加热到230℃可分解为元素砷和氢气。如砷化氢中的氢为甲基所取代可以生成甲基砷、二甲基砷等。目前，已有数以千计的人工合成的有机砷化合物用于工农业生产和生活的方方面面。由于砷与磷同属第五主族元素，因此砷有机化合物的性质与磷的有机化合物相似。

二、环境砷污染概况

砷(Arsenic，As)是自然环境中普遍存在的一种元素，地壳中的含量约为1.5 mg/kg。在特定的条件下，在岩石、煤炭、沉积物、土壤、地表水和地下水中发生了富集，并且当以人体可吸收的形态和足以造成危害的剂量进入人体时将对人的健康造成危害。砷进入环境的途径主要有两条：一是自然的生物地球化学循环过程，包括雨水侵蚀岩石、微生物砷化合物代谢、火山爆发和森林燃烧等形式。二是人类活动，包括矿产的开采冶炼，含砷农药、杀虫剂、木材防腐剂和涂料的使用，饲料添加剂、制药、玻璃、半导体和电子等工业生产中的使用等。

砷污染现象在全世界范围都有发生，如在孟加拉国、印度、泰国、匈牙利、越南、尼泊尔、柬埔寨、巴基斯坦、缅甸、美国、墨西哥、阿根廷、智利、中国大陆、中国台湾等国家和地区都存在高砷地下水污染的问题。据估计，全球约有1.4亿人的饮用水受到砷污染影响。地下水砷污染至少使约1亿人面临砷引起的癌症和其他砷相关疾病的威胁。

随着工农业的发展，人类在此过程中受砷污染危害影响越来越严重。19世纪90年代，波兰一矿区的饮用水源被砷污染而影响健康的事件是最早的案例，当地居民健康问题是由于当地水源被含砷硫化矿物氧化后污染所致；1955年日本森永奶粉因添加了被砷污染的添加剂导致130名儿童死亡；1971年孟加拉国独立后，有7 700万居民饮用了含砷井水造成了人类有史以来最大的群体中毒事件。而我国砷污染事件始见于20世纪60年代的台湾地区，之后在我国新疆、内蒙古、山西、宁夏、吉林、河南、安徽、北京、四川、

青海、云南、西藏、陕西、贵州等多个省市及自治区出现了饮水型或燃煤型砷污染引起的地方性砷中毒事件。近年来，我国人为活动造成的砷污染事件也时有发生，常给人们的生活带来危害。例如，2006 年，湖南岳阳某化工厂违规排放导致岳阳新墙河受到严重砷污染，砷浓度达到 0.31～0.62 mg/L，超过国家标准 10 倍以上，导致 8 万多人饮水困难。2007 年，贵州独山县某企业违规排污，使麻球河和都柳江流域中砷含量超标，造成 17 人砷中毒，沿河 2 万多人生活用水困难。2008 年，云南阳宗海发生了严重的砷污染，2.6 万人的饮水安全受到威胁，严重危害当地生态系统的安全。2009 年山东临沂市企业非法排污，造成下游的邳苍分洪道多条河流污染，导致 47.1 万人饮水困难。2013 年，Rodriguez-Lado 等对我国地下水调查并建立模型进行计算，发现我国有 1 470 万人所生活的地区水中砷浓度水平超出了 WHO 的饮用水标准限定值，其中大约 600 万人所生活的地区砷污染水平是饮用水标准限定值的 5 倍以上。2014 年，湖南石门因开采矿产所遗留的砷污染，导致周边土壤砷超标 19 倍，水砷含量超标 1 000 多倍，157 人因砷中毒致癌死亡，当地居民的生活因砷污染受到了非常严重的影响。国际上对于大尺度、多受体的砷排放清单研究并不多。1988 年 Jerome 对全球范围内排放到大气、水体和土壤的微量元素总量进行了计算，并指出煤炭燃烧、石油燃烧、有色金属开采与冶炼、钢铁制造、肥料播撒、水泥制造、木材燃烧、人畜粪尿、废物处理等是主要的砷污染排放源。Han(2003)指出，人为源砷污染排放逐年攀升，从工业时代的 1850 年到 2000 年，全球人为活动砷排放总量累计达到约 453 万 t，其中矿业活动产生的砷量占 72.6%，是环境砷污染的重要来源。

陈琴琴等(2013)对我国 2010 年 31 个省、直辖市、自治区砷污染排放清单进行了较为全面的核算，结果表明：我国 2010 年直接排放砷约为 5.75 万 t，其中排入水体的有 1.98 万 t，排入土壤的有 3.37 万 t，排入大气的有 0.40 万 t。

第二节　砷污染来源

环境砷污染的来源主要有自然来源和人为来源。

自然来源主要是指通过岩石和矿物的风化、大气和降水的侵蚀及生物活动、火山爆发、地热活动等方式，砷由岩石、沉积物、土壤中原来难以与介质产生化学反应、溶解、迁移的状态，通过活化作用变为活泼、易溶解、易于随流动介质迁移而进入环境造成危害。

人为源主要来自人类工农业生产和生活。农业活动中大量的含砷农药化肥(无机砷如砷酸铅、乙酰亚砷酸铜、亚砷酸钠和砷酸钙；有机砷酸盐如稻脚青、稻宁和巴黎绿等)、除草剂(甲胂酸和二甲次胂酸)、木材防腐剂(铬砷合剂、砷酸钠、砷酸锌)、畜禽饲料添加剂(某些苯砷酸化合物，如对氨基胂酸)等的使用造成了广泛的环境砷的污染与累积。随着人类工业发展，由于砷的广泛存在与应用(砷可用于冶金和半导体工业，如砷化镓与砷化铜)，工业生产(包括化学工业、冶炼工业、电子工业)、有色金属矿(砷矿、砷伴生矿)的开采冶炼及矿物燃料(如煤炭)的燃烧等也成为砷的主要污染来源。随着人们对环境砷污染越来越关注与重视，近年对含砷农药化肥、除草剂、饲料添加剂等的使用已大为减少，但其他工矿业活动带来的砷污染仍能对人类环境构成局部的威胁。

一、大气砷污染来源

大气中的砷有自然来源，也有人为来源。据估算，砷在大气圈中保有量为 1.74×10^{6} kg，其中北半球为 1.48×10^{6} kg，南半球为 0.26×10^{6} kg。城市区域大气中砷含量为 3～180 ng/m^3，洁净区域大气中砷的

浓度为 0.01～1 ng/m³。火山爆发、含砷矿物风化等是大气中砷的重要天然来源，而有色金属冶炼、化石燃料燃烧及含砷杀剂、除草剂、木材防腐剂的大量使用等人为大气砷排放是天然排放量的 3 倍多。

(一)自然来源

偏远区域大气中砷主要来自天然源，如火山爆发释放到大气的量约为 17 150 t/a，自然发生的森林大火、油料和木材燃烧释放量为 125～3 345 t/a，海洋释放到大气中的砷约为 27 t/a，土壤微生物的低温活动的释放量为 160～26 200 t/a。含砷矿物的风化侵蚀释放也是大气砷的另一个重要天然来源。环境中高砷矿物主要与硫共生，如雌黄(As_2S_3)、毒砂(FeAsS)、雄黄(AsS)、辉钴矿(CoAsS)、硫砷铜矿(Cu_3AsS_4)、红砷镍矿(NiAs)和砷黝铜矿($Cu_{12}As_4S_{13}$)等，这些矿物受风化侵蚀作用，每年向大气释放约 1 980 t 的砷。

(二)人为来源

Pacyna 等(2001)统计了大气中砷的主要人为排放源和排放量(表 6-2)，有色金属的生产是大气砷的主要人为排放源，其次是化石燃料燃烧。对比 1983 年排放量，1995 年全世界排入大气中的砷下降了 214%，表明随着人们对环境污染的重视及相关新技术的采用，已大大降低了大气砷的排放。

表 6-2　1995 年大气中砷的主要来源和排放量(t/a)

地区	化石燃料燃烧	铜生产	铅生产	锌生产	生铁和钢生产	水泥生产	废物处理	总排放量
欧洲	143	187	2	57	10	55	32	486
非洲	41	260	1	6	1	5	36	350
亚洲	342	1 593	12	130	12	82	55	2 226
北美洲	234	253	3	31	5	13	—	539
南美洲	9	868	1	19	1	6	—	904
大洋洲	40	25	1	8	—	1	1	76
世界总排放量	809	3 183	19	251	29	133	124	4 548

(资料来源：龚仓. 大气颗粒物中砷及其形态的研究进展[J]. 化学通报，2014，77(6)：502-509.

1. 有色金属开采与冶炼　由于含铜、镍、钴、铅、金、银和锡等元素的矿物多数含砷，使得砷成为这些矿物开采和冶炼的副产品。1983 年世界初级铜和铅冶炼的砷排放因子分别是 1 000～1 500 g/t 和 200～400 g/t。到 1995 年，因各国采取新技术降低了冶炼过程中污染物的排放，初级铜和铅的砷排放因子分别降到了 100～500 g/t 和 3～5 g/t。到 2000 年，欧盟对砷排放控制更加严格，按照欧盟大气排放清单规定，铜和铅冶炼的砷排放因子限制值为 50 g/t 和 3 g/t。而到 2009 年，按照欧盟大气污染物排放清单手册的规定，初级铜和铅冶炼的砷排放因子进一步降低到 39 g/t 和 2.1 g/t，仅为 1983 年排放因子下限值的 3.9%和 1.05%，这大大降低了单位铜或铅冶炼过程中的大气砷排放量。

2. 煤的燃烧　砷作为亲煤元素(coalphile element)，与煤中有机质或无机质有很强的亲和力。1985 年 Yudovich 等报道了褐煤和烟煤的砷平均含量为(14±4)mg/kg 和(20±3)mg/kg，在 2004 年的重新评估中，该值下降为(7.4±1.4)mg/kg 和(9.0±0.8)mg/kg。但部分国家或地区煤的砷含量远远超出世界平均含量，如俄罗斯阿尔泰山脉褐煤(高达 201 mg/kg)、英国南威尔士烟煤(高达 1 254 mg/kg)、土耳其西部烟煤(高达 3 854 mg/kg)、美国亚拉巴马州烟煤(高达 2 500 mg/kg)、中国贵州烟煤(高达 8 300 mg/kg)

等。煤作为世界主要能源之一，它的世界年均消耗量呈逐步增加趋势，尤其是非世界经济合作组织国家的煤耗量呈现快速增加趋势，而世界经济合作组织国家进入21世纪后的煤耗量呈缓慢增加或降低的趋势。中国能源统计年鉴数据表明，从1995年到2010年国内燃煤消耗量增加126.79%，其中，电力、工业和其他燃煤消耗量分别上升96.60%、242.09%和7.15%，而家庭煤耗量下降32.31%。

煤在燃烧过程中，部分砷经高温挥发并冷凝富集在颗粒物表面，最终以砷氧化物蒸汽或颗粒物的形式释放到大气中，当煤中含有Cl元素时有利于气态砷化合物的形成。由于煤的使用部门、燃烧方式和类型及污染控制技术措施等的不同，砷的排放量也不相同，大致分为电力排放、工业排放、生活排放和其他排放四部分。1983年世界电力燃煤和工业燃煤的砷排放因子为15～100 μg/MJ（0.16～1.08 g/t）和0.2～2.10 g/t；1995年世界燃煤砷排放因子为0.2 g/t；2009年欧洲电力和工业燃煤的砷排放因子分别是8～17 μg/MJ(0.08～0.18 g/t)和4 μg/MJ(约0.04 g/t)。而我国国内电力、工业、家庭和其他四部分燃煤的砷排放因子分别为0.25 g/t、1.2 g/t、1.9 g/t和2.8 g/t，2000年到2010年间燃煤大气砷排放量总计18 305 t，其中，工业、电力、家庭和其他排放分别占60.95%、19.64%、10.35%和9.06%。2010年欧洲燃煤砷排放量为173.08 t(电力排放86.88 t，其余为工业、家庭和其他排放)，仅为我国2010年燃煤砷排放量(2 332 t)的7.4%。

石油和天然气的燃烧也向大气排放一定量的砷，2009年欧洲石油和天然气燃烧的砷排放因子为1～4.3 μg/MJ和0.09 μg/MJ，2000年和2010年欧洲石油燃烧的砷排放量为122.86 t和97.32 t。

3. 含砷杀虫剂、木材防腐剂的使用 砷在过去被广泛应用于农药和杀虫剂，尤其从19世纪开始，包括砷酸铅($PbAsO_4$)、砷酸钙($CaAsO_4$)、砷酸镁($MgAsO_4$)和砷酸锌($ZnAsO_4$)等以无机盐为主的含砷农药在多个国家被普遍用于果园害虫防治。到20世纪60年代DDT的引入前，全世界砷产量的80%被用于杀虫剂的生产，在将近一个世纪里，含砷杀虫剂形成了杀虫剂工业的支柱。20世纪末，杀虫剂的砷消耗量下降了50%，其中90%为有机砷杀虫剂，替代了过去单一的无机砷盐杀虫剂。除食物链外，大气可能是杀虫剂长距离扩散的重要媒介，杀虫剂的空中喷洒、农作物和土壤的挥发及受污染土壤的风蚀作用等都会导致空气砷含量的增加。Mukai等(1987)研究表明，有机砷杀虫剂的使用，导致大气MMA和DMA含量高达485 pg/m^3和53 pg/m^3，在距杀虫剂使用点20～30 km区域的大气MMA和DMA平均浓度为1.4 pg/m^3和0.43 pg/m^3，Matschullat等(2000)指出，全球大气砷的流通量中，含砷农药和杀虫剂的释放量为3 440 t/a。

砷作为防腐剂的成分之一，曾被广泛用于木材防腐工业，20世纪末其用量约占世界砷产量的30%。主要的含砷木材防腐剂有加铬砷酸铜(CCA)和氨铜砷酸锌(ACZA)。CCA用于木材防腐在欧洲和北美有长达60年的历史，到20世纪80年代前，美国的CCA处理木材量平均约为1.42×10^7 m^3/y，1992年和1999年加拿大的CCA处理木材量分别为2 078 694 m^3和3 117 328 m^3，1995年美国用于木材防腐剂的CCA消耗量为62 809 t。经处理后的木材中CCA的含量为7 800～78 000 mg/kg。Helsen(2005)指出，在使用CCA热处理木材过程中，8%～95%的砷挥发进入大气等环境中，每年约150 t砷经由防腐剂的使用进入到大气环境中。另外，木材处理废水被确定为陆地和水环境砷污染的重要来源。

4. 垃圾焚烧 垃圾焚烧过程中，大量的重金属因高温挥发到烟气中，最终富集于飞灰中，通过各种途径污染土壤、水体和大气等环境。1983年全球城市垃圾和污泥焚烧的砷排放因子和大气砷排放量分别为1.1～2.8 g/t、5.0～10 g/t和154～392 t、15～60 t，1990年则分别为1.1 g/t、5.0 g/t和87 t、37 t。美国环保局(1999年)规定的医疗废物砷排放因子为0.121 g/t，Alvim-Ferraz等(2005)对葡萄牙某大型医院医疗废物焚烧的研究表明，砷的排放因子为0.059 9～0.364 g/t。Sullivan等(2000)对澳大利亚污泥焚烧的

研究指出，污泥中砷的平均含量为 5.6 g/t(干重)，焚烧的砷排放因子为 4.7 g/t。2009 年，欧洲城市垃圾、工业垃圾和医疗废物焚烧及农业垃圾燃烧的砷排放因子分别为 0.01 g/t、0.016 g/t、1.3 g/t 和 0.058 g/t。

5. 其他人为来源　全球砷总产量的 20%被用于玻璃生产、干燥剂、添加剂、染料、催化剂、弹药硬化、合金和半导体工业及动物医药等，在生产加工、使用和后续处理等过程都有可能产生大气砷排放。另外，殡葬行业也是大气砷的一个来源，欧洲公布的殡葬业砷释放因子为 0.011 mg/body。

二、水体砷污染来源

天然水体中砷的含量通常较低。一般情况下，海水砷浓度范围为 1～8 μg /L，其主要化学形态通常是砷酸离子。淡水中，未受污染的区域砷浓度通常为 1～10 μg/L，而在硫化物矿化区，其可达到 100～5 000 μg/L，砷酸盐在富氧化性的水体中占优势，而亚砷酸盐则富集于还原性水体中。砷的 pH-Eh 图(图 6-1)表明，As^{5+} 在氧化条件下以砷酸盐类的形式存在于 pH 值高低不同的各种水体中，而 As^{3+} 甚至在 Eh 值低于 0.1 V 或 As^{5+} 氧化不完全的地表水系中都可以存在。Mukhopadhyay R. (2002)认为单价的砷酸盐离子 $H_2AsO_4^-$ 甚至在 pH 值为 3～7 的水体中占支配地位，而稍微有些还原性条件时，有利于亚砷酸盐离子出现。在天然水体中还有一些有机砷化合物存在，如 MMA、DMA 和砷甜菜碱(Arsenobetaine)。

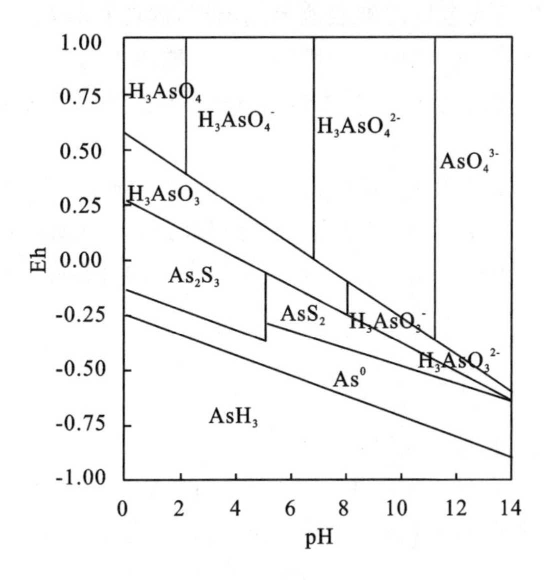

图 6-1　不同形态砷的 pH-Eh 图

(图片来源：Cullen&Reimer, Arsenic speciation in the environment [J]. Chemical reviews, 1989, 89(4): 713-764.)

同样地，水体中砷的来源也主要是自然来源和人为来源。

(一)自然来源

据估计，全球每年通过自然作用排放到水环境中的砷约为 2.2×10^4 t。

地壳中砷的含量为 1.5～3 mg/kg，而在大多数岩石中砷的含量为 0.5～2.5 mg/kg。通过风化作用，每年岩石风化释放约 4.5×10^4 t 砷进入生物圈，部分砷通过活化迁移可进入河流、湖泊等水体。

自然源中的高砷地热水是水体砷污染的一个重要来源，许多地热水中砷含量都很高，例如西伯利亚的堪察加半岛、日本、新西兰、美国的阿拉斯加、加州和怀俄明州、中国的云南和西藏等地都有砷含量非常高的地热水。例如，日本地热水砷含量可达 1.8～6.4 mg/L，新西兰地热水砷含量可达 8.5 mg/L，其原因与当地的黑色页岩的地质结构有关。但是，夏威夷和冰岛的地热水中却没有发现很高含量的砷，调查发

现，该区地质条件为年青的玄武岩。

除此之外，一些特殊的水文地质环境条件下的地球化学作用使许多地区存在对人体健康危害严重的高砷地下水。这类高砷地下水主要分为冲积平原和三角洲型（如孟加拉国和印度西孟加拉邦、中国台湾和中国北方地区）、干旱半干旱地区的内陆盆地型（墨西哥中北部和西北部、智利北部、阿根廷中部和美国西南地区）。这些含水层的水文地质和地球化学条件各不相同，但具有一些明显的共性。譬如冲积平原和三角洲型高砷地下水通常为强还原性地下水，砷主要来自铁锰氧化物的还原性溶解作用及金属氧化物中砷的还原脱附作用；干旱半干旱地区的内陆盆地型高砷地下水多表现为氧化性、高 pH 值特点，砷主要来自蒸发浓缩及砷与其他含氧元素从金属氧化物（特别是铁、锰）的脱吸作用。其他一些硫化物矿化区或矿区，由于含砷硫化物矿物的氧化也可能形成高砷地下水。

（二）人为来源

自然水体中砷的主要来源有含砷产品生产过程中产生的“三废”排放、农业生产活动和自然环境中砷的释放。据统计，全球每年人类活动排入水环境中的砷约为 1.2×10^6 t，其中工农业砷的排放是造成河流湖泊砷污染的主要原因。

含砷工业“三废”的排放，特别是矿业活动，是导致水体砷污染的重要原因。由于砷是 240 余种矿物的组成成分，常以金属硫化物矿石或金属的砷酸盐形式出现，因此在有色金属矿的开采及冶炼过程中会造成砷的集中排放。其次是硫酸工业、农药生产等的排放。硫酸工业使用了高砷硫铁矿做原料时，引起的砷污染已多次发生。若在未经处理或处理不达标的情况下排放生产废水，或者含砷矿区受到雨水冲刷则会使砷大量进入河流湖泊中。

在农业生产中含砷化肥和农药的使用，是造成河流湖泊水体砷污染的另外一个来源。含砷农药中主要含有砷酸钙、砷酸铅、甲基砷、亚砷酸钠、甲基砷酸二钠和巴黎绿（砷酸铜），而磷肥中的砷含量一般在 20～50 mg/kg，高时甚至可以达到每千克百毫克，这些不同价态的砷在施用后有 0.1%～10%能够转化为可溶性的砷进入河流与湖泊。

三、土壤砷污染来源

土壤中的砷也包括自然成因和人为来源两个方面。

未受污染土壤中的砷主要来自母岩的风化，土壤中砷的含量通常要高于母岩。未被污染的土壤一般含有 1～40 mg/kg 砷，不同土壤类型砷含量不一样，由花岗岩风化形成的砂质土中砷含量水平最低，但冲积土和有机土的含量则较高（表 6-3）。

表 6-3　土壤中砷的浓度

土壤种类	砷的浓度（mg/kg）
土壤	
混合的土壤	0.1～55
沼泽土壤	2～36
酸性硫酸盐土壤	1.5～45
硫化物沉积物附近土壤	2～8 000
在化工厂下面的土壤	1.3～4 770

（**数据来源**：Smedley P L，Kinniburgh D G. A review of the source，behaviour and distribution of arsenic in natural waters [J]. Applied Geochemistry，2002，17(5)：517-568.）

影响土壤中砷浓度的自然因素除母岩外，还包括气候、土壤有机质和无机质组成及氧化还原电势。许多相关的研究发现母岩的类型在影响土壤金属含量方面起决定作用。花岗岩、石灰岩和基性岩风化形成的棕壤，其砷含量分别为 7.48 mg/kg、11.9 mg/kg 和 8.47 mg/kg。

土壤中自然产生的砷主要是无机形态的，它们也可与土壤中的有机质相结合。在氧化性和有氧条件下，砷酸盐类(As^{5+})是一类稳定的形态，它们可被吸附于黏土、铁和锰氧化物或氢氧化物和一些有机质中。在富含铁的地层中，砷可反应生成砷酸铁而沉淀下来。在还原性条件下，砷化物主要是以亚砷酸盐(As^{3+})存在。无机砷化物可被一些微生物甲基化，在氧化性条件下，生成一甲基砷酸(MMA)，二甲基砷酸(DMA)和三甲基砷氧化物(TMAsO)。

在厌氧条件下，它们可被还原成具挥发性和易被氧化的甲基砷。砷酸铁和砷酸铝($FeAsO_4$，$AlAsO_4$)是酸性土中主要砷化物，它们比砷酸钙(Ca_3AsO_4)更难溶于水，后者是盐性土和石灰质土中的主要化学形式。土壤 pH 值和氧化还原电势对被吸附的砷酸有显著的影响。在相同的 pH 值条件下，它也可受到土壤类型的影响，即从灰碳土到棕碳土再到栗钙土依次增加。

未被污染的土壤砷浓度普遍在 5～15 mg/kg。Boyle 和 Jonasson(1973)提出世界土壤中砷平均浓度为 7.2 mg/kg，Shacklett 等(1974)提出美国土壤砷平均浓度为 7.4 mg/kg。Ure 和 Berrow(1982)给出砷平均值为 11.3 mg/kg。泥炭和沼泽土壤的砷浓度可能更高(平均值 13 mg/kg，表 6-3)，但这主要是因为在还原条件下硫化物矿物不断增加的结果。Shotyk(1996)在瑞士两个泥炭剖面中发现的最大砷浓度为 9 mg/kg，而在剖面里也发现了微量矿物成分的存在。纯泥炭中砷的浓度为 1 mg/kg 或者更低。

在诸如含黄铁矿的页岩、金属矿脉及脱水的红树林沼泽等富含硫化物地带，由于黄铁矿的氧化而形成的酸性硫酸盐土壤也可以相对富集砷。Dudas(1984)发现加拿大富含黄铁矿页岩风化产生的酸性硫酸盐土壤中的砷浓度达到 45 mg/kg。Gustafsson 和 Tin(1994)在越南湄公河三角洲酸性硫酸盐土壤中也发现了类似的高浓度的砷(可达 41 mg/kg)。

诸如当地工业中的冶炼、化石燃料燃烧的产物和农业中的杀虫剂、磷肥等都可将额外的砷引入土壤中。Ure 和 Berrow(1982)指出在为果树长期使用含砷的农药后，果园土壤中砷浓度范围达到 366～732 mg/kg。

矿业活动产生的尾矿渣和废水污染的沉积物和土壤砷浓度可比自然条件下的砷浓度值高几个数量级。在尾矿堆和尾矿污染的土壤中砷可高达每千克数千毫克(表 6-3)。如此高的砷浓度不仅反映出原生富砷硫化物矿物的大量存在，而且反映出原生富砷矿物经过次生变化形成的砷酸铁盐和铁的氧化物的增加。尾矿堆中原生的硫化物矿物易于氧化，而次生矿物在氧化条件下的地表水和地下水中具有不同的溶解度。臭葱石($FeAsO_4 \cdot 2H_2O$)是一种常见的硫化物氧化产物，它的溶解度很可能控制着这一环境中砷的浓度。次生的砷华也经常作为这种环境的代表矿物。特别是在氧化条件下，砷经常被铁的氧化物紧密结合，此时的砷相对稳定，易于在土壤中形成累积。

四、食品砷污染来源

总体而言，食品中的砷主要来源于其生产、加工和储存过程。

砷在自然界中广泛存在，动物机体、植物中都含有微量的砷。食物中的砷主要来源于生长生产过程中的土壤、大气和水。人体摄取的砷大部分来源于饮用水和食物，通过呼吸途径进入体内的砷不及 1%。在墨西哥和印度部分地方性砷病区人体从食物中摄入的砷量占总砷摄入量的 20%。在印度饮用水受到

轻度砷污染的地区，Uchino 等(2006)发现蔬菜和谷类作物的砷输入是人群摄取砷的主要途径，其摄入量占总砷摄入量的 73.3%以上。Schoof 等(1999)对美国和欧洲普通人群的食物砷摄入量调查显示，稻米中砷摄入量的贡献率仅次于鱼类产品，位居第 2 位。李筱薇等(2006)2000 年对中国 12 个省、市、自治区的膳食调查表明，成年男子从蔬菜和粮食类(包括谷类、豆类、薯类)中摄入的砷占膳食砷摄入总量的 75.6%，其中粮食类占 60.4%。王振刚等(1999)对湖南石门雄黄矿区附近人群砷暴露(主要途径为水和食物)的调查显示，未受砷污染地区的人群中食物砷的贡献率占 83.6%。由此可见，土壤-食物-人体暴露是普通人群摄入砷的最重要途径，蔬菜和粮食中的砷往往是非职业性暴露的主要摄入途径。

肖细元等(2009)对蔬菜和粮油作物中砷的累积特点和富集能力进行了统计分析。结果表明，土壤砷浓度直接影响粮油作物的砷含量，土壤中砷含量与粮油作物的砷含量呈极显著的正相关，清洁区和污染区蔬菜砷含量变幅分别为 0.001～1.07 mg/kg 和 0.001～8.51 mg/kg(鲜重)，均值分别为 0.035 mg/kg 和 0.068 mg/kg。不同种类蔬菜的砷含量由大到小依次为：叶菜类＞根茎类＞茄果类＞鲜豆类；清洁区和污染区粮油作物的砷含量变幅分别为 0.001～2.20 mg/kg 和 0.007～6.83 mg/kg(干重)，均值分别为 0.081 mg/kg 和 0.294 mg/kg，其中水稻的砷含量显著高于小麦和玉米。从富集系数来看，叶菜类蔬菜的砷富集系数最高，芹菜、蕹菜、茼蒿、芥菜等蔬菜的抗砷污染能力较弱。粮食作物玉米的抗砷污染能力较强。

因动物所处环境不同，摄入量存在差异而导致它们之间砷积蓄量存在较大不同。海洋中腔肠动物，某些软体动物和部分甲壳动物砷含量为 0.005～0.3 mg/kg，淡水鱼平均砷含量为 0.54 mg/kg(湿基)，但某些鱼肝油砷含量可达到 77 mg/kg(湿基)。

在食品原料、辅料、食品加工、储存、运输和销售过程中使用和接触的机械、管道、容器、包装材料及因工艺需要加入的食品添加剂中，均可造成砷对食品的污染。特定的环境条件也可造成严重的食品砷污染，例如贵州、陕西等地区高砷煤燃烧所产生的烟气也是食物砷污染的重要污染源，居民燃用高砷煤做饭取暖，炉灶无烟囱，玉米、辣椒等放于炉灶上层烘烤，使食物受到室内煤烟污染，农民通过长期食入与吸入途径摄取大量的砷造成了严重的健康损害问题。

第三节　砷的生物地球化学循环

砷在自然界分布广泛，其在地球各圈层和环境介质中主要的生物地球化学循环如图 6-2 所示。以下就砷在大气、水体、土壤、生物和煤炭中的迁移转化和循环分别进行阐述。

一、大气中砷的循环

大气中的砷主要通过陆地火山喷发、人类活动释放(如冶炼、燃煤、燃油、含砷农药的施用等)、土壤圈砷的低温挥发和土壤风蚀、植物燃烧(森林火灾)、海洋蒸发(海洋飞沫)等途径输入。输出途径则主要是通过干、湿沉降(降尘、降水)的方式输出到地表土壤圈、水圈和生物圈。

大气中砷主要以大气颗粒物(total suspended particulate，TSP)、蒸气态及气溶胶态等形式存在。大气中的砷可经呼吸道或皮肤吸收直接进入人体，也可通过干湿沉降进入地表或水体，经过生物地球化学过程，通过食物链，进入人体造成危害。

大气沉降是吸附在气溶胶上的大气颗粒物通过重力或雨水的冲刷作用自然沉降于地表的一个循环过程，可分为干沉降和湿沉降，是“地气”系统物质元素等循环的重要形式。大气中的砷主要通过大气沉

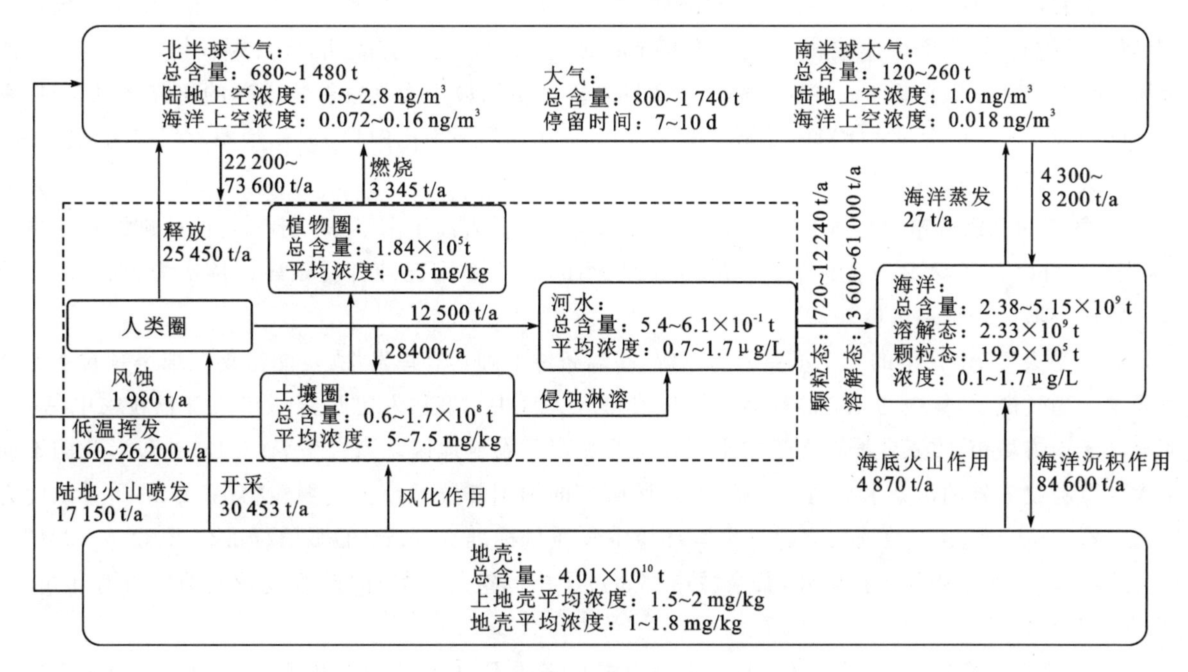

图 6-2　砷的生物地球化学循环

（图片来源：王萍. 砷的发生、形态、污染源及地球化学循环[J]. 环境科学与技术，2010，33(7)：90-97.）

降作用进入地表，砷元素可以松散束缚的形式附着在降尘颗粒表面，并随干、湿（主要是降水）沉降再次进入到地表环境中造成污染。据 Matschullat(2000)估算，北半球通过大气沉降作用每年有 22 200～73 600 t 砷进入地表系统，南半球为 4 300～8 200 t/a。

目前国内外学者对大气砷循环方面的研究主要集中于对砷在大气颗粒物不同粒径、不同季节及不同空间的分布规律及存在形态等的探讨。

（一）大气砷的分布特征

1. 不同粒径大气颗粒物中砷的分布　目前，对于大气砷的研究主要集中在不同粒径大气颗粒物（总悬浮颗粒物、PM10 和 PM2.5 等）的研究上，表 6-4 列举了 2000—2011 年不同国家或地区 TSP 中砷的平均含量。最大砷平均含量来自中国城区的 130 ng/m³，最小砷平均含量来自中国高寒山区的 0.04 ng/m³。

表 6-4　不同国家或地区 TSP 中砷的平均含量

采样时间	国家或地区	特点	As/(ng/m³)
2000 年	西班牙	城区	12.30
2003—2008 年	日本	岛屿	2.97
2005 年	中国大陆	高寒山区	0.04
2005 年	巴西	城区	20.00
2009—2010 年	中国台湾	城区	3.85
2009—2011 年	中国大陆	城区	130.00

（资料来源：龚仓. 大气颗粒物中砷及其形态的研究进展[J]. 化学通报，2014，77(6)：502-509.）

一般而言，重金属在大气细颗粒物中的浓度与粒径有关，总体上细颗粒高于粗颗粒，颗粒物粒径越小，金属含量越高，对人类健康威胁更大。Mohanral R 等(2004)的研究表明，大气颗粒物 75%～90%的重金属富集在 PM10 颗粒物上。在对不同国家不同功能区不同粒径大气颗粒物中砷的研究结果表明(表 6-5)，砷在 PM2.5 中的含量占 PM10 中砷含量的 50%～102%，平均比例为 79%，说明大气砷明显富集在小粒径的大气颗粒物中。

2. 大气砷的空间分布 总体上，北半球大气砷平均含量显著高于南半球。不同功能区砷的含量也不同，从表 6-5 可以看到，不同功能区无论 PM10 还是 PM2.5，多数情况砷含量顺序都依次为：工业区＞郊区和住宅区＞城区＞偏远区域。

煤燃烧是大气 As 污染的一个重要人为来源，高温条件下砷具有挥发性，是能富集在细小颗粒上的亲气性元素。通过燃烧，煤中约 1/3 的砷会直接挥发排入大气中。我国北方燃煤城市大气颗粒物中 As 含量明显高于南方城市，重工业城市高于中小型轻工业城市及农村地区。谭吉华等(2013)通过对我国不同城市大气颗粒物中砷的污染水平进行分析，发现所研究的中国部分城市大气颗粒物中 As 的质量浓度为(46.6±52.3)ng/m^3，这一数值大大超过中国环境空气质量标准 6 ng/m^3 的限值标准(GB 3095—2012)，在所分析的 27 个城市中除了拉萨外，其余城市都超过了中国空气质量标准，浓度较高的城市有郑州、银川、哈尔滨和佛山等。

3. 大气砷的季节变化 由于气候变化、人为因素及来源不同，砷在大气颗粒物中的时间分布变化显著，总体上呈现冬季＞秋季＞春季＞夏季的特点。原因为：①中国大部分城市夏季为湿季，湿沉降较强。②夏季地表植被茂盛，土壤源相对减弱。③冬季寒冷，燃煤量较大，尤其是北方城市，人为源排放的污染物较多。杨勇杰等(2008)通过研究对砷等重金属元素在大气颗粒物中含量的季节分布变化，发现总体上呈现冬季高、夏季低的特点，这主要是因为夏季大气扩散能力比较强，污染物易于扩散稀释，而冬季燃煤量增加，易形成逆温，大气污染物不易扩散。

(二)大气砷形态变化特征

表 6-6 列举了 1985—2011 年美国、葡萄牙、匈牙利、西班牙、希腊、中国大陆和中国台湾地区对大气颗粒物砷形态研究结果。可以看到，As(Ⅴ)为大气砷的主要存在价态之一，占大气砷总量的 12%～100%，是 As(Ⅲ)含量的 0.3～18.3 倍。As(Ⅲ)作为毒性最强的大气砷存在价态，其含量占大气砷总量的 2.2%～74.6%。美国毒物与疾病登记署(ATSDR)发表的关于无机砷的健康评估报告中指出，一般情况下，大气颗粒物中 As(Ⅴ)的含量高于 As(Ⅲ)的含量。

相对于无机砷，大气颗粒物中有机砷(MMA、DMA)含量相对较低，有机态的砷在空气中仅占极小的比例，可能来源于甲基砷农药的应用或细菌的活动。

二、水体中砷的循环

砷广泛存在于河流、湖泊、海水、地下水、热泉等各类水体中，无机的 As(Ⅲ)和 As(V)是水中砷的主要存在形态，在地表水和地下水中能检测出微量的有机砷，主要与生物活动有关，包括甲基砷(MMA)和二甲基砷(DMA)。水体砷的输入途径主要为火山喷发、岩石风化、土壤淋滤、大气沉降及人类活动产生的“三废”。砷从水体中移出的途径主要有形成与其他金属离子结合的难溶盐，形成硫化物沉淀，与其他金属不溶物共沉淀，被黏土颗粒、矿物碎屑或其他金属化合物沉淀所吸附及与磷酸盐发生同晶置换而富集在磷酸盐沉淀中及生物作用等。

表 6-5　不同国家不同功能区 PM10 和 PM2.5 中砷的平均含量(ng/m^3)

采样时间	国家或地区	特点	PM10 As	PM2.5 As	参考文献	采样时间	国家或地区	特点	PM10 As	PM2.5 As
2000 年	塞尔维亚	工业区	272.00	—	[19]	2003 年	希腊	城区	9.66	—
		城区	96.60	—		2003—2005 年	法国	工业区	5.10	—
		郊区	109.00	—		2004 年	中国大陆	城区	60.00	40.00
2000 年	中国台湾	城区	5.99	3.84	[58]	2004 年	中国大陆	工业区	89.00	91.00
2000 年	西班牙	城区	3.42	—	[59]	—	—	城区	69.00	64.00
2001—2002 年	希腊	工业区	6.10	—	[60]	—	—	住宅区	51.00	46.00
		城区	5.60	—		—	—	乡村	48.00	41.00
		乡村	4.80	—		2005 年	韩国	住宅区	2.20	1.50
2002 年	西班牙	岛屿	—	1.70	[61]	2005 年	美国	住宅区	0.39	2.50
2001—2002 年	美国	城区	—	5.70	[62]	2006 年	中国大陆	山区	6.10	4.30
2001 年	西班牙	城区	7.70	6.40	[24,53]	2007 年	意大利	城区	—	3.58
2002 年	中国大陆	工业区	90.00	50.00	[64]	2008 年	瑞士	城区	0.80	0.40
		城区	60.00	50.00		—	—	郊区	0.60	0.40
		住宅区	80.00	60.00		—	—	乡村	0.18	0.16
2002 年	西班牙	城区	9.90	7.90	[24,63]	2008 年	塞尔维亚	工业区	18.90	—
2002 年	意大利	工业区	4.20	—	[65]	—	—	城区	14.80	—
		城区	5.90	—		—	—	郊区	50.90	—
		乡村	0.81	—		2008 年	玻利维亚	城区	45.00	24.00
		海洋	0.40	—		2008 年	蒙古	城区	26.30	—
2001—2008 年	西班牙	城区	6.30	5.23	[66]	—	—	—	—	—

(**资料来源**:龚仓.大气颗粒物中砷及其形态的研究进展[J].化学通报,2014,77(6):502-509.)

表 6-6 不同国家大气颗粒物中砷的形态平均含量

采样时间	国家或地区	颗粒粒径	ng/m³					As(Ⅴ)/As(Ⅲ)	(As(Ⅲ)+As(Ⅴ))/As_{total}
			As_{total}	As(Ⅲ)	As(Ⅴ)	MMA	DMA		
1985 年	日本	TSP	—	—	—	0.097	0.025	—	—
1987 年	美国	PM>2.5	—	1.80	2.20	—	—	1.22	—
		PM2.5	—	7.40	5.20	—	—	0.70	—
1989 年	美国	TSP	—	0.54	2.29	—	—	4.24	—
1994 年	葡萄牙	PM2.5~10	0.69	0.03	0.55	—	—	18.33	0.84
		PM2.5	2.71	0.09	1.14	—	—	12.67	0.45
1998 年	匈牙利	PM2~10	4.50	<0.10	0.55	<0.035	<0.53	5.50	0.14
		PM2	0.47	<0.07	0.21	<0.025	<0.37	3.00	0.45
2000 年	西班牙	TSP	12.30	1.20	10.40	—	—	8.67	0.94
2001 年	西班牙	PM10	7.70	1.20	6.50	—	—	5.42	1.00
2001 年	西班牙	PM2.5	6.40	0.90	5.00	—	—	5.56	0.92
2002 年	西班牙	PM10	9.90	2.1	7.80	—	—	3.71	1.00
2002 年	西班牙	PM2.5	7.90	1.40	6.60	—	—	4.71	1.01
2004—2006 年	希腊	TSP	3.40	0.20	3.40	<0.50	<0.50	17.00	1.06
		PM2.5~10	1.10	0.20	1.10	<0.50	<0.50	5.50	1.18
		PM2.5	1.90	0.20	1.90	<0.50	<0.50	9.50	1.11
2009 年	中国台湾	TSP	3.09	0.92	2.16	—	—	2.35	1.00
2011 年	中国大陆	TSP	1.69	1.26	0.43	—	—	0.34	1.00
2009—2011 年	中国大陆	TSP	130.00	4.70	67.00	—		14.26	0.55

(**资料来源**:龚仓等.大气颗粒物中砷及其形态的研究进展[J].化学通报,2014,77(6):502-509.)

以海水为例，河流输入、地下水输入、大气的干湿沉降及沉积物的再悬浮释放是海水中砷的重要来源。细菌、藻类等均可从海水中累积溶解无机砷，一般海洋生物含有的总砷浓度要高于陆生生物，因其可以直接从海水及食物链中摄取砷。鱼类和海洋无脊椎动物以有机砷的形式积累了海洋中相当量的砷。有一些砷可以被浮游植物和海藻转化为较为复杂的有机砷化合物，如水溶性的含砷糖和脂溶性的含砷脂质，并通过食物链进一步转化为砷甜菜碱。海水中的砷通过吸附沉降进入沉积物中，海水沉积物中的微生物可以将海洋生物遗体及排泄物中复杂的有机化合物降解为 MMA 和无机砷，释放到上覆海水中，从而完成砷的海洋生物地球化学循环（图 6-3）。许多研究还发现，砷在海洋中的垂直分布具有明显的规律性，表层和中层上部的砷浓度低，深层和低层的砷浓度高。其原因可能是因为砷在表层被生物吸收，生物死后，躯体下沉，在深水中再释放出来。

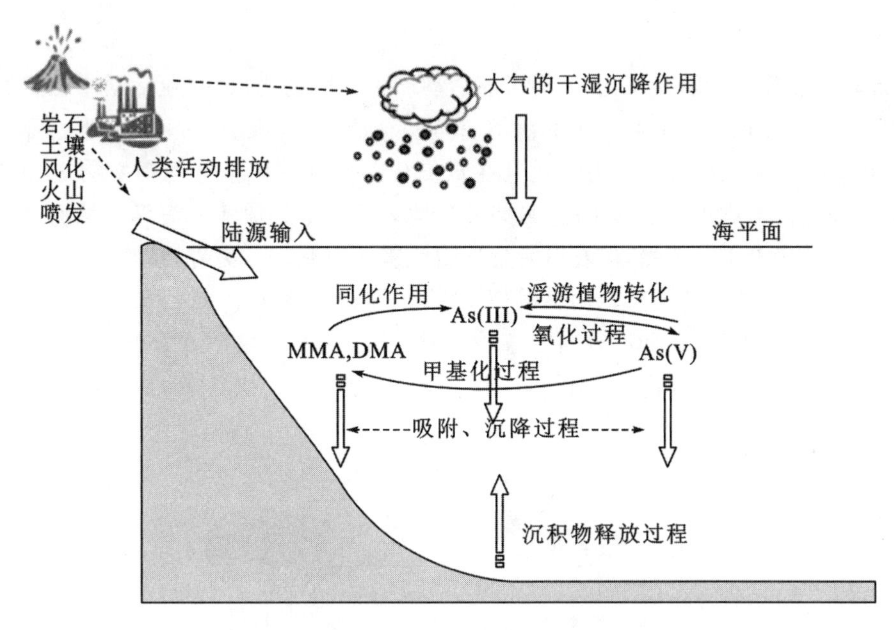

图 6-3　水体(海洋)中砷的生物地球化学循环

（图片来源：Ren J L，Zhang J，Li D D，et al. Speciation and seasonal variations of dissolved inorganic arsenic in Jiaozhou Bay，North China [J]. Water Air Soil Pollut，Focus，2007，7：655-671.）

对地下水而言，特殊的地球化学环境和水文地质条件可以形成危害严重的高砷地下水。控制高砷地下水砷迁移富集与循环的因素很多，归纳起来主要有以下几个方面。

(1)吸附与解吸。砷的吸附剂主要包括铁的氢氧化物、锰的氢氧化物，其吸附效率取决于砷的浓度、砷的氧化状态、与砷存在竞争吸附物质的浓度及吸附剂的吸附能力。苏春利等(2009)人通过对大同盆地沉积物对砷的吸附性研究，发现吸附剂的种类、粒度、吸附环境 pH 值、温度也同样影响着吸附效果。具体来说，铝硅酸盐、铁铝氧化物质量分数较高且颗粒较细的黏土和亚黏土类沉积物对砷的吸附性较强，pH 值为 5.5～8.0，温度为 10℃时，最有利于砷的吸附。

(2)氧化还原变化。高砷地下水普遍为还原环境，且含有大量的有机组分。砷的高价氧化物有较强的水解性，在氧化环境中发生水解并沉淀。而在还原环境下，铁氧化物/氢氧化物会还原溶解，导致吸附在矿物表面上的砷被释放进入地下水中。

(3)有机物的存在。柠檬酸、醋酸、甲酸及腐殖酸等有机物的存在，有利于 As 在地下水中的迁移。一方面，As 可直接与有机酸官能团结合并随有机酸一起迁移；另一方面，由于某些有机酸的还原能力，可以使变价元素砷处于具有较高溶解度的低价态，并在迁移过程中保持价态的稳定性。此外，有机酸具有很

大的表面积和吸附能力，能够吸附大量的砷。

(4)微生物还原作用。微生物还原砷主要有两种机制：一种是细胞质砷还原，将进入细胞内的 As(Ⅴ) 还原为 As(Ⅲ)，再通过膜蛋白将 As(Ⅲ)泵出细胞以降低细胞内砷浓度达到细胞解毒的目的；另一种是异化砷还原，以 As(Ⅴ)作为电子受体将其还原为 As(Ⅲ)，并从中获取能量供自身生长。

高砷地下水既可处于原环境，又可处于氧化环境中。由此形成地下水砷异常一种是内陆或干旱及半干旱地区封闭的盆地，以及源于冲积层内强还原条件下的含水层，这些地区地形平坦，水流缓慢，沉积物中经还原释放的砷易于富集在地下水中。另外就是一些地热发达地区，或一些有矿山开采活动且伴随含硫化物矿物被氧化的局部地区，这些地区中砷可以大范围地从含水层向地下水中释放，从而引起地下水砷异常。

三、土壤中砷的循环

土壤圈中砷输入途径包括陆壳风化、人类工业活动产生的废物排放、农业活动中化肥农药的使用、降水和降尘等。砷的输出途径包括土壤中砷的淋溶、挥发、径流、植物吸收等。土壤砷也可以以气态迁移，在厌氧条件下，砷化物能被微生物还原并甲基化生成二甲基砷和三甲基砷等挥发物，从而脱离土壤系统进入大气，也可以通过淋溶进入地下含水层，最终通过地表或地下径流流入海洋。然而，大部分土壤对砷的固定很强，砷的迁移速度十分缓慢，使农田污染长期危害难以减轻。另外，植物吸收也是砷输出农业系统的主要途径之一。土壤中砷的迁移转化及生物地球化学循环过程如图 6-4 所示，可以看出，土壤扮演了砷源—汇的双重角色。一方面，各种途径向土壤输入砷，导致其在土壤中含量升高；另一方面，在一定外力条件下，如径流、起尘、渗漏、风化、侵蚀等，土壤中累积的砷可二次释放，成为水体及大气环境砷的来源。

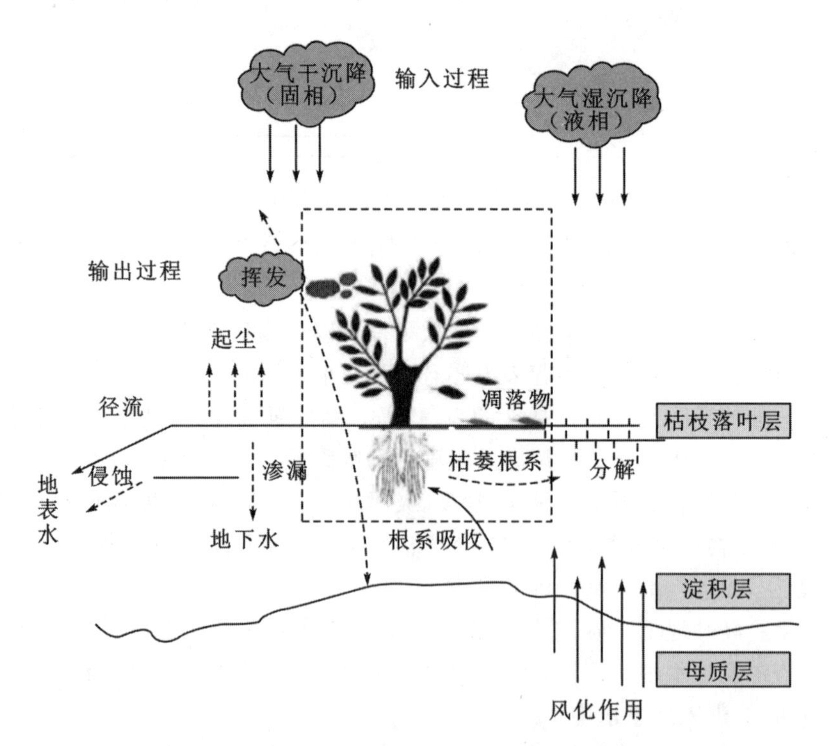

图 6-4 土壤系统中砷的生物地球化学循环过程

(图片来源：史贵涛. 痕量有毒金属元素在农田土壤-作物系统中的生物地球化学循环[D]. 上海：华东师范大学，2009.)

砷在土壤中可以形成许多无机的和有机的形态，包括常见的有机砷有甲基砷（MMA）、二甲基砷（DMA）；无机砷有三氧化二砷、亚砷酸盐和五氧化二砷、砷酸、砷酸盐等。砷的生物有效性和毒性依赖于砷的形态，土壤中存在的砷形态依赖于土壤中砷的类型和吸附成分的数量和 pH 值及氧化还原电位的作用(Chakraborti et al,2001)。根据砷连续提取分离法可将土壤中的砷分为 5 种存在形态：易溶型砷（AE-As）、铝型砷（Al-As）、铁型砷（Fe-As）、钙型砷（Ca-As）及残渣型砷（O-As），除了残渣态砷，其余形态的砷均为有效态砷。不同形态的砷的溶解度大小顺序为：$Ca_3(AsO_4)_2 > Mg_3(AsO_4)_2 > AlAsO_4 > FeAsO_4$。所以铁固定砷酸盐的作用最大，铝的作用要比铁的小，钙、镁所起的作用不如铁、铝显著，其反应过程如下：

$$Fe^{3+} + AsO_4^{3-} \longrightarrow FeAsO_4$$

$$Al^{3+} + AsO_4^{3-} \longrightarrow AlAsO_4$$

$$3Ca^{2+} + AsO_4^{3-} \longrightarrow Ca_3(AsO_4)_2$$

$$3Mg^{2+} + AsO_4^{3-} \longrightarrow Mg_3(AsO_4)_2$$

不同形态的砷化合物在土壤中是可以相互转化的，其转化过程除与土壤微生物的活动密切相关外，还包括氧化-还原、溶解-沉淀、甲基化-脱甲基及生物富集等过程。与其他重金属元素类似，砷在土壤-植物系统中的迁移转化可分为物理、化学和生物迁移三种形式，影响砷迁移转化的因素包括土壤理化性质、土壤中砷的含量形态及植物特性等。以下就土壤中砷的主要迁移类型和控制因素分布进行阐述。

(一)土壤中砷的迁移类型

1. 物理迁移 土壤溶液中的砷或被吸附于土壤胶体表面上，可随水迁移至地面水体，或随土壤中水分的流动而被机械搬运。一般来说，在降水丰富的地区，砷随水冲刷的机械迁移更明显，而在干旱地区，包含于矿物颗粒或者土壤胶粒的砷以尘土飞扬的形式随风而被机械搬运。

2. 化学迁移 土壤中砷能以离子交换吸附形式和土壤胶体相结合，或发生溶解与沉淀反应。

3. 生物迁移 植物可通过根系从土壤中吸收某些化学形态的砷，迁移到作物的茎叶及籽实中，并在作物体内积累。一方面是生物对土壤砷污染的净化，另一方面是农作物对砷的累积。研究表明，植物可以通过根系从土壤中吸收各种化学形态的砷，使其迁移到植物的茎叶和籽实中。另外，土壤微生物可以通过甲基化作用而使砷呈气态逸出。

(二)影响土壤中砷迁移转化的因素

1. 土壤类型 由于土壤的复杂性，所以不同土壤对砷的吸附能力也有差别。李勋光等(1996)的研究认为不同类型土壤对砷的吸附能力顺序为：红壤>砖红壤>黄棕壤>黑钙土>碱土>黄土，这是由于母质的不同，造成吸附量的差异。其次，土壤质地也影响着土壤中砷的迁移转化，一般而言，随着土壤中黏粒含量的增加，砷被土壤固定的量显著增加。另外含 Fe、Al 较多的土壤对砷的吸附也较明显，Fe、Al 和 Mn 对砷的吸附能力比层状硅盐矿物强得多，吸附能力顺序为：合成氧化铝>合成氧化锰>$CaCO_3$>蒙脱土>高岭土>蛭石>青泥土。植物受害程度也与砷不同形态的溶解性密切相关，一般来说，易溶型砷(AE-As)>铝型砷(Al-As)>铁型砷(Fe-As)>钙型砷(Ca-As)>残渣型砷(O-As)。

2. 伴随离子对土壤中砷迁移的影响 砷在土壤中的吸附转化受无机离子的影响也很显著，会影响砷转化的无机离子主要有 Ca^{2+}、Na^+、Al^{3+} 等阳离子及 NO_3^-、Cl^-、SO_4^{2-}、PO_4^{3-} 等阴离子，其中以磷酸盐的研究最多。无机砷离子在土壤中被胶体吸附或者与铝、铁、钙等离子相结合形成难溶性的砷。磷与砷同属第 VA 族元素，两者在土壤中的化学行为十分相似，在土壤中形成的化合物也相似，与磷不同的是，砷能通过生物转化从土壤中挥发。Smith 等(1998)和 Liu 等(2001)的研究表明，磷酸盐的存在对土壤中砷吸附有负作用，它能置换土壤中吸附的砷。魏显有等(1999)的研究指出，土壤对磷的亲和力远大于对砷的亲和力，当二者浓度相当时，土壤主要吸附磷酸根，砷酸根被置换下来。而范稚莲等(2006)研究发现，褐土对砷的吸附能力高于对磷的吸附能力，土壤中含有一定量的砷可以提高土壤中磷的生物有效性。

3. 土壤Eh、pH值对砷迁移的影响 土壤pH值、Eh对土壤中砷的价态、形态都有重要影响。pH值升高土壤对砷的吸附量减少，液相中的砷会增加。Eh、pH值与砷溶解度之间的关系为Eh降低、pH值升高时砷的溶解度显著增加。在旱田及干土中，土壤的氧化还原电位较高，砷主要以+5价存在；在淹水条件下，尤其是在含有机质较多的沼泽地中，电极电位较低，砷酸可被还原为亚砷酸。此外，细菌、真菌和蓝藻等也会受到氧化还原条件的影响，种群发生变化进而造成砷形态的转化。和秋红等(2008)认为，在土壤氧化还原电位的影响下，砷的易溶和难溶化合物之间也会发生相互之间的溶解-沉淀。溶解-沉淀过程会使土壤中砷的化合物的溶解性、移动性、生物毒性和危害等发生变化，溶解使之变大，而沉淀过程使之降低。李月芬等(2012)对吉林省西部土壤中，土壤类型、有机质、pH值和阳离子交换量(CEC)等对砷形态的影响的研究表明，交换态砷和铁锰氧化物结合态砷会随着土壤pH值的增加而增加，而随着有机质含量的增加，铁锰氧化物结合态砷和残渣态砷的含量则会呈现下降趋势。

4. 土壤有机质含量对砷迁移的影响 有机质对土壤中砷的迁移转化的影响一直都是研究热点。土壤有机质是陆地生物圈的重要碳库，包括残存在土壤中的各种动植物及微生物体分解合成的各种有机物质。Cano-Aguilerra等(2005)的研究表明，溶解有机质(DOM)会影响砷的迁移转化过程，一方面会通过吸附竞争作用减少砷在土壤中的吸附，增加溶解态砷含量；另一方面也会与砷络合生成络合物。

四、生物中砷的循环

砷通过生物地球化学作用可使环境中的砷以多种途径进入动植物体并沿食物链或者食物网进行迁移累积，因此砷在生物界中广泛分布。多数陆生植物的干物中含砷量在1 mg/kg以下，而海藻中常远远超过1 mg/kg。淡水产动物和海产动物有同样的关系，前者砷含量多在1 mg/kg以下，后者砷含量一般较高。植物吸收砷与土壤砷总量之间的关系并不唯一，受土壤类型、砷的种类与形态的影响，植物对砷的吸收有相当大的差异。一般而言，水溶态砷、交换态砷等松散结合的砷其有效性较高，易被植物吸收，因而危害性较大；铁型砷(Fe-As)、闭蓄型砷(O-As)不易被生物吸收和进入水体，其危害性相对较低。

饮食是砷进入人体的主要途径。在不同的国家和地区，每天通过食物相吸收的总砷量为100～200 g，某些地区海洋食物中的总砷占食物相进入人体总砷的60%～90%。在人们常常食用的有鳍鱼类等海洋动物中，最常见的有机砷类物质为砷甜菜碱(AsB)。这是一种三甲基五价砷类有机物，但是其具有化学性质不活泼、无毒并且可以迅速排出等特点。除了AsB，在人们食用的鱼类等海洋动物中还有其他形态的砷，其中无机砷的比例较低，为总砷的1%～4%，有的长鳍鱼类和虾类无机砷的比例甚至低于0.1%；其他有机砷类物质包括简单的甲基砷如一甲基砷酸(MMAA)、二甲基砷酸(DMAA)、三甲基氧化砷(TMAO)，以及一些较复杂的有机砷类如AsB和砷糖等。Schoof等(1998)认为，除了海产品外，食用稻米也是食物相砷吸收的重要途径。水稻是全球50%以上人口的主要粮食作物，广泛种植于南亚、东南亚、欧洲南部、美国南部、中东及非洲地区。水稻比其他谷物类农作物更易将砷吸收至果实部位，且水稻果实中富集的砷以无机砷和DMA为主。所以与海洋食物相比，食用稻米是人类摄取无机砷的重要途径。Anderso等(2009)对四大洲的一些国家的市场和超市的稻米样品进行砷总量分析，结果显示埃及的稻米中砷浓度最低，约为0.05 mg/kg；法国的稻米中砷浓度最高，约为0.28 mg/kg。但是Zavala等(2008)认为在稻米中DMA的健康风险远小于无机砷，所以稻米中砷形态成为研究中关注的问题。

农业环境中重金属污染对植物的影响近年来已从大面积的调查转入较为深入细致的研究，特别是在土壤-水-植物-动物体系中的循环。人体通过稻米中砷污染所带来的砷暴露已经成为一个严重的全球性的环境问题。在我国，由于水稻田中砷污染造成稻米中砷污染的问题同样非常严重。Zhao等(2010)研究

表明，由于稻田土壤的生物地球化学特性及水稻对砷吸收和转运的能力较强，因此，水稻籽粒往往累积较多的砷，是其他禾谷类作物的10倍以上。食用水稻是无机砷最主要的食物暴露途径，稻米所含的砷经食物链的传递被人体摄入，可能会对人体造成一系列疾病。以下重点对水稻系统中砷的运移转化与循环研究进行介绍。

(一)稻田中砷循环的影响因素

土壤的氧化还原状态对水稻土砷的生物有效性具有重要影响作用。无机三价砷[As(Ⅲ)]是还原环境中砷的主要形态，而无机五价砷[As(Ⅴ)]是氧化环境中砷的主要形态。当土壤溶液的Eh降低到200 mV以下，溶液As(Ⅲ)的浓度迅速增加。另外，微生物对土壤铁矿物的还原溶解起了非常重要的作用。Macur等(2004)认为，土壤环境中具有氧化As(Ⅲ)或还原As(Ⅴ)能力的微生物细菌是共存的，且普遍存在。对水稻田进行排水晒田是水稻灌浆期的一个重要的农艺措施，该措施会使土壤二价铁(Fe^{2+})和无机三价砷发生氧化反应，迅速降低土壤溶液中As(Ⅲ)的含量，从而减少土壤As(Ⅲ)的生物有效性。

最初的研究认为植物本身具有砷甲基化的功能，产生多种有机砷形态。现在研究认为植物的甲基化不仅与水稻甲基化能力有关，同时依靠于土壤存在大量具有砷甲基化能力的厌氧和好氧微生物，微生物对砷的甲基化作用是经长期演化而形成的，是微生物应对环境中砷的重要解毒机制，在砷的地球化学循环中起到重要的作用。目前很多研究结果表明砷甲基转移酶(ArsM)在As(Ⅲ)的甲基化过程中起催化作用，如Meng等(2011)将ArsM基因转入水稻，结果表明转基因材料产生的挥发态甲基砷是非转基因材料的10倍多。砷的微生物甲基化在厌氧和好氧环境中均能发生，发生的主要场所是水体和土壤。Huang等(2011)认为，土壤砷的微生物甲基化及甲基砷的挥发受土壤环境因子的影响，包括土壤氧化还原电位、土壤含水量、土壤营养成分等。

(二)水稻对砷的吸收、转运、代谢及解毒

1. 植物对五价砷酸(盐)的吸收　五价砷是好氧环境中砷的主要形态。土壤固相中铁的氧化物、氢氧化物对五价砷的吸附能力较强，因此，一般情况下，土壤溶液五价砷的浓度较低。磷和砷为同族元素，磷酸盐与五价砷酸盐的化学性质有相似性。因此，在高等植物中，砷酸根和磷酸根共用相同的吸收转运蛋白。Abedin等(2002)研究及其他很多生理学试验表明，磷酸盐能非常有效地抑制五价砷的吸收，缺磷时会加速水稻对溶液五价砷的吸收。

2. 植物对三价砷的吸收　在持续淹水的还原环境中，三价砷是最主要的砷形态，稻田淹水环境能增加砷的移动性与生物有效性。与五价砷不同，亚砷酸(H_3AsO_3，pKa=9.2、12.1和13.4)在正常pH值<8条件下，大都是未解离的中性分子，植物主要通过吸收中性分子来实现对三价砷的吸收。与五价砷的吸收不同，三价砷的吸收并不受磷酸盐影响，可以通过根细胞膜上某些水通道被吸收。水稻之所以累积砷的能力较强，一方面是淹水后土壤中亚砷酸的活化，另一方面是亚砷酸通过水稻非常强的硅酸吸收途径进入细胞内。这是因为亚砷酸和硅酸有两个重要的相似特性，二者的解离常数较高，分别为9.2和9.3，二者的分子结构大小相似。

3. 植物对甲基砷的吸收　水稻稻草和籽粒中的甲基砷形态来源于土壤，土壤有机砷形态主要包括单甲基砷(MMA)和二甲基砷(DMA)。与无机砷相比，尽管水稻根系对有机砷的吸收效率低，但DMA从根部向地上部分的转运效率高，最终累积在籽粒中。

植物吸收重金属后，从根部将其排出是其解毒的有效方法之一。水稻根系向土壤分泌氧气，使根系周围的Fe^{2+}离子发生氧化，主要的影响是形成根际铁膜，铁膜的形成是水生植物应对淹水和其他环境胁迫的重要机制之一。

五、煤中砷的赋存状态与富集因素

由于煤炭是迄今乃至未来相当一段时期内最主要的能源消费形式，而砷作为煤中主要的微量元素，是环境砷污染的一个重要来源，其造成的环境健康危害越来越受到人们的重视。例如我国贵州、陕西等地就曾发生了由于当地居民在室内燃烧高砷煤用以做饭、取暖和烘烤食物而导致居民经口和呼吸道摄入大量砷造成的地方性砷中毒事件。以下着重就煤中砷的含量分布、赋存形式及富集因素分别进行阐述。

(一)世界和中国煤中砷的平均含量

砷是煤中主要的微量元素，也是造成环境与健康危害的主要元素。

不同学者给出的世界煤炭平均砷含量不尽相同，澳大利亚的 Swaine D. J.(1990)提出世界多数煤的砷含量在 0.5～80 mg/kg。美国地质调查所 Finkelman 等(1994)对美国 7 676 个煤炭样品的砷含量进行了分析，含量范围为低于检测下限到 2 200 mg/kg，算术平均值为 24.0 mg/kg，几何平均值为 6.5 mg/kg。Yudovich Ya. E. 在 2002 年将他早年给出的世界煤炭平均砷含量进行了修改，提出世界烟煤平均砷含量为(9.0±0.8)mg/kg，褐煤的平均砷含量为(7.4±1.4)mg/kg。

在对中国不同地区煤炭中砷含量研究的基础上，不少中国学者开始对中国煤炭的平均砷含量进行研究，1997 年王运泉在 89 个样品基础上给出中国煤炭含砷范围为 0.21～97.8 mg/kg。1998 年崔凤海在 1 018个样品分析结果的基础上给出中国煤炭含砷范围为低于检测下限到 476 mg/kg，算术平均值为 4.7 mg/kg。1999 年任德贻等在王运泉数据基础上，增加了贵州省黔西南地区的高砷、特高砷煤炭样品分析结果，给出了中国煤炭含砷量的算术平均值 276.61 mg/kg，几何平均值 4.26 mg/kg 的结果。样品数为 132，砷含量范围为 0.21～32 000 mg/kg。

自 1998 年起，中国科学院地球化学研究所按照每 4×10^6 t 煤炭产量(1996 年产量)采集煤炭样品一个的密度，对 292 个煤炭样品的砷含量进行了测定，砷含量范围为 0.01～49.1 mg/kg，算术平均含量为 4.07 mg/kg，标准差为 6.6 mg/kg。几何平均含量为 1.80 mg/kg，几何偏差为 4.03。含量的中位数为 1.96 mg/kg。鉴于这次样品的采集基本符合随机的原则，因此这批数据可以按照数理统计的方法进行处理。如果认为样品含量符合正态分布的话，这一结果意味着中国煤炭的算术平均含量有 95%的概率在 3.3～4.8 mg/kg，95%的煤炭含砷量在检测下限到 17 mg/kg。对数据的分布情况进行分析的结果表明，中国煤炭砷含量的分布符合对数正态分布，因此对这些数据按照对数正态分布处理方式得出的结果更接近实际情况。因此更科学的结论是中国煤炭的几何平均含量有 95%的概率在 1.5～2.1 mg/kg，95%的煤炭含砷量在 0.12～28 mg/kg。综合分析世界和中国煤炭平均砷含量的研究结果，认为世界和中国煤炭砷的平均含量算术平均值应当在 4～6 mg/kg，几何平均值在 2～3 mg/kg。

(二)煤中砷的赋存状态

煤中元素的赋存状态是指元素在煤中的结合形态，包括存在形式、化合方式和物理分布等，其研究方法主要有穆斯堡尔谱、X 射线精细结构谱、扫描电镜-能谱分析、逐级提取等多种现代检测技术和方法。

砷在煤中的赋存状态一般认为主要以类质同象形式存在于硫化物中，尤其是黄铁矿、毒砂中，也有少量存在于雌黄、雄黄中。诸多研究表明，煤中砷含量与其赋存状态密切相关。如 Finkelman(1981)认为在砷含量低于 5 mg/kg 时，砷主要与有机物结合；Palmer 和 Wandeless(1993)则认为当煤中砷含量较低时毒砂在煤中只占很小的比重，并有一部分砷可能以有机物的形式存在。Belkin 等(1997)发现黔西南高砷煤中含砷矿物有砷的硫化物(毒砂、黄铁矿和雌黄)、Fe-As 的氧化物和磷酸盐及同有机物联系密切的砷酸盐，但是在特高砷煤中没有发现独立的含砷矿物相；赵峰华等(1999)通过逐级化学提取研究发现，当砷含量低于 5.50 mg/kg 且灰分小于 30%时，砷赋存状态以有机态为主。赵峰华等(2003)在对大量文献进行

研究总结后，认为总体上煤中不同赋存状态砷所占比例范围及其平均含量大小顺序为：硫化物态砷（0～85%）为36%>有机态砷（0～100%）为26%>砷酸盐态砷（0～65%）为17%>硅酸盐态砷（0～90%）为16%>水溶态和可交换态砷（5%）。

此外，崔凤海等（1998）的统计分析认为，我国煤中砷的分布具有较强的成煤时代特征，在不同的地质时期生成的煤中砷含量具有较大的差异。中国不同成煤时代的煤中砷含量总体趋势为：三叠纪>第三纪>侏罗纪>石炭纪>二叠纪。

(三)煤中砷的富集因素

煤中微量元素的富集是一个长期而复杂的过程。从植物死亡到泥炭化、煤化作用及含煤盆地的后期改造往往受多种因素和多期作用控制，这些因素既包括陆源区母岩的性质、同沉积时期的环境、成煤植物类型，还与成煤盆地构造运动过程中的岩浆和热液活动，以及气候、地下水等活动有关，刘桂建等（2001a）按其阶段性可将这些因素划分为原生、次生和后生三种类型，但每一阶段又有其主要控制因素，任德贻等（1999）认为煤中砷的富集正是多种因素叠加的结果。郑刘根等（2006）根据对安徽两淮煤田、山东及云南部分煤田中砷的成因分析，在前人对砷的富集分析结论的基础上，总结了中国煤中砷富集的主导和常见影响因素，主要有以下几种成因类型。

1. 陆源母岩富集型 陆源区母岩是煤中微量元素最重要和最持续的供给者，母岩的性质决定了成煤盆地充填物的矿物成分和化学成分及成煤盆地水介质的化学性质。母岩类型的不同，其所含元素的组成和丰度有很大的差异，这种差异势必影响煤层沉积背景。刘桂建等（1999b）研究山东矿区煤中砷的分布时发现，由于该区物源主要以花岗岩、花岗片麻岩等中、酸性岩为主，只有少量的变质岩类和沉积岩类，这些母岩主要来自胶东古隆作用，区内元素的矩阵分析显示，砷、镓、锗的化学性质稳定，主要来自沉积物。李大华等（2002）在研究云南马关盆地第三纪煤层煤中的砷的富集时发现，盆地东北端砷含量普遍高于南西方向，主要是盆地东北外围与燕山期花岗岩侵入体有关的高温热液型硫砷矿床的存在，以及区域砷元素的背景值高于克拉克值20倍以上的缘故。

2. 成煤植物富集型 成煤植物是煤炭形成的物质基础，它对煤中微量元素富集的影响体现在生物的新陈代谢过程中，此时不同的成煤植物和同种成煤植物的不同器官对微量元素吸附的程度存在差异，而且不同生物体死亡后形成的有机质对元素的吸附和络合能力不同，这些过程必然影响煤中微量元素富集的程度。一般来说，As在低等生物、藻类和草本植物中的含量高于高等植物中的含量，因此藻类形成或参与形成的煤（腐殖腐泥煤、腐泥煤）中As的含量比高等植物形成的煤（腐殖煤）中含量高。如山西晋城15号煤层上部分为腐殖腐泥煤，煤中含藻类体8.4%，腐殖腐泥基质83.6%，As的浓度是同一煤层镜质组中该元素浓度的130倍，显然与藻体富集As的能力有关。从西南地区的成煤植物来看，早古生代石煤的成煤植物为海洋低等生物藻类，而晚二叠世和晚三叠世煤的成煤植物为陆生高等植物大羽羊齿植物群和蕨类植物群，导致该地区早古生代石煤中As的含量比晚二叠世和晚三叠世煤中的高。

3. 沉积环境富集型 沉积环境是影响煤中微量元素差异的主要因素，不同的成煤沉积环境中水介质化学条件不同，造成砷在煤中的富集程度不同。刘桂建等（2001a）、Liu等（2004a，2004b）的研究发现，兖州矿区太原组上部泻湖相沉积形成的6号煤层中As的含量高于河流环境为主沉积形成的3煤层，陈萍等（2002）对华北地区不同层位的煤中的砷进行过对比，结果是滨海沼泽环境下形成的太原组煤层中砷的平均值为6.68 μg/g（44个样品），而以陆相沉积为主的山西组和下石盒子组、上石盒子组煤中的砷分别为1.82 μg/g（19个样品）、2.19 μg/g（16个样品）和1.10 μg/g（10个样品），研究者认为太原组煤中砷高主要是由于当时的成煤环境受海水影响，泥炭沼泽呈强还原环境，海水中所携带的大量硫酸根被还原成硫化氢，与铁结合形成黄铁矿，砷因易于形成硫化物而取代铁而赋存在黄铁矿中。卢新卫等（2003）对陕西渭

北聚煤区内的太原组和山西组煤中的砷的研究结果也说明了沉积环境对煤中砷富集的影响，石炭纪太原组煤属海陆交互含煤岩系，而山西组成煤沼泽为河沼相或湖沼相，属陆相煤系，其结果是太原组煤中的砷含量明显高于二叠纪山西组。

4. 构造裂隙-热液作用富集型 煤中影响砷富集的后生因素中最重要的是构造裂隙中的热液作用。构造的演化控制着含煤岩系的构造变形和含煤盆地的变化，构造活动中，一方面构造尤其是断裂构造形成的裂隙是地下水向煤层运动的良好通道，中、低温热液中富含的砷等微量元素沿构造活动带运移进入煤层或长期与煤层接触，在与煤层发生交换的同时，热液中含有的微生物也会使砷与煤层中的物质发生生物化学作用，导致砷在煤中丰度的变化；另一方面，高温热液中的挥发分及被其活化的砷等挥发性元素也将随着热液的侵入进入煤层，从而造成砷在煤中出现富集或异常。对淮北和黄河北部煤田的研究发现，淮北煤田二叠纪下石盒子组5煤层和黄河北部煤田太原组11、13煤层有较明显的火成岩侵入，导致这些煤层中砷、锰等微量元素的含量明显高于其他未受影响的煤层。Zhou等(1992)对比研究了云南三江断裂带附近及与其相距较近的第三纪褐煤盆地煤中砷的含量，发现砷的富集与三江断裂带密切相关。西南地区高砷煤是众多研究者关注的热点，聂爱国(1999,2004)、Ding等(2001)、陈萍等(2002a)、李大华等(2002)对该区煤中砷的成因研究认为，沉积后期构造运动引起的热液矿化作用叠加可能是该区煤中砷富集和异常的主要原因。

第四节 砷污染健康危害高风险区域

人类砷暴露途径主要包括空气、食物和水。砷对人类的影响程度取决于当地的实际情况，但是在砷威胁人类的潜在来源中，高砷饮用水仍是人类健康的最大威胁，在世界许多地方也已发现含砷饮用水对人体健康具有直接的危害。一个地区的饮用水可通过地面水、雨水和地下水几种途径获得，这些水源中砷浓度变化较大，其范围相差可达几个数量级。除局部人为污染来源外，最高的水砷浓度往往出现在地下水中，这是由于天然水和岩石的相互作用及含水层中高的固液比值所导致的，因此高砷地下水对人类健康造成最大威胁，砷污染健康的高风险区域主要分布在这样一些区域。尽管工业砷污染的案例(包括来自农业的污染)也有报道，其在局部地区也很严重，但相对少见，并且通常是可以预测的。

调查显示，全世界许多地方的主要地下含水层都有严重的砷问题(浓度超过50 μg/L)。这些含水层的水文地质和地球化学条件各不相同，但具有一些明显的共性。研究发现，如下情况的含水层具有很大的聚砷可能性：①冲积平原和三角洲。②干旱和半干旱地区的大型内陆盆地。③地热活动强烈地区。④硫化物矿床发育的地区。以下就根据其环境条件对这些高砷高风险的典型区域特征分别进行阐述。

一、冲积平原和三角洲

这类地区主要出现在孟加拉、西孟加拉邦(印度)、尼泊尔、中国、匈牙利、罗马尼亚和越南等在内的国家和地区。

(一)孟加拉国和印度(西孟加拉邦)

孟加拉国和印度孟加拉邦的高砷地下水主要分布在布拉马普特拉河、梅克纳河、恒河形成的全新世冲积含水层和三角洲含水层中。观察到的砷浓度从小于0.5 μg/L到大约3 200 μg/L。Chakraborti(2001)报道，在西孟加拉的90 000份水样分析中，大约34%的砷含量超过50 μg/L，55%的水样含砷超过10 μg/L的世界卫生组织指导标准。就高砷暴露人群而言，孟加拉国和西孟加拉邦的高砷地下水问题是世界上最严重的地区，Smedley & Kinniburgh(2002)认为，孟加拉国约有3 500万人，西孟加拉邦约有600

万人受到砷含量超过 50 μg/L 的饮用水中的危害风险。

目前,已经确认慢性暴露于饮水中的砷引起的健康问题主要是皮肤症状,包括显著的皮肤色素沉着(黑素沉着病)和角化症及皮肤癌。在西孟加拉邦,已经确认大约 5 000 名因砷引起健康问题的患者,Smith 等(2000)估计砷中毒的患者超过 20 万人。在孟加拉,已经确认的砷中毒患者约为 14 000 人,尚未被确认的患者数和处于潜伏期的人数可能大大超过此数。

孟加拉盆地的地下水砷问题发生在年轻的(主要是全新世的)浅层含水层中(深度小于 150 m),这些冲积平原和三角洲沉积的上游是由粗碎屑的砂和砾石形成的冲积扇。在盆地的中部,河曲带由堤坝、河漫滩沼泽、牛轭湖和废弃河道沉积组成。在三角洲的下游,沼泽和潮坪沉积主要由细粒淤泥和黏土组成,但也包括一些砂质层。古河道沉积物主要由砂和砾石组成,通常形成很好的含水层。尽管在沉积序列中,向上颗粒粒度变细是普遍现象,但无论是在横向还是纵向上,沉积物都是差异极大的。沉积物包括一些同沉积的有机质和局部的泥炭层。Chakraborti 等(2001)研究发现,孟加拉盆地的下游有一层普遍发育的厚度可变的细粒河漫滩淤泥和黏土 10~80 m,这在很大程度上制约着氧向深层含水层的扩散,连同有机质的存在共同导致盆地下游沉积物中广泛的还原条件。

关于孟加拉的地下水中砷的起源一直存在争论,但近年来普遍认为砷是自然来源的。在含水层普遍存在的强还原性可能是控制砷活化迁移的重要因素。Smedley & Kinniburgh(2002)等认为,高砷地下水的形成可能是因氧化还原条件改变而发生的一些复杂过程共同作用的结果,这一改变是冲积的和三角洲的沉积物被快速掩埋带来的,这些改变包括固相的砷被还原为三价砷、砷从铁氧化物上的解吸和氧化物本身的还原与溶解,这些过程也是在还原条件开始后,在铁氧化物结构和表面性质方面发生的成岩改变。这些过程也包括溶解态的砷与其他成分如磷酸盐、重碳酸盐之间存在吸附竞争作用等。

(二)中国

1. 中国北部 在中国北部一些地区,包括新疆、山西、吉林、辽宁及内蒙古也存在高砷地下水引起的健康问题。王连方等(1994)报道在天山以北的准噶尔盆地,深层自流井水的砷浓度范围在 40~750 μg/L,井深最深达到 660 m。该盆地至少自中生代以来就是一个下沉的区域,由连续的厚达 10 km 的沉积物组成,其中包括坚固连续的上部第四纪沉积物。高砷区西起艾比湖,东到玛纳斯河(约 250 km)。自流井水中砷的浓度随深度增加而升高,浅井(非自流井)地下水砷的浓度从小于 10 μg/L(检测限)到68 μg/L。

在山西省大同和晋中盆地,随机采集的 2 373 个地下水样品中,发现 35%的样品砷含量超过 50 μg/L(Sun 等,2001)。山西省受影响最严重的地区山阴县,砷浓度最高达到 4.4 mg/L。内蒙古河套平原的地下水也有很高浓度的砷。Guo 等(2001)发现砷浓度最高达 1 350 μg/L,并观察到地下水中的砷在机井中(深度 15~30 m)浓度高于一般敞口手挖井(深度 3~5 m)。Tian 等(2001)也报道了内蒙古西部巴盟地区地下水中砷浓度在 50~1 800 μg/L。

内蒙古土默特川的呼和浩特盆地,地下水砷问题主要源于全新世冲积物和湖积物含水层。与孟加拉盆地的情况相同,高砷水也出现在强还原性条件下并且最严重的是在盆地的最低洼部分(Smedley 等,2003)。还原性高砷地下水含有特征性的较高浓度的水溶性铁、锰、重碳酸根、氨和低浓度的硝酸盐和硫酸盐(Luo 等,1997;Smedley 等,2003)。砷浓度高达 1 500 μg/L 的水样中,有相当比例(大于 60%)的砷是三价砷。在中国受到高浓度砷地下水影响的地区已导致慢性砷中毒的流行,其中,对新疆和内蒙古的调查最为系统和有代表性。最突出的问题包括皮肤沉着、角化等症状。在内蒙古受影响的地区,包括肺、皮肤、膀胱的癌症在内的其他健康问题已被 Luo 等(1997)确认和记录。

2. 中国台湾地区 中国台湾地区地下水中的砷问题是在 20 世纪 60 年代被确认的,该区广为流行的

乌脚病(一种类似坏疽的周围血管疾病)被认为最有可能与该区高浓度含砷地下水的饮用有关,虽然该地区的地下水中高含量腐殖酸也被指为是可能的致病因素。该区高砷地下水主要出现在台湾岛的西南和东北部。

调查显示,台湾西南部地下水样品中砷含量范围在 10～1 800 μg/L,大量样品超过 400 μg/L。在台湾东北部,一些地下水中砷的含量超过 600 μg/L,最近 Hsu 等(1997)调查的 377 个地下水样品砷的平均含量为 135 μg/L。

据 Tseng 等(1968)的研究,在台湾西南地区,高砷浓度水主要出现在 100～280 m 的深层自流井的地下水中。高砷水来自包括细沙、泥和黑色页岩的沉积物。台湾东北地区地下水也是自流井水,但深度较浅(一般 16～40 m),砷浓度很低。Chen 等(1994)的研究发现,每个地区的地下水都是强还原性的,大量的一、三价状态砷存在的观测结果也支持这一观点。但有关台湾地下水矿物来源的地球化学机制尚无定论,还在深入研究中。

(三)其他国家或地区

近来在其他地区如缅甸、巴基斯坦和柬埔寨的地下水水质调查中也发现了一些水井中砷含量超过 50 μg/L。不过,在这些地区,针对含水层的研究文献还很有限。对其他大型三角洲例如埃及尼罗河、泰国湄南河、尼日利亚尼日尔等国家或地区,即使他们有很多地质特征与高砷的三角洲相似,但迄今了解不多,可能是潜在的高砷地下水高风险地区。

二、干旱半干旱地区的内陆盆地

该类型高砷地下水问题主要出现在墨西哥、智利、阿根廷、美国西南等地区。

(一)墨西哥

墨西哥中北部的 Comarca Lagunera 地区存在高砷地下水砷而导致的慢性疾病问题。该区气候干旱,地下水是重要的饮用水源。地下水大多呈氧化性,具有中到较高的 pH 值。DeL Razo 等(1990)调查发现该区地下水的 pH 值范围在 6.3～8.9,砷浓度范围为 8～624 μg/L(平均 100 μg/L,n=128),有一半的样品砷浓度大于 50 μg/L,大多数(90%)地下水样品中的砷以五价砷为主。Comarca Lagunera 地区是一个封闭的盆地,砷含量最高的地区处在盆地低洼地区,圣安娜镇饮用水中砷平均浓度为 404 μg/L。在该区估计大约 40 万人口饮用水中砷超过 50 μg/L。地下水也含有高浓度的氟化物(达到 3.7 mg/L,Cebrián 等,1994)。在墨西哥西北部索诺拉州也被证实地下水存在高浓度砷,Wyatt 等(1998)报告砷的浓度范围为 2～305 μg/L(n=76),砷浓度与氟的浓度间为正相关关系,氟的浓度最高达 7.4 mg/L,显著高于世界卫生组织建议的饮水中氟化物的允许值 1.5 mg/L。

(二)智利

1962 年,饮水砷引起的健康问题首次在智利北部发现。典型症状包括皮肤色素沉着、角化症、鳞状细胞癌(皮肤癌)、心血管和呼吸系统的疾病。最近,还认为慢性砷摄入与肺癌和膀胱癌等也有关系。据 Smith 等(1998)估计,1989—1993 年安托法加斯塔死亡的人中 7%左右是由于过去饮用水中砷的浓度在 500 μg/L 的水平,由于 1955 年至 1970 年间砷暴露的问题最为突出,显示砷暴露导致的癌症死亡有较长的潜伏期。其他还包括抵抗病毒感染的免疫力下降和嘴唇疱疹等症状。

据报道,在智利北部的安托法加斯塔、卡拉马和托科皮亚城市的地面水和地下水砷含量都高。这片地区气候干燥,是阿塔卡马沙漠的一部分,水资源有限,水具有高盐度并且含有高浓度的硼和锂。高蒸发量是其形成的部分原因,但也受到来自 El Tatio 地区的地热侵入的影响。Karcher 等(1999)发现最高砷浓度达到 21 000 μg/L,未经处理的地面水和地下水中砷的浓度在 100～1 000 μg/L,平均为 440 μg/L。

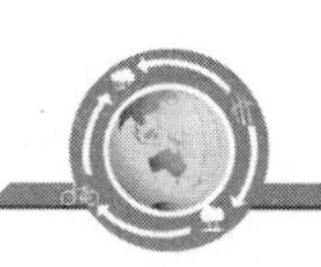

智利受影响的地下水一般呈氧化态，砷在水中以砷酸盐的形式存在。然而，对智利含水层的地球化学的了解却依然很少，含水层是由火山岩和沉淀物组成的，但砷的来源尚不清楚。在安托法加斯塔的沉积物中砷浓度约为 3.2 mg/kg。Rio Loa 及其支流里沉积物中砷浓度更高（26～2 000 mg/kg），这是由于来自河流系统的地热输入的结果。

（三）阿根廷

阿根廷中部的查科-潘帕斯草原是已知最大的高砷地下水地区之一，面积约 10×10^5 km²。研究发现地下水中含有高浓度砷的地区有科尔多瓦、拉潘帕、圣菲、布宜诺斯艾利斯、图库曼等省。在这些地区的慢性砷中毒典型症状包括皮肤损害和一些内脏癌症。高砷地下水主要来自含有混合流纹岩质或英安岩质的火山灰的第四纪黄土沉积（主要是粉砂）。

Nicolli 等（1989）发现在科尔多瓦地下水砷浓度范围在 6～11 500 μg/L（平均 255 μg/L）。Smedley 等（2002）发现在拉潘帕省地下水砷浓度范围在 4～5 280 μg/L（平均 145 μg/L）。Nicolli 等（2001）发现图库曼省地下水砷浓度在 12～1 660 μg/L（平均 46 μg/L）。该区地下水的矿化度较高并呈氧化状态，水溶性铁和锰含量较低，砷主要表现为五价。在干旱条件下，硅酸盐和碳酸盐的风化是明显的，地下水的 pH 值较高。据 Smedley 等（2002）研究发现，沉积物中的金属氧化物（尤其是铁和锰的氧化物）是溶解砷的主要来源，因为吸附的砷在 pH 值高的条件下易于脱吸并被活化。在地下水中砷和 pH 值间存在正相关关系，砷也与其他阴阳离子元素间具有显著的相关性。Nicolli 等（1989）认为火山玻璃的分解也可能是水溶态砷的一个潜在的来源。

（四）美国西南地区

美国许多地方已发现地下水的砷问题。受影响最严重的地区在美国西南的内华达州、加州和亚利桑那州。缅因、密歇根、明尼苏达、南达科他、俄克拉荷马、威斯康星等州也在近年发现了砷浓度超过10 μg/L的含水层，在其他许多州，也有较小范围的高砷地下水被发现。近来由于美国环保署降低了饮用水中砷含量的最高允许浓度，因此进行了更多的水分析工作，调查表明砷在地下水中广泛分布，但是相对只有很少的水源砷浓度大于 50 μg/L。综合分析美国各地的 17 000 份水样分析结果，有 40%的水样含砷超过 1 μg/L，5%左右超过 20 μg/L。砷似乎有多种来源，包括自然溶解、脱吸反应、地热水、采矿活动等。在不同的地区，在自然环境中还原和氧化条件的地下水中都有砷的自然存在。在更干旱的地区，蒸发是一个重要的导致砷聚集的原因。

Fontaine（1994）报道，在内华达州至少有 1 000 口私人井砷含量超过 50 μg/L。Welch 和 Lico（1998）也报告卡森沙漠南部浅层地下水中砷浓度经常超过 100 μg/L 甚至达到 2 600 μg/L。这些高砷水大多处在还原条件下。地下水的 pH 值偏高（大于 8）、有高浓度磷（当地大于 4 mg/L）和高浓度铀（大于 100 μg/L）。高浓度砷和铀被认为是由于地下水蒸发过程、金属氧化物的氧化还原反应和解吸过程共同作用的结果。

在加州圣华金河流域的 Tulare 盆地也存在高浓度的砷。Fujii 和 Swain（1995）发现砷浓度范围<1～2 600 μg/L。含水层的氧化还原条件是不同的，高砷浓度在氧化和还原条件下都有发现。地下水中三价砷的比例随井深度增加而增加。盆地的地下水受强烈蒸发作用的影响导致高含量的总溶解固型物。许多地下水含有高浓度的硒（高达 1 000 μg/L）、铀（可达 5 400 μg/L）、硼（可达 73 000 μg/L）和钼（可达15 000 μg/L）。

Robertson（1989）指出在“大盆地”地区内亚利桑那州的冲积物含水层中，高浓度砷往往发生在氧化条件下。地下水中溶解氧的含量范围在 3～7 mg/L。对砷形类的有限分析结果表明，砷以五价为主。溶解砷的含量与 pH 值、V、Mo、Se 及 F 的含量呈正相关关系。地下水中 pH 值被发现处在 6.9～9.3。这些阴离子和氧化物之间的关系与其他高 pH 值条件下氧化环境如阿根廷的情况是类似的。值得注意的是，

相关的微量元素含量比阿根廷的一些地区低得多。在“大盆地”地区含水层的砷含量范围在 2～88 mg/kg。尽管地下水封存了很长的时间(达到 10 000 年),但在含水层深度达到 600 m 这一显著深度的地方仍然保持氧化条件(仍有溶解氧存在)。高浓度的砷(以及其他氧离子)是“大盆地”地区封闭盆地的特征。

三、地热资源区

很久以来,地热流体中的高砷浓度的普遍存在就已经被意识到了。在美国、日本、新西兰、智利、阿根廷、堪察加半岛、法国及多米尼加及中国等国家和地区,关于地热区的高浓度砷问题均有记载。位于美国怀俄明州、爱达荷州和蒙大拿州之间的黄石公园是全球最大的地热系统之一。在该地区的温泉和间歇泉中发现最高砷浓度达到 7 800 μg/L。地热流体的注入使麦迪逊河水砷浓度增高(达到 370 μg/L)。其他的关于地热砷的报道有美国加州的 Honey 湖盆地(砷达到 2 600 μg/L)、Coso 温泉(高达 7 500 μg/L)、Imperial 山谷(达到 15 000 μg/L)、Long 山谷(高至 2 500 μg/L)、拉森(Lassen)火山国家公园(高达 27 000 μg/L)、内华达州的 Steamboat 温泉(高达 2 700 μg/L)、阿拉斯加 Umnak 岛的 Bight 间歇泉(达到 3 800 μg/L)。为洛杉矶市提供水源的输水渠道中相对较高的砷浓度(20 μg/L)被认为来自加州 Long 谷地热流体的输入。地热流体的进入也导致了加州莫诺湖中砷浓度的增高(达 20 μg/L)。

在新西兰,Webster & Nordstrom(2003)已发现地热水中砷含量高达 9 000 μg/L。接受了 Wairakei, Ohaaki, Orakeikorako, Atiamuri 地热田的地热水的河水和湖水砷浓度达到 121 μg/L。地热流体输入的下游地区砷的浓度显著降低。

在智利安托法加斯塔地区,Ellis & Mahon(1997)发现来自 El Tatio 地热系统的地热水的砷浓度范围在 45 000～50 000 μg/L。地热区处在安第斯山和 Serrania de Tucle 山的火山之间。Romero 等(2003)发现 Rio Loa 水域及其支流由于 El Tatio 地热系统热流的加入,砷含量的范围在 120～10 000 μg/L 。

White 等(1963)发现在堪察加半岛地热水的砷浓度在 100～5 900 μg/L。Yokoyama 等(1993)在日本九州的 5 个地热地区采集的 26 个地热水样砷的浓度范围在 500～4 600 μg/L。

冰岛地热水的砷浓度比起一般的地下水普遍要高(范围在 50～120 μg/L),但远远低于上述的其他地热系统。这可能因为冰岛火山地区地热流体主要与来自大洋地幔的以玄武岩组分为主的岩浆有关,所以砷的浓度偏低。典型高砷地热流体与在大陆环境的酸性火山系统相联系。在这种情况下,高浓度砷可能来自地热流体与大陆壳的相互作用,特别是在与泥质沉积物相互作用时,砷被首先分离出来。在以玄武岩为主要组分的其他火山地区的地热系统中——不论是在大陆还是在大洋(例如夏威夷、东非大裂谷)中,还都没有出现高浓度砷的记载。

在温泉中氯化物和砷通常呈正相关关系。Welch(1988)注意到在美国地热水中盐度与砷之间的关系。Wilkie 和 Hering(1998)也注意到在加州 Long 河谷砷富集的地热水中存在高浓度的氯(和硼)。在日本九州地区地热水中的高砷水与智利的 El Tatio 地热系统同样都是典型的氯化钠型水(Yokoyama 等 1993)。Webster 和 Nordstrom(2003)指出在氯化物和砷之间的这种联系是因为这些元素在地下沸腾和固液相分离时相类似的行为,它们都优先进入液相。

在中国西藏雅鲁藏布江上游和狮泉河流域及云南腾冲地区,由于地热资源丰富,也都存在地热原因引起的高砷地表水和地下水污染问题。例如,西藏阿里地区的狮泉河水受地热水补给影响,河水砷含量最高可达 252 μg/L,雅鲁藏布江上游水砷可达 87 μg/L。

四、硫化物矿床和与矿山相关区域

由于硫化物矿物含有高浓度的砷,矿化地区与砷问题的关系早已发现。硫化物矿物,特别是通过矿

业活动可能导致大量的砷和一些过渡金属和重金属的释放。黄铁矿被氧化产生可溶的硫酸亚铁的反应可以描述为：

$$FeS_2 + 7/2\ O_2 \longrightarrow Fe^{2+} + 2SO_4^{2-} + 2H^+$$

类似的毒砂的氧化可描述为：

$$4FeAsS + 13O_2 + 6H_2O \longrightarrow 4Fe^{2+} + 4AsO_4^{3-} + 4SO_4^{2-} + 12H^+$$

铁氧化产硫酸杆菌、硫氧化产硫酸杆菌和铁氧化细螺菌属细菌可以显著催化促进硫化物和砷化物的氧化反应。所有这些矿物的氧化反应，除了使铁、硫酸、砷进入溶液外还产生了酸，从而使得铁和许多痕量金属元素能保持在溶液中。因此，受到硫化物氧化影响的水中这些成分普遍含量很高(铁和硫酸盐典型浓度在每升数十到数千毫克)，并且许多含有酸性成分(pH 值小于 6)。Nordstrom & Alpers(1999)在加利福尼亚州铁山的一个矿山水坑中发现的砷含量高达 850 000 μg/L。PlumLee 等(1999)也报道美国各地矿山废水中砷的浓度范围在 1～340 000 μg/L 。

虽然受到硫化物氧化作用影响的水中铁的浓度一般很高，但在氧化条件下，铁因氧化和水解作用很快被沉淀为三价铁的氧化物，从溶液中去除。同样，痕量元素也会被铁氧化物共沉淀或被其吸附。在碳酸盐矿物存在的情况下，水的酸性为碳酸盐所中和，因此，许多矿井水 pH 值接近中性，并且铁和砷浓度相对较低。氧化铁对砷的巨大吸附能力意味着高的水砷浓度通常局限在氧化作用发生的地区周围有限的区域，通常局限在几公里或更近的范围内。尽管如此，土壤、沉积物、植被中的砷污染物在矿区和矿化地区仍是实际存在的。许多已证明的矿山污染案例记载了在土壤、溪流沉积物和尾矿中极高的砷和其他痕量元素的浓度。

虽然大量硫化物的氧化造成环境破坏，但其对人类健康的后果往往是间接的，这是由于被矿山影响的水并不作为生活用水来源。但是，还是有几个在局部地区引发健康问题的例外事故。因采矿相关活动而引起的最坏的砷中毒情况在泰国南部那空贪玛叻(Nakhon Sithammarat)省的 Ron Phibun 区已被证实。这个采矿区位于东南亚锡矿带上，并已开采了好几代。1987 年首次确认在那里与砷有关的健康问题。20 世纪 90 年代后期，大约 1 000 人被诊断有皮肤症状，邻近 Ron Phibun 镇的区域问题尤为严重。在采矿过程中被广泛开挖的第四纪冲积物中的浅层地下水，砷的浓度高达 5 000 μg/L。在老的石灰岩层的深层地下水含水层中受污染程度明显降低，虽然有少数含有高浓度的砷，但大概也是因为矿山开采的缘故。砷的活化与毒砂的氧化相关，这个过程因前期锡矿的开采活动而加剧。最近 Williams(1997)发现开采后地下水中砷的浓度出现反弹。

加纳金矿区砷对自然环境的破坏已被证实，但目前对人体健康造成危害的证据还不多。加纳中部地区的 Ashanti 金矿一直在开采，这里金与硫化矿化过程特别是与毒砂关系密切。作为毒砂氧化过程的结果，砷被活化，这一过程在某种程度上是矿业活动的结果。Obuasi 镇周围，在矿山和处理厂附近的土壤中发现高浓度的砷，还发现接近采矿活动的河水中也存在高浓度的砷。

尽管受污染的土壤和靠近矿山的基岩存在高浓度砷，但 Smedley 等(1996)发现，Obuasi 地区的许多地下水中砷的浓度较低，平均值为 2 μg/L。一些高浓度的观测值(最高达 64 μg/L)一般不是在矿山附近，也与采矿活动没有直接关系。更确切地说，较高的砷浓度存在于相对还原性的地下水中。氧化性的地下水，特别是来自手工挖掘的浅井中的地下水中砷的浓度很低。这是在酸性占优势的地下水条件下，含水的铁氧化物对砷的强烈吸附作用的结果(浅井水 pH 值的中位数为 5.4)。

在美国的一些地区采矿活动引起的砷污染已被确认，Welch 等(1988，1999，2000)对此进行了总结。一些地方已报道当地地下水有非常高的砷浓度(最高达 48 000 μg/L)。已被确切证实的案例有阿拉斯加的费尔班克斯金矿区、爱达荷州的 Coeur d' Alène 铅锌银矿区和邦克山矿区、加州的 Leviathan 矿区和 Mother Lode 矿区、内华达州的 Kelly Creek 流域、蒙大拿州的 Clark Fork 河地区和南达科他州的 Oahe

湖地区。

由于采矿活动加剧了局部地区矿化对砷分布的影响，因此还有许多地方的水、土壤、沉积物中的砷浓度都高于平均砷浓度。有记录的地区包括墨西哥的 Zimapán 山谷、墨西哥的下加利福尼亚(Baja California)、希腊的 Lavrion 地区、巴西米纳斯吉拉斯州(Minas Gerais)(译注：巴西主要矿产储藏与生产地区，在巴西东南部)的 Iron Quadrangle、奥地利的 Styria 地区、波兰西南的 Zloty Stok 地区、英格兰西南地区、津巴布韦东部、韩国、马来西亚的 Sarawak 地区等。毫无疑问，许多未被记载的开采区也存在砷问题。

在世界上部分存在矿化但并未开采的地区，也发现了水溶性砷浓度升高的问题。在美国威斯康星州，出现砷和其他痕量元素的问题是由于该地区区域性的奥陶系砂岩含水层中不连续的次生胶结层中硫化物矿物(黄铁矿和白铁矿)的氧化。在那里发现井水中砷的含量最高达到 12 000 μg/L。自 20 世纪 50 年代起，由于提取地下水导致地下水承压面以每年 0.6 m 的速率下降，这进一步导致部分含水层的脱水和氧化作用的增强。在地下水承压面与硫化物胶结层相交或接近的部位观察到高浓度的砷。

Boyle 等(1998)记录了在加拿大不列颠哥伦比亚省 Bowen 岛上，一个硫化物矿化地区的地下水砷浓度高达 580 μg/L。Heinrichs 和 Udluft(1999)在巴伐利亚北部上三叠系 Keuper 砂岩地区发现许多地下水中含有高浓度的砷。在 500 口井中，有 160 口井的砷浓度范围在 10～150 μg/L。含水层中矿化的情况还不能确定。至今未经确认的矿化地区可能非常广泛，但看来还是仅限于局部区域。

我国硫化物矿床资源丰富，因此同样存在许多与硫化物矿床开采相关的砷污染地区。例如湖南省石门县就由于长期开采雄黄，冶炼砒霜，导致对周边环境非常严重的砷污染。中科院地理资源所 2012 年的调查结果显示，雄黄矿及其周边土壤砷超标率达到 66.1%，其中 17.9%调查样点砷属于重度污染，8.7%和 13.2%的样点砷含量属于中度、轻度污染。石门雄黄矿区及其周边蔬菜超标率高达 40.43%，地表径流 As 超标率为 35.09%。

此外，在贵州黔西南和陕西南部还存在由于开采使用高砷煤等因素导致的燃煤污染型地方性砷中毒。燃煤污染型地方性砷中毒是我国特有的一种地方性砷中毒，主要分布在贵州省四个县(织金、兴仁、兴义、安龙)和陕西省五个县(平利、镇坪、岚皋、紫阳和镇巴)，其中以贵州最为严重。

(李社红　薛利利)

参考文献

[1] Abedin M J, Meharg A A. Relative toxicity of arsenite and arsenate on germination and early seedling growth of rice (Oryza sativa L.)[J]. Plant Soil, 2002, 243(1): 57-66.

[2] Anderson C R, Cook, G M. Isolation and characterization of arsenate-reducing bacteria from sites in New Zealand[J]. Current Microbiology, 2004, 48: 341-347.

[3] Cano-Aguilera I, Haque N, Morrison G M, et al. Use of hydride generation-atomic absorption spectrometry to determine the effects of hard ions, iron salts and humic substances on arsenic sorption to sorghum biomass [J]. Microchemical Journal, 2005, 81(1): 57-60.

[4] Chakraborti D, Basu G K, Bisw as B K, et al. Characterization of arsenate bearing sediments in Gangetic delta of West Bengal India, in: Chappell WR, Abernathv CO, Calderon RL(Eds.). Arsenate, Exposure and Health Effects [M]. New York. Oxford, Tokyo: Elsevier, Amsterdam, Lausanne, 2001, 27-52. 68.

[5] Cullen W R, Reimer K J. Arsenic speciation in the environment [J]. Chemical reviews, 1989, 89(4): 713-764.

[6] Finkelman R B. Modes of occurrence of potentially hazardous elements in coal: levels of confidence [J]. Fuel Processing Technology, 1994, 39(1-3): 21-34.

[7] Guo H, Yang S, Tang X, et al. Groundwater geochemistry and its implications for arsenic mobilization in shallow aqui-

fers of the Hetao Basin, Inner Mongolia [J]. Science of the Total Environment, 2008, 393(1): 131-144.

[8] Harvey C F, Swartz C H, Badruzzaman A B M, et al. Arsenic mobility and groundwater extraction in Bangladesh[J]. Science, 2002, 298(5598): 1602-1606.

[9] Huang J H, Hu K N, Decker B. Organic arsenic in the soil environment: speciation, occurrence, transformation, and adsorption behavior [J]. Water, Air, & Soil Pollution, 2011, 219(1-4): 401-415.

[10] Huggins F E, Shah N, Zhao J, et al. Nonde structive Determintion of Trace Elements Speciation in Coal and Coal Ash by XAFS Spectroscopy [J]. Energy Fuels, 2002, 7(4): 482-489.

[11] Li S, Wang M, Yang Q, et al. Enrichment of arsenic in surface water, stream sediments and soils in Tibet [J]. Journal of Geochemical Exploration, 2013, 135: 104-116.

[12] Liu F, DeCristofaro A, Violante A. Effect of pH, phosphate and oxalate on the adsorption/desorption of arsenate on/from goethite[J]. Soil Science, 2001, 166(3): 197-208.

[13] Macur R E, Jackson C R, Botero L M, et al. Bacterial populations associated with the oxidation and reduction of arsenic in an unsaturated soil [J]. Environmental Science&Technology, 2004, 38(1): 104-111.

[14] Matschullat J. Arsenic in the geosphere: a review [J]. Science of the Total Environment, 2000, 249(1-3): 297-312.

[15] Meng X Y, Qin J, Wang L H, et al. Arsenic biotransformation and volatilization in transgenic rice [J]. NewPhytologist, 2011, 191(1): 49-56.

[16] Mohanral R, Azeez P A, Priscilla T, et al. Heavy metal in airborne particulate matter of urban Coimbatore [J]. Archives of Environmental Contamination and Toxicology, 2004, 47(2): 162-167.

[17] Nriagu J O, Pacyna J M. Quantitative assessment of worldwide contamination of air, water and soils by trace metals [J]. Nature, 1988, 333(6169): 134-139.

[18] Penrose W R, Woolson E A. Arsenic in the marine and aquatic environments: analysis, occurrence, and significance [J]. Critical Reviews in Environmental Science and Technology, 1974, 4(1-4): 465-482.

[19] Ren J L, Zhang J, Li D D, et al. Speciation and seasonal variations of dissolved inorganic arsenic in Jiaozhou Bay, North China [J]. Water Air Soil Pollut, Focus, 2007, 7(6): 655-671.

[20] Schoof R A, Yost L J, Crecelius E, et al. Dietary arsenic intake in taiwanese districts with elevated arsenic in drinking water [J]. Human and Ecological Risk Assessment, 1998, 4(1): 117-135.

[21] Smedley P L, Kinniburgh D G A. A review of the source, behaviour and distribution of arsenic in natural waters [J]. Applied Geochemistry, 2002, 17(5): 517-568.

[22] Smith E R G, Naidu R, Alston A M. Arsenic in the soil environment [D]. Academic Press, 1998.

[23] Kenneth G, Stollenwerk K. Geochemical processes controlling transport of arsenic in groundwater: a review of adsorption [J]. Arsenic in ground water, 2003: 67-100.

[24] Thomas D J, Rosen B P. Arsenic methyltransferases [J]. Encyclopedia of Metalloproteins, 2013, 138-143.

[25] Zhao F J, McGrath S P, Meharg A A. Arsenic as a food chain contaminant: mechanisms of plant uptake and metabolism and mitigation strategies [J]. Annual Review of Plant Biology, 2010, 61(1): 535-559.

[26] 陈怀满. 环境土壤学[M]. 北京:科学出版社, 2005.

[27] 陈琴琴. 中国砷污染排放清单研究[D]. 南京:南京大学, 2013.

[28] 陈同斌, 杨军, 雷梅, 等. 湖南石门砷污染农田土壤修复工程[J]. 世界环境, 2016, 4: 57-58.

[29] 崔凤海, 陈怀珍. 我国煤中砷的分布及赋存特征[J]. 煤炭科学技术, 1998: 48-50.

[30] 丁振华, 郑宝山, Finkelmam R B, 等. 典型高砷煤样品的连续浸取实验研究——兼论黔西南高砷煤中砷的赋存状态[J]. 地球科学——中国地质大学学报, 2003, 28(2): 209-213.

[31] 范稚莲, 雷梅, 陈同斌, 等. 砷对土壤蜈蚣草系统中磷生物有效性的影响[J]. 生态学报, 2006, 26(2): 536-541.

[32] 方凤满. 中国大气颗粒物中重金属元素环境地球化学行为研究[J]. 生态环境学报, 2010, 19b(4): 979-984.

[33] 傅丛, 白向飞, 姜英. 中国典型高砷煤中砷与煤质特征之间的关系及砷的赋存状态[J]. 煤炭学报, 2012, 37(1): 96-102.

[34] 龚仓,徐殿斗,马玲玲.大气颗粒物中砷及其形态的研究进展[J].化学通报,2014,77(6):502-509.

[35] 和秋红,曾希柏.土壤中砷的形态转化及其分析方法[J].应用生态学报,2008,19(12):2763-2768.

[36] 李勋光,李小平.土壤砷吸附及砷的水稻毒性[J].土壤,1996,(2):98-100.

[37] 刘桂建,彭子成,王桂梁,等.煤中微量元素研究进展[J].地球科学进展,2002,17(1):53-62.

[38] 史贵涛.痕量有毒金属元素在农田土壤-作物系统中的生物地球化学循环[D].上海:华东师范大学,2009.

[39] 谭吉华,段菁春.中国大气颗粒物重金属污染来源及控制建议[J].中国科学院研究生院学报,2013,30(2):145-155.

[40] 王明强.食品中砷污染的危害及其防治[J].中国酿造,2008,(20):87-88.

[41] 王萍,王世亮,刘少卿,等.砷的发生、形态、污染源及地球化学循环[J].环境科学与技术,2010,33(7):90-97.

[42] 魏显有,王秀敏,刘云惠,等.土壤中砷的吸附行为及其形态分布研究[J].河北农业大学学报,1999,22(3):28-30,55-56.

[43] 吴万富,徐艳,史德强,等.我国河流湖泊砷污染现状及除砷技术研究进展[J].环境科学与技术,2015,38(S1):190-197.

[44] 肖细元,陈同斌,廖晓勇,等.我国主要蔬菜和粮油作物的砷含量与砷富集能力比较[J].环境科学学报,2009,29(2):291-296.

[45] 杨素珍.内蒙古河套平原原生高砷地下水的分布与形成机制研究[D].北京:中国地质大学(北京),2008.

[46] 杨勇杰,王跃思,温天雪,等.北京市大气颗粒物中PM10和PM2.5质量浓度及其化学组分的特征分析[J].环境化学,2008,27(1):117-118.

[47] 翟娅,黄国琼,杨熠,等.黔西南州燃煤型砷中毒病区综合防治后相关健康行为及病情调查[J].微量元素与健康研究,2015,32(3):43-44.

[48] 张爱华,郑宝山,王杰,等.砷与健康[M].北京:科学出版社,2008.

[49] 张靖佳,单世平.我国砷污染现状及生物修复技术的应用与展望[J].农业网络信息,2016,(11):64-67.

[50] 赵峰华,任德贻,尹金双,等.煤中砷赋存状态的逐级化学提取研究[J].环境科学,1999,20(2):79-81.

[51] 赵峰华,任德贻,郑宝山,等.高砷煤中砷赋存状态的扩展X射线吸收精细结构谱研究[J].科学通报,1998,43(14):1549-1551.

[52] 塞利纳斯.医学地质学—自然环境对公共健康的影响[M].郑宝山,肖唐付,李社红,等译.北京:科学出版社,2009.

[53] 郑刘根,刘桂建,CHOU Chenlin,等.中国煤中砷的含量分布、赋存状态、富集及环境意义[J].地球学报,2006,27(4):355-366.

[54] 周淑芹,丁勇,周勤.土壤砷污染对农作物生长的影响[J].现代化农业,1996,209(12):6-7.

[55] 苏春利,Winhlaing,王焰新,等.大同盆地坤中毒病区沉积物中砷的吸附行为和影响因素分析[J].地质科技情报,2009,(28):120-126.

第七章　砷污染的健康危害与防治

近年来，全球范围内砷污染事件频发，既有自然环境暴露导致的，也有工业污染引起的；既有职业性的砷污染，也有因为特定的生活习惯或日常生活中累积暴露导致的砷污染。从污染途径看，砷的暴露可以通过空气、饮水、食物、药物等多种途径实现。不同的污染来源、不同的污染途径及不同的暴露特征，对健康危害的程度和范围都不完全相同，其防控措施及治疗原则也不完全一样。本章重点阐述饮水砷暴露、燃煤砷暴露、职业砷暴露及生活中的砷暴露对健康的危害及防治原则。

第一节　饮水砷暴露的健康危害与防治

一、典型案例

（一）中国台湾地区乌脚病

乌脚病（blackfoot disease）是由于中国台湾地区嘉南沿海一带的北门乡、学甲镇、义竹乡和布袋镇四个乡镇因为饮水砷含量超标而导致的地方性砷中毒的典型临床表现。乌脚病在当地被称为“乌干蛇”，“乌”指的是坏疽的颜色；“干”是指坏疽部位不会流出血水；“蛇”则是指坏疽会从四肢末端向上延伸。1920 年左右当地就有散在病例出现，1954 年由高聪明和高上荣两位学者以特发性坏疽（spontaneous gangrene）首次报道。1956 年，台南县安定乡复荣村发现全村 553 人中有 490 人出现皮肤色素沉着过多和掌趾角化现象，也有大量的乌脚病患者出现。当地政府为此将该村集体搬迁至 3 km 外，新建了大同村。早期发现乌脚病患者的北门乡、学甲镇、义竹乡和布袋镇被称为“旧流行区”。1976 年陈拱北又发现了乌脚病的新流行区，包括台南县临水镇、新营市、安定乡和其他西南沿海乡镇，被称为“新流行区”。

乌脚病分为急性发作和慢性发生，初期患者的脚趾或手指有冷、麻、痒、苍白、紫红、易疲、触痛、压痛、热感和间歇性跛行的症状，然后进入疼痛期和坏疽期。干性坏疽的患部萎缩、干燥硬化好像木炭，之后症状保持，在一段时间之后就自分界线脱落，疼痛难忍。湿性坏疽的患部肿胀、溃烂伴有恶臭，如不消毒处理易于滋生蛆虫，疼痛导致难以饮食和睡眠、身心俱疲，从而导致伴发其他疾病（如结核、贫血等），偶尔有精神失常等症状，但精神症状多在截肢后痊愈。坏疽期通常持续 4～5 个月，之后进入脱落期，干性坏疽有可能自然脱落，而湿性坏疽必须要依靠手术切除。坏疽脱落或截肢后症状消失，但仍可在另外一侧再次发生。

在乌脚病发现之初，就已明确了该病与当地的饮水水质有关。乌脚病旧流行区的四个乡镇彼此毗邻，都位于八掌溪出海口附近，当地传统的水井一般距离地面 3～5 m，可以直接用桶取水，但水质比较咸。为此当地居民引进一种以粗径竹筒连接打入地下 100～200 m，抽取低盐分的深层地下水饮用。该层地下水砷含量高达 0.4～0.6 mg/L。乌脚病患者饮水都是这种竹管井水，饮用浅层咸水的居民都没有患病，由此证明乌脚病与其他相关皮肤病变，都是由于深井水含砷量过高而引起的慢性砷中毒。中国台湾地区解决西南沿海地区乌脚病的主要做法是改换水源，当时政府在嘉南县大圳建立了自来水厂，将乌山头水库和德基水库的水引到乌脚病病区，20 世纪 70 年代中期，当地全部居民均饮用上了自来水。

(二)孟加拉国砷中毒的流行

孟加拉国地处南亚,河道纵横密布,水系发达。早期孟加拉的主要饮用水来自池塘与河流,依靠池塘河流的自净能力保持饮用水的安全。但随着孟加拉国人口的急剧增长,地表水污染日趋严重。20 世纪 70 年代,孟加拉儿童主要的死因是痢疾、霍乱和其他肠道传染病,多为水源污染造成的。当时联合国儿童基金会和世界银行为了寻找洁净水源,协助孟加拉国开发地下水,推广饮用管井水。但事与愿违,在 20 世纪 80 年代早期,当地就陆续发现砷中毒引起的皮肤病变。截至目前,孟加拉国已经成为世界上砷中毒最为严重的国家之一,联合国儿童基金会在近年又开始全力支持孟加拉国的地方性砷中毒的防治工作,包括组织开展饮用水井的高砷水源筛查、高砷水井标记及家用雨水收集装置的推广应用等,但收效甚微。

(三)我国大陆饮水型砷中毒的发现

新疆是我国大陆第一个被确定为饮水型砷中毒的地区,病区位于准噶尔盆地西南,涵盖 250 km 长的深层地下高砷水带,这是一个 V 型的平原,其南面和北面是高地,病区位于最低区。1962 年以前,当地居民主要饮用浅井水和地面水,但水氟含量较高。为了防氟改水,当时钻了许多深井(深度在 100 m 以上)取水以供家庭和农业之用。直到 20 世纪 70 年代末才发现这些深井水的砷浓度高于 0.05 mg/L,并随海拔高度降低,井水砷浓度升高,最高达到 0.85 mg/L。病区涉及奎屯和乌苏地区五十多个建设兵团的连队和村庄,受累人口 10 万左右,诊断慢性砷中毒患者 2 700 多例。

1988 年内蒙古被定为我国另一个严重的饮水型砷中毒病区,除东部的赤峰病区因井水被当地富砷的矿坑污染之外,其他病区均位于西部,其地下水富含砷。内蒙古的高砷区面积约 3 000 km^2,属东西走向的冲积平原,与山西北部的病区相接,受影响人口达 40 万人。在赤峰、包头、呼和浩特、巴彦淖尔和阿拉善五个盟市、13 个旗县的 776 个村屯中,查出患者 2 000 多名。内蒙古病区慢性砷中毒发病率高,病情严重。

山西病区是地砷病被国家定为地方病并在全国开展调查后,于 1994 年 6 月发现的,当时病区位于大同盆地。同年 12 月,在晋中盆地发现了第 2 个高砷地带,这两个高砷区涵盖了大同及太原两个盆地,面积达1 500 km^2。山西省病区涉及 18 个市县、44 个乡镇、116 个行政村,人口 93 万,诊断患者超过 4 000 人。山西病区的居民暴露高砷的时间不是太长,但病情较重,可能与摄入的饮用水含砷量较高有关。之后陆续发现宁夏、吉林、青海、甘肃、云南、湖北等省份有砷中毒病区的存在。

(四)湖南雄黄矿砷污染事件

石门县位于湖南省西北部,地处湘鄂交界地带。石门县白云乡盛产雄黄,早在北魏时期,当地即开始开采雄黄,1950 年成立的原湖南雄黄矿曾经是我国药用雄黄的唯一产地、亚洲最大单砷矿,于 2009 年关闭。历史矿区现有磺厂社区、鹤山村和望羊桥村三个村,常住人口 6 300 余人。主要种植水稻、玉米、板栗、核桃、柑橘。由于多年来开采雄黄矿及炼制砒霜,当地大气、土壤、水体的砷污染极其严重,当地居民一直生活在砷污染阴影下,饱受贫困及砷中毒带来的病症困扰。据 2014 年《经济参考报》报道,当地水砷含量超过国家地表水环境质量标准值 33 倍,土壤砷含量超过国家标准值 29 倍,鹤山村农田土壤砷含量平均值达到 92.7 mg/kg。受土壤和地表水污染的影响,农作物砷含量也严重超标,水稻砷超标 4.6 倍,小麦砷含量超标 28 倍,蔬菜砷超标 21 倍。从 1951 年至 2012 年的 60 多年间,矿区确诊的慢性砷中毒者1 000 多人,有近 400 人死于砷中毒诱发的各种癌症,其中肺癌近 300 人,癌症发病率居全国第二位。2011 年 2 月,国务院正式批复《国家重金属污染综合防治"十二五"规划》,原雄黄矿区作为一个单独项目区实施综合整治。历史遗留砒渣及周边污染土壤治理、核心区近 8 000 亩污染农田修复、生活饮用水安全、生态安全等工程分期分批进行。其中最难的环节就是对原炼砒遗留下来的近 2×10^5 t 砒渣及周边污染土壤进行安全处理,目的是从源头上控制砒渣的浸出液进入周边水体和土壤,最大限度地减少砷污染环境风险。除此之外,近年来发生的如湖南岳阳新墙河饮用水砷污染事件、湖南郴州杨家河水砷污染事件等因为工

业排放导致的饮用水砷污染事件层出不穷，后果严重，令人触目惊心。

二、饮水砷暴露途径

饮水砷的暴露途径包括以下两种：一是地质环境原因，附水层地壳中的砷含量本底较高，导致砷溶解在水中，形成高砷地下水，这类地区往往构成地方性砷中毒病区或高砷区，我国大多饮水型地方性砷中毒病区均属于这种情况；二是饮用水受到工业排放富砷废水或富砷矿渣的污染，进而发生人体摄砷超标而导致砷中毒发生。在疾病管理模式上，这种原因导致的砷中毒防控工作不在地方性砷中毒的管理范围之内。

（一）饮水型地方性砷中毒病区的成因

淋溶-蓄积作用形成的低洼地区含水层砷含量超标是地下水砷含量超标的最主要形成原因。砷化物迁移最简单的方式是岩矿风化释出的砷随降水而淋溶，并伴随水体流动而迁移，在山体前的低洼处蓄积、富集。上述过程包括两个方面：一是沿途水溶性砷被溶解迁移，二是土壤中铁、铝元素形成的胶体物质[如 $Fe(OH)_3$、$Al(OH)_3$]结合、吸附和截留水中溶解的砷。在整个体系中，溶解与截留保持动态平衡过程。越接近平原低处水流速越缓且土壤颗粒越细，截留能力逐渐增强。当水流进入低处洼地时，则往往呈停滞状况，随水流迁移来的砷化物就在洼处停留蓄积，随着水分蒸发浓缩而导致局部地带砷含量逐渐上升。所以，饮水型砷中毒病区多分布在位于地势较低处的山前冲积平原上。

我国发现的地砷病病区表明，从宏观上均位于盆地、低洼的河套或平原；微观上高砷水源往往在地势最低之处。新疆奎屯病区位于准噶尔盆地最低带，大致平行于天山山脉，在对新疆奎屯调查时发现，平原高处各种水砷含量均低，随着高度下降，地下水中含砷量逐渐增加，至平原底部，水砷含量超过国家标准。再如内蒙古托克托县、土默特左旗、土默特右旗、固阳县、五原县等饮水型砷中毒病区地形地貌特征非常相似，多分布在阴山山脉大青山和狼山南麓、山前冲积和倾斜平原及与黄河大黑河冲积平原交接的低洼地区，病区村落附近分布有废弃的古河道或积水洼地。狼山、大青山古老变质岩系，砷含量为 10～60 mg/kg，为地壳平均含量的 5.5～33 倍，是病区高砷环境原生物质的来源；狼山山前西段又有大型多金属硫化物矿床，而砷化物是其伴生矿，这便为内蒙古河套地区地下水高砷提供了物质来源。而岩矿中的砷经风化、淋溶-流水的搬迁作用，将砷携带至山前倾斜平原前缘的低洼地带，经蒸发浓缩，反复垂直循环，在局部含水层中富集。当人们开发饮用该层水时，则发生慢性砷中毒，形成地砷病病区。山西省地砷病病区主要位于大同盆地、朔州盆地、晋中盆地等地势低洼地带，尤其重病区山阴县的病区村处于最低处，分布在翠屏山北麓的山前冲积平原上。宁夏、台湾地区也是如此。地方性砷中毒病区的形成是多因素的结果，如当地气候干燥、水蒸发量大于降水量、地下水以垂直循环为主、地下水径流不好等都与病区形成有关。

除了淋溶-蓄积作用形成的饮水型砷中毒病区之外，富砷矿对流经水的污染也是饮水砷暴露的主要成因之一。砷在自然界主要以化合物的形态存在于各种岩矿中，往往是硫、铁、金、银、铜、汞、铅、钴等有色金属的伴生矿，因此，当水流经这些岩矿时，砷可被溶于其中，使水砷含量超过饮用水标准。据调查发现，泉水砷含量一般均较高，特别是温泉水。甘肃省夏河县洒索玛村是一个典型的因富砷矿对经流水污染而导致的砷中毒病区，该村从村旁山中引出了一股山泉水作为全村的集中供水点，但该水砷含量达到了 0.7 mg/L以上，导致该村 9 岁儿童都出现了典型掌趾角化的砷中毒改变。内蒙古白音皋病区地处大兴安岭余脉山区，周围有毒砂矿，富含砷，而白音皋村是个山谷地，属于一个小流域，由上游源头至下游地下水砷含量依次为 0.55 mg/L(山泉水)、0.16～0.28 mg/L(白音皋上营村井水)、下游 5 km 处井水砷则为 0.085 mg/L。显然泉水经富砷矿流出溶解了大量的砷，受自然污染的水从上游往下流时，水砷含量逐渐降低。打在含砷较高岩矿地层上的井，井水含砷量会很高。

水源的含水层为富砷的湖沼相地层水是散在发生的饮水型砷中毒病区成因之一。众所周知，地球的形成是经过相当长的时间，在这漫长的时间里，地球发生了巨大的变迁，尤其在湖泊地带迁移来的砷易在相对静止的湖水中沉积并为水生生物摄取，并随水生生物死亡而沉于水底，故这些湖泊往往成为砷汇集处，并使砷得以保存下来。由于砷化物溶解度较低，随水蒸发而向地表迁移能力不及 Cl^-、F^-、SO_4^{2-} 等离子。因此，被富集的砷多在原位存在，不易穿过后来形成的沉积物而露出。在这类病区，更近代的地表沉积形成的土壤中含砷量并不高，因此病区浅层井水往往含砷量也不高，但当打深井时，则水砷含量上升。据内蒙古病区水文地质调查发现，有的地砷病病区距今几万年以前是个大湖，自上更新代以来湖水逐渐退缩，到全新世代在低洼地留下若干个独立的湖沼洼地，使之成为携带含砷的地下水与地表水的排泄带。同时湖泊内生活着富集了大量砷的生物，经过漫长的历史时期，一代代生物遗体腐烂生成富砷的淤泥质，即现今病区高砷含水层。一些学者在对内蒙古巴彦淖尔市杭锦后旗病区水中砷的价态和形态分析调查时发现，湖相层积甲烷菌所致的厌氧环境，特别有利于三价砷的形成（占 70%～90%）。由于有机物在甲烷菌的作用下，有沼气形成，井水中可见有气泡，甚至可燃，水中溶解氧低、化学耗氧量高，加之局部的硫、铁元素对砷的富集有利，所以造成井水含砷量过高。

(二)工业排放致饮水砷污染而引起的砷暴露

除含砷矿的开采之外，其他工业排放导致砷污染的还包括如化工厂、制药厂、造纸厂等。工业排放导致的砷污染具有以下特点：一是污染水源后覆盖面较广，受害群众众多，危害性极大；二是砷暴露程度较高，导致急性砷中毒发作或者重度砷中毒患者较多；三是治理难度大，经济损失和社会影响往往难以估量。

三、饮水砷暴露的健康危害

由于砷摄入量及其他因素的影响，饮水砷暴露导致的临床表现不尽相同。一般在轻病区，患者可仅有较轻的皮肤改变，而无明显的临床症状。因为工业污染而导致急性水砷暴露引起的健康损害目前还没有相关标准，可以参考《职业性砷中毒诊断(GBZ83－2013)标准》中关于症状和体征的描述，结合血、尿及环境中砷含量综合判断。因水环境自然本底砷含量较高而引起的地方性砷中毒可以依据《地方性砷中毒诊断(WS/T211－2015)标准》进行诊断。一般在轻病区，患者可仅有较轻的皮肤改变，而无明显的临床症状。在重病区，摄入砷量较大时，临床表现往往很明显，可出现一些非特异症状，如食欲差、乏力、失眠、头晕、全身不适等。稍后可有手足麻木，以后逐渐出现皮肤色素改变、掌跖角化等，若不及时防治，久之可并发心血管病、皮肤癌、内脏肿瘤等，远期效应所致继发性疾病或并发症更加复杂。在摄砷量很高的病区，心、肾及消化道症状可接近亚急性砷中毒的临床表现。下文主要对饮水型地方性砷中毒的健康损伤特征进行描述。

(一)流行特征

1. 时间分布特征 除了饮用含砷量极高的水（一般超过 1 mg/L）导致的急性砷中毒以外，慢性饮水砷暴露导致的砷中毒的潜伏期较长，一般约 10 年，高浓度暴露者 5～6 年也可发病。台湾病区冬季乌脚病病情加重，提示低温加重砷中毒的血管损害。在不改变饮水砷含量的条件下，地方性砷中毒的发病呈持续上涨的趋势。随着病区人群暴露年限的不断增多，该病的发病和检出人数逐年增多。根据文献记载，地方性砷中毒引起皮肤癌变潜伏期一般在 30 年左右。

2. 人群分布特征 饮水型砷中毒病区是以村为单位确定的，同一病区内若居民不饮用高砷水也不会发病。饮水型砷中毒病区高砷水井呈散在、点状分布。一般情况下，一个家庭多饮用一口高砷井水，故患

者呈家庭聚集性，在高砷井所占比例较大的村，可见某一小片区域的高砷井相对集中，所以患者在这一区域也相对集中，但发病的突出特点是家庭聚集性，大部分受累家庭有 2 名或 2 名以上的患者，有些则全家发病。在处于同样摄砷状况下的人群中，也并不是每个人都出现同样的病情，即使是同一家人，病情也存在很大差异。由水源污染所导致的砷中毒流行，人群分布特征体现为离污染源较近的地区，患病率高且病情重，这主要由于砷污染程度不同导致的。

3. 年龄分布特征 在饮用高砷水的人群中，任何年龄均可受害，患病率随年龄的增长而上升，20 岁以上居民患病率明显高于 20 岁以下者，40～50 岁年龄段是患病的高峰期。因为随年龄增长，累积砷暴露量增高，砷对机体作用时间亦长，所以病情相对较重。但值得注意的是在砷浓度较高的地区，出现了相当数量的儿童砷中毒，主要为中小学生。

(二)临床表现

1. 症状

(1)神经系统。常见有乏力、睡眠异常(失眠、多梦等)、头疼、头晕、记忆减退等非特异表现。可伴有耳鸣、听力减退、眼花、视力下降、味觉、嗅觉减退等感觉神经障碍。肢体可出现麻木、感觉异常、感觉迟钝、自发疼，尤其以手套、袜套样麻木及感觉异常的末梢神经症状较为常见。另可见有多汗、烧热感等自主神经功能紊乱的表现。

(2)循环系统。重患者可有心慌、心跳、胸闷、胸疼、胸部不适、背疼，稍活动即感气短，畏寒、四肢冰冷，尤其冬春季节明显。

(3)消化系统。常见有食欲减退，重者可出现恶心、呕吐、腹胀、腹痛、腹泻、便秘、肝区疼痛等。

2. 体征 急性砷暴露引起的砷中毒往往没有特异性的体征，但慢性砷暴露导致的地方性砷中毒是以皮肤改变为主要特征的全身性中毒性疾病，典型病例常具有掌跖角化、躯干色素沉着和色素脱失斑点，常称为皮肤三联征。病程较久者可继发鲍文氏病、皮肤癌、内脏肿瘤。

(1)皮肤色素改变。地方性砷中毒患者皮肤色素改变包括色素沉着和色素脱失两种。病变以躯干为重，尤其在腹、腰、背部等非暴露部位明显，向四肢逐渐减轻。两种色素改变常同时存在，使躯干皮肤呈花皮状，病区人们称其为“花肚皮”。此外，色素沉着也可发生在口腔黏膜、生殖器、视网膜等处。躯干皮肤色素沉着包括弥漫性灰黑色色素沉着和斑点状棕褐色色素沉着两种。棕褐色色素沉着呈棕褐色斑点，类似于雀斑，轻者散在分布，重者密集如雨点状，在水砷含量相对较低的轻病区即可发生。色素沉着斑点皮肤表面光滑平坦。色素脱失斑点为针尖到黄豆大的圆形脱色斑点，与皮肤色素沉着共存或单独存在，亦以腹、腰、胸、背等躯干为重向四肢逐渐减轻，重者四肢皮肤也很明显。一般情况下不涉及颜面。病程较长的患者躯干部常见类似于老年斑的圆形或不规则褐色斑块。

(2)皮肤角化。皮肤角化是地方性砷中毒常见体征，尤其是掌跖角化具有特异性。角化基本形态为隆起于掌跖部的硬性丘疹或半球状角化斑疹，对称分布，轻者仅限于掌跖，重者累及手、足背部。早期可为单个散在小米粒大丘疹，或多个隐于手掌大小鱼际皮肤针尖大小的丘疹，呈半透明状，水洗后更清晰。丘疹逐渐增大，可达黄豆或蚕豆大。角化物可相互连接融合成斑块、条索状。重者可累及整个掌跖，使皮肤呈蟾蜍皮状，大片状的角化物表面常发生皲裂呈菜花状。手足局部皮肤多干燥，增生角化物局部干裂，硬变，水泡后可刮脱，刮除物呈豆腐渣样或糠皮状，有时角化物局部可有出血、渗出、溃疡、黑变和四周红晕等改变。

除掌跖角化外，躯干、四肢其他部位也可出现角化斑，为圆形扁平高于皮肤斑(丘)疹块，米粒至指甲盖大小，边缘清晰，为棕色、褐色、黑色或暗红色，表面粗糙。

(3)皮肤恶变及内脏肿瘤。地方性砷中毒患者易继发鲍文氏病或皮肤癌，多为掌跖角化病灶和躯体

四肢部位角化物恶变而来。一般多发生于病程较久者，恶变常呈多发性。典型皮肤癌周边隆起，中间溃烂，表面不平整或呈菜花状，迁延不愈，且不断扩大。

地方性砷中毒还常继发肺癌、肝癌等内脏肿瘤，呈现相应症状体征。

（三）病理特征

地方性砷中毒皮肤病理改变可概括为角化过度、角化不全、色素沉着、色素脱失、表皮增生、表皮萎缩、空泡变性、增生活跃、恶变等。皮肤的色素沉着和色素脱失在镜下的特征性改变不明显，主要表现为基底层细胞普遍含有棕黄色的小颗粒，真皮浅层有较多噬色素细胞及游离的黑色素颗粒。而皮肤角化的组织病理学改变为表皮角化过度或角化不全，角化可呈同心圆或山谷状，棘细胞层间较多胞体增大的空泡细胞，个别病例棘细胞层下部及基底层见异形细胞及角化不良细胞，细胞核大、深染，形态不一，大小不等，排列紊乱，真皮浅层有较多淋巴细胞浸润。砷性皮肤癌光镜下改变表现为皮肤组织表皮角化增生，间质内有较多的慢性炎性细胞浸润，鳞状上皮细胞体积增大，大小不均，核异型明显。

砷中毒导致的其他组织器官损伤因为不具有特异性，所以还无法确认其特征性的组织病理改变。

（四）实验室检查

实验室检查的特异指标主要涉及体内砷负荷状况，包括尿砷、血砷、发砷及指甲砷含量增高。其中，尿砷是最为常用的反映近期体内砷暴露程度的指标，也被应用于常规的监测和调查工作中。血砷指标虽然更为直接反映砷的接触水平，但由于其检测技术复杂，所以多应用于临床诊断急性砷中毒或职业性砷中毒。毛发和指甲由于生长周期较长，所以砷含量能够反映近期一段时间内的砷暴露情况，但由于采样和前处理的限制，应用也不多。目前，这几种生物样品中的砷含量限值都还没有明确的规定，往往与当地的正常人砷暴露水平相比较。笔者利用全国高砷水源筛查、地方性砷中毒监测及地方性砷中毒普查等项目的数据资料，进行了严格的数据筛选，确保资料水砷、尿砷及暴露史清晰完整，共 4 501 例样本，对上述资料的水砷暴露水平和尿砷进行分层相关分析，并计算了水砷暴露限定在 0.045～0.055 mg/L 的人群尿砷几何均值为 0.032 mg/L。在此基础上，利用 ROC 曲线下面积（AUC）分析方法进行了 10 次 2 000 例样本的随机数据资料验证，对该值的灵敏度和特异度进行了测算，表明该指标区分水砷暴露于 0.05 mg/L 的评估准确性较高，AUC 值均在 0.9 以上。

（五）诊断要点

具体参照《地方性砷中毒诊断标准》WS/T211—2015。

1. 基本指标 生活在地方性砷中毒病区的居民，依据指南中食品中砷的检测方法（GB/T 5009.11）、生活饮用水标准检验方法（GB/T 5750.6）及尿中砷的测定、氢化物发生原子荧光法（WS/T 474）确定有过量砷暴露史，并符合以下临床症状之一者可诊断为地方性砷中毒。

（1）掌跖部位皮肤有其他原因难以解释的丘疹样、结节状或疣状过度角化。

（2）躯干非暴露部位皮肤有其他原因难以解释的弥散或散在的斑点状色素沉着和（或）边缘模糊的小米粒至黄豆粒大小不等的圆形色素脱失斑点。

2. 参考指标 尿砷或发砷含量明显高于当地非病区正常参考值。

3. 诊断标准

（1）掌跖部皮肤角化的分级标准。

1）Ⅰ级：掌跖部有肉眼仔细检查可见和（或）可触及的 3 个及以上散在的米粒大小的皮肤丘疹样或结节状角化物。

2）Ⅱ级：掌跖部有较多或较大的明显丘疹样角化物。

3）Ⅲ级：掌跖部有广泛的斑块状或条索状等不同形态角化物，或同时在掌跖部和手足背部有多个较

大的疣状物，甚至表面有皲裂、溃疡或出血。

(2)皮肤色素沉着的分级标准。

1)Ⅰ级：以躯干非暴露部位为主的皮肤颜色变深或有对称性散在的较浅的棕褐色斑点状色素沉着。

2)Ⅱ级：以躯干非暴露部位为主的皮肤呈灰色或有较多的深浅不同的棕褐色斑点状色素沉着。

3)Ⅲ级：以躯干非暴露部位为主的皮肤呈灰黑色或有广泛密集的棕褐色斑点状色素沉着，或有较多的深棕黑色或黑色直径 1 cm 左右的色素沉着斑块。

(3)皮肤色素脱失的分级标准。

1)Ⅰ级：以躯干非暴露部位为主的皮肤有对称性散在的针尖大小的色素脱失斑点。

2)Ⅱ级：以躯干非暴露部位为主的皮肤有较多的边缘模糊的点状色素脱失斑点。

3)Ⅲ级：以躯干非暴露部位为主的皮肤有广泛密集的边缘模糊的点状色素脱失斑点。

(4)鲍文氏病和皮肤癌。掌跖角化物出现糜烂、溃疡、疼痛；躯体角化物或色素斑黑变，表面毛糙、糜烂、溃疡、疼痛，以及周围皮肤红晕，并经活体组织病理检查确诊。

4. 临床分度

(1)可疑。出现以下情况之一者：①皮肤仅有Ⅰ级色素沉着或Ⅰ级色素脱失斑点，或仅在掌跖部皮肤有 1～2 个米粒大小的丘疹样或结节状角化物。②在燃煤污染型病区有明显视物不清、味觉减退和食欲差等表现。

(2)轻度。在可疑基础上出现以下情况之一者：①掌跖部皮肤有Ⅰ级角化，或躯干Ⅰ级皮肤色素沉着和Ⅰ级皮肤色素脱失同时存在。②在可疑对象中，依据 GB/T 5009.11、GB/T 5750.6 和 WS/T 28 等方法检测尿砷或发砷含量明显高于当地非病区正常值者亦可列为轻度。

(3)中度。在轻度基础上，掌跖部皮肤角化、躯干皮肤色素沉着和色素脱失中有一项为Ⅱ级者为中度。

(4)重度。在中度基础上，掌跖部皮肤角化、躯干皮肤色素沉着和色素脱失中有一项为Ⅲ级者为重度。

(5)鲍文氏病和皮肤癌。经活体组织病理检查确诊者。

(六)影响发病和病情的因素

饮水中的过量砷暴露是砷中毒发生的基本原因，但在相同暴露情况下，即便是在同一家庭，病情表现却有很大差异。根据中国病区的情况，除尚不清楚的个体差异外，以下几个方面因素可能影响病情。

1. 总砷摄入量　在饮用高砷水的人群中，居民砷中毒的发病率随饮水中砷含量增高而增加，患病率与饮水砷浓度呈明显正相关。但具体检查某些暴露相同水砷浓度的患者时，发现皮肤改变程度却不同，某些人发生严重角化，而另一些人则仅为色素改变，同样的角化或色素改变，但轻重不同。详细调查追访发现，真正通过饮水摄入体内的总砷量是影响病情轻重的重要因素。判定剂量效应关系时，一定要计算总砷摄入量。

2. 砷的价态、形态　无机砷(iAs)比有机砷毒性大，而 iAs^{3+} 比 iAs^{5+} 更具毒性，大约为 60 倍，因为 iAs^{3+} 与巯基(—SH)有很强的亲和力，而 iAs^{5+} 的亲和力则很弱。我国饮水型砷中毒病区饮水中砷主要是无机砷，其 As^{3+} 和 As^{5+} 含量多少直接影响到病情的严重程度，即使在总砷浓度相同的情况下，这两种价态的砷所占的比例在很大程度上决定了患者的病情。根据饮水中 As^{3+}/As^{5+} 比值可以解释为什么饮用相同砷含量饮水，砷中毒发生轻重不同的现象。我国各病区地下水氧化还原状态、As^{3+}/As^{5+} 比值及抽出地面后价态的变化等尚未找出一定规律。工业污染水源导致的砷中毒发生同样和污染物中 As^{3+} 和 As^{5+} 含量多少有直接关系。

3. 水中其他化学成分 中国台湾砷中毒病区有乌脚病流行，但到目前为止，中国大陆、孟加拉和印度地方性砷中毒病区尚无乌脚病流行的报道，这可能与乌脚病流行区高砷饮水中发现以腐殖酸为代表的荧光物质含量高有关。在内蒙古病区某些水井在压水时有可燃性气泡冒出并伴有特殊气味，被检测到有大量荧光物质存在，但是否影响病情尚不清楚。在山西和内蒙古病区，水中同时伴有高氟存在，砷中毒患者同时也是氟中毒患者。此外，一些病区水中伴有高碘，而另一些病区低碘。拮抗砷、氟毒性的硒元素在各病区饮水、土壤及食物中的含量也尚不清楚，这些因素可能对发病和病情有重要影响。

4. 遗传易感性 参与砷的甲基化代谢及清除的多种酶的基因多态性与人群砷中毒的易感性密切相关。这些基因主要包括谷胱甘肽硫转移酶(glutathione s-transferase，GST)家族成员、三价砷甲基转移酶(trivalent arsenic methyltransferase，AS3MT)、嘌呤核苷磷酸化酶(purine nucleoside phosphorylase，PNP)和甲基四氢叶酸还原酶(methylenetetrahydrofolate reductase，MTHFR)等。这些基因的多态性与砷甲基化代谢能力及砷中毒的易感性，如皮肤损伤及肿瘤发生等密切相关。

5. 膳食营养条件 研究表明，高砷暴露人群饮食中钙盐、动物性蛋白、膳食纤维、部分维生素特别是叶酸摄入不足，均可增加砷中毒的易感性。我国及包括印度、孟加拉在内的一些亚洲国家的地方性砷中毒多发生在经济状况落后的不发达地区，这些地区常常存在营养物质摄入不够，饮食不平衡，特别是蛋白质、叶酸摄入不足的情况，因此膳食营养因素也是影响地砷病发生及病情的原因之一。笔者在研究工作中也发现，在高砷暴露地区人群中叶酸和维生素 B_{12} 的水平较低，同时人群血清同型半胱氨酸(homocysteine，Hcy)的水平也相对较低，在补充叶酸和维生素 B_{12} 后，Hcy 水平有所升高。通过动物实验也进一步证实，补充叶酸和维生素 B_{12} 后能够有效改善砷对实验动物神经系统的损伤程度。

四、饮水砷暴露健康危害的防治

(一)饮水砷暴露健康危害的预防

针对饮水砷暴露的原因，采取有针对性的防治措施是解决砷暴露危害的关键。对于工业污染导致的砷暴露，最主要的就是尽快查到污染源，根据污染源性质阻断污染途径，对污染水源进行改换水源处理或在有条件的地区大量灌注上游水库水体进行稀释，保障受污染区域人群能够得到合格水源供应。对于饮水型地方性砷中毒的防治，最有效的措施就是改饮低砷水(简称改水)，即寻找新的低砷水源，废弃原来的高砷水源或采用物理-化学的方法降低水砷含量，使其达到国家生活饮用水卫生标准。

1. 改换水源 改饮同村居民的低砷井水。流行病学调查已证实，一个多水源病区，往往高砷、低砷水源同时存在，改饮同村低砷水源是最简便、最经济的方法。

(1)打建新的低砷水井。根据已知的水文地质资料，打建新的低砷水井，作为生活饮用水。但无论是采用深层地下水还是浅层地下水，水质都必须符合国家生活饮用水卫生标准，并在使用中定期进行水质监测，严防使用过程中水砷含量回升。

(2)引江、河、湖泊、泉水作水源。在有条件的病区可将含砷量低的江、河、湖泊、泉水引入病区，经沉淀、过滤、消毒后作生活饮用水。

(3)窖水。在缺水或无低砷水源的地方，可收集雨雪水贮存，消毒后供饮用。

(4)混合水源。在既有高砷水源，又有低砷水源的病区，当低砷水源水量不足时也可采用混合稀释的办法，将高砷水的砷含量稀释至国家生活饮用水卫生标准后饮用。

2. 饮水除砷 饮水除砷是通过物理、化学的方法，将水中过量的砷除去，使饮水含砷量达到国家生活饮用水卫生标准。但这一方法需要一定设备和技术条件，在循环使用中较费事，在无低砷水源地区可采用此种方法。

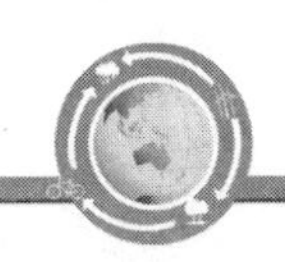

现有的净水剂较多，目前认为活性氧化铝除砷效果高于其他净水剂。此外，还可将硫酸铝、碱式氯化铝、三氯化铁等混凝剂，按一定比例投入待降砷的水中，经搅拌形成一定的絮凝物（矾花），随着絮凝物的沉淀，其中集结和吸附了待除去的砷，使水砷含量降低。

使用净水剂的缺点是比较麻烦，每次使用都需要添加需一次一加净水剂，且沉淀需一定时间，1～2 d还需清洗一次盛水容器；沉淀物中含有大量的砷易造成环境污染；加入净水剂后，使饮用水中氯化物、硫酸根、铁离子等含量升高。但在无其他改水条件时，选用混凝剂除砷，无疑是一种好方法。

饮水降砷的设备，可分为集中供水和分散供水。集中供水可供较多户数用水，如几户、1个村或几个村连片供水。分散供水主要指可供一家一户使用的家庭除砷罐。最近一些大型改水工程使用了电渗析和反渗透等设备进行除砷处理，但成本较高，且废水较多，持续运行的效果还有待于观察。

（二）饮水砷暴露健康危害的治疗

对于急性砷中毒，需要紧急排砷和对症治疗。理想的排砷药物既能干扰或阻断体内砷与组织和酶的结合，又能排除体内已与组织和酶结合的砷，使其恢复正常的生理功能。目前临床上主要使用含巯基（—SH）类药物，如二巯丙醇、二巯丙磺酸钠等。但此类化合物在排砷的同时也会携带其他微量元素，有一定的不良反应。此外，可以用一些砷拮抗剂和抗氧化剂。硒及硒配方制剂的排砷机制主要是硒与砷竞争功能基团（—SH 和二硫键-S-S），促进砷从机体排出，减少砷在体内蓄积；抗氧化剂维生素 C 和维生素 E 属于相对低分子质量抗氧化剂，通过迅速传递电子来清除活性氧，抑制脂质过氧化，减少砷诱导的氧化应激。锌作为一种营养元素，在治疗砷中毒中也有一定的辅助作用。

对于慢性砷中毒而言，尚无特异及有效治疗药物和方法，一般采用对症治疗方法，特别是对掌跖角化。重度掌跖角化影响劳动、生活时，可采用5%～10%水杨酸软膏，20%尿素软膏或1%尿囊素软膏，或0.1%维 A 酸软膏等溶解角化物。维 A 酸除有角质溶解作用外，对上皮细胞代谢有一定作用，促进表皮细胞增生分化。此外，可用维生素 E 软膏保护角质溶解后的皮肤。口服维 A 酸或同类药品，可增强治疗效果。

（高彦辉）

第二节　燃煤砷暴露的健康危害与防治

一、典型案例

20世纪50、60年代，贵州省西南部流行一种皮肤病，因手掌和脚掌存在大量角化结节而被当地居民称为"癞子病"，经研究证实，这种"癞子病"即为燃煤污染型砷中毒的典型临床表现。后来，研究人员相继在贵州兴仁、兴义、安龙、织金等地发现多例燃煤型砷中毒病人，其中以兴仁县最为严重。

（1）兴仁县。1976年，周代兴等报道贵州省黔西南州兴仁县交乐乡村民因燃用高砷煤导致砷中毒流行，调查共发现877例砷中毒病人，在1976～1991年的15年间，全乡近80%的病人集中在交乐、长庆及邓家院三个村。到2003年，病区扩大到3个乡镇（雨樟镇、屯脚镇和四联乡），累及13个行政村，4599户，砷中毒病人2250例。

（2）兴义市。1992年黔西南州地方性砷中毒防治领导小组对兴义市燃煤污染型砷中毒病区进行了普查，查出砷中毒病人200余例，病人患病时间多集中在2～5年，其中最短2个月，最长26年。2001年后未出现新发病人，流行得到有效控制。

（3）安龙县。1993年黔西南州地方性砷中毒防治领导小组对安龙县海子乡石丫口村进行了调查，在

该村 204 名村民中，查出砷中毒病人 53 例，患病率 26.0%，其中可疑病人 4 例，轻度 23 例，中度 15 例，重度 11 例。随后由于当地高砷煤窑未能完全封闭，病区逐步扩大，到 2003 年，病区扩大到戈塘镇和洒雨镇，涉及 13 个行政村 3148 户，砷中毒病人 384 人。

(4)织金县。1965 年孙波然等报道，毕节地区织金县小纳雍乡坝子上村民因敞炉灶燃用高砷煤导致砷中毒流行。当时在 21 户 101 人中查出砷中毒病人 75 例。1987 年安冬等对该村进行了追踪调查，在该村 40 户 188 人中，查出新发砷中毒病人 56 例，皮肤癌 2 例，肝癌和乳腺癌各 1 例。此后在卫生部门的指导下，当地政府强化了对村民的教育，有效封闭了高砷煤窑并实施改良炉灶，砷中毒流行得到了有效控制。

陕西省是继贵州省之后我国发现的第二个燃煤污染型砷中毒病区，病区面积覆盖了陕南全部的石煤产区和石煤燃用区。陕西省地方病防治研究所在 1994 年进行燃煤污染型地方性氟中毒调查时，测定了秦巴山区地方性氟中毒重病区石煤和空气样品砷含量，发现了高砷环境的存在，进一步于 2000～2003 年在当地 5 个县选择 22 个调查点进行了砷中毒相关调查。结果显示各调查点的土壤和饮水砷含量均在国家标准范围之内，但当地产的石煤、受污染的空气和食物砷含量均超过国家标准。此外，当地亦有许多以皮肤色素沉着和色素脱失改变为主的地方性砷中毒病人。2004 年 7 月，经国家地方性砷中毒防治专家组实地考察，判定该地区为燃煤污染型地方性砷中毒病区。

二、燃煤砷暴露途径

(一)高砷煤的形成及特征

1. 高砷煤的形成 地质学认为高砷煤发生于扬子克拉通边缘，三叠统的海相和陆相沉积地层，晚三叠世时隆起。主要形成分布于三叠系地层的地表岩，二叠系出露地层的背斜核部，三叠系地层的较高出露而不在火成岩中形成。因此，高砷煤严格受地质构造、地层、沉积相的控制，分布于平行背斜长轴的断层两侧，主要于二叠统龙潭组的海陆交互地层或煤层中。这些地质构造正是贵州省兴义、兴仁、安龙和织金等县市的地质特征。

2. 高砷煤的特征 根据 1994 年贵州省卫生防疫站、环境监测站及地矿局等部门联合对贵州省高砷煤拉网式调查结果以及中国科学院地球化学研究所与黔西南州卫生防疫站等单位对贵州省燃煤砷分布规律研究结果，高砷煤的特征可概括为：①高砷煤仅分布在局部地区的局部不同煤层；②砷在各煤层中的分布极不均匀，同一煤窑不同煤层砷含量差别较大，不同煤窑砷含量变化更大；③高砷煤在形成和演化方面与卡林型金矿有关，因此，高砷煤亦富含金、汞等金属元素；④含硫量较高；⑤高砷煤煤质一般较差；⑥高砷煤多出于小煤矿(窑)。

(二)燃煤砷暴露形式

燃煤型砷中毒病区多为贫穷落后地区，房屋结构多为木板房和泥瓦房，厨房和卧室不分，在秋冬季取暖季节，人们主要围绕炉火进行日常生活。加之当地煤炭资源丰富，且煤质多为无烟煤，所以当地住户多使用没有盖板和烟囱的简易炉灶(以下称为敞炉灶)进行烧煤取暖、炊事、烘烤粮食等。此外，当地不仅煤砷含量较高，用于混拌煤粉和煤块的黏土中砷含量也非常高，有些地区可以达到 220.26 ± 26.29 mg/kg($n=7$)，煤及拌煤黏土中的砷在燃烧过程中大量释放进入空气，并吸附在烘烤和贮存的粮食及辣椒中，导致室内空气和粮食(玉米和辣椒)受到严重砷污染。

1. 室内空气污染 敞炉灶烧煤过程中释放的砷可直接污染室内空气。当地冬季潮湿寒冷，取暖期长，因此，敞炉灶燃煤导致砷污染室内空气时间较长，在改炉改灶前一直为燃煤砷暴露的主要途径之一。

2. 敞炉灶烘烤污染玉米 燃煤型砷中毒病区大米收成后多可用日晒干燥，带壳贮存在室内。而当地

玉米由于量多且收成季节多为阴雨潮湿天气等原因，常挂于敞炉灶上方烘烤干燥以防霉变。玉米在烘烤干燥过程中可吸附大量砷，食入后导致慢性砷中毒。近年来随着当地居民生活水平的提高，玉米作为主食摄入量逐渐减少，加之改炉改灶后，玉米作为携砷介质进入人体的比重明显减少，但室内烘烤的玉米砷含量在一定程度上仍能反映当地室内空气砷污染状况。

3. 敞炉灶烘烤污染辣椒　燃煤型砷中毒病区居民多有每餐食用煤火烘干的辣椒作蘸水的习惯。总摄砷量研究显示，人群砷摄入途径中，由室内空气吸入、玉米和辣椒摄入占总摄砷量的85%以上，其各自占比约28%、16%和44%，提示辣椒是携砷的主要介质。据报道，高砷煤地区居民人日均辣椒摄入量达10～30 g，由此摄砷量约0.5～1.5 mg。

(三)燃煤砷暴露途径

1. 呼吸道　生活燃煤中的砷主要以五价砷酸盐、有机砷以及少量三氧化二砷、砷硫化物、砷黄铁矿等形式存在。煤完全燃烧后(>400℃)，其中的砷便会形成三氧化二砷蒸气，在空气中冷凝形成三氧化二砷微粒而悬浮。不完全燃烧时，部分砷随燃煤烟尘释放，两者共同组成砷飘尘而污染空气。因高砷煤燃烧污染的室内空气中，飘尘砷含量远较煤中的砷含量高，可达煤中砷含量的数百倍。这种情况下，砷主要通过呼吸道进入体内。

2. 消化道　燃煤型砷中毒病区居民习惯用敞炉灶烧煤烘烤粮食和辣椒，干燥后开放贮存，空气中因含砷飘尘污染而导致食物砷含量大大增加，人们因食用该受砷污染的食物，大量砷通过胃肠道进入体内。通过对贵州省兴仁县燃煤型砷中毒病区近20年(1998～2017年)动态监测发现，该病区外环境介质中(燃煤、室内外空气、饮水、玉米、辣椒)总砷含量均呈现明显降低趋势，进一步分析总摄砷量发现经呼吸道摄入已经不再是病区人群主要摄砷途径，自2006年起经消化道摄入(食用辣椒和玉米)已成为当地居民主要摄砷途径。(图7-1)

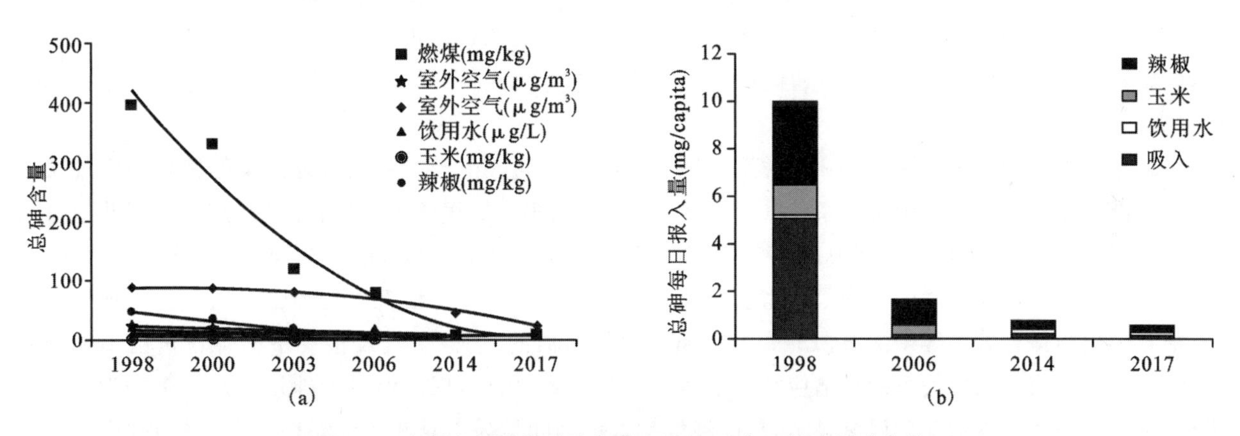

图7-1　贵州兴仁燃煤型砷中毒病区近20年环境介质砷含量

(a)及总摄砷量;(b)变化

(图片来源:Wang DP et al. Environment International,2019)

三、燃煤砷暴露的健康危害

(一)流行与分布

1. 地域分布　据2010年全国地方病统计报表显示，我国燃煤型砷中毒病区主要分布在贵州省和陕西省南部，涉及13个县(市、区)、1 642个村、约37万户家庭，有砷中毒患者1.6万余人，受威胁人口122万人。

(1)贵州省于20世纪60年代至90年代相继在黔西南州的兴仁、安龙、兴义及毕节地区织金等4个县(市)发现燃煤型地砷病流行。病区范围涉及9个乡镇,32个行政村,8 786户病区家庭,受威胁人口约4万人。

(2)陕西省燃煤型砷中毒病区主要分布在秦巴山区安康地区的镇坪、平利、岚皋、紫阳和汉中地区的镇巴等8个县。2004年流行病学调查结果显示,陕西省秦巴山区的8个县(区)涉及1 335个行政村,36.55万户病区家庭,砷中毒患者1.3万余人,受威胁人口141万人。

2. 人群分布

(1)性别。总体男性发病略多于女性,其可能与男性劳动强度大,进食量(砷摄入量)大有关,亦可能与不同性别间砷代谢差异有关。

(2)年龄。各年龄段均有发病,一般年龄较长者患病较多且病情较重。但在重病区如兴仁县交乐乡(现雨樟镇),少数儿童亦患严重砷中毒,最小年龄4岁,最大78岁,多发生于20～50岁年龄段。

(3)职业和民族。燃煤型砷中毒尚无职业、民族分布差别,病区各民族均有发病。此外,凡长期大量接触砷的各种职业人群均可发病。

(4)个体差异。生活在同一病区环境中的人群,其家庭成员发病情况不一,发病程度也有所不同,提示燃煤型砷中毒的发病具有个体差异。针对个体易感性开展研究,对燃煤型砷中毒防治具有现实意义。

3. 时间分布 燃煤型砷中毒全年均有散在发病,无特定周期,但多发生于冬春季节,与该期间气候寒冷、敞炉灶燃煤时间长有关。

(三)流行特征

1. 砷暴露量与患病率

(1)燃煤砷含量与砷中毒患病率相关关系。研究发现,燃煤砷含量与砷中毒患病率之间呈明显正相关关系,回归方程为$\lg(Y+3)=0.738\lg(X-20)-0.462$(图7-2A)。根据回归方程计算,患病率保持为0时,燃煤砷含量最高值为38.7 mg/kg,但暴露于燃煤砷含量为50～100 mg/kg的人群患病率约为2%,值得重视。

(2)总摄砷量与砷中毒患病率相关关系。燃煤型砷中毒病区由于多数通过砷污染的粮食和空气摄入砷,其摄砷状况较饮水型砷中毒复杂。20世纪90年代以后多数居民逐渐不掺食烘烤的玉米,因此通过消化道摄入的砷主要从烘烤的辣椒中摄入。一般情况下,空气中的砷、烘烤粮食与辣椒中的砷含量与燃煤砷含量、烘烤时间以及烘烤的干燥程度密切相关。因此空气中及烘烤粮食中的砷含量明显受当地燃煤方式、粮食干燥与保存方式等生活习惯的影响。随着生活习惯的改善,空气及粮食中的砷含量已不能准确反映病情,砷暴露与效应关系的评估应结合生活行为等方式综合考虑。但总摄砷量仍是一个科学的综合指标,可反映机体摄砷情况。研究显示,总摄砷量与患病率间呈显著正相关关系(总摄砷量与砷中毒患病率:$n=9$,$r=0.955$,$p<0.001$,$Y=13.415X-20.728$;总摄砷量与煤砷含量:$n=9$,$r=0.880$,$p<0.01$)。(图7-2B)

2. 砷内负荷与患病率关联性

(1)尿砷与患病率关联性。机体摄入的砷主要由肾脏经尿排出体外。因此,尿砷含量是反映机体内吸收的砷(负荷)或暴露量的重要指标之一。研究显示,机体尿砷含量与砷中毒患病率、病情均呈明显正相关。但是,不同个体间尿砷含量差异较大,受饮食习惯、季节变化等多因素影响。故尿砷宜作为群体砷暴露指标而不宜作为个体诊断指标,且尿砷多反映机体近期砷暴露情况。近年对砷中毒病人尿中砷形态研究结果显示,贵州省兴仁县雨樟镇砷中毒人群尿中排泄的砷形态主要为DMA,且存在性别差异,女性DMA排泄量显著多于男性,其原因需进一步研究阐明。

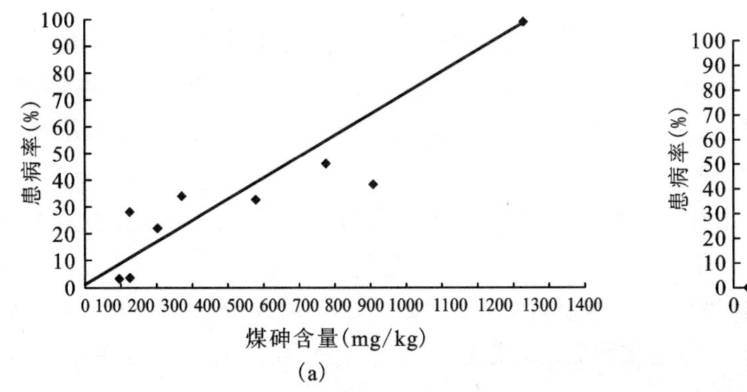

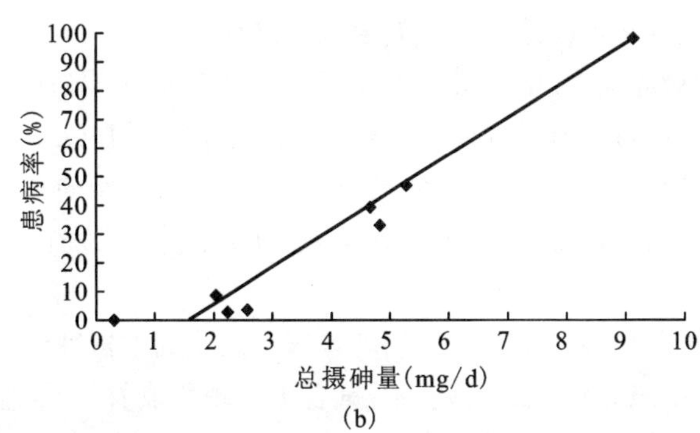

图 7-2　燃煤砷含量(A)、总摄砷量(B)与砷中毒患病率相关关系

(图片来源:张爱华．砷与健康[M],北京,科学出版社,2008：132-133)

(2)发砷与患病率关联性。发砷含量亦是反映人群体内砷负荷的一个重要指标。研究显示,砷中毒人群发砷含量与尿砷含量间呈明显正相关,且与砷中毒病情(临床分度)呈显著正相关。

3. 砷暴露时间与发病率关联性　燃煤型砷中毒病区燃用高砷煤时间与砷中毒发病关系的调查结果显示,暴露者连续燃用高砷煤时间最短 2 个月即有发病,最长为十四年,平均三年。但机体实际暴露于高砷环境的时间往往难以调查并准确计算,当地住户燃用煤来源不固定,高砷煤也来源于当地不同煤窑,因此燃煤砷含量差别较大,由此给砷暴露时间与砷中毒流行的评估带来较大困扰。

(四) 临床表现

燃煤型砷中毒的临床表现以多脏器多系统损害为特点,病人除具有慢性砷中毒的典型皮肤病变(皮肤角化过度、色素异常)外,尚较早出现呼吸系统、消化系统、神经系统、泌尿系统、免疫系统、眼及球结膜微循环等特征性改变,皮肤、肝脏损害和癌症发生率较高,肝硬化和皮肤癌是其主要死因。

1. 症状与体征

(1)皮肤病变。主要发生在躯干、四肢部位,以躯干皮肤白色脱色斑与棕褐色素斑交错出现和对称性掌跖皮肤过度角化为主。皮肤损害按检出率依次为脱色斑、混合斑、融合角化、褐色斑、溃烂或皲裂、单个散在角化、癌变等(刘忠义等,2001)。

1)皮肤色素改变。主要包括皮肤色素沉着和脱失,早期病变表现为胸腹部、背部皮肤弥漫性浅褐色斑点,同时出现点状浅白色斑点;随着病情不断加重,病变逐渐表现为褐色斑点夹杂色素脱失斑点,交错成网眼状,分布广泛;重症砷中毒病人表现为色素加深,呈深褐色,似皮肤异色病,同时常伴有褐色角化斑(丘)疹(魏羽佳等,2001)。

2)皮肤角化。主要发生在掌跖部位,根据皮损形态可分为点状角化、鸡眼状角化、疣状角化、角化斑(丘)疹以及皮角样角化五种类型,以前三种类型较为多见(魏羽佳等,2001)。多数角化点高出皮肤 1～2 mm,少数可高出皮肤 3～4 mm,其表面坚硬、粗糙并伴有皲裂,边缘界限不清,部分可产生凹陷,致使手足活动受限,时有压迫疼痛感(杜晖等,2000)。

3)皮肤癌。多由掌跖角化引起,以 Bowen's 病、鳞状上皮细胞癌和基底细胞癌较为多见,癌变部位以手、足多见。有研究报道,砷中毒病人皮肤过度角化 15 年以上可继发皮肤癌,从角化到继发癌变的平均间变期为 17.5 年(杜晖等,2000)。

(2)呼吸系统。常见的呼吸系统症状有咳嗽、咳痰、胸闷、气短等,较重病例可出现鼻中隔穿孔。研究发现燃煤型砷中毒人群肺功能损害出现早而广泛,主要表现为限制性通气障碍。同时观察到病人皮肤损害与肺功能损害的程度并不平行,提示呼吸系统受砷的影响较皮肤敏感,但进展相对缓慢(孙兰英等,

2000；王连方，1997）。

(3)消化系统。主要表现为食欲减退、恶心、腹痛、腹泻、腹胀、便秘、肝区疼痛及肝脾肿大等，尚可并发口腔炎、牙龈炎等。消化系统损害中尤以肝脏损害最为严重，可出现不同程度的肝损伤、肝纤维化，后期可出现肝硬化甚至肝癌（杨大平等，2000；Lu et al，2001；Liu et al，2002）。调查发现，肝硬化腹水是燃煤型砷中毒病人死亡的主要原因之一，从发生砷中毒至出现肝硬化腹水的时间为1～25年，平均约为12年，出现腹水至死亡的时间平均约为1年半，死亡前主要表现为上消化道出血伴右上腹剧痛（李达圣等，2004；安冬等，2005）。

(4)神经系统。长期砷暴露可观察到中枢神经系统抑制症状（如嗜睡、头痛、烦躁等）以及周围神经神经系统症状（如手脚麻木，重者可出现手套袜套样感觉异常、蚁走感等）。燃煤砷暴露对神经系统的影响以远端感觉神经损害为主，其损害的发生早于运动神经且很少累及神经根与自主神经（刘桂成等，2001）。

(5)泌尿系统。肾脏是砷及其代谢产物排泄的主要器官，砷中毒可造成不同程度的肾脏损害，主要累及肾小球和肾小管，表现为肾小球毛细血管内皮细胞肿胀、间质水肿、炎性细胞浸润和近曲小管肿胀、变性及脂肪样变，从而造成肾小球滤过率下降和肾小管重吸收功能障碍。其主要病理学特征是微小病变型肾病，可表现为慢性炎症、肾小管萎缩和肾小球硬化等，也是导致血、尿β_2-微球蛋白增高的病理学基础。燃煤砷污染对肾脏功能的损害程度相对较轻、病程发展较慢（杨运旗等，2003；杨运旗等，2007；Xu et al，2016）。

(6)免疫系统。免疫系统作为砷中毒的靶点之一，研究表明，燃煤型砷中毒可导致患者免疫功能持久性损害，如引起人体免疫球蛋白（如IgG、IgA、IgM等）、补体（如C_3、C_4等）含量改变；抑制T淋巴细胞免疫功能；降低患者外周血中CD_3^+，CD_4^+细胞及CD_4^+/CD_8^+比值；导致T细胞刺激指数及外周血单个核细胞内钙离子指数下降及T细胞增殖能力抑制等（李军等，2007；张然等，2009），且免疫功能的损伤与砷中毒病情持续发展密切相关。通过测定燃煤型砷中毒患者血清IL-2、TNF含量，发现两者变化是机体免疫损伤的重要指标，其水平下降会导致燃煤型砷中毒患者免疫功能随之下降（Zeng et al，2017）。

(7)眼。燃煤过程中产生的烟尘除含砷化物外，还含有二氧化硫等各类刺激性气体，因此燃煤型砷中毒患者的眼病较饮水型严重，以结膜、角膜、视神经及视网膜损害为主，临床表现为视力下降、视野变小、流泪、结膜充血等。（陈晓钟等，2002；王连方，1997）。

(8)循环系统。砷吸收后主要通过循环系统分布到全身各组织器官，对循环系统的危害亦不容忽视。临床上主要表现为与心肌损害有关的心电图异常和局部微循环障碍导致的雷诺氏综合征、球结膜循环异常、心脑血管疾病等（郭渝成等，2000；康家琦等，2004）。

(9)其他。除上述主要临床症状以外，砷还可通过胎盘屏障进入胚胎，进而影响子代健康。在对贵州兴仁县雨樟镇燃煤型砷中毒病区先天畸形的一项调查中发现，病区人群先天畸形率为18.26‰，显著高于周边非砷中毒村（6.91‰），亦高于1986年国家对上百家医院的调查结果（13.07‰）及1991年再次调查结果（10.23‰）。畸形检出类型以唇裂、多或并指（趾）及外耳畸形、腹股沟斜疝等多见，占畸形总数的70%以上（李达圣等，2005）。

2. 实验室检查与其他辅助检查

(1)胸部X线与肺功能检查。燃煤型砷中毒病人X线检查发现异常率约为21.4%，主要表现为肺纹理增多、增粗、紊乱，但缺乏特异性；而用力肺活量、1秒用力呼气量、3秒用力呼气量、用力呼气中期流速、最高呼气流速、呼出75%VC时的流速、呼出50%VC时的流速、呼出25%VC时的流速、肺活量、每分最大通气量、潮气量及最高吸气流速12项肺功能指标检测发现，砷中毒病人肺功能检查异常率为82.2%，其中71.6 %为限制型通气功能障碍（孙兰英等，2000）。

(2)肝脏B超与肝生化指标检查。燃煤型砷中毒病人肝脏B超检查以肝脏回声增强、增粗、肝光点细

密、肝肿大为主，其异常率为46.19%，肝肿大率约为21.32%（黄晓欣等，2002）。研究发现，反映肝细胞损害的指标血清胆汁酸（serum bile acid，SBA）、总胆汁酸（total bile acid，TBA）、γ-谷氨酰转肽酶（γ-glutamyl transpeptidase，γ-GT）、谷胱甘肽硫转移酶（glutathione S-transferase，GSTs）、谷丙转氨酶（glutamate-pyruvate transaminase，GPT）、血管内皮素（endothelin，ET）和肝纤维化血清学指标透明质酸（endothelin，HA）、Ⅳ型胶原（type Ⅳ collagen，Ⅳ.C）及Ⅲ型前胶原（precollagen-Ⅲ，PC-Ⅲ）均明显升高。其中SBA可反映砷中毒早期肝损伤情况，γ-GT和ET在病情中晚期显示异常（黄晓欣等，2002）。此外，反映肝细胞合成功能的指标血清白蛋白（albumin，ALB）、总蛋白（total serum protein，TP）含量及胆碱酯酶（acetylcholine esterase，CHE）活性均降低，其降低比例分别为66.57%、77.05%和96.72%，提示血清中的ALB、TP含量及CHE活性变化较肝脏B超检查砷中毒病人肝损伤情况更为敏感（赵转地等，2006）。

(3)神经电生理检查。燃煤型砷中毒病人神经电生理检测显示，肌电图中66.7%以多相不规则波为主；神经传导速度测定中，正中神经与腓总神经的运动神经传导速度（motor conduction velocity，MCV）和正中神经、尺神经、腓浅神经的感觉神经传导速度（sensory nerves conduction velocity，SCV）均有减慢，而MCV远端动作电位潜伏期明显延长，神经传导速度的异常远比纤颤、正尖波检出率高，而且随病情的加重改变愈加明显；对周围神经的近端，上肢采用F波测定，下肢采用H反射测定进行观察，F波与H反射异常率不高，提示砷中毒很少累及神经根；对反映中枢段体感传导通路完整性的体感诱发电位检测发现，其异常率高达60.8%，具体改变以N_{20}以后成分分化差、离散为主要特征，与临床有头疼头昏症状病人极为相近，提示砷中毒患者同时伴有中枢神经系统损害（刘桂成等，2000；刘桂成等，2001）。

(4)心电图、微循环检查。燃煤型砷中毒患者心电图检查异常率为69.56%，主要以心室肌复极异常改变为主，表现为Q-Tc间期延长、ST-T波异常及J波明显，且多数病例同时出现多项心室复极异常的表现；其次为左心室高电压，可能与病人长期从事重体力劳动有关，而心脏传导阻滞及心律失常等其他心电图变化不大（伍国发等，2001）。

球结膜微循环改变以微血管数目减少、微血管边缘不齐、粗细不均、血球聚集、血管周围渗出、血流速度缓慢及缺血区出现为主。轻度砷中毒病人以球结膜微血管数目减少及血管周围渗出为主要表现，中度砷中毒病人微血管边缘不齐、粗细不均、血流速度缓慢等表现更为显著，重度砷中毒病人的微循环障碍发生率随病情加重而逐渐升高，尤其以血球重度聚集及缺血区的出现更为明显（郭渝成等，2000）。

一氧化氮（nitrogenmonoxidum，NO）和内皮素（endothelin，ET）是血管内皮细胞分泌的一对重要的舒缩血管因子，它们相互作用保持动态平衡，维护血管基础张力、减少白细胞和血小板的黏附与聚集，一旦该平衡失调，将引起血管内皮细胞损伤。研究发现，中、重度砷中毒人群NO水平随病情发展呈下降趋势，而ET则呈上升趋势，中、重度砷中毒人群与正常人群比较均有统计学意义，且中、重度组间差异亦有显著性。此外，砷中毒人群在出现上述症状的同时伴有脱落的内皮细胞数量增加，提示燃煤砷中毒发生发展过程中存在血管内皮细胞损伤（张碧霞等，2004）。

(5)眼部检查。燃煤型砷中毒患者眼前、后节显微镜检查发现，其翼状胬肉及睑裂黄斑的患病率明显增高，且翼状胬肉两翼较宽大，程度较重；角膜呈现尘埃状混浊，透明度下降；此外，角膜基质层内出现散在无规律排列的蛛丝状物，在高倍裂隙灯显微镜下表现为灰白色，因无病理学证据，故其原因尚未明确，考虑与角膜代谢障碍有关（陈晓钟等，2002）。

(6)肾功能检查。肾功能检查显示，燃煤型砷中毒病人出现肾小球及肾小管损伤时，血中和尿中β_2-微球蛋白（β_2-microglobulin，β_2-MG）、尿N-乙酰-β-D-氨基葡萄糖苷酶（β-N-Acetylglucosaminidase，NAG）含量均会发生改变，且能及时地反映肾脏功能的改变，而血肌酐（serum creatinine）和尿素氮（urea nitrogen，UN）则不如β_2-MG敏感。对轻、中、重度燃煤型砷中毒病人随机尿液进行反映近曲小管损伤的指标视黄醇结合蛋白（retinol binding protein，RBP）、肾小管受损指标α_1-微球蛋白（α_1-microglobulin，α_1-MG）和肾

小球滤过膜损伤的标志转铁蛋白(transferrin,TRF)检测发现,轻度砷中毒人群RBP、TRF和α_1-MG水平有增高趋势,但与正常人群比较无统计学意义;中度砷中毒人群RBP、α_1-MG水平显著升高,TRF仅呈上升趋势;重度砷中毒人群尿中TRF也显著升高。表明随砷中毒程度的加重,肾小管损伤程度明显增加,在中毒的后期还存在肾小球滤过膜的损伤(张彤等,2006)。

(五)病理特征

燃煤砷污染对机体具有全身性多脏器损害特点,但限于标本难以获得,至今各组织器官的病理改变资料不多。在燃煤型砷中毒病区,医务人员利用自愿治疗病人标本,累积获得一些燃煤型砷中毒患者皮肤、肝脏、肺脏、肾脏等宝贵组织病理学资料。

1. 皮肤组织病理学及超微结构改变 燃煤型砷中毒患者的皮肤基本病理变化可概括为表皮增生、色素改变、表皮角化、角质层增厚、细胞异型等。病理形态学表现与皮肤病变的演变过程一致,即由皮肤表皮增生、色素改变(轻微损伤)到皮肤角化过度(中度损害),再到细胞不典型增生(癌前病变),最后细胞排列紊乱、异型增生(皮肤癌)(张爱华等,2003)。

(1)色素改变。皮肤色素改变包括色素沉着和色素脱失。光镜下,皮肤基底层细胞普遍含有棕黄色细小色素颗粒,部分棘层细胞胞浆内含有相同颗粒,真皮浅层有较多的噬色素细胞及游离的黑素颗粒。电镜下可见表皮细胞的细胞器轮廓清楚,基底层细胞胞核偏位,胞质内有较多电子密度高的黑素小体,呈圆形,大小不一,棘细胞的胞核较大,胞质内张力原纤维增粗,清晰可见(张爱华等,2003;魏羽佳等,2001)。

(2)皮肤角化。燃煤型砷中毒患者皮肤角化多见于手掌和足跖,可扩大至手足背等部位。光镜下主要表现为表皮角化过度并伴有角化不全,角化可呈同心圆或山谷状,棘细胞层可见较多胞体增大的空泡细胞,个别病例棘层下部及基底层可见异形细胞及角化不良等细胞,细胞核大而深染,大小不等,形态不一,排列紊乱,真皮浅层有较多淋巴细胞浸润(张爱华等,2003;魏羽佳等,2001)。

(3)皮肤癌。皮肤癌变患者首先出现角化点边缘红肿,压迫时剧痛,继而有组织液渗出,直至溃烂呈典型的菜花样,合并感染时可形成经久不愈的溃疡,病灶周围可见瘘管形成。光镜下,皮肤组织表皮角化明显增生,间质内有较多慢性炎症细胞浸润,鳞状上皮细胞体积显著增大,大小不均,核异常增大,染色质较粗糙且分布不均,核异型明显。电镜结果显示,细胞质内有多量电子密度高的圆形黑色素小体,大小不一,细胞核增大且有异常核分裂相,呈典型癌变表现(张爱华等,2003;杜晖等,2000)。

2. 肝脏组织病理学及超微结构改变 燃煤型砷中毒患者肝脏损害早期以肝细胞及其细胞器肿胀、变性为主,中、晚期则以坏死及纤维增生为主。光镜下显示肝细胞肿胀、胞质疏松及肝索排列紊乱,肝窦明显扩张、充血,重者可出现弥漫性脂肪变、嗜酸性变及小灶性溶解、坏死,纤维增生和炎性细胞浸润,肝汇管区内有炎性细胞浸润,有一定坏死、再生和纤维组织增生及纤维隔形成。电镜下显示肝细胞核固缩,细胞内有脂滴、膜破坏、线粒体肿胀、粗面内质网肿胀、脱颗粒及胶原纤维增生明显等表现,亦有电子致密颗粒增多、脂肪小滴形成及髓鞘样变化等(杨大平等,2000;Lu et al,2001)。

3. 肺脏组织病理学及超微结构改变 光镜下显示,肺间质中纤维样组织增多,肺间质增厚,可见少量淋巴细胞和中性粒细胞浸润。肺泡壁呈轻、中度水肿,明显增厚,内皮细胞体积变大,肺泡腔内含有蛋白样物质,局部可见炭末样物质沉着,并有少许尘埃细胞。电镜显示,肺泡Ⅱ型上皮细胞变性、坏死、脱落,数量明显减少;板层颗粒数量减少、变性,胶原纤维显著增生,可见中性粒细胞凋亡现象。燃煤砷对人体肺脏的损害主要在肺间质,表现为肺间质纤维化(孙兰英等,2003)。

4. 肾脏组织病理学及超微结构改变 光镜下可见肾小球体积明显增大,毛细血管内皮细胞肿胀,间质水肿且系膜细胞增多,并见少量炎性细胞浸润,近曲小管中度肿胀、变性并伴有脂肪变性。电镜下肾小

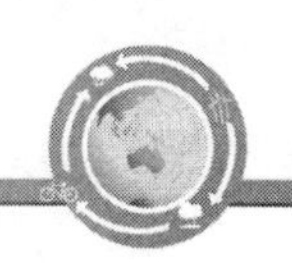

球结构尚清晰，但间隙明显扩大，足突呈广泛或部分节段性融合，足细胞内可见较多脂肪滴、溶酶体及脂褐素，并伴有轻度肿胀、溶解。内皮细胞增生、轻度肿胀，基底膜呈现节段性增厚伴系膜细胞插入，未见免疫复合物沉积（杨运旗等，2007）。

5. 神经肌肉组织病理学及超微结构改变　砷中毒病人腓肠肌神经病理观察发现：光镜下神经纤维变性萎缩，部分区域呈现脱髓鞘改变，间质中未见明显炎症细胞浸润；电镜下显示神经纤维改变为有髓神经纤维，部分有髓鞘分层、溶解塌陷现象，髓鞘下可见大空泡，轴浆内结构基本正常，部分雪旺氏细胞轻度肿胀。骨骼肌在光镜下病理改变呈现节段凝固性坏死，肌肉中未见明显炎症细胞浸润，电镜下肌丝呈灶性溶解，肌膜呈城垛样改变，另有T小管增多，肌细胞部分发生萎缩，间质增多等表现。上述各种改变是导致燃煤型砷中毒病人系列神经系统症状出现的病理学基础，如远端肢体麻木、头痛头昏等症状（刘桂成等，2006）。

（六）诊断与鉴别诊断

1. 诊断　对于燃煤型砷中毒的诊断，目前主要依据我国地方性砷中毒诊断标准 WS/T211－2015 来进行，具体诊断标准详见本章第一节“饮水砷污染健康危害与防治”部分。然而，系列研究发现，按现行地方性砷中毒诊断标准检查无异常的病区燃煤砷暴露者，较多人呈现多项暴露或效应生物学标志的异常改变。因此，在燃煤型砷中毒防控过程中，在重视病区病人健康监护的同时也应高度重视对高砷暴露人群的健康监测。此外，加强早期敏感特异生物学标志的筛选及验证对修订和完善地方性砷中毒诊断标准，尤其是对燃煤型砷中毒多脏器、多系统损害的早期诊断、健康风险预警等具有重要参考意义和实用价值。

2. 鉴别诊断　典型的燃煤型砷中毒病人根据其特征性皮肤病变（皮肤三联征），不难与其他相关疾病鉴别。但若单独出现某一皮肤病变（如单纯色素脱失或皮肤角化），且其改变不明显时则需要与其他相关皮肤疾病相鉴别。

（1）与掌跖角化疾病的鉴别。

1）手癣和足癣（鳞屑角化型）。此类皮肤病变其皮损一般为大小不等的片状肥厚角化，边缘清晰，常合并发生片状鳞屑，在夏季可发生水疱。多发于掌心、足底侧缘及足跟部，严重时会波及整个手掌或足底。自觉症状有瘙痒、皲裂时疼痛等。真菌镜检可发现真菌菌丝和孢子，真菌培养阳性。鉴别要点：形态、自觉症状、真菌镜检。

2）皲裂性湿疹。为掌跖部的慢性湿疹，病史较长，有急性和亚急性湿疹发作病史，多见于成年人。皮疹常对称发生在两手掌或两足底部，常在浸润的基底上，皮肤表面粗糙、干燥，可角化肥厚，继而发生皲裂，在冬季尤为明显，偶尔可累及指甲。自觉症状瘙痒，皲裂时疼痛。鉴别要点：形态、自觉症状。

3）胼胝。是由于手足长期受压和摩擦而引起的皮肤局限性片状角化，呈圆形或不规则形，大小不等，稍隆起于皮肤表面，呈蜡黄色或灰白色、质地坚硬、表面光滑，压痛不明显。发病部位以手足部，尤其以掌跖骨突起处多件，常对称发生。鉴别要点：形态、自觉症状。

4）鸡眼。为足部皮肤局限性、疼痛性圆锥形鸡眼状角质增生性损害，其发病与局部长期受挤压及机械性摩擦有关。皮损多发于足趾，尤其在足前弓、小趾外侧等骨突出或两趾间多见。多为米粒至豌豆大小，边界清楚，表面平滑，颜色淡黄，有明显压痛，常单发或2～3个多发。鉴别要点：形态。

5）寻常疣。由人类乳头瘤病毒感染引起，是一种肉色至棕色丘疹，多发于手背、手指及足缘等处。初起小丘疹，逐渐增大呈黄豆大或更大，表面粗糙，角化过度，质地坚硬，呈污黄或污褐色，修剪时或搔抓时易出血。一般无自觉症状，可有压痛，病程缓慢，少数可自愈。鉴别要点：形态、病理。

6）进行性对称性红斑角化症。又称可变性红斑角皮病，该症状往往在幼年被发现，两手掌和足底出现对称性红斑浸润，随病情不断进展，在掌跖红斑基础上角化，且鳞屑不易剥脱，常无自觉症状。皮损可泛发至手背、足背、四肢及手膝等处。指（趾）甲可发生肥厚、变色、粗糙等改变。鉴别要点：发病年龄、形态、好发部位、自觉症状。

7)遗传性掌跖角化病。是一组先天性掌跖角化疾病,多数在婴幼儿或幼年期发病,轻者掌跖皮肤发干、发硬、角化过度,随年龄增长,对称性掌跖角化逐渐明显,形成黄色半透明角化层。常形成皲裂,冬季时症状加重。指(趾)甲可被累及并变厚,失去光泽。鉴别要点:发病年龄、形态、家族史。

(2)与色素沉着疾病的鉴别。

1)色素性荨麻疹。多见于儿童,皮损包括风团、棕色或玫瑰色稍隆起的斑丘疹、结节、水疱等,发病过程中伴有剧烈瘙痒。损害消退后遗留较多圆形、椭圆形或形状不规则的色素沉着斑。主要发生在躯干、颈部和四肢等部位。鉴别要点:发病年龄、病史形态。

2)单纯雀斑样痣。多发于幼年,色素沉着呈棕色或棕黑色,形状呈圆形或椭圆形,常发生于身体一侧,以躯干、腹部、颈部甚至面部较为常见。鉴别要点:发病年龄、形态、好发部位。

3)脂溢性角化病。又称老年疣,为一种良性皮肤肿瘤,皮损常为多发性,可见于任何部位,以头面、躯干及上肢最为常见。早期损害为扁平的丘疹或斑片,皮色或褐色,表面光滑,后期逐渐增大,形成境界清楚的斑块,表面可成乳头瘤样增生,褐色或黑色。该病病情缓慢,一般无自觉症状,亦无自愈倾向。鉴别要点:发病年龄、形态。

4)家族性进行性色素沉着综合征。在出生或出生后不久即出现全身性褐色色素沉着斑,并伴有进行性加重,无自觉症状,青春期后停止,但色素沉着不会自然消退。色素沉着为全身性,但在躯干、四肢、手足背、额、颊、眼、口周及颈部更易有色素性斑片。鉴别要点:发病年龄、形态、好发部位。

(3)与色素脱失斑点疾病的鉴别。

1)白癜风。可发生在任何年龄段,但以青少年及青年多见。表现为色素脱失斑,形态、大小不定;稳定期白斑与周围正常皮肤界限十分清楚,周边颜色稍深;可出现在身体任何部位,甚至波及绝大部分皮肤或全身皮肤,一般无自觉症状。鉴别要点:形态。

2)特发性色素减退症。一般在20岁之后发病,皮损数量和大小随年龄增长而逐渐增加,多为边界清楚的角状瓷白色小斑点,好发于四肢伸侧。鉴别要点:形态。

3)老年性白斑。又称特发性点状白斑、特发性点状色素减少症,为皮肤老化的表现之一,因局部多巴阳性的黑素细胞减少引起。皮疹随年龄逐渐增多,多为躯干、四肢非暴露部位白色斑疹,2~5 mm大小,界限清楚,表面稍凹陷,表面无鳞屑,一般无自觉症状。鉴别要点:发病年龄、形态。

4)贫血痣。为局限性皮肤浅色斑,出生后或儿童期发生且终生存在。好发于面部、颈部或躯干。多为圆形、椭圆形或不规则形的浅色斑,单发或多发,边缘处皮肤色泽不加深,摩擦或拍击患处不发红,用玻片压迫时,与周围皮肤颜色不易区分,无自觉症状。鉴别要点:发病年龄、形态。

5)花斑癣。俗称"汗斑",是由糠秕马拉色菌所致的皮肤浅表慢性真菌感染,其皮损好发于前胸、后背及腋窝等皮脂腺丰富的部位,可表现为色素减退斑,亦可表现为色素沉着斑,边界较清楚,皮疹上覆灰尘样或糠秕样鳞屑,一般无自觉症状,偶有轻度瘙痒。真菌镜检可发现真菌菌丝和孢子。鉴别要点:形态、真菌镜检。

四、燃煤砷暴露健康危害的防治

(一)燃煤砷暴露健康危害的预防

1. 封闭高砷煤窑,杜绝开采高砷煤矿 开采、使用高砷煤可造成室内外空气及食物砷污染,污染的空气、食物经呼吸道、消化道等进入人体造成危害。因此,杜绝开采使用高砷煤是防止燃煤型砷中毒的首要措施。20世纪90年代以来,为进一步控制燃煤型砷中毒流行,各级政府和相关部门成立了地方性砷中毒

防治领导小组，加强对高砷煤的监测，对发现的高砷煤窑坚决封闭，并通过颁发布告和通知，禁止村民到高砷煤矿区采煤，并以集中的高砷煤窑为中心，划定高砷煤区以外 0.2 km^2 的范围为禁采煤区。

2. 健康教育与健康促进　除燃用高砷煤外，村民敞炉灶烧煤等不良生活卫生习惯是导致燃煤型砷中毒不能得到有效控制的主要原因。因此，在先期落实改良炉灶等措施的基础上，卫生、教育部门和村委会继续在病区开展针对性的健康教育与行为干预，教育引导群众正确使用燃煤炉灶以及形成良好的生活行为习惯。在联合国儿童基金会(UNICEF)和中国疾病预防控制中心地方病控制中心的支持下，2003 年将健康教育和促进的干预模式应用到贵州省病区砷中毒的控制，通过健康教育试点，使病区村民能真正掌握地方性砷中毒防制卫生知识，不使用高砷煤，改良和正确使用炉灶，改变生活陋习，有效地减少砷污染，取得了较好的效果。

3. 改良炉灶　"十一五"期间，在中央财政补助地方公共卫生专项资金地方病防治项目的支持下，我国在燃煤型砷中毒病区实施以改良炉灶为主的综合防控措施。贵州省病区采取以健康教育为基础，禁止开采高砷煤和改良炉灶为主，其他能够有效阻断砷污染途径的措施相辅的综合防控模式。在 2005 年度完成 1 万余户防控任务，病区改良炉灶率达到 100%，炉灶正确使用率达到 85%以上，直接受益人口 4.4 万余人；陕西省病区在 2005～2007 年，利用中央补助地方公共卫生专项资金 3 340 万元，三年内完成约 19.30 万户病区家庭改良炉灶任务，累计改良炉灶约 36.55 万户，改良炉灶率达到 100%，炉灶正确使用率达到 92%以上，受益人口达 141 万余人。

(二)燃煤砷暴露健康危害的治疗

1. 驱砷治疗　20 世纪 90 年代初，研究人员采用二巯基丙醇、二巯基丁二酸钠及青霉胺等对燃煤型砷中毒病区病人进行了驱砷治疗。结果显示，所有接受治疗者皮肤病变治疗前后未见明显改变。多数病人尿砷含量未下降到正常以下，轻度病人 31 种症状体征消失率为 35.1%，重度病人消失率更低。1 年后绝大多数接受治疗且当时自觉有效果的病人病情复发或发展。说明用驱砷药物治疗慢性砷中毒病人虽然可以部分缓解其中毒症状，但总体疗效欠佳。

2. 皮肤对症及手术治疗　与饮水型砷中毒一致，皮肤病变也是燃煤型砷中毒主要的体征之一，近年来国内学者针对燃煤型砷中毒皮肤症状进行了系列对症及手术治疗，并取得较好效果。

(1)对砷疔及过度角化的皮肤组织进行封包治疗。采用复方维甲酸软膏对砷疔及过度角化组织进行封包治疗，每日 1 次，2 个月为 1 疗程。可使皮肤轻度角化消失、过度角化明显减轻，无新的砷疔长出，总有效率为 75.6%(任渝江等，2000)。

(2)对不宜手术的皮肤损害病人及经久不愈的皮肤溃疡进行电化学治疗。瘤体常规消毒，以 1%普鲁卡因或 2%利多卡因局部浸润麻醉，应用电化学治疗仪治疗，治疗时间 1～2h。1 年后治疗疗效评价，总缓解率为 100%，2 年后随访疗效为 93.3%(岑笃才等，2001)。

(3)对适宜手术治疗的疼痛性砷疔、可疑癌前病变和局限性癌变皮肤进行手术切除，效果显著，是一种防止皮肤癌变发生的有效方法。

3. 辅助治疗　针对燃煤型砷中毒病人多脏器、多系统损害严重，癌症高发等特点，医务工作者们针对较明确的免疫抑制和氧化损伤等致病机制，应用银杏叶片、强化 SOD 刺梨汁、汉丹肝乐胶囊等对不同病情病人进行了一些辅助治疗探索，取得了一定成效。

(1)银杏叶片。银杏叶片含银杏内酯、银杏黄酮类化合物、多种微量元素及氨基酸等活性成分，具有清除自由基、扩张血管、改善微循环等多种功效。口服，120 mg/次，3 次/日，连续服用 3 个月，结果显示，银杏叶片具有拮抗血小板活化因子和脂质过氧化损害作用，能有效改善砷中毒病人肝损害(何云等，2005；杨光红等，2006)。

(2)强化SOD刺梨汁。强化SOD刺梨汁以刺梨为原料,富含SOD、刺梨多糖、多种维生素及微量元素,具有增强机体免疫力、抗衰老、排毒解毒、防癌抗癌等多种药用功效。口服120 ml/日,连续服用1个月,病人在治疗1周后尿砷排出量增加,随服用时间的延长和疗程的增加,尿砷排泄量逐渐降低,显示强化SOD刺梨汁具有一定的排砷降毒作用,同时还可提高砷中毒病人机体抗氧化物质的活性,增强其抗氧化能力,降低脂质过氧化程度(杨光红等,2006;何江等,2007)。

(3)汉丹肝乐胶囊。汉丹肝乐胶囊由汉防已总碱、丹参、黄芪等组成,具有良好的保肝、抗肝纤维化功效。口服,1.2 g/次,3次/日,连续服用3个月,汉丹肝乐胶囊可显著改善砷中毒病人的肝组织病理改变及临床症状(吴君等,2006)。

(张爱华 王大朋)

第三节 职业性砷暴露的健康危害与防治

元素砷是一种银灰色半金属,在自然界主要以砷化物的形式存在于矿石中。对于砷化合物的应用,早在4 000多年前,我国人民就已知可用雄黄(硫化砷)制造“长生丹”和黄色颜料;砷化合物的药用价值在我国至少有2 000多年的历史。1250年德国炼丹家阿尔别尔特·玛卡诺斯采用肥皂与硫化砷共同加热首次提取到元素砷,砷曾被炼丹者当作健身长寿的灵丹妙药,砷的氧化物As_2O_3被人们当作毒药和杀虫剂使用。随着科技的进步和发展,杀虫剂砷酸铅、砷酸钙等各种无机和有机含砷农药被大量合成并得到广泛应用。这些砷及其砷化合物的生产和应用一方面给人类带来巨大利益,但同时也带来了职业中毒和环境污染等严重问题。

一、职业性砷中毒简史

对于职业性砷中毒的认识,早在1820年,英国医生Paris就报道了接触砷烟尘的铜冶炼工人发生阴囊癌与长期接触砷有关。1945年,Watrous和Mccaughey对胂凡纳明制造厂近70名接砷工人和30名对照组工人的医学资料研究显示,皮肤角化过度、胃肠道症状、中枢神经系统症状、周围神经病等可作为砷中毒的亚临床或可疑指征。1947年,Neubauer等对143例皮肤癌患者进行了研究,发现71%的病例有砷接触职业史。1951年,Holmqvist等研究发现,冶炼厂空气中的无机砷化合物具有刺激皮肤、眼结膜和呼吸道黏膜的作用,可引起局部炎症反应。

20世纪50年代,我国砷及其化合物的生产方式普遍落后,设备较为简陋,生产场所砷浓度很高,致使职业性砷中毒及环境砷污染问题均较严重,早期只有零星的报告,60年代开始有了较多的调查和病例报告,从20世纪50年代到20世纪末全国发生了40余起严重的砷中毒事件。湖南省石门县白云乡有一座亚洲最大的雄黄矿,有1 500余年历史,主要生产砒霜、硫酸及用来制造鞭炮、药材的雄黄粉,丰富的砷储量在过去的几十年间为这片土地创造了光荣和财富,但是也深埋下砷中毒的种子。由于该矿生产条件落后,防护设施差,车间空气中砷含量较高,超过我国车间空气中砷的最高容许浓度0.3 mg/m^{3}数倍甚至数十倍,较多接触砷工人发生砷中毒。湖南省劳动卫生职业病防治研究所对该砷矿的开采和冶炼进行了系统的动态调研,并收集了大量职业人群砷中毒的资料,积累了较为丰富的经验。因此,国家职业病诊断标准委员会于20世纪80年代委托湖南省劳动卫生职业病防治研究所,组织江西省、云南省和广西壮族自治区职业病防治研究所、卫生防疫站等进行了职业性砷中毒诊断标准的起草工作。经过多年调查研究并参考国内外资料制定了《职业性慢性砷中毒诊断标准》。2002年,卫生部批准颁布了该标准(GBZ 83—2002)并强制在全国各地执行,该标准对保护广大砷接触职业人群的健康起到了重要作用。

二、职业砷暴露途径

(一)职业砷暴露形式

自然界中的砷多以硫化物形式夹杂于铅、铜、锌、锡等金属矿石中，地表含砷矿石多达数百种，主要的矿石有信石(AsS)、雄黄(As_4S_4)、雌黄(As_2S_3)和砷铁砂($FeAsS$)。

砷化合物种类很多，主要为砷的氧化物和盐类，常见的有 As_2O_3、As_2O_5、砷酸铅、砷酸钙、亚砷酸钠等，砷的化合物均有毒性，对作业工人有很大的危害。含砷矿石、炉渣遇酸或受潮、含砷金属酸处理时可产生工业废气砷化氢，砷化氢中毒是最常见的职业中毒之一。

(二)职业砷接触机会

砷化合物用途非常广泛，在有色金属冶炼、轻工业、农药、医药等领域中从事制造、贮存、运输及使用中都可接触砷及其化合物，如果预防控制措施不当，致使作业场所砷及砷化物超标，可引起职业人员或使用者产生急性或慢性职业性砷中毒。

1. 含砷矿石的开采和冶炼　开采雄黄、雌黄等含砷矿石，可接触砷化物粉尘；铜、铅、锌、金及其他含砷有色金属冶炼时，砷以蒸气状态逸散在空气中，形成氧化砷；冶炼炉维修、烟道灰及矿渣处理等过程中，可接触 As_2O_3 粉尘。

2. 含砷合金的制造　砷与铅、铜等制成的合金硬度、韧性和抗腐蚀性较强，用做半导体元件、轴承、汽车的散热器、蓄电池栅极、强化电缆套管、原子弹外壳等，在砷合金生产过程中可接触到 As_2O_3 等砷化合物。

3. 含砷化合物的制造、贮存和使用　含砷农药(如砷酸铅、砷酸钙等)、含砷防腐剂(如砷化钠)、除锈剂(如亚砷酸钠)等制造、贮存和使用中皆可接触砷化合物。

4. 含砷药物的制造和使用　含砷抗癌药、抗梅毒药，砷的氯化物及民间中流传的含砷偏方、秘方等药物，在生产和使用均可接触含砷化合物。

5. 其他含砷化合物的制造　玻璃工业用 As_2O_3 作脱色剂；皮毛制造工业上用 As_2O_3 作消毒防腐剂、用雌黄作脱毛剂；纺织、颜料工业用雌黄、雄黄、砷绿等做油漆和颜料，在这些工业生产中均接触到各种砷化合物。

三、职业砷暴露的健康危害

(一)流行特征

职业性砷中毒主要发生在冶金、轻工、化工、机械等行业。从事砷接触的行业生产条件一般较差，劳动强度亦较大，危害较重，因此职业性砷中毒发病率男性远高于女性。急性、亚急性职业性砷中毒可发生于任何年龄段，而慢性职业性砷中毒发病工龄为几个月至 2～3 年，长者可达 10 多年不等，发病工龄长短主要与接触砷浓度的高低密切相关。从事砷冶炼的乡镇企业或民营企业，其职业性砷中毒检出率相对较高，且砷中毒病情较为严重，主要原因与其规模小、工艺落后、设备简陋、机械化程度低、缺乏有效的防护措施、从业人员缺乏职业卫生相关知识、个人防护意识差等有关。

(二)临床表现

职业性砷中毒包括急性中毒和慢性中毒。急性职业性砷中毒是在通风不良的条件下，短时间内接触大量砷及其化合物引起以呼吸、消化、神经损害为主要表现的全身性疾病。而慢性职业性砷中毒是指在职业活动中较长时期接触砷及其化合物而引起的以皮肤、周围神经炎、肝脏损害为主要表现的全身性

疾病。

1. 急性职业性砷中毒临床表现 急性职业性砷中毒不多见，大多是由于设备事故或违反操作规程而引起的生产事故，或者在设备检修、进入砷冶炼的除尘、除砷系统中进行清扫时引起。

(1)呼吸道吸入砷化物中毒。主要表现为呼吸道症状，常见咳嗽、咳痰、喷嚏、咽痛、咽干、胸痛、呼吸困难等，X线检查可见肺纹理增多、增粗、紊乱、肺间质改变等。眼部刺激症状可见结膜充血、流泪、畏光等。吸入较高浓度者常伴有头昏、头痛、四肢乏力，甚至烦躁不安、痉挛和昏迷等。恶心、呕吐和腹痛、腹泻等消化道症状一般出现较晚。严重者多因呼吸和血管中枢麻痹而死亡。

吸入中毒常同时有皮肤接触，则可引起接触性皮炎，在皮肤暴露部位可见密集成片米粒大小的深红色丘疹，面部、眼睑、鼻、口唇周围及头颈部是好发部位，个别病例出现颜面水肿等症状。

(2)消化道摄入砷化物中毒。常见于饮用或食用砷污染的水源或食物而引起，临床上以消化系统症状为主，主要症状有以下方面。

1)急性胃肠炎。是砷中毒最突出的早期表现。食后数分钟至数小时即有腹痛、腹泻、恶心、呕吐等症状。重症患者吐泻十分剧烈，米汤样大便，常带血，可持续数日至两周。由于吐泻严重，常导致脱水、尿少、尿闭，甚至出现休克、急性肾功能不全，可因循环衰竭而死亡。

2)休克。一方面由于砷对心肌和毛细血管的直接损害，另一方面由于急性胃肠炎引起的脱水、电解质紊乱，急性中毒重症者 24 h 后可发生休克。患者常表现为极度烦躁，心音低钝，血压下降，脉搏细速，常同时出现心律不齐。若休克短期不缓解，常进入昏迷期，患者出现兴奋、躁动、谵妄、抽搐等，呈急性中毒性脑病的表现。

3)中毒性肝病。大部分病例伴有血清丙氨酸转氨酶(ALT)和天冬氨酸转氨酶(AST)活性增高，个别病例出现肝、脾肿大，黄疸及严重的肝功能异常。

4)贫血和白细胞减少。急性砷中毒 2～3 周后患者出现贫血和白细胞减少，部分患者出现血小板减少，但可恢复，预后一般较好。

5)皮肤及附件改变。急性中毒后一周左右，皮肤可见糠秕样脱屑，继之出现色素沉着。手足掌皮肤常有脱屑及过度角化，肢端皮肤出现皮炎、出血及紫癜。急性中毒 5～6 周后，患者手指、趾甲上出现 1～2 mm宽的白色横纹(Mees 氏线)，并随指甲的生长由甲根移向甲尖，4～5 个月后消失。Mees 氏线被认为是急性砷中毒特异的体征，对急性砷中毒的诊断和估计中毒的时间有重要意义。

(3)中毒性周围神经病。急性砷中毒 2～3 周后上述临床表现大部分缓解或恢复时，患者出现不同程度的“感觉型”或“感觉运动型”的多发性周围神经病的症状，起病隐袭，渐进发展。表现为肢体远端出现对称性麻木、针刺般感觉障碍或异常，多数患者足底部有烧灼样疼痛。因足部疼痛过敏，患者接触床单或抚摸足底部时可引起足底部的剧烈疼痛，数周或数月后进展为四肢末端感觉减退或消失，呈手套、袜子样感觉减退，肌张力低下，腱反射减弱或消失。腓肠肌往往有压痛。当病变累及神经根时，下肢可有牵引性疼痛，直腿抬高试验呈阳性。肌电图显示受累肌群呈失神经电位，感觉与运动神经传导速度减慢。少数可累及视神经和听神经，出现视力和听力障碍。中毒性周围神经病轻者经数月治疗可完全恢复，重者可遗留肢体麻痹，影响运动功能和劳动能力。

2. 慢性职业性砷中毒 在职业活动中，长期吸入或接触较低浓度砷化合物的烟雾、蒸气和粉尘，可对工人全身各个系统造成不同程度的慢性损伤，其发病潜伏期及损伤程度与砷剂量及个体易感性有关，潜伏期从半年至数十年不等。

(1)皮肤损害表现。多样性的皮肤损害为职业性慢性砷中毒重要的临床特点。皮肤损害包括皮炎，皮肤过度角化和皮肤色素沉着或脱失。

大多数砷化合物对皮肤黏膜具有一定的刺激性，因此长期接触砷化合物可引起砷性皮炎。主要表现

为皮肤潮红、瘙痒、刺痛和丘疹，损害较重者可有疱疹、脓包和溃疡。好发部位一般为潮湿、多皱褶的暴露处皮肤，与天气炎热和潮湿有一定关系。患者皮疹边缘一般较为清楚，大小为 1～3 mm。

皮肤过度角化和角化疣状物增生是缓慢发生的，常在接触砷后数年内不知不觉地逐渐加剧，停止砷接触后也不消失，主要表现为四肢或躯干皮肤干燥、脱屑、角化过度(掌跖部为好发部位)，因角化过度而形成凸起的疣状增生物，俗称"砷疔"，砷疔直径多在 3～6 mm，砷疔也可联成较大的疣状物，严重者在过度角化的基础上发生感染、坏死，形成经久不愈的溃疡，且可转变成皮肤癌，其中以基底细胞癌，Bowen 氏病或鳞状细胞癌多见。

皮肤色素沉着或脱失可发生在身体任何部位，其表现为躯干和四肢出现黑色、棕褐色色素沉着或色素脱失，呈雨点状或广泛的花斑状，尤以身体非暴露部位的躯干、臂部、上肢及大腿上部多见。皮肤色素沉着与脱失常相间存在，皮肤上常见散在的雨点状的黑白色圆形斑点。皮肤改变是慢性砷中毒的特征性表现。

(2)肝脏损害表现。动物及人群研究均表明，无机砷化物是一种亲肝毒物，可引起急性和慢性肝损害。长期接触砷及其化合物的工人肝脏损害比较常见，一般以轻度损伤为主，病程较隐匿，迁延不愈。体检可见慢性砷中毒患者肝脏肿大，肝区疼痛；实验室检查可见肝功能异常。肝脏合成蛋白质能力下降，白蛋白与球蛋白比值变小甚至倒置，但是 ALT 升高不如急性中毒明显。肝脏损害症状有时呈间断性加剧，个别病例可发展成肝硬化、甚至肝癌。

(3)神经系统损害表现。长期低剂量接触砷及其化合物的职业工人常有头昏、头痛、乏力、失眠、多梦、记忆力减退等神经衰弱症状。一般工人周围神经损害往往相对较轻，且症状不典型，以感觉异常和麻木为主，一般无明显的感觉运动型神经病的体征。个别严重病例可累及运动神经，伴有运动和反射减弱。

(4)血液及心血管系统损害表现。职业性慢性砷中毒工人血象检查可见白细胞、血小板或血红蛋白减少，发生贫血，骨髓象检查可见细胞生成受抑制等。血管系统损害主要表现为心电图异常，一般为 Q-T 间期延长、心动过缓及 S-T、T 波低平或倒置等；当心肌细胞受损时，将影响心脏收缩和舒张功能，评价心脏整体功能的 Tei 指数亦出现异常。

(5)呼吸系统损害表现。职业性慢性砷中毒工人呼吸系统的慢性损害主要有鼻炎、鼻黏膜溃疡、咽炎、慢性支气管炎及肺气肿引起的肺功能不全等。

(6)其他系统。砷及其化合物长期接触，可直接刺激职业工人外眼，引起眼炎或灼伤，重者可发生剥脱性结膜炎，甚至引起角膜穿孔坏死，致脓性全眼球炎。职业性慢性砷中毒时可发生结膜炎、角膜炎、角膜溃疡和角膜混浊，甚至发生视网膜出血、神经萎缩和虹膜睫状体炎。

此外，砷已被国际癌症研究中心(IARC)、美国环境卫生科学研究院(NIEHS)和美国环保局(US－EPA)等诸多权威机构确定为人类Ⅰ类致癌物。较多研究报道，职业砷暴露与肺癌和皮肤癌发病具有剂量-效应关系。我国在 1987 年颁布的职业病名单中，即将砷所致肺癌及皮肤癌列为法定职业性肿瘤(occupational tumor 或 occupational cancer)，纳入职业病法制管理的轨道。

(三)实验室检查

1. 砷负荷测定

(1)尿砷测定。尿砷水平可反映机体近期砷及其化合物的接触情况，与机体砷吸收量密切相关。尿砷排出速度较快，急性砷中毒患者其尿砷含量一般于接触数小时至 12 h 即明显增高，其结果对急性砷中毒的诊断具有重要意义；停止砷接触 2 d 后，尿砷下降 19％～42％，停止接触两周后，尿砷可下降 75％；一般急性砷中毒，尿砷持续升高 7～14 d。慢性砷中毒患者尿砷含量与临床表现并无平行关系，即尿砷高者不一定有砷中毒症状与体征，有砷中毒症状与体征者尿砷不一定增高，所以尿砷作为诊断慢性中毒的指

标意义不大。

(2)发砷测定。砷通过毛发排泄时，易与其丰富的角蛋白结合，因此，砷可长期积存于毛发中，发砷含量在一定程度上可反映体内砷蓄积状况。砷及其砷化物进入机体两周后，即可在发根中检测到较高浓度的砷，发砷含量与摄砷量、尿砷量呈正相关关系。发砷结果对亚急性、慢性砷中毒的诊断较尿砷更有意义。

正常人尿砷、发砷水平由于受地理位置、生活习惯和饮食结构的影响，因此各地人群尿砷、发砷正常参考值有极大差异，因此不适宜提出全国统一的尿砷、发砷正常参考值，各地一般根据实际情况制定本地区相应的尿砷、发砷正常参考值。中国疾病预防控制中心职业卫生与中毒控制所对我国的东部、中部和西部 8 个省份的 24 个市县 18 120 名一般人群尿砷含量研究显示，东、中、西部地区尿砷的几何均数分别为 14.14 μg/L、16.02 μg/L、9.57 μg/L；美国政府工业卫生学家会议(ACGIH)1997 年建议尿砷生物阈限值为 50 μg/g(肌酐)；德国建议尿砷 51 μg/L 为生物阈限值。目前，我国提出的人群尿砷安全指导值为 0.032 mg/L。

(3)血砷测定。无论是经呼吸道吸入或消化道摄入的砷，机体血液中血砷浓度均可增高，且很快达到最高浓度，停止砷接触后，血砷亦会很快恢复正常，因此血砷可作为近期砷接触的评价指标，对急性砷中毒的诊断具有重要意义。血砷含量增高不仅可以说明近期接触砷，且可反映砷接触量及接触时间。

正常人血砷水平与尿砷、发砷一样，各地报道的正常参考值差异较大。中国疾病预防控制中心职业卫生与中毒控制所研究显示，东、中、西部地区一般人群全血砷含量分别为 2.94 μg/L、1.30 μg/L、0.98 μg/L。

2. 临床血液及生化检查

(1)血液检查。急、慢性砷中毒患者早期检查可见白细胞增高，而后出现白细胞减少，血小板、血红蛋白减少及凝血酶原时间延长。严重病例白细胞中出现中毒性颗粒和空泡。有多形性异型红细胞和嗜碱粒红细胞，网织细胞增加。

(2)生化检查。肝功能 ALT、AST 等指标异常；血液中蛋白质总量、白蛋白和球蛋白比值异常；严重吐泻患者出现电解质紊乱，血清钠、钾、氯等含量降低。

(四)职业性砷中毒诊断

根据《中华人民共和国职业病防治法》，由卫生部职业病诊断标准专业委员会提出并制定了《职业性砷中毒的诊断标准》(GBZ 83－2013)。该标准由中华人民共和国卫生部于 2013 年 2 月 7 日发布，自 2013 年 8 月 1 日起实施，同时代替 GBZ 83－2002《职业性慢性砷中毒诊断标准》。

1. 诊断原则 根据职业工人接触砷及其化合物的职业史，出现以呼吸、消化和神经系统损伤为主的临床表现，或以皮肤、肝脏和神经系统损害为主的临床表现，结合实验室尿砷或发砷等检查结果，参考职业卫生学现场调查资料综合分析，排除其他类似疾病后，可诊断为急性或慢性职业性砷中毒。

2. 诊断及分级标准

(1)接触反应。职业工人短时间接触大量砷及其化合物后出现一过性的头痛、头晕、乏力或伴有咳嗽、胸闷、眼结膜充血等症状，经过 24～72 h 后，上述症状明显减轻或消失，称为砷接触反应。

(2)急性砷中毒。职业工人上述砷接触反应的症状加重，具备下列症状之一者，可诊断为急性砷中毒：①根据 GBZ 73－2009《职业性急性化学物中毒性呼吸系统疾病诊断标准》诊断急性气管、支气管炎或支气管肺炎。②腹痛、腹泻、恶心、呕吐等急性胃肠炎表现。③头晕、头痛、乏力、失眠、烦躁不安等症状。

(3)慢性砷中毒。

1)轻度中毒：职业工人长期接触砷及其化合物后出现头晕、头痛、失眠、多梦、乏力、消化不良、肝区不适等症状，尿砷或发砷超过当地正常参考值，具备下列症状之一者，可诊断为慢性轻度砷中毒：①手、脚掌

跖部位皮肤角化过度，疣状增生，或躯干部及四肢皮肤出现弥漫的黑色或棕褐色的色素沉着或同时伴有色素脱失斑。②根据 GBZ 59－2010《职业性中毒性肝病诊断标准》诊断慢性轻度中毒性肝病。③根据 GBZ 247－2013《职业性慢性化学物中毒性周围神经病诊断标准》诊断慢性轻度中毒性周围神经病。

2)中度中毒：轻度中毒的症状加重，具备下列症状之一者，可诊断为慢性中度砷中毒：①全身多发性皮肤过度角化、疣状增生，或皮肤溃疡长期不愈合。②根据 GBZ 59－2010《职业性中毒性肝病诊断标准》诊断慢性中度中毒性肝病。③根据 GBZ 247－2013《职业性慢性化学物中毒性周围神经病诊断标准》诊断慢性中度中毒性周围神经病。

3)重度中毒：中度中毒的症状加重，具备下列症状之一者，可诊断为慢性重度砷中毒：①肝硬化。②根据 GBZ 247－2013《职业性慢性化学物中毒性周围神经病诊断标准》诊断慢性重度中毒性周围神经病。③根据 GBZ 94－2014《职业性肿瘤诊断标准》诊断皮肤癌。

3. 鉴别诊断 若砷接触史明确，临床表现典型、尿砷或发砷含量明显高于本地区对照组，有现场流行病学调查资料，职业性砷中毒诊断较为容易。

若职业工人砷接触史不清，急性职业性砷中毒应与食物中毒，急性胃肠炎等疾病相鉴别；出现神经系统症状时，应注意与其他病因引起的多发性神经病相鉴别。慢性职业性砷中毒引起的肝脏损害应注意与病毒性肝炎相鉴别，病毒性肝炎血清学标志物阳性，亦不能立即排除砷中毒，要考虑两种病因同时存在的可能。

四、职业性砷暴露健康危害的防治

(一)职业性砷中毒的预防

根据职业病病因明确的典型特点，所有职业病都是可以完全预防的。对职业性砷中毒的预防必须采取综合防制措施，从根本上消除、控制或尽可能减少毒物对职工的侵害。

1. 法律措施 为了保证作业场所安全使用有毒化学品，预防、控制和消除职业危害，我国政府和人民代表大会制定、修订了《中华人民共和国职业病防治法》，并颁布相应的配套规章、条例等重要文件，如《使用有毒物品作业场所劳动保护条例》，这些具有强大约束力的法律措施为保护职业砷接触人群的健康安全提供了有力的保障。

职业卫生监督是依法对职业卫生和职业病防治进行管理的重要手段之一；按监督实施的阶段，可分为预防性卫生监督和经常性卫生监督。

(1)开展预防性卫生监督。对新建改建的砷化物生产的工业企业，应合理选择厂址，要求其厂房建筑进行“三同时”审查，即把各种有害因素的治理措施与主体工程同时设计、同时施工、同时投产；对生产建设项目进行卫生学预评价，达不到要求的要进行整改，否则不能投产。

(2)开展经常性卫生监督。加强卫生监督和作业场所的定期监测，并对生产建设项目进行控制效果评价，发现作业场所砷化物超标、生产工艺落后者要限期整改，整改不合格的实行关、停、并、转。

2. 组织措施

(1)健全职业病防治组织机构。由领导、医务人员、技术安全人员组成，负责职业性砷中毒防治工作的组织领导，结合生产开展各项具体工作(如进行技术指导具体的预防措施、定期进行健康及环境监督等工作)。

(2)普及职业病防治知识，卫生宣教。通过各种形式的传播媒介，对接触砷及其砷化物的职工进行上岗前的职业卫生培训及在岗期间的定期职业卫生培训，使劳动者了解自己所处的作业环境，熟悉砷及其化合物对健康的影响，自觉地选择有利于健康的行为。

3. 技术措施

(1)改革工艺过程和技术改造,采用新的生产工艺,杜绝土法冶炼及手工操作。

(2)生产设备采取密闭、通风防尘防毒等技术措施,要提高生产的自动化、机械化、密闭化及管道化"四化"程度,消除或减少含砷物质的来源。

4. 卫生保健措施

(1)职业健康监护。砷作业工人必须进行就业前、在岗期间定期及离岗后健康体检,检测内容包括内科、皮肤科、神经科、肝功能检查及尿砷与发砷测定。凡发现有皮肤病、明显的肝肾疾病与明显的神经系统疾病者皆不能从事砷作业。

(2)严格执行安全操作规程与卫生制度。

(3)加强个人防护、注意个人卫生。在砷作业场所,必须配备防护服、防护手套和防护口罩,不能在车间进食和饮水,禁止在车间吸烟,工作完毕后,要仔细洗手、洗澡、更换衣服等;给予平衡膳食,合理供应保健食品,注意营养,以增强机体体质及抗病能力,如多食维生素,可增强肝脏的解毒能力。

(二)职业性砷中毒处理原则

急性砷中毒患者经治疗恢复后可继续原工作;慢性砷中毒者,不得继续从事砷作业,重度中毒者应避免与砷化物质接触;需劳动能力鉴定者,则按 GB/T 16180—2014《劳动能力鉴定 职工工伤与职业病致残等级》处理。

(三)职业性砷中毒的治疗

砷中毒严重影响患者的劳动、生活,如何对砷中毒患者进行合理治疗,减轻病痛,提高生存质量,防止远期效应癌症的发生是一项紧迫而艰巨的工作。

1. 急性砷中毒的治疗 急性砷中毒由于短时间内机体摄入高剂量砷,可导致多器官系统的损害,成为死亡的直接原因,故对症支持治疗尤为重要。

(1)迅速中断砷及其化合物的侵入。工业生产中若发生急性吸入砷中毒时,患者应立即脱离现场;衣物若被砷化物污染,应立即脱除,被污染的皮肤用温水或肥皂水彻底冲洗,静卧保暖。

1)催吐:口服新配置的氢氧化铁(比重 1.43 的硫酸亚铁 100 份,加冷水 300 份;氧化镁 20 份,加水 100 份。两者分别保存,用时等量混合摇匀),使其与砷形成不溶性砷酸铁,每 5～10 min 一匙,直至呕吐,停止给药。

2)洗胃:可直接用温水、生理盐水、1%硫代硫酸钠溶液或 1%碳酸氢钠溶液充分洗胃,洗胃后可给予牛奶或鸡蛋清等高蛋白物质解毒并保护胃黏膜。

3)导泄:给予硫酸钠或硫酸镁 20～30 g,加水 200～300 mL,顿服导泻。

(2)尽早给予特效解毒药。理想的排砷解毒药物既能干扰或阻断体内砷与组织和(或)酶的结合,又能排除体内已与组织和(或)酶结合的砷,使其恢复正常的生理功能。

1)二巯基丙磺酸钠(sodium dimercaptosulfonateunithqiol,DMPS)。二巯基丙磺酸钠是目前砷中毒最常用的首选解毒药物。肌内注射 DMPS,每次 5 mg/kg,第 1 日 3～4 次,第 2 日 2～3 次,以后每日 1～2 次,7 d 为 1 个疗程。尿砷正常后停药。这种药物无明显副作用,注射速度过快可有头晕、恶心、口唇麻木、乏力等症状,但可自行消失。

2)二巯基丁二酸(dimercaptosuccinic acid,succiner,DMSA)。DMSA 排砷解毒作用较 DMPS 更优。静脉注射 DMSA,首次 2 g,10～20 mL 稀释后缓慢注射(10～20 min),以后每日 1 g,共4～5 d,至急性症状缓解为止。

出现急性肾功能衰竭或肾功能不良的患者,驱砷治疗要谨慎,以免加重肾脏损害。此时应在其他治

疗的配合下进行小剂量的驱砷治疗。

(3)其他对症治疗。急性砷中毒时，常发生急性胃肠炎，由于吐泻剧烈，常导致机体大量体液丢失，电解质紊乱，代谢性酸中毒甚至休克等，应及时进行维持水、电解质及酸碱平衡、抗休克等对症处理。急性肾功能衰竭，应迅速补液，补液量视脱水程度及电解质情况进行补充；有肝损伤时，给予ATP、维生素B_{12}等；出现神经炎时，给予大量维生素B_1；积极防治脑水肿，控制抽搐；抢救呼吸麻痹，早期气管切开，应用人工呼吸机等。

2. 慢性砷中毒的治疗　对于慢性砷中毒而言，目前尚无特异及有效治疗药物和方法，一般采用对症治疗方法。

(1)驱砷治疗。慢性砷中毒患者应迅速脱离砷的接触，并应用螯合剂DMPS和DMSA进行驱砷治疗。DMPS 250 mg，肌内注射，每日一次，连用3～4 d为一个疗程。视病情进行数个疗程。也可口服DMPS 100 mg，每日3次，连用10 d为一个疗程。DMSA每日1 g，每日1次，静脉注射，连用3 d停药4 d为一个疗程；肌内注射0.5 g，每日2次，疗程同静脉注射，为防止疼痛可加2%普鲁卡因2 mL进行肌注；口服DMSA 0.5 g，每日3次，连用3 d停药，4 d为一个疗程。口服驱砷给治疗带来极大方便，可于门诊治疗，根据尿砷排出情况决定疗程，一般两个疗程间隔4～6周，一般经3～4个疗程即可。

(2)皮肤黏膜的治疗处理。砷性皮炎常用5%BAL油膏涂抹；长期接触砷所致的手足皮肤角化过度者，可用5%～10%水杨酸溶液或20%醋酸溶液浸泡，还可涂抹10%水杨酸软膏，20%尿素软膏，使皮质层脱落。砷所致的皮肤癌，可行手术切除。

(3)补硒治疗。砷的毒性与其在体内消耗大量的巯基化合物有关，使机体清除自由基的能力下降，最终导致脂质过氧化等自由基损害。硒是体内谷胱甘肽过氧化物酶的主要成分之一，因此补硒对防治中毒有重要意义。

补硒除食入富含硒化合物的谷物、肉类、蔬菜、水果外，对砷中毒患者可服用含硒药物，如硒维康、硒保康等，每日200 mg，时间视体内砷清除情况而定。

(4)对症支持治疗。抗氧化剂维生素C和维生素E属于相对低分子质量抗氧化剂，通过迅速传递电子来清除活性氧，抑制脂质过氧化，减少砷诱导的氧化应激。锌作为一种营养元素，在治疗砷中毒中也有一定的辅助作用。

（李军）

第四节　生活中砷暴露与健康危害

一、典型案例

(一)日本毒奶粉事件

1955年6月，日本关西冈山一带陆续有婴儿患上一种怪病，表现为突发腹泻、发烧、吐奶等症状。起初，医生及父母均以为是连续酷暑导致婴儿身体不适，后经医生整理病历发现这些患儿有一共同点：人工喂养，喂养奶粉均为森永公司生产。经检测，该公司奶粉中含大量砷化合物。进一步调查发现奶粉中的砷化合物来源于一种名为二磷酸苏打的工业提取物，该物质在提取过程中可生成大量有毒砒霜（三氧化二砷）。森永公司为降低成本提高奶粉溶解度，将含砒霜的二磷酸苏打作为添加剂掺入婴儿奶粉，导致食用该奶粉的婴儿出现急性胃肠道综合征、神经障碍、多脏器功能异常等砷中毒症状。1955年8月24日，日本各大媒体首次对森永婴儿奶粉事件进行了详细报道。截至报道之日，已经出现23名婴儿死亡，全国

各地中毒婴儿也达到 1 463 人；事故发生一年内共有 130 名婴儿不幸死亡。森永公司撤回有毒奶粉并对此做出经济赔偿，但对中毒婴儿是否会留有后遗症、继续治疗费用如何解决等问题，受害者家长始终未得到满意答复。

1967 年，冈山药害对策协会对 12 年前冈山地区 35 名“森永毒奶粉”受害者进行体检发现，其皮肤、骨质、眼耳、肝脏、肾脏、血液、智力和发育等均有异常。针对该结果，大阪大学丸山教授对受害者进行追踪调查并于 1968 年发表著名的“丸山报告”，证实了毒奶粉与后遗症之间的关系。1973 年 11 月 28 日，日本的终审法庭判决森永有罪；同年 12 月在日本厚生省协调下，森永公司接受了受害者家长提出的赔偿协议，并根据协议所制定的“恒久对策案”，成立了法人财团“光协会”，对“森永毒奶粉事件”的所有受害者予以终身照顾。

(二)药物性砷中毒事件

药物性砷中毒多为亚急性或慢性砷中毒，多因长期口服含砷的中药偏方引起。在某医院 2002 年 9 月至 2004 年 7 月的 11 例砷中毒临床病例分析报告中有 10 例因治疗银屑病、1 例因治疗便秘长期间断服用中药偏方。所服中药，个别标明含有雄黄(As_2S)，其余大多都为自制药囊，具体含砷剂量不明。服药到就诊时间最短者 4 个月、最长者 5 年。所有患者均有不同程度的乏力、恶心、食欲不振等症状，重者表现为明显消瘦、营养不良。11 例患者中腹痛 2 例、腹胀 5 例；皮肤过度角化 5 例，皮肤色素沉着 7 例；肝大 2 例，脾大 1 例，手足麻木 4 例。实验室及辅助检查发现，11 例患者入院时均有尿砷升高的症状，尿砷含量在 0.56～3.02 mg/L(正常参考值 0.04～0.10 mg/L)；部分患者伴有肝功能及肌电图检查异常，其中肝功能谷丙转氨酶增高 4 例，肌电图神经源性损伤 3 例。确诊后医院给予二巯基丙磺酸钠驱砷治疗，驱排后尿砷最高 3.82 mg/L；同时给予保肝、抗氧化及对症支持治疗。11 例患者平均治疗 35 d 后，10 例尿砷正常，1 例尿砷稍高于正常(0.13 mg/L)；7 例患者消化及神经系统临床症状消失，其余症状明显好转；皮肤色素沉着的 7 例患者，2 例无明显变化，其余较入院时有不同程度减轻。

本次报道病例中有 1 例 23 岁女性患者因治疗便秘，长期间断服用含有雄黄的“小儿七珍丸”和“健儿药丸”达 7 年之久，开始有乏力、食欲不振、恶心、腹胀等症状，数年之后伴有色素沉着、手足皮肤过度角化、肝大、脾大、贫血貌、手足麻木、明显消瘦等，因在多次就医中被误诊而延误治疗。因此对于有服用中药偏方史、出现相关症状的患者应注意排查砷中毒的可能。

二、生活中砷的暴露途径

(一)饮用含砷水

生活中人们通过饮用水摄入的砷含量与其饮用水水源砷污染状况密切相关。除特殊地域外，自然环境中江河、湖泊、地下水等饮用水源砷含量均普遍低于 0.01 mg/L。然而随着工农生产的发展，含砷废水、废气和废渣的排放造成了饮用水源的砷污染，J. E. Sabadell and R. C. Axman 等(1975)报道了新西兰地热发电厂因排放含砷废水导致附近河水砷浓度达 0.25 mg/L；1970 年美国饮用水污染研究报告显示18 000 个社区里仅有 1% 的社区饮用水砷含量超过 0.01 mg/L，而 1994 年的分析报告发现在被调查的 30 个城市中有 50%的城市饮用水砷含量超过 0.01 mg/L；2009 年我国环保部通报了多起饮用水源砷污染事件，并通告我国饮用水源砷污染呈集中爆发态势。为防控饮用水砷污染对健康的危害，早在 1993 年世界卫生组织(WHO)将饮用水中砷的标准降为 0.01 mg/L，2007 年我国颁布的《生活饮用水卫生标准》(GB 5749－2006)中饮用水砷的标准从 0.05 mg/L 降为 0.01 mg/L。大多数国家和地区通过控制污染源、优化饮用水处理技术及加强对饮用水质量监管控制饮用水的砷污染，我国环境保护部发布的《2016 中国环境状况公告》显示全国 338 个地级及以上城市 897 个在用集中式生活饮用水水源监测断面中，有 90.4%

全年均达标，但分散式供水或地下水直供地区饮用水砷含量的监控仍需加强。在印度、越南等部分发展中国家，由于技术、经费等限制，依然存在严重的饮用水砷污染问题，其地方居民仍面临饮用含砷水所带来的健康风险。

(二)食用含砷食物

除饮用水外，食物也是生活中砷暴露的主要途径。全球范围内砷的总膳食摄入量以海产品为主，占60%～96%，海产品中的砷主要以砷甜菜碱、砷糖等有机砷的形式存在。与海产品相比，陆地动植物食品中砷含量均较低，且主要以无机砷为主。随着水体、土壤、空气砷污染的加重，累积在土壤中的砷可被蔬菜、大米等农作物吸收，含砷飞尘可被绿叶作物直接摄取，从而造成植物食品的砷污染；用含砷水或砷污染饲料喂养畜牧也可造成肉类及奶制品的砷污染。在食品的生产加工过程中，食用色素、葡萄糖及无机酸等化合物如果质地不纯，也可能因含有较高量的砷而污染食品，如生产酱油时用盐酸水解豆饼，若使用的是砷含量较高的工业盐酸，就会造成酱油含砷量增高；1900 年在英国曼彻斯特因啤酒中添加含砷的糖，造成 6 000 人中毒和 71 人死亡。

食品砷污染问题的出现让许多国家和地区开始重视膳食中砷含量的监测。美国食品和药品管理局(2010)总膳食研究显示，部分鱼类食物含有较高的砷，其大部分以低毒性的甲基砷形式稳定存在于食物中；麸皮谷类食品、大米、蘑菇等含有较高的无机砷。Wilson et al(2012)和 Lovreglio et al(2012)研究提出果汁、葡萄酒、肉类及动物内脏、水果和蔬菜都是膳食中主要的砷来源，砷在这些食物中主要以无机砷的形式存在。Wong et al(2013)发布的中国香港总膳食研究报告显示亚洲人一般膳食结构中米饭、坚果、绿叶蔬菜和贝类食物是其膳食中无机砷的主要来源。Kurzius-Spencer 等(2013)作的美国膳食评估报告显示膳食中 93%的砷含量来源于利用含砷水烹饪食物，尽管其水砷含量≤0.01 mg/L。

(三)使用含砷药物

早在公元前 400 年，砷已作为药剂被广泛应用。从 19 世纪开始，无机砷化合物如 Fowler 氏液(1%亚砷酸钾)等被用于治疗银屑病、风湿病、哮喘等疾病；而有机砷化合物则被广泛用于螺旋体和原虫感染疾病的治疗。由于砷的毒性大，目前很多国家已禁止含砷药物在临床治疗中的广泛应用，但哮喘、银屑病、风湿等顽疾，迄今尚无特殊治疗方法，仍应用含砷的秘方、偏方治疗。

(四)吸烟

据统计，1932—1933 年美国各品牌香烟中砷的平均含量为 12.6 微克/支，20 世纪 50 年代增加到 42.0 微克/支，烟草中的砷来源于受污染的土壤及含砷杀虫剂的使用。禁止使用含砷农药后，香烟中的砷含量下降到 3.0 微克/支。研究发现，每吸一支烟便有 0～1.4 μg 的砷暴露于直接吸烟者，0.015～0.023 μg的砷暴露于间接吸烟者。

生活中的砷大多数通过饮用水、食物、药物经口暴露于人体；被污染的生活用水、外用含砷药物中的砷也可通过皮肤暴露于人体，研究显示砷可对皮肤产生刺激性的损伤，但皮肤对砷的吸收率较低；近年来，除职业性砷暴露外，生活中的砷通过空气、吸烟等方式经呼吸道暴露人体所引起的健康危害也越来越被重视。

三、生活中无机砷暴露的健康危害

生活中无机砷的暴露多引起急性、亚急性砷中毒。当无机砷暴露剂量超过 60 mg/L 或 60 mg/kg 即可发生急性砷中毒，症状出现在大剂量摄砷后的 10～90 min，表现为突发性呼吸困难、血压下降、皮肤苍白发绀、休克甚至死亡；当暴露剂量在 1～30 mg/L 或 1～30 mg/kg 时会引起以急性胃肠道综合征为主的亚急性砷中毒症状(具体症状和体征详见本章“第三节 职业性砷暴露的健康危害与防治”)，症状可持续数十天至数月。急性、亚急性砷中毒多发生在蓄意下毒或自杀、服用含砷药物、工业砷污染大规模意外泄露

导致饮用水和食物污染等的情况下。除上述情况外，工、农业生产造成的饮用水源、土壤、空气、食物等低剂量砷污染对健康的危害越来越受到人们的关注，但由于暴露人群分散，暴露剂量较低，且存在复杂的混合暴露，目前生活中低剂量砷暴露的健康危害仍缺乏详细的研究资料。

四、生活中有机砷暴露的健康危害

生活中有机砷暴露主要来源于海产品的摄入。海产品中常见的砷化合物包括 As^{3+}、As^{5+}、一甲基砷酸、二甲基砷酸、砷甜菜碱、砷胆碱、砷脂和砷糖等，其中砷糖、砷脂和砷甜菜碱是海产品中砷的主要形态。这三种有机砷在先前的研究中被认为是无毒或低毒的，但随着砷化合物及其代谢产物形态分析的深入，有机砷暴露的潜在健康危害越来越被重视。

砷糖是一种含砷的碳水化合物，是海藻、贝类、虾蟹中主要的砷形态，经人体代谢后主要转化为二甲基砷酸(DMA)。先前很少有研究表明砷糖具有毒性，但现有研究发现砷糖潜在的毒性可能来源于其代谢产物二甲基砷酸。体外研究显示胃肠道菌群可将砷糖代谢为含氧二甲基砷酸和含硫二甲基砷酸，含氧二甲基砷酸在肠道厌氧菌作用下进一步转化为含硫二甲基砷酸，含硫二甲基砷酸可穿透胃肠屏障进入机体产生细胞毒性，且有研究报道其还可通过抑制二磷酸腺苷聚合酶的糖基化从而抑制 DNA 损伤修复。因此研究者认为含硫二甲基砷酸的形成和转运可能是人类摄入砷糖的潜在危害。

砷脂是一类脂溶性砷化合物，包括含砷脂肪酸、含砷碳氢化合物、砷糖磷脂、阳离子三甲基砷脂肪醇，主要存在于鱼油、藻类脂质提取物和富含脂肪的鱼类中。虽然砷脂在体内的代谢过程及产物目前尚不明确，但目前研究发现含砷碳氢化合物会对人膀胱上皮细胞、肝细胞产生细胞毒性，其毒性与亚砷酸盐相当。研究者还发现含砷碳氢化合物的暴露较亚砷酸钠更易通过细胞膜并在细胞中累积，这可能是其诱发高细胞毒性的主要原因。

虽然目前有机砷暴露的潜在危害尚不明确，也缺乏相应的人群研究数据，但随着有机砷形态及其毒性研究的深入，很多研究者认为在砷形态水平上对膳食中摄入海产品的砷污染进行风险评估非常必要。原因之一是有研究表明海产品储存和加工过程可能会影响其中砷形态的稳定性和浓度，从而产生健康危害。例如海产品经高温处理(150℃以上)后，其中的砷甜菜碱会发生脱羧基，形成少量有毒的四甲基砷离子；大部分砷形态，如 $As^{Ⅲ}$、$As^{Ⅴ}$、一甲基砷酸(MMA)、DMA 和砷甜菜碱被认为在低温条件(−20～4℃)下能稳定保持 2 个月，但是随着保存时间的延长，一些砷形态如 $DMA^{Ⅲ}$ 会变得不稳定和易氧化。海产品中的砷甜菜碱在冷冻过程中会发生分解，三甲基砷氧化物、DMA、四甲基砷离子会增加。由此可见，大部分砷形态都处于不稳定的状态，在长期存储和加工过程中，其浓度和稳定性都会发生变化。原因之二是现有研究发现除肝脏外，砷还可在胃肠菌群等肝外代谢系统进行生物转化，其生物转化的结局均与砷的毒性密切相关，因此加强对有机砷生物转化、代谢产物形态及其毒性的研究，深入开展海产品是如何从环境中吸收富集砷、其砷形态在储存加工过程中如何变化等研究，将有利于辨明砷形态的形成机制，控制海产品中的砷污染，进而确保海产品的质量安全和人体的健康。

（马璐）

参考文献

[1] 孙殿军.地方病学[M].北京：人民卫生出版社，2011.

[2] 孙殿军.地方性砷中毒防治手册[M].北京：人民卫生出版社，2009.

[3] 杨克敌.现代环境卫生学[M]3 版.北京：人民卫生出版社，2017.

[4] 曹国选.郴州砷污染真相[J].记者观察月刊，2007(3)：38-41.

[5] 孙殿军，于光前，孙贵范. 地方性砷中毒诊断图谱[M]. 北京：人民卫生出版社. 2015.

[6] 张爱华. 砷与健康[M]. 北京：科学出版社，2008.

[7] 王振刚，何海燕，严于伦等. 石门雄黄矿附近地区慢性砷中毒流行病学特征[J]. 环境与健康杂志，1999，10(1)：4-6.

[8] 王振刚，何海燕，严于伦等. 石门雄黄矿地区居民砷暴露研究[J]. 卫生研究，1999，28(1)：12-14.

[9] 孙贵范. 职业卫生与职业医学[M]. 北京：人民卫生出版社，2013.

[10] 张翠萍，刘喜芳. 职业性砷中毒的处置与预防[J]. 劳动保护，2014，(11)：95-96.

[11] 李秋虹，郭宝萍，翼宏宇等. 某企业个人砷和砷化镓暴露水平及其健康状况[J]. 环境与职业医学，2016，33(1)：13-17.

[12] 王雪峰，黄景荣. 职业性慢性砷中毒患者几项损伤指标观察[J]. 工业卫生与职业病. 2014，40(6)：455-456.

[13] 周运书，周代兴，朱绍廉等. 一起燃煤所致人群慢性砷中毒的调查[J]. 中国公共卫生，1994，10(1)：41-41.

[14] 周代兴，周运书，周陈等. 燃煤型砷中毒病区居民总摄砷量与病情的相关研究[J]. 中华地方病学杂志，1994(4)：215-218.

[15] 周运书，周代兴，郑宝山等. 燃煤型砷中毒 20 年不同环境下的流行病学调查[J]. 中华地方病学杂志，1998(1)：1-4.

[16] 周运书，程明亮，吴君等. 贵州与陕西省燃煤型砷中毒的比较分析[J]. 中华地方病学杂志，2007，26(6)：679-681.

[17] 赵转地，张爱华，洪峰等. 燃煤型砷中毒患者血清总蛋白、白蛋白和胆碱酯酶的变化[J]. 贵阳医学院学报，2006，31(2)：95-97.

[18] 刘桂成，董学新，罗永忠等. 燃煤型砷中毒患者血清中 9 种物质放免测定及临床意义[J]. 中华地方病学杂志，2004，23(1)：77-79.

[19] 刘桂成，董学新，黄晓欣等. 燃煤污染型砷中毒患者的神经电生理检测[J]. 中华地方病学杂志，2000，19(1)：13-15.

[20] 刘桂成，石国华，田其豹等. 燃煤型砷中毒所致神经肌肉损害的临床病理观察[J]. 中华地方病学杂志，2006，25(1)：83-85.

[21] 洪峰，金泰廙，张爱华. 砷污染地区人群肾功能损害观察[J]. 中华地方病学杂志，2003，22(s1)：486-489.

[22] 黄晓欣，张爱华，杨大平等. 燃煤型砷中毒患者临床特征、多系统损害及其意义[J]. 中华地方病学杂志，2002，21(6)：490-493.

[23] 张爱华. 生物学标志研究在燃煤型砷中毒三级预防中的应用及意义[J]. 中华地方病学杂志，2008，27(1)：1-2.

[24] 孙兰英，杨运旗，黄晓欣等. 燃煤型砷污染所致肺损害的临床病理观察[J]. 中华地方病学杂志，2003，22(1)：60-61.

[25] 张然，张爱华，张碧霞等. 燃煤型地方性砷中毒患者外周血淋巴细胞亚群的改变及意义[J]. 环境与职业医学，2009，26(2)：130-132.

[26] 谷俊莹，张爱华，张碧霞，黄晓欣. 燃煤砷暴露对人体 T 细胞增殖能力的影响及其机制探讨[J]. 中国地方病学杂志，2009，1：20.

[27] 罗永忠，刘桂成，董学新等. 燃煤污染型慢性砷中毒患者血清 IL-2，TNF RIA 的临床意义[J]. 放射免疫学杂志，2001，(6)：337-337.

[28] 杨大平，张爱华，李军等. 燃煤型污染砷中毒与肝损害关系[J]. 中国公共卫生，2009，25(9)：1140-1141.

[29] 朱筑霞，费樱，张爱华等. 燃煤型慢性砷中毒患者免疫功能改变的观察[J]. 中华地方病学杂志，2004，23(1)：13-15.

[30] 李军，张爱华，赵转地等. 燃煤砷污染对人体免疫功能影响[J]. 中国公共卫生，2007，23(9)：1106-1107.

[31] 张爱华，王大朋. 重视地方性砷中毒机制假说间相互作用，提升机制研究及其转化应用价值[J]. 中华地方病学杂志，2016，1：1-3.

[32] 安冬. 重视燃煤污染型地方性砷中毒的防治管理[J]. 中华地方病学杂志，2015，34(1)：1-2.

[33] 孙殿军. 我国重点地方病主要研究问题的梳理与认识[J]. 中华地方病学杂志，2015，34(1)：8-11.

[34] 王祺，张爱华，李军等. 核因子 E2 相关因子 2-抗氧化反应元件结合能力及其下游基因表达与燃煤型砷中毒肝损伤关系探讨[J]. 中华地方病学杂志，2015，34(6)：401-405.

[35] 李军，张爱华，徐玉艳等. 强化 SOD 刺梨汁对燃煤型砷中毒大鼠免疫损伤的干预作用[J]. 中国药理学与毒理学杂志，2014，02：233-237.

[36] 张爱华. 表观遗传学：揭示砷中毒机制及改进防治策略的新路径[J]. 中华地方病学杂志，2013，1(1)：1-2.

[37] 李军，张爱华，任渝江等. 刺梨制剂对燃煤型砷中毒患者免疫功能的调节作用. 中华预防医学杂志. 2013，47 (9)：783-787.

[38] 张爱华，王大朋. 从免疫学角度深化认识砷所致全身性损害机制及其防治策略. 中华地方病学杂志，2017，36(1)：7-10.

[39] 刘永莲，张爱华，王大朋，董令，朱凯，王庆陵，邹忠兰. 调节性T细胞、辅助性T细胞-17相关免疫因子在砷暴露大鼠外周血中的表达差异及意义[J]. 中华地方病学杂志，2017，36(1)：11-15.

[40] 姚茂琳，张爱华，于春等. 银杏叶片对高砷煤烘玉米粉致大鼠肝损害的干预作用[J]. 中华地方病学杂志，2017，36(5)：333-337.

[41] 曾奇兵，张爱华. 砷暴露与皮肤癌. 中华地方病学杂志，2017，36(1)：74-78.

[42] 张爱华，姚茂琳. 贵州燃煤污染型地方性砷中毒研究进展与展望[J]. 贵州医科大学学报，2018，43(10)：1117-1123.

[43] 邹忠兰，王庆陵，王祺等. 综合防控9年后贵州燃煤型砷中毒患者肝损害情况分析[J]. 贵州医科大学学报，2018，43(10)：1163-1168.

[44] 夏仕青，张爱华. 刺梨的营养保健功能及其开发利用研究进展[J]. 贵州医科大学学报，2018，43(10)：1129-1132.

[45] 夏仕青，方晓琳，朱凯等. 辅助性T细胞-17与调节性T细胞在燃煤污染型砷中毒患者外周血中的比例变化及意义[J]. 中华地方病学杂志，2019，38(2)：101-106.

[46] 方晓琳，夏仕青，朱凯等. 燃煤污染型砷中毒患者外周血Foxp3、TGF-β1、IL-2的表达差异及意义[J]. 中华地方病学杂志，2019，38(2)：91-95.

[47] 张涛，王文娟，葛建梅等. 燃煤型砷中毒患者肺功能损伤现况调查[J]. 环境与职业医学，2019，36(6)：540-543.

[48] 张涛，王庆陵，葛建梅等. 燃煤污染型砷中毒患者血尿常规与肝肾生化指标特征[J]. 环境与职业医学，2018，35(12)：1089-1099.

[49] 林大伟，彭延洁，杨晨芸. 药源性砷中毒11例临床分析[J]. 中华劳动卫生职业病杂志，2005，3(23)：227.

[50] Wang D P, Luo P, Zou Z L, et al. Alterations of arsenic levels in arsenicosis residents and awareness of its risk factors: A population-based 20-year follow-up study in a unique coal-borne arsenicosis County in Guizhou, China[J]. Environment International, 2019, 129: 18-27.

[51] Liu J, Gao Y, Liu H, et al. Assessment of relationship on excess arsenic intake from drinking water and cognitive impairment in adults and elders in arsenicosis areas[J]. Int J Hyg Environ Health, 2017, 220(2 Pt B): 424-430.

[52] Sun H, Yang Y, Shao H, et al. Sodium Arsenite-Induced Learning and Memory Impairment Is Associated with Endoplasmic Reticulum Stress-Mediated Apoptosis in Rat Hippocampus[J]. Front Mol Neurosci, 2017, 7(10): 286.

[53] Zhang A H, Hong F, Yang G H, et al. Unventilated indoor coal-fired stoves in Guizhou province, China: cellular and genetic damage in villagers exposed to arsenic in food and air [J]. Environ Health Perspect, 2007, 115(4): 653-658.

[54] Zhang A H, Bin H H, Pan X L, Xi X G. Analysis of p16 Gene Mutation, Deletion and Methylation in Patients with Arseniasis Caused by Indoor Unventilated-Stove Coal Usage in Guizhou, China. JToxicol EnvironHealth A, 2007, 70 (11): 1-6.

[55] Xu Y, Zeng Q, Yao M, et al. A possible new mechanism and drug intervention for kidney damage due to arsenic poisoning in rats[J]. ToxicolRes, 2016, 5(2): 511-518.

[56] Ren X F, McHale C M, Skibola C F, et al. An emerging role for epigenetic dysregulation in arsenic toxicity and carcinogenesis. Environ Health Perspect, 2011, 119(1): 11-19.

[57] Zeng Q B, Luo P, Gu J Y, et al. PKCθ-mediated Ca^{2+}/NF-AT signalling pathway may be involved in T-cell immunosuppression in coal-burning arsenic-poisoned population [J]. EnvironToxicolPharmacol, 2017, 55: 44-50.

[58] Katherine A J, Jaymie R M, Jerome O N. International Encyclopedia of Public Health [M]. Second Edition. Netherlands: Elsevier, 2017.

[59] Abdul K S, Jayasinghe S S, Chandana E P, et al. Arsenic and human health effects: A review [J]. Environ Toxicol Pharmacol, 2015, 40 (3): 828-846.

[60] Taylor V, Goodale B, Raab A, et al. Human exposure to organic arsenic species from seafood [J]. Sci Total Environ, 2017, 15(580): 266-282.

[61] Thomas D J, Bradham K. Role of complex organic arsenicals in food in aggregate exposure to arsenic [J]. J Environ Sci (China), 2016, 49: 86-96..

[62] Nachman K E, Baron P A, Raber G, et al. Arsenic levels in chicken: Nachman et al. respond[J]. Environ Health Per-

spect,2013,121(7):818-824.

[63] Wong W W,Chung S W,Chan B T,et al. Dietary exposure to inorganic arsenic of the Hong Kong population: results of the first Hong Kong total diet study[J]. Food Chem Toxicol,2013,51:379-85.

[64] Wilson D,Hooper C,Shi X. Arsenic and lead in juice: apple,citrus,and apple-base[J]. J Environ Health,2012,(75): 14-20.

[65] Lovreglio P,D'Errico M N,De Pasquale P,et al. Environmental factors affecting the urinary excretion of inorganic arsenic in the general population[J]. Med Lav,2012,103: 372-381.

[66] Sarkar A,Paul B. The global menace of arsenic and its conventional remediation-A critical review[J]. Chemosphere, 2016,158:37-49.

第八章　砷的毒作用机制

环境中砷化物以多种途径进入体内，并在机体发生一系列生物转运与转化，其中甲基化代谢过程是其主要的代谢过程，虽然大部分甲基化代谢产物的半数致死量或浓度（LD_{50}或 LC_{50}）增大，即其一般毒性降低，但多种甲基化代谢产物是砷致癌的主要原因之一。砷作为一种细胞原浆毒物，对机体的毒作用复杂，涉及基因表达、表观调控及信号通路的分子水平改变；细胞膜和细胞器官损害和功能异常的细胞水平改变；DNA 损伤与修复、氧化与抗氧化的机体功能改变；以及机体的免疫炎症及能量代谢等一系列改变，从而产生多器官多系统的损害作用。砷对机体的损害作用受多种因素的影响，包括砷及其化合物的理化特性、环境因素、机体因素等因素的影响。通过毒作用机制及代谢过程的一系列研究，发现砷暴露及其所致机体损害的早期敏感生物学标志，对砷中毒的早期预警、早期诊断和治疗及防控，保护砷暴露人群的健康具有重要意义。

第一节　砷的生物转运与转化

砷（arsenic，As）及其化合物由于理化性质、生物转运和生物利用度的不同，导致其在生物体内的动力学和代谢过程较为复杂。因此，研究砷及其化合物的生物转运和转化过程，有助于了解其在生物体内的转归、生物学效应和毒作用机制。

一、无机砷的生物转运与转化

无机砷（inorganic arsenic，iAs）在环境中常以三氢化砷、亚砷酸和砷酸盐的形式存在，有三价砷（iAs^{3+}）和五价砷（iAs^{5+}）两种形态，砷的价态影响其在体内的代谢和分布，两种价态的砷在一定条件下可以相互转化，不同价态和形态砷的毒性不同。因此，在评价无机砷毒作用机制时，应明确无机砷的价态并确保研究方法在整个分析过程中能够保持其价态不变。

（一）吸收

吸收是指外来化合物从机体的接触部位透过生物膜进入血液循环的过程。主要吸收途径是经消化道、呼吸道和皮肤吸收。iAs^{3+} 通过简单扩散进入细胞内，iAs^{5+} 则通过耗能的主动运输方式进入细胞内。

1. 经消化道吸收　消化道对 iAs^{3+} 和 iAs^{5+} 的吸收率可达 95%～97%。燃煤型和饮水型地方性砷中毒分别是通过食用含砷煤烘烤的食物和长期饮用高砷水引起。砷中毒的发病程度与接触砷的时间、浓度和形态有关，具有剂量-效应关系，摄入的物质（如食物、水或药品等）、砷的溶解度、胃肠道内其他的食物成分和营养素是影响无机砷经胃肠道吸收率的主要因素。人口服 As_2O_3 的中毒剂量为 5～50 mg，致死量为 70～180 mg，As_2O_3 的小鼠经口 LD_{50} 为 42.9 mg/kg，兔经口 LD_{50} 为 20 mg/kg。

2. 经呼吸道吸收　空气中的砷主要以微粒物的形式存在。有报道砷污染的空气样本中 23%以上的颗粒直径大于 5.5 μm，这种颗粒大部分沉积在上呼吸道中。砷要沉积在呼吸道及肺表面后才能被吸收。吸入砷微粒大小决定其沉积程度，砷的溶解度决定其吸收程度，除此之外，砷的湿润度和肺毒性也对其产生重要影响。

职业暴露研究表明，人类在生产作业场所（如矿石冶炼厂、燃煤发电厂）及吸烟时都可吸入砷。As_2O_3人的吸入致死浓度为0.16 mg/m^3，而长期少量吸入可产生慢性砷中毒。在含1 mg/L砷化氢的空气中呼吸5～10 min，可发生致命性中毒。燃煤型砷中毒的发病途径之一是经呼吸道吸收，所以肺部损害是砷中毒主要的靶器官之一。

目前认为砷致肺损伤的学说很多，如氧化应激、基因组损伤、改变细胞信号通路、干扰细胞自噬等。

3. 经皮肤吸收 1977年Garb等在砷相关职业事故研究中发现，从业人员皮肤意外接触到砷酸或三氯化砷时会引发全身性毒性反应，表明砷及其化合物是可以通过皮肤吸收的。皮肤对砷的吸收率相对较低，Wester等利用^{73}As标记的无机砷化合物检测离体皮肤对无机砷的吸收率时发现，暴露^{73}As 24 h后，通过皮肤的砷含量为暴露量的0.98%，清洗后仍有0.93%残留在皮肤中。利用恒河猴测定皮肤对无机砷的吸收率发现，暴露^{73}As 24 h后，6.4%的^{73}As被全身吸收。

研究发现，体外无机砷经皮肤细胞吸收的差异与其化学形态、使用方式有关，三价砷较五价砷的脂溶性高，具有一定程度的皮肤吸收。皮肤接触砷后可引起接触性皮炎，头颈部、面部、眼睑、鼻和口唇周围等暴露部位会出现密集成片的深红色米粒大小的丘疹，部分人出现颜面水肿。长期从事砷化工作业的工人可产生皮肤过度角化和角化疣状物增生。

（二）分布

分布是指外来化合物吸收后随血液或淋巴液分散到全身组织器官的过程。砷的分布会因时间、器官不同而产生差异。分布初期，血液供应丰富的器官中浓度最高，随时间延长，分布则取决于砷与组织的亲和力。

吸收入血的砷化合物主要与血红蛋白相结合并分布到全身各组织和器官，沉积于肝、肾、肌肉、骨、皮肤、肺、胃肠壁及脾脏、指甲和毛发等地方。比较大鼠和人的红细胞对三价砷的吸附能力时发现，大鼠红细胞血红蛋白吸附三价砷的能力是人的15～30倍。砷在大鼠血液中的半衰期是60～90 d，而在人、小鼠、兔、狗等血液中半衰期仅为6～60 h。

砷在组织内与蛋白结合，特别是在皮肤、毛发、指甲和骨骼中可形成稳定的储存库。砷酸根（AsO_4^{3-}）可以竞争抑制磷酸根（PO_4^{3-}）在各类物质与能量代谢中的作用，取代骨质磷灰石中的磷酸盐而沉积于骨骼。As^{3+}易与酶蛋白质中的巯基、胱氨酸中氨基结合，抑制氧化酶系统，使机体代谢紊乱，促使皮质角化，最终导致砷中毒。

砷代谢在种属间的不同可影响砷的组织分布、细胞内浓度和储留。研究发现，大鼠和小鼠对砷的蓄积能力不同，小鼠短期砷暴露后，砷主要蓄积在血液和脾中，其他组织含量较低。SD大鼠经饮含五价无机砷水4～16周后，砷主要蓄积在脾、肺和肾中，皮肤和脑蓄积较低。仓鼠腹腔注射5 mg/kg As^{3+}，1 h后肾脏无机砷浓度为14.8 μg/kg，6～72 h仍然维持较高浓度，其血液中的半减期为0.6 h（快相）和11.0 h（慢相）。豚鼠腹腔注射75 μmol/kg As^{3+}，48 h后肾脏砷浓度为96 μmol/kg，而Wistar大鼠腹腔注射3.33 mg/kg As^{3+}，14 d后肾脏砷浓度增加48～92倍。

（三）代谢

无机砷在机体内生物转化存在明显的物种和个体差异，导致的砷化合物的种类和含量在不同物种、不同人群、不同器官组织差别很大。砷的浓度、形态及甲基化程度等都是影响砷代谢的关键。

实验研究表明，无机砷进入机体后在红细胞内被砷酸盐还原酶还原，将As^{5+}转化为As^{3+}，在生理pH值下，As^{3+}主要以未解离的形式存在，易通过体内各种屏障，主要与胱氨酸或半胱氨酸的巯基或含巯基的蛋白结合使其失去活性，从而发挥毒性作用；As^{5+}呈电离形式，肝细胞中As^{3+}比As^{5+}更容易摄取，因此，As^{3+}比As^{5+}毒性更大，这个过程可被认为是生物活化。

砷甲基化活动主要定位于肝细胞胞质中，除肝脏具有很强的亚砷酸盐甲基化能力外，肾和肺都有亚砷酸盐甲基化的能力，尤其在吸入暴露情况下，最初的代谢就可能发生在肺脏。在肠道低氧、胆汁酸和肠内容物环境下，幽门到直肠部位的微生物也都参与了砷的甲基化代谢过程。

无机砷在机体内发生代谢主要是还原和氧化甲基化，单甲基砷酸（monomethyl arsenic acid，MMA）和二甲基砷酸（dimethyl arsenic acid，DMA）是甲基化的主要代谢产物。在多数哺乳动物体内，无机砷甲基化生成 MMA^{5+} 和 DMA^{5+} 的过程，一直被认为是无机砷发生生物转化和解毒的主要途径。经典的砷代谢模式认为砷的生物转化过程是：iAs^{5+}→还原→iAs^{3+}→甲基化→MMA^{5+}→还原→MMA^{3+}→甲基化→DMA^{5+}→还原→DMA^{3+}。新的砷代谢模式认为，无机砷的甲基化过程不仅是价态间的转化，如 iAs^{5+} 作为磷（phosphate，Pi）的类似物首先通过 Pi 载体运输系统被转运到细胞内，在砷酸盐还原酶（Arsenate redductase，ARR）催化下还原为 iAs^{3+}，iAs^{3+} 再被特异性的膜蛋白泵出细胞或屏蔽到液泡中，从而达到砷解毒的作用，部分 iAs^{5+} 也可直接经肾排出体外。同时 iAs^{3+} 以 S-腺苷甲硫氨酸（S-adenosyl methionine，SAM）作为甲基供体，谷胱甘肽、硫氧还蛋白或硫辛酸等作为电子供体进入甲基化过程，最终产生以 MMA^{5+} 和 DMA^{5+} 为主的砷甲基化代谢物。

MMA^{5+}→MMA^{3+} 的还原反应构成整个酶促反应的限速步骤，且 MMA^{5+} 还原酶是 GST 超家族中的一员，需要 GSH 的参与。还有研究显示，iAs^{5+} 还原成 iAs^{3+} 有丙酮酸激酶的参与，还原型 MMA^{3+} 和 DMA^{3+} 是砷在体内生物转化重要的中间产物。

近年来，MMA^{3+} 和 DMA^{3+} 等的甲基化代谢转化过程是关注的重点，在机体内，无机砷的生物转化有两种蛋白是必需的，即 MMM^{5+} 还原酶和砷甲基转移酶［arsenic（＋3）methyltransferase，AS3MT］。AS3MT 是机体甲基化代谢的重要分子，其多态性是研究的热点之一。AS3MT 广泛存在于大鼠肝、心、肾等组织中，在还原剂或硫氧还蛋白/硫氧还蛋白还原酶/NADPH 偶联反应体系下，其反应过程如下：iAs^{3+}→MAs^{5+}→MAs^{3+}→$DMAs^{5+}$→ $DMAs^{3+}$→$TMAs^{5+}$。

除 AS3MT 外，胃肠道菌群也是影响砷代谢的重要因素。有研究显示，将砷污染的土壤与胃肠道菌群一起孵育后，会形成大量的 MMA 产物，提示砷毒代动力学应该考虑肠道菌群的首过代谢。

(四)排泄

不同价态砷的排泄途径不同。iAs^{3+} 的排泄途径主要为胆汁，iAs^{5+} 的排泄途径主要为肾脏，iAs^{3+} 较 iAs^{5+} 在体内排泄的速度慢。试验动物中除了大鼠对砷的排泄速度较慢以外，其他动物经口一次染毒砷的 50％以上剂量在 48 h 内都经尿液排出。对于其他不能进行砷甲基化的动物如狨猴，尿液是其砷排泄的主要途径。

亚砷酸盐和砷酸盐在许多种属包括人类，均要代谢为 MMA 和 DMA，而 MMA 和 DMA 的急性毒性仅是亚砷酸盐的 1/100～1/50。人尿中排出的无机砷分子占 10％～30％、MMA 占 10％～20％、DMA 占 60％～80％，年龄、营养和膳食结构、环境因素及遗传多态性等均可能影响个体敏感性和生物转化的差异。

人体可通过粪便、尿液、呼吸道（主要以挥发性三甲胂的形态）等途径排泄砷，同时还可通过汗液、乳汁排泄。此外，由于砷可在含角蛋白的组织中集聚，如在手指甲、脚指甲、头发等组织，在接触几个月甚至几年后仍然可以检测到砷。因此，皮肤、毛发、指甲也可以视为砷潜在的排泄途径，但这些途径的排泄量是微乎其微的。

二、有机砷的生物转运与转化

有机砷可分为砷胆碱（arsenocholine，AsC）、砷甜菜碱（arsenobetaine，AsB）、洛克沙胂（roxarsone）和

一些由有机基团结合而成的砷糖、砷脂类化合物等。在自然界中还存在一些有机砷化合物如 MMA、DMA 和三甲基砷乙内酯(arsenobetaine)等。与无机砷相比，有机砷能够被机体通过较小的代谢变化更为迅速地消除。

(一)吸收

1. 经消化道吸收　有机砷化合物的吸收主要是通过肠壁的扩散来实现。有机砷中砷脂是脂溶性的，包括含 DMA 的磷脂、含 AsC 的磷脂、磷脂酰砷糖、磷脂酰砷胆碱、DMA 磷脂酰、DMA 鞘磷脂等，它的结构与中性脂类如单甘油酯、磷脂等脂类相似。

不同形态的有机砷化合物在胃肠道中的吸收率存在很大差异，如胃肠道中 MMA 和 DMA 吸收率可达到 75%～85%，而砷糖仅为 25%～40%。实验结果显示，MMA 的 LD_{50} 为 916 mg/kg，DMA 的 LD_{50} 为 648 mg/kg，五价有机砷的 LD_{50} 为>4 260 mg/kg，表明三价砷(含甲基化的三价砷)比五价砷的毒性更强。

志愿者研究表明，MMA 和 DMA 均可迅速从消化道吸收，且两者的吸收程度相当，而作为动物饲料添加剂氨苯基砷酸(arsanilic acid，AsA)几乎不被消化道所吸收。

2. 经呼吸道和皮肤吸收　目前未见在人类和动物试验中关于有机砷在呼吸系统和皮肤中吸收的数据。仅有报道称，在职业暴露条件下，喷洒除草剂工人尿砷排泄量在工作日内增加而周末恢复基线水平，这一现象提示有机砷化合物可通过呼吸道吸收。

(二)分布

有机砷在动物组织中的残留量存在累积效应，肌肉、肝和肾中砷残留量显著增加，其中肝脏中最多，其次为肾脏，肌肉中含量最低。饲养后期与前期相比，肉鸡组织中砷残留量显著升高，其中肝脏和肌肉中累积量较大，肾脏中累积量较小。

MMA^{3+} 和 DMA^{3+} 在砷的代谢过程中被认为是甲基化的中间体。据报道，在长期饮用含砷水人群的尿中和经静脉给予亚砷酸盐大鼠的胆汁中检测到 MMA^{3+} 和 DMA^{3+}。除 MMA 和 DMA 外，砷甜菜碱也是常见的有机砷。研究表明，小鼠和兔子摄入砷甜菜碱后，大多数砷甜菜碱可从组织中迅速清除，在软骨、睾丸、睾和肌肉中的保留时间较长。

关于有机砷在人体血液中的转运研究几乎没有报道。仅有报道，在摄入含 10 μg/kg TMA(98.8%是砷甜菜碱)的虾 2 h 后，血浆中 TMA 水平是红细胞的 2.5 倍，随后水平逐渐下降，24 h 恢复到基线水平。

(三)代谢

有机砷进入动物体内，五价砷先被还原成三价砷，在酶作用下进一步甲基化和二甲基化，最终代谢成甲砷酸排出体外。侵入体内的砷可与酶蛋白分子上的两个巯基或羟基结合形成稳定的络合物或环状化合物，从而抑制组织中大量巯基依赖酶系，使其失去活力，而影响细胞的正常代谢。

AsB 的结构类似于甜菜碱，实验证明 AsB 在动物体内形态未发生变化，直接通过尿液排出。AsB 的 LD_{50} 值大于 10 000 mg/kg，通常认为 AsB 是无毒的。

AsC 是胆碱的类似物，在食物链中是砷甜菜碱的前体物质。AsC 与 AsB 比较，更易在体内保留，其 LD_{50} 值为 6 500 mg/kg。动物实验证明，AsC 在体内的代谢主要有两条途径：70%～80%摄入的 AsC 将转化成 AsB，后经尿液直接排出；其余的 AsC 则与磷脂结合形成砷磷脂，富含脂的组织中表现尤为明显。

砷糖的代谢能转化成至少 12 种代谢物，其代谢物包括 67%的 DMA^{5+}、20%的结构尚未确定的砷化物、5%的 DAM^{3+}、0.5%的 TMAO，以及少量结构未转变的砷糖。砷糖的吸收及排泄较慢，摄入后 13 h 才开始代谢转化排泄，22～31 h 时排出率达到最高。

(四)排泄

研究显示，有机砷的半衰期低于 20 h。人体直接摄入 MMA 和 DMA，24 h 内 75%～85%的剂量可由尿液排泄;从海产品中摄取砷有机化合物,48 h 内 50%～80%的剂量经尿液排泄。不同价态的有机砷化合物经尿液的排泄率也有所差异,如三价有机砷在家兔体内经尿的排泄比五价有机砷慢。有机砷可快速地经肾脏排泄,而尿中的无机砷、MMA 和 DMA 有着个体、地域差异,砷甲基化的能力也有差异。

AS3MT 在不同物种体内不同催化活性的分子机制尚不明确。啮齿类实验动物对有机砷化合物的排泄较为迅速,主要经尿液和粪便排出。张琳等对饮用含不同浓度 DMA 水的大鼠尿中砷化物的检测结果表明,大鼠暴露 DMA 后,尿中可检测到 iAs、MMA、DMA 和 TMA 4 种形态砷化物,其中 DMA 和 TMA 含量与染毒剂量成正相关。DMA 通常被认为是哺乳动物砷代谢的终产物,但大鼠有所不同。在很多研究中,DMA、TMA 都是大鼠染毒后尿中重要的代谢产物,这与大鼠体内的 AS3MT 可催化 DMA 大量转化为 TMA 有关,而人、小鼠和仓鼠体内的 AS3MT 只催化产生很少量的 TMA,故尿中很少能检出 TMA。

(罗鹏)

第二节　砷的毒作用机制

砷是国际癌症研究机构(IARC)确认的人类(Ⅰ类)致癌物,可引起机体多器官和系统的损害。因此,砷的毒作用机制对于探讨其所致健康危害及防治具有重要意义。目前对砷毒作用的具体机制尚未明确,关于其毒作用方式和具体机制主要在以下几个相互交叉的领域受到广泛关注:①酶功能异常;②氧化损伤;③DNA 损伤与修复障碍;④表观遗传改变;⑤免疫功能损伤和炎症;⑥信号通路异常;⑦能量代谢异常。

一、砷致酶功能异常

砷的重要毒作用机制之一是对酶活性的影响。砷是一种原浆毒,对蛋白的巯基(sulfhydryl,—SH)具有巨大的亲和力,巯基是酶催化过程中的重要功能基团。砷可与酶蛋白分子上的巯基结合而形成稳定的络合物或环状化合物,从而抑制组织中大量依赖巯基的酶,使许多酶参与的正常生物化学反应受到抑制,造成代谢障碍而引起损害作用。

砷与酶作用可以两种方式进行:一是单巯基反应,即 As^{3+} 吸收后以小分子形式直接进入细胞,与细胞内的酶或蛋白质的巯基结合形成 As-S 复合物,使酶的巯基基团失活而抑制酶活性;加入过量单巯基供体如还原型谷胱甘肽(glutathione,GSH),即可使酶活性恢复,表明此种反应是可逆性的。二是双巯基反应,即砷和酶或蛋白质中二个巯基反应,形成更为稳定的环状化合物,单巯基化合物不能破坏此环状结构,只有二巯基化合物才能破坏其环状结构而恢复巯基活性,进而使酶活性恢复。如 As^{3+} 与丙酮酸氧化酶体系中的重要辅助因子硫辛酸(6,8-二巯基辛酸)的反应,其二个活性巯基与砷结合形成-S-As-S-环状化合物,使硫辛酸失去生物活性,进而使丙酮酸氧化酶失活,从而影响细胞的正常代谢过程。

受砷影响的酶主要有葡萄糖氧化酶、胆碱氧化酶、磷酸酯酶、丙酮酸氧化酶、琥珀酸脱氢酶、乳酸脱氢酶、细胞色素氧化酶、黄嘌呤氧化酶、Na^{+}-K^{+}-ATP 酶、谷胱甘肽过氧化酶、葡萄糖-6-磷酸脱氢酶、胆碱酯酶、DNA 合成酶Ⅱ、过氧化物歧化酶、细胞色素氧化酶、α-谷氨酸氧化酶、延胡索酸乳酸脱氢酶及多种转氨酶等。砷对以上酶具有严重的干扰和抑制作用,从而引起多种复杂的生化功能异常和生理障碍,直接损害细胞的正常代谢、呼吸及氧化过程、染色体的结构和功能、细胞分裂过程,以致造成各种病变。这也是砷引起全身性危害的重要原因所在。

另外,有些金属酶中金属成分也可与砷结合而使酶活性下降。除了砷对酶的抑制作用外,在少数情况下,三价砷也能诱发一些酶的产生,如亚砷酸钠可诱导人海拉细胞血红素氧合酶形成,如现有研究已确

认在人类皮肤成纤维细胞中血红素氧合酶可由长波紫外线(UNA)和亚砷酸钠诱导产生。

二、砷致氧化损伤

砷诱导的组织细胞氧化损伤(oxidative damage)是砷对机体的主要损害效应之一。砷通过扰乱机体的氧化/抗氧化平衡而引发氧化应激(oxidative stress),从而进一步造成机体内多种细胞和分子信号(包括信号通路和转录因子活性)的异常、细胞周期和细胞凋亡的紊乱、抗氧化物酶活性的改变,以及机体自身抗氧化防御系统功能的降低等。砷在哺乳动物体内首先还原为三价砷,然后在甲基化过程中可转化为一甲基砷酸(monomethylarsenic acid,MMA^{V})和一甲基亚砷酸(monomethylarsenate acid,MMA^{III}),MMA^{III}能直接抑制谷胱甘肽过氧化物酶、谷胱甘肽还原酶、丙酮酸脱氢酶和硫氧蛋白还原酶等氧化代谢酶,导致细胞的氧化稳态失衡。而砷的甲基化代谢产物 MMA^{V} 和二甲基砷酸(dimethylarsenic acid,DMA^{V})是人类确定的致癌物,具有更强的诱发活性氧(reactive oxygen species,ROS)的能力。在小鼠体内,DMA^{V} 所诱发肺和皮肤致肿瘤作用,且与其进一步代谢生成二甲基亚胂酸(dimethylarsenate acid,DMA^{III}),然后激活对氧化还原状态敏感的信号分子,如 AP-1、NF-kB、IkB、*p*53、*p*21、ras 和 S-nitrosothiols,从而影响信号通路的转导,进一步激活相关基因的表达。

(一)砷对活性氧的影响

砷在细胞内的代谢过程中可以产生各种类型的 ROS。DMA^{V} 在体内与 GSH 反应产生 DMA^{III} 和二甲基砷-GSH-DMA^{III}(GS)复合物,GS 复合物通过谷胱甘肽还原酶被进一步还原为二甲基砷,或脱去 GSH 生成 DMA^{III};DMA^{III} 与氧(O_2)分子反应形成二甲基砷过氧化物,其作为砷致癌促进剂通过氧化应激而导致 DNA 氧化损伤,从而促进肿瘤发生。二甲基砷还能与 O_2 分子作用形成二甲基砷自由基等 ROS 而始动砷的致癌过程。实验表明,人血管平滑肌细胞、血管内皮细胞和人-仓鼠杂交细胞在砷暴露的情况下,均可产生氧自由基和过氧化氢(H_2O_2),砷处理 HEL30、NB4 和 CHO-K1 细胞等均可诱导产生 H_2O_2。除了上述砷诱发 ROS 生成的直接证据外,也有一些间接的实验报道,因砷处理正常人表皮角质形成细胞(normal human epidermis keratinocyte,NHEK)可增加细胞内与氧化应激有关的某些酶表达,如超氧化物歧化酶、苯醌氧化还原酶和苏/丝氨酸激酶等。用丁硫氨酸硫酸亚胺(buthionine sulfoximine,BSO)耗竭细胞内 GSH,或者抑制 GSH 前体 N-乙酰半胱氨酸(N-acetylcysteine,NAC),则引起癌基因 *c-myc* 表达增加。用砷处理通常被用于研究丝裂原活化蛋白激酶(mitogen-activated protein kinase,MAPK)通路的 PC12 细胞,发现砷明显提高 c-Jun 氨基末端激酶(c-Jun N-terminal kinase,JNK)和 *p*38 活性,但仅中等程度地激活细胞外信号调节激酶(extracellular signal regulated kinase,ERK),这 3 种酶的激活都可由于加入抗氧化剂 NAC 而被抑制,从而说明 GSH 的浓度降低或者氧化应激而造成了此反应。同样,H_2O_2耐受的中国仓鼠卵巢(CHO)细胞也耐受亚砷酸盐,而过氧化氢酶缺陷的 CHO 细胞对亚砷酸盐高度敏感。

近年来研究比较多的砷致癌机制中,砷引起体内最重要的抗氧化信号通路 Keap1-Nrf2/ARE 的变化也证实亚砷酸盐介导 ROS 生成。砷可导致体内 GSH 水平降低,表明 GSH 很有可能在五价砷被还原为三价砷时作为电子供体。亚砷酸盐与 GSH 具有高度亲和性,可直接与 GSH 连接而不是通过 ROS 的介导,从而在引起基因表达方面也可能发挥重要作用。由砷诱导的皮肤癌中可测出高浓度的 8-羟基-2-脱氧鸟嘌呤核苷(8-hydroxy-2′-deoxyguanosine,8-OHdG),8-OHdG 是一种敏感的 DNA 氧化损伤标记,8-OHdG 升高既可是 ROS 的作用,也可由直接的电子转移引起 DNA 损伤。因此,研究直接测量 ROS 的产生从而确定氧化应激在砷所致损害效应中的作用是有价值的。

总之,砷暴露引起 ROS 升高的途径主要包括:①通过线粒体电子传递链的复合物Ⅰ和复合物Ⅲ;②砷在体内代谢过程中产生胂而介导 ROS 产生;③甲基化砷使铁蛋白释放的铁而引发 Haber-Weiss 反

应；④亚砷酸盐氧化为砷酸盐过程中产生 ROS。

(二)砷对抗氧化物质的影响

砷影响 ROS 代谢酶即抗氧化酶活性，如超氧化物歧化酶、谷胱甘肽转移酶、谷胱甘肽还原酶及谷胱甘肽过氧化物酶等。一般短期暴露于低剂量砷可导致这些酶活性升高，而慢性暴露则常常导致这些酶活性降低。已知在体外研究中，砷可以调节硫氧蛋白还原酶、血红素氧合酶还原酶和 NADPH 氧化酶的活性。砷还可改变细胞色素 P450 活性，在酶或组织提取液中砷也被证明通过氧化损伤作用或结合邻二硫醇抑制磷酸脱氢酶。砷也可与琥珀酸脱氢酶亚基 A、细胞色素氧化还原酶的辅酶、细胞色素氧化酶和 ATP 合成酶等线粒体酶相互作用。砷已被证明可诱导 NADPH 氧化酶关键亚基高表达、磷酸化和膜转位，因此，NADPH 氧化酶是砷毒作用的又一个重要靶标。

不同剂量的砷作用不同类型的细胞，以及激活不同的激酶，从而提示不同细胞内各成员的被激活对应于不同的刺激。MAPK 和 ERK 可被促有丝分裂因子明显活化，但只被中等程度的氧化应激所激活；而 JNK 和 *p*38 主要对氧化应激反应，对生长因子的刺激反应不明显。说明在设计体内外实验时，应尽量选择适宜的细胞类型和合适的砷处理剂量。总之，砷引起抗氧化酶活性的变化具有剂量、时间和器官的依赖性，慢性砷暴露可导致谷胱甘肽转移酶、过氧化氢酶和谷胱甘肽还原酶活性降低，然而低浓度和急性砷暴露一般导致超氧化物歧化酶、过氧化氢酶和谷胱甘肽过氧化酶活性增强。

抗氧化反应是细胞对砷的主要防御机制，很多研究报道砷可诱导抗氧化失衡，不同酶和非酶因素通过清除 ROS 来保护细胞。GSH 作为细胞中巯基最丰富的非蛋白，可直接与亲电子基团结合或者作为谷胱甘肽过氧化酶和谷胱甘肽转移酶等酶的辅助因子，在砷解毒和抵抗砷诱发氧化应激中发挥重要作用。由于砷代谢中 GSH 作为电子供体被利用或者砷与其巯基结合，因此，砷慢性暴露和高剂量急性砷暴露均可引起 GSH 耗竭。低剂量砷短期暴露，导致适应性 GSH 水平增加，而长期低剂量砷暴露，则引起 GSH 减少。砷通过上调谷氨酸-半胱氨酸连接酶亚基的基因表达，促进 GSH 生物合成而诱导 GSH 增加，ROS 抑制剂 NAC 可以抑制此效应，则表明 ROS 参与其中。GSH 也参与调节转录因子、半胱氨酸蛋白酶和应激酶等砷毒作用的靶蛋白特定巯基残基的氧化还原过程。

(三)砷对氧化应激信号通路的影响

Keap1-Nrf2/ARE 作为体内最重要的抗氧化信号通路，近年来也成为砷致氧化应激机制的研究热点。Keap1-Nrfs/ARE 信号通路的核心分子包括 Nrf1、Nrf2、Keapl 和 ARE。Nrf2 和它的细胞质接头蛋白 Keapl 是细胞抗氧化反应的中枢调节分子，能被多种氧化性和亲电性化学物激活，进而启动 ARE 靶基因转录。

Nrf2 作为该通路的核心因子，是激活细胞抗氧化应激的关键步骤。Nrf2 的激活受多方面调控，主要涉及 Nrf2 与 Keap1 的相互作用及维持 Nrf2 表达水平稳定的机制，其中 Keap1 被认为是 Nrf2 信号通路的关键调节因子，并作为分子开关调节 Nrf2 介导的抗氧化反应。在生理状态下，Nrf2 位于细胞质中，与细胞质蛋白伴侣分子 Keap1 偶联，并与肌动蛋白结合被锚定于细胞质中而处于无活性状态，随即被泛素蛋白酶体途径迅速降解。当受到 ROS 或亲电性化合物等氧化应激源的信号攻击后，Nrf2 与 Keap1 解离，Nrf2 因子转位从细胞质而进入细胞核。通过碱性亮氨酸拉链结构与 sMaf 异二聚体化，并与抗氧化反应元件(antioxidant response element，ARE)上特定序列结合而激活靶基因的转录，从而调节抗氧化酶蛋白的表达。亚砷酸盐或砷酸盐也是常见的 Nrf2 激活物。因此，Nrf2 参与细胞适应性反应，从而抵抗砷诱发的氧化应激。ARE 是一个特异的 DNA 启动子结合序列，位于超氧化物歧化酶、血红素加氧酶-1 等Ⅱ相解毒酶和抗氧化酶基因的 5′端启动序列，其被激活后则可启动Ⅱ相解毒酶和抗氧化酶等基因的表达而发挥抗氧化作用，从而调节细胞生长(图 8-1)。

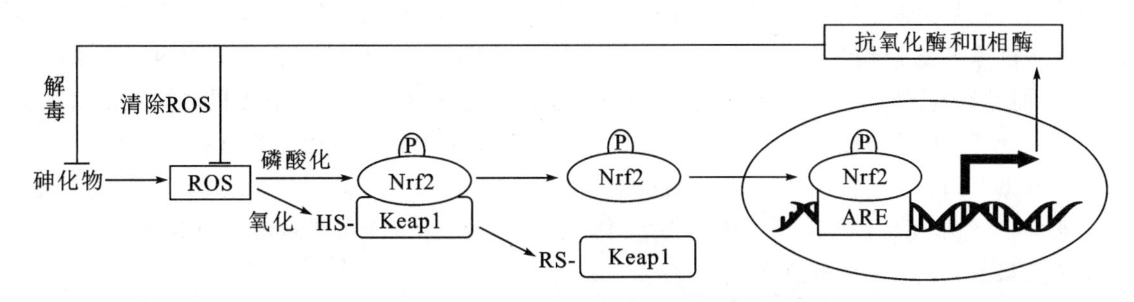

图 8-1　砷对 Keap1-Nrf2/ARE 信号通路的影响

砷暴露可诱导 Nrf1 和 Nrf2 激活，从而启动对靶基因的表达调控而引发细胞抗氧化应激级联反应。有研究发现 Nrf1 缺失的人角质形成(HaCaT)细胞 Keap1 表达减少，这进一步证实了 Nrfl 可能对 Keapl 有潜在的调节功能；其中，Nrf1 长亚型主要参与了 HaCaT 细胞砷暴露所诱发的抗氧化反应，表明 Nrf1 的激活参与了慢性砷中毒诱发的皮肤损伤。砷可诱导 MC-3 tE 成骨细胞和 HaCaT 等细胞系 Nrf2 活化，进而上调血红素加氧酶-1、依赖还原型辅酶Ⅰ醌氧化还原酶(NAD(P)H：quinone oxidoreductase l，NQO1)、应激蛋白 170、过氧化物氧化还原酶 1 和 γ-谷氨酰半胱氨酸合成酶。在长期暴露于低剂量亚砷酸钠所致恶性转化的 HaCaT 细胞中，也存在 Nrf2 的高表达，砷诱导 HaCaT 细胞恶性转化可能是由于 Nrf2 的基础活性增高和 Nrf2 介导的抗氧化反应降低。上述结果可能是由于 Nrf2 介导的增强 GSH 生物合成的负反馈，或增强 Nrf2 下游Ⅱ相酶活性而导致砷解毒，或在肿瘤细胞中通过肌酸激酶-2 的激活而促进 Nrf2 降解。总之，Keap1-Nrf2/ARE 通路失调参与砷所致肿瘤的发生发展过程，其具体的机制有待进一步研究。

砷诱导细胞氧化损伤还包括引起应激蛋白反应，包括热休克蛋白(HSP70)家族和 32 KD 的应激蛋白(原血红蛋白加氧酶)，该应激蛋白参与降低细胞内血红蛋白及 ROS 中卟啉的形成。砷进入血液与血红蛋白结合形成血红蛋白过氧化物，通过 GSH 氧化作用而使还原型 GSH 氧化成氧化型 GSH，从而引起溶血红细胞 Na^+-K^+ 泵功能破坏，产生细胞肿胀、溶解，严重时导致肾衰。砷化物还可诱导分子量在 27、60 和 90 K 的应激蛋白家族，如角化蛋白、金属硫蛋白、多药耐药基因等。另外，除了 ROS，砷暴露还可以诱发产生活性氮(reactive nitrogen species，RNS)也可引起氧化损伤。总之，砷可诱导细胞和机体的氧化损伤，但其与砷所致细胞损伤与致癌过程的关系尚需进一步研究。

三、砷致 DNA 损伤与修复障碍

砷是一种众所周知的基因毒物，其可通过直接引起 DNA 损伤和/或抑制 DNA 修复而引起染色体畸变，诱导细胞凋亡及甲基化等多种途径而产生损害效应。砷可引起哺乳动物和人细胞微核率增加，姊妹染色单体互换(SCE)异常，染色体畸变增加，且还可增强其他 DNA 损伤物质的致突变能力。

(一)砷致 DNA 损伤

DNA 链断裂来自于氧化 DNA 加合物和 DNA-蛋白质交联的切除。过氧化氢酶、钙、一氧化氮合酶抑制剂、超氧化物歧化酶和过氧化物酶都可参与调节亚砷酸盐诱导的 DNA 损伤。砷酸盐通过钙离子介导过氧亚硝酸盐，次氯酸和羟基自由基的产生而诱导 DNA 加合物。用单细胞凝胶分析(SCG)和 SCE 法观察了亚砷酸钠对体外培养的人白细胞遗传毒作用，发现 DNA 在凝胶中的分布和移动距离的异常变化与砷的浓度呈剂量-效应关系，砷在不引起 SCG 改变的情况下，可导致 SCE 频率增加。用亚砷酸钠处理 V79－C13 细胞后也发现染色体出现浓缩重排，早期出现细胞凋亡，21％的细胞染色体减少，并被非整倍体取代，从而证实砷可引起细胞分化期 DNA 的不稳定和细胞凋亡。

砷导致的细胞基因毒作用与DNA的甲基化修饰有关，由于砷代谢途径与DNA的甲基化过程均使用了同样的甲基供体S-腺苷硫氨酸(S-adenosyl methionine，SAM)，所以，砷可造成细胞内甲基供体SAM含量降低，从而导致基因组DNA低甲基化，进而改变基因表达水平。体内注射无机砷的大鼠研究发现，砷可以明显改变肝脏中与应激、DNA损伤、转录因子激活和细胞因子产生相关基因的表达水平。通过对燃煤型砷中毒患者的肝脏活检组织研究，发现明显退化的、变质的、变性的肝损害，如慢性炎症、空泡变性和灶性坏死，同时对肝组织约600个基因的表达研究，发现其中约60个与细胞增殖调节、细胞凋亡、DNA损伤等相关的基因表达水平明显改变。

二甲基砷酸是三价砷或五价砷暴露后形成的主要代谢产物，它通过诱导DNA中的非整倍体和单链断裂增加的有丝分裂损伤，有丝分裂损伤包括氢过氧自由基和ROS的产生，进而通过促进微核的产生而发挥遗传毒作用。通过对亚砷酸钠所致*gpt*基因突变及缺失研究，发现细胞死亡率及突变频率随亚砷酸钠染毒剂量的增加而升高。慢性砷暴露所致恶性转化大鼠肝上皮TRL1215细胞的整个基因组产生低度甲基化及SAM水平降低。关于砷对人体基因突变的影响，研究较多的是*p*53抑癌基因。染色体畸变，氧化应激，DNA修复，DNA甲基化模式的改变，生长因子分泌异常，细胞增殖加快，肿瘤的促进或进展，等等，最终均与抑制*p*53基因有关，从而产生癌基因*c-myc*过表达、凋亡细胞过度增殖、DNA低甲基化等现象。低剂量砷可引起肿瘤抑制基因*p*53的启动子区域高甲基化而诱导DNA扩增，从而导致细胞恶性转化和生长因子分泌，包括粒细胞-巨噬细胞集落刺激因子、转化生长因子α和促炎细胞因子血管坏死因子α；而且在没有正常*p*53功能的情况下，砷的共同诱导作用通过DNA修复缺陷，细胞周期蛋白D1的表达和*p*53依赖性*p*21表达升高，引起DNA损伤。砷可以抑制编码人端粒酶的逆转录酶亚基hTERT基因的表达水平，引起端粒酶的活性降低而导致染色体缺失，促进DNA损伤、基因组不稳定和致癌发生或癌细胞死亡。总之，砷可通过改变DNA修复过程、去除DNA连接酶和诱发点突变而引起致突变作用。

体内和体外试验已证明砷能导致染色体畸变。低剂量砷暴露可引起染色体畸变和基因扩增，同时也会在其他诱变剂存在的情况下使突变基因增多，如砷能增加紫外线的诱变性，实验发现砷可增加成纤维细胞对紫外线的敏感性，其机制可能是砷通过抑制与DNA修复有关的DNA连接酶或DNA修复酶的巯基结合而抑制其修复。由于DNA修复酶对砷的抑制较敏感，所以，砷对DNA修复有关的酶的抑制比DNA修复酶本身作用更强。低水平As^{3+}能诱导人肝细胞的DNA蛋白质交联物形成，而且DNA蛋白质交联物随砷浓度增加而升高，具有剂量-效应关系。通过对芬兰饮用含砷井水的居民中尿砷浓度和淋巴细胞染色体畸变之间的关联研究发现，在多重回归模型中排除年龄、性别和吸烟因素后，总尿砷含量与染色体畸变率成正相关。在饮用井水者中，尿中MMA/总砷比值与染色体畸变率也呈正相关，DMA/总砷比值与染色体畸变率却呈负相关。

砷化物及其主要代谢物DMA可明显诱发非整倍体的产生，但不会抑制纺锤体的形成，而且还可以延长纺锤体两极的距离，提示砷化物抑制有丝分裂、干扰细胞周期中纺锤体的动力、加速纤维微管的聚合作用。在研究无机砷和有机砷化物对人成纤维细胞的诱导时发现，砷化物主要诱导染色体缺失和断裂，其诱变能力依次为亚砷酸＞砷酸＞DMA＞MMA＞TMA，当浓度高于7×10^{-3} mol/L时，DMA有诱变能力且引起许多分裂中期的染色体出现断片，而几种可溶性有机砷衍生物的诱变性则不明显。

(二)砷致DNA修复障碍

无机砷可通过干扰DNA修复途径而导致DNA损伤。砷对细胞DNA损伤反应和DNA修复的调节是其致癌性的重要分子机制。甲基化砷可以干扰细胞和亚细胞系统中的DNA修复过程。砷的三价甲基化代谢物$MMA^{Ⅲ}$和$DMA^{Ⅲ}$抑制多聚(ADP-核糖基)生成，多聚(ADP-核糖基)在DNA修复、细胞周期控制和基因组稳定性的维持中发挥重要作用。砷的三价甲基化代谢物在致癌过程中对几种碱基切除修复

(BER)的关键分子都产生明显的影响。*p*53 功能可以被亚砷酸盐和 MMA^{III} 灭活，如 MMA^{III} 导致 *p*53 DNA 结合减少与砷诱导的 DNA 修复抑制有关。MMA^{III} 可以抑制损伤识别蛋白与紫外线诱导的 DNA 损伤部位有关，这是由于 DNA 结合结构域内锌结合结构的解折叠而引起 *p*53 活性降低所致。三价砷可以结合到范可尼贫血互补 L 基因泛素连接酶的环指结构区而诱导 DNA 损伤修复蛋白范可尼贫血 D2 基因的泛素化降解，从而抑制 DNA 修复。

四、砷致表观遗传改变

随分子生物学的发展，近年来的研究表明，砷可通过表观遗传调控发挥其毒作用。目前，表观遗传研究最多的是砷与 DNA 甲基化，组蛋白修饰和非编码 RNA(non-coding RNA)表达水平及功能。这些表观遗传改变将会影响细胞内稳态，因为这些表观遗传组分中的每一种在调节基因表达中均发挥重要作用。

(一)砷致 DNA 甲基化改变

砷对 DNA 甲基化模式的影响对于哺乳动物的发育至关重要，是研究最多的表观遗传改变。DNA 甲基化是将甲基与富含胞嘧啶的 CpG 岛的第 5 碳(C5)位共价加成，产生 5-甲基胞嘧啶(5-MeC)。DNA 甲基转移酶通过促进甲基从甲基供体 SAM 转移到 CpG 岛的胞嘧啶 C5 上。

无机砷可消耗甲基供体 SAM 而引起细胞缺甲基，从而引起基因组的甲基化模式不稳定，导致癌基因去甲基化而表达水平升高，如无机砷可引起叙利亚猴胚胎细胞发生癌变；而在这些癌变细胞中 *c-myc*、*c-fos* 和 *c-Ha-ras* 等原癌基因发生低甲基化，这些癌基因调控区的低甲基化可以引起基因表达水平升高而产生细胞周期紊乱，最终导致肿瘤。将长期接触无机砷的细胞接种于裸鼠体内后发现，亚砷酸盐呈时间、浓度依赖性地升高癌基因 *c-myc* 表达水平，而 *c-myc* 基因的表达水平与肿瘤发生高度相关。这些研究表明，无机砷引起表观遗传改变与其所致的肿瘤有关。另有研究发现摄食缺乏甲基饲料的小鼠接触无机砷，可以加剧 DNA 低甲基化，如引起癌基因 *c-Ha-ras* 基因 5′端调控区的低甲基化。另外，基因甲基化还与染色体结构、基因组印迹、DNA 复制、女性 X 染色体失活有关。因此，砷所致异常甲基化也可引起上述功能的异常。

妊娠期间的砷暴露导致未来的先天性功能障碍和生命晚期疾病，包括癌症。有研究发现妊娠期暴露于低水平砷可能影响胎儿表观基因组。研究者从英国新罕布什尔州的一个出生队列的 134 名婴儿中鉴定了脐带血 DNA 的甲基化。基于砷暴露水平的不同，CpG 的甲基化也存在差异。在 44 个 CpG 岛中，与暴露于低剂量砷组相比，暴露于高剂量砷组中 75％的 CpG 表现出更高的甲基化水平。此外，甲基化和砷暴露在几个特定的 CpG 基因座中呈现线性的剂量依赖关系。在砷所致癌前期和癌性皮肤病变中，肿瘤抑制基因 *p*16 和死亡相关蛋白激酶 DAPK 基因启动子区 DNA 甲基化模式明显异常。有研究通过高效液相色谱-电感耦合等离子体质谱(HPLC-ICP-MS)从尿液中测定 As^{III}，As^{V}，MMA^{V}，DMA^{V} 和砷甜菜碱(AsB)等砷代谢产物($\mu g/L$)的浓度发现，较高的 MMA 百分比和初甲基化指数(PMI)与乳腺癌风险增加有关。相比之下，尿二甲基砷酸(％DMA)和次甲基化指数(SMI)比例较高的女性的乳腺癌风险降低。

影响无机砷引起基因甲基化的因素包括无机砷的种类、剂量、暴露方式、膳食类型、个体基因型、环境因素等，且不同物种间也有差别。

(二)砷调控组蛋白修饰

DNA 结构中最丰富的蛋白质是组蛋白，但与 DNA 甲基化模式相比，组蛋白彼此聚集形成组蛋白八聚体，围绕 DNA 缠绕形成核小体。组蛋白能够将双链超螺旋真核 DNA 缩合成核小体，其由 H2A、H2B、H3 和 H4 蛋白组成。组蛋白的 N 末端可发生由特异性酶引起的许多变化，包括乙酰化、甲基化、磷酸化、瓜氨酸化和泛素化，从而影响染色质结构而影响基因的转录水平。

三价砷可导致组蛋白 4 赖氨酸 16 乙酰转移酶(H4K16Ac)降低,进而导致人尿路上皮细胞损害。在人膀胱上皮细胞中,MMA^{Ⅲ}以剂量和时间依赖性的方式降低 H4K16 乙酰化水平。砷还可以破坏组蛋白表观修饰机制是通过调控组蛋白 H3 的甲基化,如暴露于三价砷的人肺癌 A549 细胞增加了 H3K9 二甲基化(H3K9 me2)水平,并降低了 H3K27 三甲基化(H3K27 me3)水平。这种改变发生在 H2A、H2B、H3 和 H4 的 N 末端区域,而 H1 可以通过该反应进行翻译后修饰,砷引起的 H3 磷酸化增高,从而引起致癌基因 *c-Fos* 和 *c-Jun* 的表达水平上调。此外,在持续砷暴露引起砷酸沉积症(皮肤损伤)的群体中能够观察到 PR 域锌指蛋白 2 或视网膜母细胞瘤蛋白相互作用锌指 1 启动子的超甲基化现象。

(三)砷与非编码 RNA

近来的研究鉴定了大量非编码 RNA,包括微小 RNA(microRNA,miRNA)、长链非编码 RNA(long non-coding RNA,lncRNA)和环状 RNA(circular RNA,circRNA)等。这些调节性的 RNA 可以在基因转录、RNA 成熟和蛋白质翻译等各个水平调控基因表达,因此,非编码 RNA 在发育、分化和新陈代谢等多种基本生物学过程中均发挥重要作用,且也参与许多人类疾病的发生发展。

miRNA 为长度在 20～22 个核苷酸的 RNA 分子,miRNA 可以通过与靶 RNA 分子的 3′非翻译区结合而阻滞其翻译,从而抑制其蛋白表达水平。启动子甲基化特别是肿瘤抑制 miRNA 的 CpG 岛的高甲基化和组蛋白修饰的变化而引起 miRNA 的异常表达,均与疾病发生发展有关。用 2 μmol/L 砷酸钠处理人淋巴母细胞 TK7 细胞 6 d,观察到与未处理的细胞相比有 5 种 miRNA(miR-210,miR-22,miR-34a,miR-221 和 miR-222)表达水平显著改变。此外,miRNA 表达的改变是可逆的过程,在去除应激条件后,miRNA 水平能恢复到正常水平。野生型 *p*53 敲除的人支气管上皮细胞长期暴露于低水平亚砷酸盐,会引起 miR-200s 表达水平降低,同时细胞发生恶性转化伴随发生 EMT。在亚砷酸盐诱导的人胚肺成纤维细胞转化过程中,miR-21 水平上调,ERK/NF-kB 信号通路被激活。另外,下调 miR-21 可通过引起其靶基因 Spry1 表达上调而阻止亚砷酸盐诱导的 ERK 信号通路激活。因此,亚砷酸盐可通过增加 miR-21 表达水平而促进 ERK/NF-kB 信号通路激活,引起细胞发生恶性转化。

lncRNA 通常是指长度大于 200 个核苷酸的非编码 RNA 转录本。lncRNA 在砷的毒作用的机制研究中尚在起步阶段,有研究发现亚砷酸盐可以通过上调 lncRNA MALAT1 抑制 HIF-1 的泛素化降解途径,进而引起 HIF-1α 水平升高,HIF-1α 高表达则可诱导细胞发生瓦伯格(Warburg)效应,从而导致其终产物乳酸水平升高,促进肝上皮细胞发生恶性转化。

五、砷致免疫功能损伤和炎症

慢性饮水型高砷暴露与心血管系统、神经系统疾病、糖尿病及多组织器官恶性肿瘤的发生密切相关,而这些疾病的发生在一定程度上都与机体的免疫功能受损和炎症反应有关。砷的免疫毒作用主要表现在对免疫器官(脾脏、胸腺等)、细胞免疫、体液免疫、免疫功能相关基因表达等方面的影响。小鼠实验发现亚砷酸盐引起胸腺细胞脂质过氧化水平 ROS 产量显著升高,而细胞活性、GSH 水平和超氧化物歧化酶及过氧化氢酶的活力均降低,从而产生氧化损伤;同时,砷暴露后处于细胞周期 G1 期的胸腺细胞大量增加,细胞凋亡加重,进而影响胸腺发挥正常免疫功能。T 细胞亚群之间的细微平衡是维持免疫系统内部环境稳定的一个中心环节,$CD4^+/CD8^+$ 比值保持动态平衡,对机体的细胞免疫和体液免疫具有重要调节作用。砷中毒患者 $CD3^+/CD4^+$ T 淋巴细胞的比值显著降低,而 $CD8^+$ T 淋巴细胞的比值没有明显改变,$CD4^+/CD8^+$ T 淋巴细胞的比值则明显降低,表明有皮肤损害症状的患者存在 T 细胞免疫功能受损现象。长期自由饮水砷暴露可诱导小鼠脾细胞凋亡,从而影响脾脏发挥免疫功能。砷暴露不仅使脾脏的重量减少,而且还使脾脏的 $CD4^+$ 数量减少及 $CD4^+/CD8^+$ 比例下降,抑制脾单核细胞的增殖及 IL-2、IL-6、IL-12

和 γ-干扰素等重要细胞因子的分泌。

多种人群流行病学调查及动物实验发现，砷暴露可引起多种免疫相关基因/蛋白及部分炎症因子的表达水平异常，包括主要组织相容性复合体Ⅱ、CD69 等免疫调节相关基因和蛋白的表达水平下调，以及 IL-1β 和 TNF-α 等炎症相关因子的失调，这些均提示砷与免疫系统功能的紊乱有关（表 8-1）。

表 8-1　砷对免疫防御相关基因和蛋白表达水平的影响

基因名	表达水平	研究模型	样本描述
MHCⅡ	↓	人	外周血单核细胞 mRNA
		动物	鼠巨噬细胞
CD69	↓	人	外周血单核细胞 mRNA
		人细胞系	单核细胞表面标记
		动物细胞系	鼠平滑肌细胞
IL-1β	↓	人	外周血单核细胞 mRNA
		动物	鼠肺组织 mRNA/蛋白
			斑马鱼 mRNA
CD14	↑	人	外周血单核细胞 mRNA/表面标记
		人细胞系	巨噬细胞
TNF-α	↓	人	外周血单核细胞 mRNA
			单核细胞分泌物
		动物	斑马鱼 mRNA
			鼠肺泡灌洗液

砷可引起人和动物外周血中多种炎性因子，如巨噬细胞抑制因子单核细胞化学引诱物蛋白 1 和其他细胞因子和趋化因子（如 TNF-α、IL-1a、IL-6 和 IL-8）水平升高。上皮细胞（UROtsa）暴露于 50 nM MMA^{III} 可诱导 ROS 产生和 IL-6、IL8、IL-1 及巨噬细胞游走抑制因子等细胞炎症因子的过度积累，以及不同的信号通路和与炎症反应相关的转录因子的活化，包括 NF-kB、AP-1、c-Jun、ERK、p38 和 AKT 等。

当肺支气管上皮细胞暴露砷时，环氧化酶-2（COX-2）的表达明显增加，且这一过程依赖于活化 T 细胞核因子（NFAT）。因为在肺支气管上皮细胞中，砷不但可以活化 NFAT，而且 NFAT 特异性抑制剂，以及 DN-NFAT 和 siNFAT3 均能显著阻滞砷所致 COX-2 表达。另外，砷也可促进与炎症相关的多种细胞因子如转化生长因子-α 和粒细胞巨噬细胞刺激因子的表达。砷暴露引起炎性细胞因子 IL-6 分泌与释放增加，进而激活信号转导和转录激活因子 3（STAT3），STAT3 的激活通过诱导 miR-21 的高表达而促进细胞发生上皮间质转化，从而导致细胞恶性转化。

免疫系统功能的异常参与了无机砷所致的损害作用及致癌过程。印度 Bengal 西部在饮用无机砷污染井水的慢性砷中毒患者和有皮肤损伤的患者中，70%以上发现了肝大和（或）脾大的严重炎性反应。无机砷可诱发人类表皮角化细胞分泌细胞生成促进因子和生成因子，这一反应可能在无机砷致皮肤癌中具有重要作用。无机砷对巨噬细胞有很强的细胞毒作用，使细胞生存率比对照组下降；亚砷酸盐和砷酸盐的半数致死（IC_{50}）浓度分别为 5 μmol/L 和 500 μmol/L，这些无机砷化物主要导致细胞坏死（80%）和部分细胞凋亡（20%），并且在细胞毒性剂量范围内明显诱发炎性细胞因子的释放。因为加入超氧化物歧化酶、过氧化氢酶和 GSH 等抗氧化剂或白细胞介素-1β 转化酶的抑制剂，均可抑制无机砷的强烈细胞毒作用，所以认为无机砷的细胞毒作用是通过ROS和蛋白酶的激活而介导的。

无机砷的这些免疫毒性效应很有可能引起免疫抑制和炎性反应，并且很可能是引起饮用砷污染井水的慢性砷中毒患者致癌和肝大、脾大等严重炎性反应的关键环节。相反，甲基砷化物的细胞毒性远低于无机砷，DMA的LC_{50}为5 mmol/L，MMA和TMAO甚至在超过10 mmol/L时也不产生明显的损害效应。另外，这些甲基砷化物抑制巨噬细胞释放TNF-α。DMA主要诱发巨噬细胞凋亡。DMA的细胞损害机制可能不同于无机砷，因为超氧化物歧化酶、过氧化氢酶和ICE抑制剂对DMA引起的细胞损害效应无明显影响。相反，GSH可以加强DMA所致细胞损害效应。这些资料表明，哺乳动物细胞中砷甲基化在抑制无机砷的免疫抑制和炎性反应中起着十分重要的作用，并且慢性砷中毒很有可能是体内未被甲基化的砷化合物积累所致。

六、砷致信号通路异常

砷所致信号通路异常也是当前砷中毒机制研究的热点之一。砷可通过多种途径引起细胞信号通路异常，从而引起相应的转录因子激活，则诱导一系列调节细胞功能的基因表达水平异常，而引起氧化应激，癌基因激活或(和)抗癌基因失活，引起细胞增殖和凋亡异常等，最终引起细胞发生恶性转化(图8-2)。

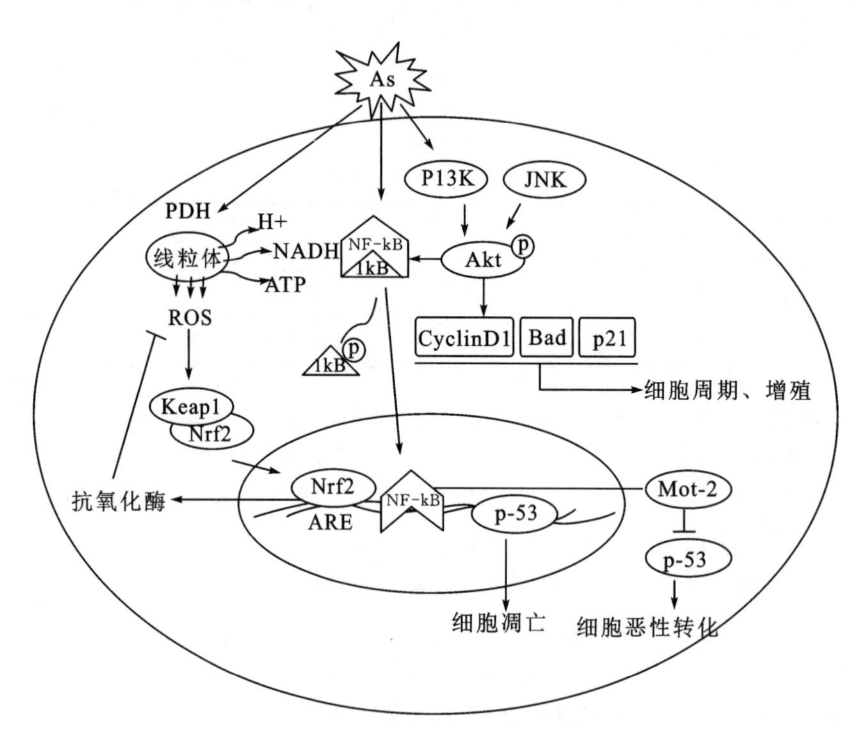

图8-2　砷对信号通路的影响及所致效应

(一)砷与PI3K/Akt信号通路

磷脂酰肌醇3-激酶(phosphatidylinositol 3-hydroxy kinase，PI3K)是细胞内重要的信号转导分子，可特异地使磷脂酰肌醇环上的3′羟基磷酸化，在质膜上产生第二信使3，4，5-三磷酸磷脂酰肌醇，与其细胞内蛋白激酶B(PKB，又称Akt)结合，导致Akt活化，进而调控下游靶蛋白Bad、半胱氨酸天冬酶9、细胞周期素Dl、NF-kB、*p*2l和*p*27等，PI3K/Akt信号通路在细胞的增殖、分化、凋亡及迁移等方面均发挥重要作用。亚砷酸盐处理皮肤HaCaT细胞可以激活PI3K/Akt通路，进而引起其下游细胞周期素Dl高表达而导致细胞增殖加快，用PI3K/Akt通路抑制剂渥曼青霉素预处理HaCaT细胞或敲除Akt后，再用亚砷

酸盐处理 HaCaT 细胞，则不引起细胞周期素 Dl 高表达，且细胞增殖现象也消失；从而说明亚砷酸盐可以通过激活 PI3K/Akt 信号通路进而激活下游细胞周期素 Dl，引起细胞增殖加快，其在砷所致 HaCaT 细胞恶性转化过程中发挥重要作用。

（二）砷与 MAPK 信号通路

丝裂原活化蛋白激酶（mitogen-activated protein kinase，MAPK）信号通路是将细胞外信号传递至细胞核，引起基因表达改变的重要信号通路，对细胞增殖、分化、凋亡、坏死具有重要调控作用。哺乳动物细胞的 MAPK 通路主要包括 3 条亚信号通路：细胞外信号转导激酶（ERK）信号通路，主要功能是促进细胞增殖与分化；c-Jun N-端激酶（JNK）信号通路和 *p*38 信号通路，其主要功能是促进细胞凋亡与死亡。目前，普遍认为生长因子激活的 ERK 信号通路和应激激活的 JNK 信号通路之间的平衡和精确调节是影响细胞增殖、分化、凋亡和死亡的重要调控机制。

砷化物在多种类型细胞中可激活 ERK 和（或）JNK 信号通路，且与其所致细胞增殖和恶性转化有关。亚砷酸钠所致肝 TRLl215 细胞恶性转化过程中抑制了 JNK 信号通路；激活 ERK 信号通路，从而引起 B 细胞淋巴瘤-xL 和 Bcl-2 两种抗凋亡蛋白表达水平升高，而促凋亡蛋白 Bax 表达水平则明显降低。大鼠肺支气管上皮细胞暴露于低水平亚砷酸钠（2 μmol/L）可激活 ERK 信号通路，提高细胞增殖率，此作用可被 ERK 抑制剂所阻滞。相反，高水平（20 μmol/L）亚砷酸钠处理该细胞可激活 JNK 信号通路，提高细胞凋亡率，同样，此作用可被 JNK 抑制剂所阻滞，提示不同浓度砷激活不同 MAPK 亚信号通路，从而引起细胞不同程度的增殖和凋亡，甚至可能产生相反效应。所以，亚砷酸钠激活不同 MAPK 亚信号通路主要取决于其浓度、作用时间和靶细胞类型，从而产生不同的细胞效应。

（三）砷与 NF-kB 信号通路

核因子-kB（nuclear factor kappa B，NF-kB）家族成员包括 NF-kB1（p50）、NF-kB2（p52）、RelA（p65）、RelB 和 cRel，它们以同源或异源二聚体的形式组成蛋白。NF-kB 是一种多向性、多功能的核转录因子，可调控细胞凋亡、增殖的相关基因。在静息状态时，NF-kB 与其抑制因子 IkB 结合以失活形式存在于细胞胞浆中。砷可通过 ROS 使 NF-kB 激酶抑制剂（IKK）通过磷酸化或形成分子内二硫键而被激活，进一步使 IkB 发生磷酸化，并从 NF-kB/IkB 复合物中脱落下来，被激活 NF-kB 转入细胞核中，然而结合到靶基因的启动子区，从而启动靶基因表达（图 8-3）。不同浓度和不同时间的砷暴露不同细胞则可引起 NF-kB 活性的不同变化，如用 1 μmol/L 亚砷酸钠处理 HaCaT 细胞 15 w 后，即低水平砷所致 HaCaT 细胞恶性转化过程中，砷可以激活 NF-kB，进入核内的 NF-kB 结合到 mot-2 启动子区，从而转录调控 mot-2 表达水平而阻止 *p*53 的核转位，使得 *p*53 不能入核与 CBP 结合，最终导致 *p*53 功能失活。

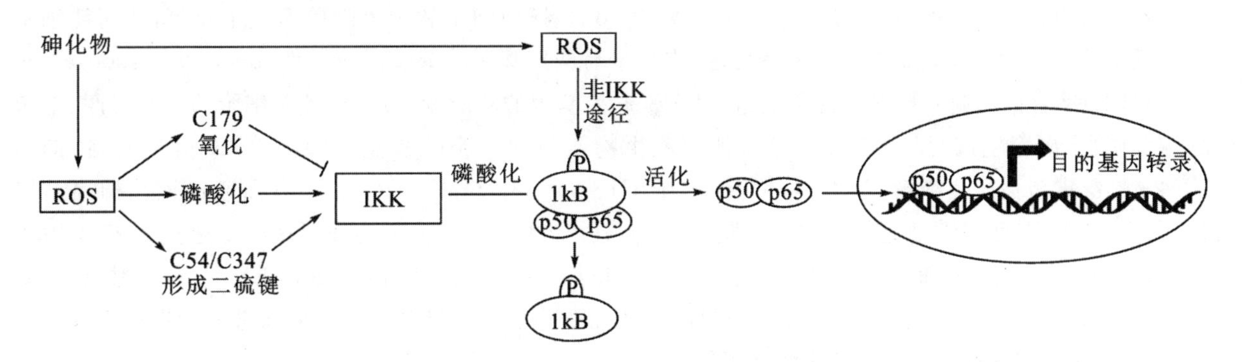

图 8-3　砷通过 ROS 调控 NF-kB 信号通路

NF-kB 调控的基因包括一些抗氧化或保护基因，如超氧化物歧化酶、过氧化氢酶、金属硫蛋白、血红素氧合酶-1 和谷胱甘肽过氧化物酶-1 等；也包括一些促氧化基因，如黄嘌呤氧化还原酶、氮氧合酶、花生四烯酸 5-脂氧合酶、细胞色素 P450 酶等。这些基因产物反过来又可以对细胞内的 ROS 进行负反馈或正反馈调控。因此，ROS 与 NF-kB 之间形成一个复杂的交互作用调控网络。

(四)砷与 AP-1 信号通路

活化蛋白-1(activator protein-1，AP-1)的主要形式是 c-Jun 和 c-Fos 形成的异源二聚体。通过对离体肺组织精细切片活性的分析可以发现，砷处理可以提高Ⅱ型上皮细胞和肺泡巨噬细胞内 AP-1 与 DNA 的结合能力，且砷对 AP-1 的激活受到蛋白激酶 C 和 MAPK 家族的影响。同时，蛋白激酶 C 的活化能够激活包括 JNK、ERK 和 *p*38 激酶的 MAPK 信号通路，MAPK 家族成员又能提高 AP-1 的转录水平，促使其与 DNA 的结合，调控 AP-1 的靶基因表达水平。

砷通过 ROS 作用而使 JNK 的上游的激酶凋亡信号调节激酶 1(ASK1)被激活，而其上游磷酸激酶 MKP(MAPK phosphatases)又被抑制，二者均可导致 JNK 激活，从而使转录因子 AP-1 发生磷酸化而被激活，并导致靶基因的持续高表达(图 8-4)。另外，砷还可引起 ROS 水平升高而诱导细胞内 c-Jun 和 c-Fos 迅速合成，从而激活 AP-1，但砷激活 AP-1 也具有细胞和生物的特异性。

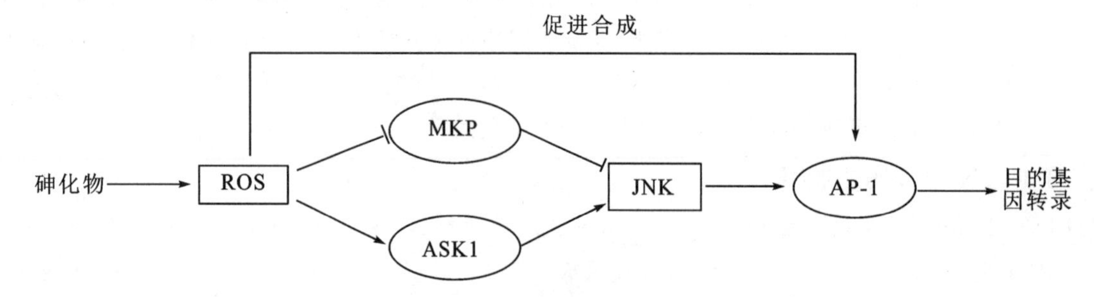

图 8-4　砷通过 ROS 调控转录因子 AP-1 信号通路

(五)砷与 HIFs 信号通路

缺氧诱导因子(hypoxia－inducible factors，HIFs)是哺乳动物和人在缺氧条件下维持氧稳态的关键因子，其对 ROS 和 NO 也敏感。HIFs 包括 HIF-1、HIF-2 和 HIF-3，其均由 HIFα 和 HIFβ 两个亚单位构成的异源二聚体复合物。HIFα 既是调节亚基，又是活性亚基，其蛋白质稳定性和活性均受细胞内氧浓度的调节。HIFβ 是许多转录因子的共同亚基，其不受氧浓度的调节，可存在于任何氧浓度下。

砷一方面可产生 ROS，另一方面可像重金属钴(Co)一样使细胞利用氧障碍而产生缺氧，从而使细胞 HIFs 泛素化分解途径受阻而使 HIFs 高表达，进一步与调控基因的缺氧反应元件(hypoxia response element，HRE)结合而引起调控基因的高表达。HIFs 调控基因的功能相当广泛，涉及细胞的能量代谢、增殖和生存、凋亡、血管生成、浸润与转移等多种细胞生物学效应。亚砷酸盐可激活 ERK 信号通路，抑制 HIF-2α 的泛素蛋白酶体降解，从而诱导转录因子 HIF-2α 水平升高，HIF-2α 一方面通过调控抑癌基因 *p*53，使其失活，从而刺激细胞过度增殖、促进细胞发生恶性转化；另一方面 HIF-2α 通过直接作用于 Twist1 和 Bmi1 而促进细胞发生上皮-间质(epithelial-mesenchymal transition，EMT)和肿瘤干细胞(cancer stem cells，CSCs)特性获得，还可通过间接调控亚砷酸盐诱导的炎症反应而进一步促进细胞发生 EMT，最终在细胞恶性转化中发挥重要作用。

(六)砷与其他信号通路

砷可以诱导表皮生长因子受体(epithelial growth factor receptor，EGFR)两种独特的酪氨酸磷酸化

事件(Tyr845 和 Tyr1101)，导致配体不依赖性 EGFR 激活，进而导致下游 Ras、Raf、Mek 等相关因子的激活，在砷相关的发病和致癌过程中发挥重要作用。另外，砷还可以通过 JNK/STAT3 通路参与 Akt 的激活，在人支气管上皮细胞中，砷通过 JNK/STAT3 刺激 Akt 的激活和随后的血管内皮生长因子释放，从而诱导细胞迁移。通过低水平亚砷酸钠对 HaCaT 细胞 *p*53 的影响研究，发现在处理早期可引起 *p*53 磷酸化水平升高，同时增加对 *p*53 基因具有负反馈调节作用的 mdm2 蛋白水平而诱导细胞发生恶性转化。

七、砷致能量代谢异常

线粒体是砷毒作用的重要靶点，砷可通过水通道蛋白进入线粒体，抑制与能量产生相关的各种酶类，包括丙酮酸、琥珀酸、异柠檬酸和 α-酮戊二酸等脱氢酶，以及电子传递链复合物Ⅱ和Ⅳ等，因此，砷诱导的线粒体功能失调在砷所致相关病理损伤中发挥重要的作用。线粒体功能的失调势必会改变细胞能量供给方式。砷及对能量代谢的影响主要继发于代谢酶受抑制，如三羧酸循环中关键的丙酮酸氧化酶、琥珀酸脱氢酶等受抑制；线粒体 NADH 氧化呼吸链中有关酶被抑制均可影响到 ATP 生成，从而影响能量代谢。砷酸盐可抑制线粒体氧化磷酸化反应或使其过程脱偶联。砷抑制丙酮酸氧化酶活性与尼可酰胺腺嘌呤二核苷酸(NAD^+)辅酶作用底物有关，从而影响线粒体呼吸、减少 ATP 的合成及增加多种细胞内磷酸化。低水平亚砷酸盐是 α-酮戊二酸脱羧作用的专一抑制剂，而 α-酮戊二酸脱羧作用对于维持三羧酸循环极为重要。砷酸盐抑制线粒体与能量有关的一些功能有两条途径：一是在氧化磷酸化过程中与磷酸化发生竞争，二是抑制与能量有关的 NAD^+ 还原反应。砷在血液中大多与血红蛋白(Hb)结合，因此，血液中含砷量过多可影响氧的运输，继而也影响能量代谢。

机体的葡萄糖在体内代谢途径包括糖酵解和氧化磷酸化。正常哺乳动物细胞在有氧条件下，糖酵解被抑制而通过氧化磷酸化途径供能。而在肿瘤及其他异常情况下，则发生瓦伯格(Warburg)效应，即表现为葡萄糖摄取率高，糖酵解活跃，代谢产物乳酸含量高。

有研究发现肺上皮细胞低水平长期暴露砷可诱导 Warburg 效应，导致能量代谢方式发生转变，即从线粒体氧化磷酸化转变成有氧糖酵解，成为肿瘤发生的标志。这种能量代谢模式的转变伴随着三羧酸循环能力的降低，且其主要依赖于 HIF-1α 的稳定表达，从而进一步提示线粒体能量代谢的失调及糖酵解能力的增强是砷致癌的重要分子机制。

砷可诱导秀丽隐杆线虫发生糖酵解反应并伴随着线粒体代谢功能失调和斑马鱼肝代谢紊乱而引起肝损伤。低水平砷处理小鼠胚胎成纤维细胞发现，砷通过引起 *p*53 失活和 NF-kB 激活而导致代谢模式从线粒体呼吸转变为有氧糖酵解。进一步在动物实验发现，砷处理的小鼠存在较高的能量消耗，且分离得到的原代小鼠胚胎成纤维细胞的葡萄糖消耗及乳酸分泌也增加，这些都证实了砷可以诱发有氧糖酵解。因此，砷暴露可引起癌基因的激活和抑癌基因的失活，导致线粒体氧化磷酸化功能失调而糖酵解能力增强，其终产物乳酸的累积为细胞提供酸性微环境诱发炎性因子的释放，进而促进细胞增殖加快，并且为细胞增殖提供物质基础，从而引起细胞发生恶性转化。

八、砷毒作用机制研究展望

随分子生物技术的发展和分子毒理学研究的深入，对于砷所致机体和细胞损害过程中分子机制的不断认识，已经发现越来越多的砷所致损害过程中存在着氧化应激、DNA 损伤与修复异常、信号转导异常，表观遗传改变、能量代谢异常和免疫及炎症功能异常，等等(图 8-5)，认识其变化规律及其在砷所致损害发生发展中的病理意义，不但可以揭示砷所致机体损害的分子机制，而且为砷所致损害的防治提出了新的方向。

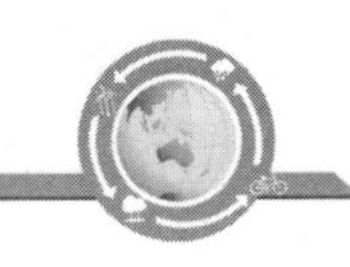

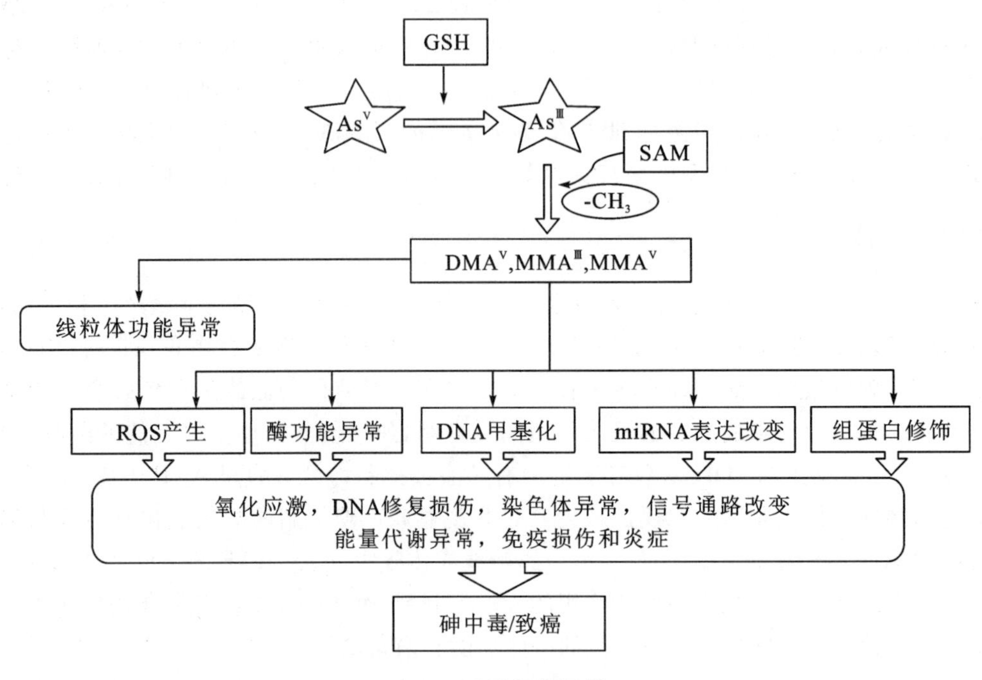

图 8-5　砷毒作用机制

由于许多新方法和新技术已被用于研究毒物所致损害的分子机制研究，砷所致分子机制及其与损害作用关系的研究已取得较大进展，但其许多具体过程尚不清楚。为了进一步阐明砷的毒作用机制及其与损害的关系，应注意以下几方面问题：①多层次系统性地深入研究砷所致损害机制。目前砷所致损害机制的研究多数是在单一细胞水平，由于不同生物、不同细胞的信号通路等存在一定差异，所以，获得的许多研究结果，需要应用不同生物、不同细胞进行验证和重复，而且砷所致损害是受机体整体的影响，故应在分子、细胞、组织水平和不同生物、不同细胞系统地探讨砷所致损害机制及其所致损害的关系。②砷对损害机制的系统性。目前开展的砷毒作用机制的研究，多是在细胞水平研究单一的砷对单一信号通路，甚至单一信号分子的影响，而细胞信号通路在细胞内是网络化的，砷所致细胞信号通路的异常可以局限于单一环节，亦可同时或先后累及多个环节甚至多条信号通路，造成调节信号通路的网络失衡，引起复杂多变的表现形式。所以应开展砷对细胞信号通路网络的影响，特别要注意不同信号通路之间的串话(cross-talk)。③砷与其他毒物的混合所致损害作用的机制。目前多数研究是单一砷化物所致细胞损害的机制，但在实质工作和生活环境中，人体多是接触多种混合毒物，不同毒物可能引起不同或相同的损害机制，从而产生不同或相同的损害效应。所以，拟开展砷与其他毒物的多种混合毒物的暴露所致损害机制研究。

总之，随着细胞分子生物学领域技术的发展和飞跃，认识细胞的分子变化和关键事件已经成为可能，推动了毒性测试研究由毒作用模式研究分析转向理解毒作用机制，也助推了基于毒性通路的评价技术从理念走向实践。特别是随着21世纪毒性测试的愿景与策略实施，有害结局路径(AOP)框架作为毒理学评价工具或体系逐渐在国际上被毒理学领域公认。因此，开展系统地进行砷毒作用机制的研究，不仅将进一步阐明砷所致健康危害的机制，而且可获得早期预警分子标志和风险评估体系，其对制定砷所致健康危害的早期预防和控制措施具有重要的理论意义和实用价值。

（刘起展　薛均超）

第三节　砷毒作用的影响因素

砷及其化合物的毒性作用是砷与生物体(人或动物)相互作用的结果,其产生的毒作用性质及强度主要受毒物理化特性、环境因素及机体因素的影响,本节将从这三个方面进行介绍。

一、影响砷毒性的理化因素

(一)砷的价态、形态

砷化合物种类较多,其毒性受砷的价态及形态的影响。单质砷无毒,无机砷的毒性大于有机砷。三价无机砷(As^{3+})毒性约为五价无机砷(As^{5+})的60倍,其原因主要有:As^{3+}与含巯基的蛋白质或酶等结合能力较As^{5+}强、机体细胞摄取As^{3+}的能力远大于As^{5+}。目前,砷暴露主要摄入无机砷,其中,As^{3+}/As^{5+}的比例直接影响砷中毒患者病情的严重程度。

体外研究发现,不同价态的砷溶液其毒性作用亦不同,这可能与其细胞膜的通透性有关。Aposhian等(2001)用仓鼠评价了MMA^{3+}和iAs^{3+}的毒性,发现MMA^{3+}的急性毒性是iAs^{3+}的4倍。Petrick等(2000)用人肝细胞检测了各种形态砷的相对毒性,发现毒性大小顺序为:$MMA^{3+}>iAs^{3+}>iAs^{5+}>MMA^{5+}=DMA^{5+}$。砷化合物可引起DNA损伤,其强弱顺序是:$DMA^{3+}>MMA^{3+}>iAs^{3+}$和$iAs^{5+}>MMA^{5+}>DMA^{5+}>TMAO^{5+}$。

(二)溶解度

毒物的毒性大小与其在水中的溶解度成正比。如As_2O_3的溶解度远大于其他砷化合物,故其毒性很大。As_2S_2与As_2S_3水溶性很低,毒性极微。

(三)浓度

砷暴露浓度越高,毒作用越强。人群研究、动物实验及体外实验均提示,砷化合物的毒性作用存在良好的剂量-效应/反应关系。

(四)挥发性

毒物的挥发性也影响其毒性作用。砷化氢(AsH_3)气体具有很强的挥发性,毒性大。一般情况下,在含1 mg/L AsH_3的空气中呼吸5～10 min即可发生致命性中毒。

二、影响砷毒性的环境因素

环境因素对疾病的发生、发展及转归有重要影响,必须对其加以认识。

(一)气候环境/气象条件

环境温度、湿度等的改变可影响砷的吸收、代谢和毒性效应。在气候炎热地区,居民饮水量增加,总砷摄入量增加;高温高湿可减少汗液蒸发,使皮肤角质层的水合作用增加,砷化合物易黏附于皮肤表面,进一步增加砷化合物的吸收,进而加重病情。在寒冷潮湿地区,燃煤型砷中毒病情相对严重一些,因居民长时间取暖及烘烤食物,通过污染的空气及食物摄入的总砷量增加。砷中毒患者往往有末梢循环障碍及雷诺氏现象,气温寒冷加重砷中毒循环系统症状。

(二)自然环境条件

主要针对地方性砷中毒(简称地砷病)而言。地方性砷中毒的发生是由于人群长期接触含砷量高的自然环境介质如水、煤等所致,而环境介质中砷含量的高低主要取决于其地质条件。因此,充分认识砷中毒病区的地质条件，并加以有效地利用及改善是防治地砷病发生发展的主要措施之一。

(三)暴露季节

人群研究发现，饮水型砷中毒在冬春季发生四肢末端发绀现象较多，中国台湾病区冬季乌脚病病情加重，提示低温加重砷中毒的血管损害；燃煤型砷中毒冬春季病情变重，可能与居民燃用高砷煤烘烤食物、取暖和在室内逗留时间较长，导致机体摄入砷增多有关。动物实验发现，砷化合物的毒性可因每日给药的时间不同或者给药的季节不同而有所差异。

(四)暴露途径、水平及时间

1. 暴露途径　砷主要通过呼吸道、消化道及皮肤吸收进入人体，其中职业性砷中毒以吸入为主；饮水型砷中毒以经口为主；而燃煤型砷中毒则经口和吸入摄入。暴露途径可影响砷的毒性效应，如呼吸道摄入砷早期以呼吸道刺激及皮肤损害症状为主，晚期所致的癌症以肺癌为主；经消化道和呼吸道共同摄入砷的除典型皮肤损害外，消化系统症状较重，晚期皮肤癌及肝癌亦多见。动物实验发现，不同染毒途径的吸收速度和毒性大小依次为：静脉注射≈吸入＞腹腔注射≥肌内注射＞皮下注射＞皮内注射＞经口＞经皮。

2. 暴露水平/摄砷总量及暴露时间　人群研究发现，总砷摄入量是砷中毒病情轻重的重要影响因素，总砷摄入量越大，砷中毒的病情越重。动物实验中，急性大剂量砷化合物染毒引起以急性胃肠道症状为主的急性中毒效应，而长时间低剂量染毒引起以多系统多脏器损害为特征的全身性疾病。此外，一次性大剂量染毒很容易导致实验动物死亡。体外试验中，砷化合物的毒性作用与暴露剂量、时间存在明显的剂－效及时－效关系。

三、影响砷毒性的机体因素

各种动物或不同的人体、不同的体外系统对毒物的反应不一，其敏感性有明显差异。目前认为敏感性不同的主要原因是：

(一)种属差异

不同种属的动物，在解剖、生理特征、遗传学、代谢过程及对各种因素的反应上都有差异，对砷的毒性反应亦如此。比如，As^{3+}经口对野生挪威大鼠、Sheman 大鼠、Sprague-Dawley 大鼠、CD 大鼠、瑞士小鼠、C57H48 小鼠、DBA2 小鼠的 LD_{50} 各不相同，分别为 104 mg/kg、44 mg/kg、15 mg/kg、23 mg/kg、39 mg/kg、26 mg/kg、32 mg/kg。

不同类型的细胞株，对砷化合物的毒性反应有差异，这主要取决于其来源及功能。此外，细胞种类不同，体外培养所需的砷化合物有效浓度亦不同，这可能与其结构、代谢的差异有关。

与实验动物相比，人群对砷的毒性似乎更易感。例如，人群慢性经口接触 0.05～0.1 mg/(kg・d)无机砷通常可出现神经系统和血液系统毒效应，而实验动物如猴、狗或大鼠慢性暴露于 0.7～2.8 mg/(kg・d)无机砷时，则未观察到上述征象。

关于世界各地不同种族的人体对砷的异常反应性差异至今未见报道。目前多见的是人群个体易感性差异，即基因多态性的研究。

(二)基因多态性

大量的流行病学研究证实，地方性砷中毒的发生存在个体差异，即在相同暴露条件下，砷暴露者发病情况及病情差异较大。近年来研究发现，个体间砷中毒易感性的不同可能与某些基因多态性密切相关。其中，代谢酶基因多态性、DNA 修复酶基因多态性及氧化应激基因多态性与砷中毒的关系备受关注，详

见本章"第四节 砷暴露与生物学标志"。

(三)其他因素

宿主的生理状况(年龄、性别)、健康状况(疾病、免疫状态)、营养状况及生活方式等因素不同程度的影响砷的毒性效应。

1. 年龄　一般情况下,婴幼儿和老年人对砷毒物的敏感性高于中、青年人。新生和老年机体代谢能力较差,砷化合物从机体清除效率低。在同样的暴露水平下,与成年人相比,儿童的尿砷含有更高比例的二甲基砷和更高的二甲基化指数,血液中含有更低的还原型谷胱甘肽,年轻人的尿样中含有更高浓度的卟啉和丙二醛。砷中毒患者年龄范围很大,从幼儿到老人均有报道。随年龄增长,机体累积的砷量增高,故患病率随年龄的增长而上升,20 岁以上患病率明显高于 20 岁以下,40～50 岁为患病高峰期。

2. 性别　多数研究认为,男性砷中毒患病率高于女性,并且男性病情更为严重。最近的一篇 Meta 分析也显示慢性砷暴露下男性砷中毒患病率高于女性。这可能与男性多从事重体力劳动、砷直接接触机会多、机体砷摄入总量大有关。

3. 健康状况　健康个体对毒物的耐受量比患病个体大,不易发生中毒。此外,机体可以通过解毒和排毒过程将进入体内的毒物的毒作用消除,而这些过程主要在肝脏及肾内进行。如果接触动物或人群患有肝肾疾病,将对砷化合物的体内过程产生不同程度的影响,不但加剧原有疾病,而且影响砷中毒的发生发展。

4. 营养状况　机体的营养状况除影响机体的健康状况及抗病能力外,还影响砷化合物的代谢、储存和毒性。对燃煤型砷中毒的研究发现,病区砷中毒患者的膳食结构为典型的植物型,动物性食品摄入较少,VB_2、钙及硒等营养素摄入不足。国外的研究显示,病区砷中毒患者的社会经济地位显著低于暴露对照人群。病例组的蛋白及胆碱摄入量明显少于对照组。女性患者大部分营养素的摄入量都少于对照组。90%的研究人群 VB_2、铜、锌和 VB_6 的摄入量低于推荐膳食供给量。这些研究显示,低的社会经济地位伴营养缺乏可显著增加砷中毒的发生风险、加重砷中毒病情的发展。因此,改善砷中毒患者的营养状况对于控制病情、综合防治具有重要作用。

四、砷与其他化学物的联合作用

一些化学物质与砷同时或先后作用于机体时会产生联合作用,从而影响砷的毒性效应。联合作用主要分为非交互作用和交互作用。非交互作用包括相加作用及独立作用,交互作用包括协同作用、加强作用及拮抗作用。毒物间的交互作用是一个极为复杂的问题,有可能是相加作用或拮抗作用,也可能是毒性剧增的协同作用。砷及其化合物与许多重金属和有毒化学物广泛地分布并共存于自然界。根据我国砷中毒的广泛性和特异性,结合目前研究现况,主要讨论砷与氟、镉、硒及其他重金属之间的交互作用。

(一)砷与氟的交互作用

我国新疆、内蒙古存在饮水型砷、氟联合中毒,贵州存在燃煤型砷、氟联合中毒。砷、氟联合中毒患者同时具有地方性砷中毒和地方性氟中毒的临床表现和体征。近年来,国内学者在砷、氟联合中毒方面做了大量的工作,取得了较大的进展。

1. 毒性与代谢　人体的吸收与排泄实验显示,砷、氟对机体呈现独立作用。也有资料显示,砷、氟联合中毒患者尿氟排泄明显较低,提示砷可能减少氟的吸收。砷、氟对小鼠、家兔、斑马鱼、大型水蚤、美丽猛水蚤的交互作用显示,两者呈拮抗作用。亚慢性实验显示,氟和砷均影响大鼠体重,两者呈拮抗作用。砷和氟主要从尿和粪便排出,砷、氟储留量受总摄入量的直接影响。氟对砷排泄量影响较小,砷可能对氟排泄有一定的抑制作用。蓄积性实验表明,砷、氟联合作用后,氟减弱了砷的蓄积性。因此,从砷氟交互

作用的毒性、代谢来看，不同的研究表现出的砷氟交互作用效应存在明显差异。

2. 对组织器官的影响

(1)对皮肤、牙齿和骨骼的影响。砷、氟联合中毒者同时具有砷中毒(皮肤色素异常、角化过度)和氟中毒(氟骨症、氟斑牙)的临床症状和体征。砷、氟联合中毒的皮肤表现与单纯砷中毒相似，而氟中毒无明显的皮肤表现。砷、氟联合中毒的皮肤损伤与砷的暴露量及暴露年限有关。有研究发现，砷降低了氟牙症患病率、减弱了氟预防龋齿和牙周病的作用。砷、氟中毒患者的牙齿损伤与饮用高氟高砷水的年限有关。病例研究发现，砷中毒的皮肤损伤程度与氟中毒的骨骼损伤程度间并不呈协同作用；重症砷中毒患者合并Ⅱ°(中度)氟骨症者占50%，而中度砷中毒患者合并Ⅱ°氟骨症者占60.9%，全部砷中毒患者中没Ⅲ°(重度)氟骨症病例。

氟可影响胶原代谢及骨吸收，砷主要影响骨吸收，砷、氟联合暴露时对骨吸收影响较显著。砷、氟联合中毒对人体无机元素和胶原代谢紊乱的影响是持续性的，改水多年后仍不能完全纠正。关于砷、氟联合致骨损伤的研究报道较少，且结果仍存争议。研究显示，砷、氟暴露可影响β-catenin表达、尿Ⅰ型胶原交联氨基末端肽水平。PTH/PKA/AP1及PTH-PKA-CREB-Runx2信号通路可能参与了砷、氟致骨骼损伤的过程。

(2)对神经系统的影响。砷、氟中毒对儿童、青少年中枢神经系统的危害主要表现为学习记忆能力的影响，砷强于氟。砷、氟单独及联合中毒均可引起周围神经病变。调查发现，典型砷、氟联合中毒患者的肌电图异常的检出率68%～82.49%，主要表现为神经传导延缓。砷、氟联合染毒损害实验动物的学习记忆能力。生命早期砷及砷氟联合暴露可影响仔鼠的神经行为反射功能，砷、砷氟联合作用强于氟。砷、氟联合中毒对神经系统的影响可能与氧化应激、神经递质及酶活性改变、DNA损伤、神经细胞凋亡及大脑超微结构改变有关。

(3)对消化系统的影响。砷、氯联合作用会导致严重的肝脏损伤，在某些病区，砷、氟中毒患者肝脏肿大者占40.0%。煤烟型砷、氟联合中毒调查显示，28例砷、氟中毒患者死亡前，46%的人有右上腹痛，38%的人有腹水，23%的人有上消化道出血。砷、氟中毒人群慢性胃炎的炎症程度和活动性方面与单纯氟中毒人群无明显差异。砷、氟联合作用可抑制大鼠肝细胞增殖，二者呈拮抗作用。砷、氟联合作用可使肝脏抗氧化能力降低、脂质过氧化增强、无机元素代谢紊乱、超微结构改变。

(4)对泌尿生殖系统的影响。砷、氟联合作用可使肾脏脂质过氧化增强、无机元素代谢紊乱、超微结构改变。砷、氟联合染毒损害大鼠生殖系统，增加精子畸形率，降低受孕率、正常分娩率、出生存活率和哺育成活率，致睾丸组织及各阶段卵母细胞发生病理变化。

(5)对心血管系统的影响。研究表明，高砷、高氟可损伤心脏和末梢微循环功能。心电图异常改变表现为传导阻滞，早期复极综合征，心律不齐等，但不同病区心电图异常改变不完全一致。砷、氟联合中毒病区居民雷诺氏症检出率高、末梢血管痉挛和微循环障碍明显。末梢微循环障碍的主要临床特点是冬季发作频繁，夏季发作少，手部症状对称发作，遇冷时往往手足同时疼痛、麻木、白指(趾)，严重病例可出现足端坏死。动物实验显示，砷、氟联合作用可显著抑制心肌收缩力(二者呈协同作用)、抑制窦房结自律性、影响动作电位(程度上较砷小，二者呈拮抗作用)；砷、氟联合作用可引起大鼠血管内皮细胞活性降低、NO产生减少，引发DNA损伤、诱导细胞凋亡。

3. 对血尿生化指标的影响

(1)血液生化指标。人群研究发现，砷、氟联合中毒患者红细胞GSH、血浆LDH和GOT及血清Zn和Cu/Zn明显低于对照组，而T_3、T_4和P及血清Fe和Mg含量明显高于对照组。动物实验发现，砷、氟及砷氟联合染毒均引起小鼠血中LPO含量升高、抗氧化能力降低；慢性砷染毒和砷氟联合染毒引起细胞代谢异常。

(2)尿生化指标。高砷、高氟暴露人群尿砷、尿氟含量明显高于非暴露人群;病区人群在脱离暴露后,机体砷氟排出量明显降低,并达正常水平。动物实验显示,砷、氟联合作用时,砷对氟的排泄具有抑制作用,而氟对砷的排泄则无明显影响。砷、氟联合作用影响尿羟脯氨酸含量,二者呈拮抗作用;而另一项研究显示氟对砷的协同作用。

4. 对子代的影响　砷、氟病区新生儿及儿童生长发育指标低于非病区儿童,砷、氟摄入影响儿童智力发育。病区儿童脱离砷、氟暴露10年后,其体内砷、氟排出量显著降低并达正常水平,身高、体重等指标也达正常水平;但脱毒初期出生的孩子的智商仍低于正常对照组,提示砷、氟暴露可长期影响儿童的智力发育。动物实验显示,子代脏器中砷、氟含量随亲代染毒剂量的增加而增加。砷在子代体内的分布受氟的影响。砷、氟联合作用可致子代大鼠体重降低、各脏器的氧化损伤及超微结构改变、无机元素代谢紊乱,损害仔鼠空间学习记忆能力。全胚胎培养模型研究显示,联合染毒组的胚胎生长发育及胚胎形态分化的指标得分值均低于对照组,二者增毒作用明显、呈协同作用。

(二)砷与镉的交互作用

砷、镉广泛地共存于自然界。镉中毒最显著的是以近曲小管损害为主要特征的肾脏损害。砷中毒是以皮肤损害为主并累及全身各系统的全身性疾病。目前对于砷、镉联合毒性的研究以动物实验研究为主,人群研究相对较少。

1. 肾脏毒性　对114名砷、镉作业工人的研究发现,尿镉(UCd)、尿砷(UAs)水平与尿β_2-微球蛋白(Uβ2-MG)、尿白蛋白(UALB)、尿N-乙酰-β-D-氨基葡萄糖苷酶(UNAG)水平间均为正相关,砷、镉呈相加作用。砷、镉污染区人群UAs和UCd浓度显著高于非污染区,污染区人群Uβ_2-MG、UALB、UNAG水平显著高于非污染区。经饮水和烟草同时接触砷、镉可致成年男性的UNAG水平升高和尿肌酐清除率下降,提示砷、镉联合暴露显著增加肾脏损伤。孟加拉国的研究发现,镉暴露(而非砷暴露)与儿童肾小球滤过率估计值负相关,尤其是女孩。

金属硫蛋白-Ⅰ/Ⅱ基因(MT-Ⅰ/Ⅱ)缺陷型小鼠对砷、镉的肾毒性比野生型小鼠更敏感,尤其对于砷、镉联合染毒;镉的肾毒性比砷强,联合染毒组的肾损伤更重。砷、镉同时经腹腔注射染毒大鼠,发现镉引起肾(尤其是肾小球毛细血管)瘀血,砷导致肾皮质瘀血;砷、镉联合染毒则导致肾小球普遍瘀血,许多肾小囊腔缺失。砷、镉经饮水染毒3个月,发现砷对大鼠肾小球的毒性强于镉,镉对肾小管的毒性则比砷强。联合染毒组,尤其是高砷低镉组、高砷高镉组Uβ_2-MG、UALB、UNAG显著高于各单独染毒组,提示砷、镉的联合作用主要为相加作用。

2. 肝脏毒性　砷、镉经腹腔注射染毒6周,染毒组大鼠AST、LDH和ALP明显增高,ChE及还原型GSH降低,砷、镉对肝脏的毒性作用为相加作用。砷、镉经腹腔注射染毒,发现镉可引起大鼠肝腹水、肝瘀血、肝血窦扩张及肝脆性增加,砷可致肝血窦扩张,砷、镉联合染毒则只见轻微肝瘀血,提示砷可改善镉的肝毒性。另一项研究也发现,镉抑制了砷诱导的血清GOT增加,并消除了砷引起的肝实质细胞肿胀。

3. 免疫毒性　砷、镉经饮水染毒40 d,导致小鼠的免疫球蛋白含量和T淋巴细胞亚群下降,联合染毒组下降更显著。砷、镉持续染毒6周,导致4.68 mg/kg镉组大鼠对外周血淋巴细胞α-醋酸萘酯酶活性、1.38 mg/kg和6.90 mg/kg砷组对血清溶菌酶均呈抑制作用。两者联合作用时,镉拮抗砷对血清溶菌酶的抑制作用。在三周交替染毒实验中发现,高剂量砷抑制血清IgG和溶菌酶,而镉则对血清溶菌酶具有兴奋作用。联合作用时,镉拮抗砷的免疫抑制作用,且先染镉组比后染镉组的作用稍强。

4. 其他　关于砷、镉对相互之间在体内蓄积的影响,有研究发现二者呈相加效应,也有研究发现没有影响。砷、镉联合染毒组大鼠的体重和食物利用率比砷、镉单独染毒时明显降低,砷、镉对体重的交互作用小于相加效应,对食物利用率的交互作用大于相加效应。砷、镉均增加红细胞计数,砷减少血细胞比

容，砷、镉的联合毒性小于相加效应。砷可增加粪卟啉和尿卟啉的排泄，但镉对该过程没有影响。金属组学和代谢组学研究发现，砷、镉暴露对两种毒物在小鼠器官和血浆的分布有交互作用，抑制砷或镉的排泄；砷、镉暴露可影响三羧酸循环和膜磷脂分解等代谢途径，砷、镉共同暴露时更加显著。人群研究发现，孕期 UCd 与胎儿大小参数呈倒 U 形关系，而 UAs 与胎儿大小参数没有显著相关性。

有研究发现，砷、镉联合毒性依赖于它们的接触先后顺序。Hochadel 等(1997)研究表明，非毒性剂量的 $NaAsO_2$ 预染毒可明显降低 $CdCl_2$ 所致大鼠的死亡率、血清 GOT 水平和睾丸出血性坏死；而低剂量 $CdCl_2$ 预染毒对 $NaAsO_2$ 引起的死亡率和血清 GOT 水平无影响。Kreppel 等(1988)用 $CdCl_2$ 预染毒小鼠 8 d，在第 9 天时注射 12.9 mg/kg 的 As_2O_3，发现 4 μmol/kg $CdCl_2$ 预染毒可拮抗砷的致死毒性，12 μmol/kg 和 18 μmol/kg $CdCl_2$ 预染毒组小鼠体重明显减轻，肝脏镉水平与镉染毒剂量相关，肝脏 MT 含量增加。

(三)砷与硒的交互作用

硒是人体必需的微量元素，具有广泛的生物学作用。硒不仅有抗氧化、增强免疫、调节代谢、降低心血管疾病发生等作用，还具有解毒功能。研究表明，硒可促进砷的排泄、拮抗砷的毒性。因此，深入研究硒对砷的拮抗作用，对探索砷中毒的治疗方法具有重要意义。

1. 硒促进砷排泄 研究发现，砷暴露人群指甲砷与指甲硒呈负相关；地砷病病情与发砷、指甲砷含量呈正相关，与发硒含量呈负相关。新生儿头围与脐血砷水平呈正相关，与脐血硒水平呈负相关。在砷暴露人群中，硒摄入可增加尿砷含量，并有可能改变砷的甲基化代谢水平。一篇 Meta 分析也发现，补充有机硒能促进砷中毒患者排砷。动物实验发现，砷、硒联合染毒组的大鼠血砷含量明显低于砷中毒组。

2. 硒对砷毒性的拮抗作用 砷中毒病区人群全血 GSH-Px 活力显著降低，血清 MDA 显著升高。砷中毒患者服用麦硒康一个月，血砷水平降低，血清总－SH 含量升高。动物实验及细胞实验表明，适量的硒能拮抗砷的脂质过氧化作用。

砷可致血清、睾丸补体抑制活性下降，肝脏补体抑制活性升高，破坏补体自稳状态；砷可降低小鼠子代免疫功能(尤其是体液免疫)、抑制淋巴细胞活力。适量的硒能拮抗砷的免疫毒性。

砷导致人外周血淋巴细胞 DNA 链断裂、SCE 频率和染色体畸变率增加；导致肝脏细胞 DNA 合成增加、G2＋M 期阻滞；导致 HepG2 细胞 DNA 氧化损伤产物 8-OHdG 生成增多、DNA 特异修复酶 hOGG1 表达下降；致小鼠皮肤细胞凋亡及小鼠骨髓微核率增加。一定浓度范围内的硒可拮抗砷的上述效应。

适量的环境硒可减少砷中毒病区人群心电图的异常率；但在高砷状态下，这种保护作用是有限的。砷中毒患者服用硒可改善微循环和红细胞膜损伤，促进心电图的好转，提高 GSH-Px 活性。另外，硒对内皮细胞过氧化损伤具有保护作用，可防治动脉粥样硬化。砷中毒导致大鼠红细胞数、血红蛋白含量及血液－SH 总量下降；TC 和 TG 下降，HDL 上升；血管内皮细胞黏附分子 ICAM-1、VCAM-1 表达增强，NOS 活性改变。硒可在一定程度上拮抗砷的损伤作用。

动物实验显示，硒可拮抗砷的雄性生殖毒性。体外全胚胎培养模型发现，砷、硒可损害卵黄囊及胚胎，砷、硒的交互作用呈拮抗作用，二者能相互缓解其发育毒性。硒对高剂量砷的发育毒性无明显缓解作用，主要呈现砷的独立作用。硒还可改善砷所致的学习记忆损伤，以及肺、肝、肾等组织的病理学改变。

3. 硒拮抗砷毒性的机制 ①硒加速砷的排泄；②硒与砷竞争－SH 和-S-S，从而恢复酶或因子的空间结构；③硒及其复合物中多糖等成分均可显著增强 GSH-Px 的活性。因此，用硒制剂防治砷中毒有一定的应用前景。

(四)砷与铅的交互作用

砷、铅是较常见的类金属与金属化学有害物质，在冶金生产环境广泛共存。研究发现，砷、铅接触工人体内的 LPO 增多，SOD、GSH-Px 和 GST 活力降低。职业性接触砷或铅均可损害作业工人的肝、肾功

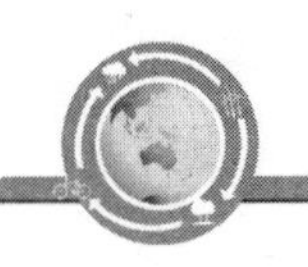

能。砷、铅联合毒性研究表明，二者的联合作用呈毒性相加作用。在长期同时接触较低浓度含砷、铅烟尘的作业工人中，丙氨酸氨基转移酶（ALT）、尿素氮异常率远高于单纯接触砷、铅的作业工人，而且砷、铅对肾脏的损害程度甚于对肝脏的损害。砷和铅的联合毒性对心肌的损害也呈相加作用。

动物研究表明，单纯铅染毒小鼠体重下降、中毒明显，砷、铅联合中毒时这些症状明显减轻。铅组小鼠血红蛋白含量明显下降，血铅、脑铅含量明显升高；与铅组相比，砷、铅组小鼠血红蛋白含量有明显的回升，血铅、脑铅含量明显降低。铅染毒组血清 ALT 和肝 MDA 均明显高于砷、铅染毒组。铅组和砷、铅组的肝脏中 GSH 含量、GSH-Px 活力均高于对照组。砷、铅可损害小鼠体液免疫和细胞免疫功能，联合组损伤更重。细胞实验也发现，砷、铅联合作用毒性大于砷、铅单独作用，且砷、铅联合作用表现为拮抗效应。

（五）砷与锌的交互作用

锌是人体必需的微量元素之一，是体内多种酶的组成成分和催化剂，具有良好的抗氧化功能。研究发现，一定剂量的锌可拮抗砷染毒引起的氧化应激作用。砷染毒可造成大鼠睾丸组织损伤、MT-Ⅰ/Ⅱ基因表达上调；补锌后机体可能通过调节 MT-Ⅰ/Ⅱ基因表达，缓解砷暴露所致的睾丸损伤。锌可拮抗砷诱发的肝细胞凋亡作用、小鼠微核作用、大鼠血脂谱异常。

锌拮抗砷毒性的可能机制：①锌诱发细胞质膜上的转砷蛋白，降低组织和细胞内砷的浓度；②锌促进血液中砷的排泄；③锌为 CuZn-SOD 酶的重要组成成分、可以激活体内的 GSH-Px；④在－SH 数目一定的情况下，加锌后可竞争性拮抗砷与－SH 的结合来降低砷的毒性。鉴于目前有关砷毒性的分子机制仍不十分明了，开展锌拮抗砷毒性方面的研究工作将对砷毒性的防治具有重要意义。

（罗教华）

第四节　砷暴露与生物学标志

一、生物学标志的特征及其研究意义

生物学标志（biomarkers）是生物体从接触环境有害因素到机体发生毒效应的连续过程中，因受环境有害因素影响而引起的细胞、组织或个体在生理、生化或行为状态上发生异常的可测量的信号指标。根据从暴露到疾病发生发展的过程，一般将其分为暴露生物学标志（biomarkers of exposure）、效应生物学标志（biomarkers of effect）和易感性生物学标志（biomarkers of susceptibility）。暴露生物学标志是体内某些外源化学物或该外源化学物与体内靶细胞或分子相互作用的产物，可作为吸收剂量或生物有效剂量，提供机体暴露外源化学物的相关信息。效应生物学标志反映外源因素作用后，机体中可测定的生理、生化、行为或其他方面改变，能提示与不同靶剂量外源化学物或其代谢物有关联的健康损害效应，可以是生物体内某一内源性成分、机体功能或结构的改变，也可以表现为功能障碍或疾病。易感性生物学标志指能反映机体先天具有或后天获得的对外源性化学物暴露产生反应能力的指标，是决定健康损害是否发生及严重程度的重要因素，可用于识别和筛选对某种特定有害因素易感的个体。

可见，生物学标志有助于判别人类对环境砷污染的实际暴露水平，为环境监测及暴露人群的健康预警和风险评估提供重要依据；有助于早期发现和确认砷的某些特异性损害，判断治疗和预防效果；有助于阐明砷的毒作用机制和发现新的治疗靶点，并在此基础上建立和提出以机制为基础的治疗与预防控制策略、途径和方法，促进生物限值或卫生标准的制订及推广应用。因此，生物学标志的研究不仅具有重要的科学意义，在推进研究成果的转化应用方面也具有重要的实用价值。

理想的生物学标志应具有以下几个特征。①关联性，即与所研究的生物学现象之间具有明确的关联，并能与相似的生理状况相区别。②特异性，即产生的生物学改变是由所研究的暴露因素所致的独特改变。③敏感性，能反映出较早期和低水平暴露所引起的轻微改变以及多次重复低水平暴露累加所引起的远期效应。④可信度，具有良好的反映或测量所研究生物学现象的能力，常用准确性、稳定性、精密度等进行评价。⑤实用性，尽可能是无创或低创、可常规利用、仪器或操作技术简单、操作时间短或测量费用低的标志，同时需考虑伦理学、社会和法律等问题。事实上，符合上述全部特征的生物学标志几乎不存在，目前认为有效的生物学标志在具有相关性基础上，至少要求能够在一项拥有完善性能的测试系统中进行验证，对其生物学意义有确定的证据。由于独立的生物学标志对所反映的特定健康损害极少同时兼具灵敏性和特异性，实际工作中常组合应用。

二、砷的生物学标志及其分类

由于砷赋存形态复杂，污染来源广泛，对生态系统及人群健康的危害具有累积性和长期性，故环境砷污染与健康危害的控制越来越受到各国政府和公众的重视。砷的生物学标志包括生物介质中与砷暴露有关的各种机体变化（如生理、生化、细胞和遗传等多方面指标），可将砷的外暴露、内暴露和有害健康结局有机结合起来，了解机体从接触毒物到疾病发生的整个过程，不同阶段生物学标志的组合可反映疾病发生发展过程中情况及其因果关系。以下分别从砷的暴露生物学标志、效应生物学标志和易感性生物学标志予以介绍。

（一）砷的暴露生物学标志

砷中毒与环境砷暴露直接相关，砷的暴露生物学标志是反映砷内暴露剂量的良好指标，对其进行定期检测，可了解砷暴露人群的实际暴露水平，为其健康预警提供重要依据。通常以砷及其代谢产物在生物样本中的浓度作为砷的暴露生物学标志，目前常用的有尿砷、血砷、发砷、指（趾）甲砷等。

1. 尿砷　无机砷（iAs）在人体内的半衰期约为4天，尿液是其排出的主要途径，机体吸收的砷60%～75%以原形或代谢物形式由尿排出，因此尿砷能反映近期砷暴露水平，是最常用的砷暴露生物学标志。

尿砷的检测包括总砷和形态砷两种形式。尿总砷在众多流行病学研究中被证实与环境砷暴露量及砷中毒患病率呈正相关关系，但需注意的是其含量受饮食等因素影响较大，尤其经食物吸收的低毒有机砷（如砷甜菜碱）能很快通过尿液排泄，增加尿总砷含量，故评价时需排除相关因素的影响。尿中形态砷可更准确反映砷的暴露情况，iAs在机体主要进行甲基化代谢，其代谢产物主要有单甲基胂酸（MMA）和二甲基胂酸（DMA）。人暴露无机砷后，尿液排泄的砷代谢物比例通常为10%～30% iAs，10%～20% MMA和60%～70%DMA。检测尿中形态砷，不仅可判断砷的暴露量，还可为机体砷的甲基化代谢差异、砷在体内的富集、砷中毒病情等提供参考。

尽管尿砷作为砷的暴露生物学标志目前被广泛接受和应用，但在实际应用中仍存在一些局限性：如尿砷值易受个体尿量和尿浓度的影响，有学者认为经尿肌酐或尿比重进行校正后能更真实地反映砷暴露量；尿砷的测定结果受肾功能影响，对于肾病患者不宜用尿样分析砷含量；将尿总砷作为砷的暴露生物学标志时，需注意排除近期食用海产品等因素的影响等。

2. 血砷　砷及其化合物在血液中的半衰期较短，大部分能在几个小时内被消除，故血砷通常反映短期内较高浓度砷暴露；但若暴露持续且稳定，血中砷浓度也能达到相对稳定的状态，此时可反映相应时段砷暴露水平。有研究报道，饮用高砷水人群的血砷水平显著高于非砷暴露人群，且血砷浓度与尿砷（肌酐校正）和水砷浓度有较好的相关性，皮肤病损率的增加与血砷、尿砷、水砷浓度有关。

但由于血液中含有大量的生物细胞和蛋白，其基质复杂；同时因血液中砷的形态较尿液更复杂（如因

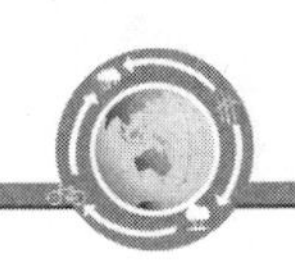

循环半衰期较短，DMA 的比例较低而无机砷和 MMA 相对较多），增加了血液中砷的分析难度，且检测成本较高；难以明确排除通过食用海产品等所致的有机砷（相对无毒）暴露等原因，目前血砷的应用相对有限。

3. 发砷　毛发中含有大量的角质蛋白和含硫氨基酸，砷可与其中的二硫键结合并蓄积于其中。国内外均有研究探讨环境砷暴露水平与发砷含量、砷中毒病情及患病率的关系，较多研究显示发砷能较好地反映环境中砷暴露和人体中砷的蓄积水平。与血液和尿液相比，发砷的收集更方便易行，并可提供砷暴露时间和剂量的相关信息，如头发每月平均生长约 1 cm，即接近头皮 1 cm 的头发砷含量与近 1 个月的砷综合暴露水平相关，若将头发按 1 cm 为单位进行分析，则可获得个体一定时间内的砷暴露情况。但头发暴露于外界环境中，易受环境污染的干扰，采取正确的清洗措施后，发砷可较好地反映机体的砷暴露情况。

4. 指(趾)甲砷　指（趾）甲与毛发相似，富含角蛋白，与三价砷有较强的亲和力，也是砷的富集场所，能反映砷的暴露和吸收。研究表明，从新生趾甲（角质层区域）到脚趾末端趾甲之间的形成时间为 6～12 个月，趾甲砷浓度可在较长时间内保持稳定水平；指甲增长速度较趾甲更快，检测指甲砷含量可获得 6 个月内的砷暴露信息，因此指（趾）甲砷的检测可反映慢性砷暴露情况。与发砷相比，两者的砷含量均与砷暴露呈正相关，但形态砷分析结果显示，指（趾）甲砷与慢性砷中毒病情的相关性更好。由于指（趾）甲样本稳定，易于收集、储存和运输，越来越多地被应用于砷暴露的生物监测中，是砷暴露较好的生物学标志。

5. 唾液　砷唾液作为一种生物体液，主要由腮腺、颌下腺和舌下腺等腺体产生。当机体暴露砷后，血液中的砷及其化合物可通过被动扩散、主动运输等方式运送到这些产生唾液的腺体，伴随唾液一同排出。在动物实验研究中发现，唾液砷含量与砷暴露剂量之间存在明显的剂量-反应关系，且与血液砷浓度变化趋势一致。人群研究中亦发现，调查对象唾液中的砷浓度与饮水砷浓度和尿砷浓度显著相关，并与皮肤损害发病率有明显相关性。

尽管唾液存在砷含量较低、难以反映砷在体内的代谢情况、对仪器灵敏度要求较高等不足，但也具有基质相对简单、采样方便、无创伤、受外界干扰少、不同年龄段人群均适用等优点，唾液砷作为砷暴露生物学标志仍受到关注。

6. 卟啉　卟啉是生物体内的一种具有大共轭环状结构的金属有机化合物，在动物体内主要存在于血红素（铁卟啉）和血蓝素（铜卟啉）中。较多研究表明，砷可抑制血红素合成途径中某些酶的活性，导致卟啉堆积。目前卟啉改变在砷中毒人群中的研究报道不多，在冶炼厂暴露于三氧化二砷粉尘的工人中，发现尿中粪卟啉增加，但尿卟啉的平均浓度与对照组相似；在燃煤污染型砷中毒病人中，发现尿液中粪卟啉、尿卟啉水平明显升高，且与尿砷水平呈正相关，提示砷暴露对人体卟啉代谢有一定影响，但卟啉能否作为砷的暴露生物学标志，尚需进一步研究和验证。

（二）砷的效应生物学标志

砷可导致机体多脏器、多系统损害，远期可诱导皮肤癌、肝癌、肺癌等多器官肿瘤发生。开展砷的效应生物学标志研究，可为早期发现多脏器、多系统特异性损害乃至癌变提供依据；为早期诊断提供有用的量化指标；为阐明砷的致病致癌机制提供科学依据及为寻找和确定砷中毒治疗靶点提供新思路；为病情监测和治疗效果评价提供判断依据。

1. 生化酶学生物学标志　砷致健康危害多是长期、慢性、全身性损害过程，许多学者致力于血液生化酶学研究，为肝、肾等脏器损害筛选早期、敏感、特异的效应标志。

在肝脏损伤方面，特殊肝功能检测和肝功酶谱的检测比常规检查判断砷致肝脏损害更为敏感。通过追踪调研燃煤型砷中毒人群血清总胆汁酸（TBA）、总蛋白（TP）、白蛋白（ALB）、白球比（A/G）、碱性磷酸

酶(ALP)、γ-谷氨酰转移酶(γ-GT)等指标变异情况,采用ROC曲线评价其特异性和敏感性,发现在明确砷暴露史、排除其他肝病情况下,TBA、ALB和A/G作为诊断砷中毒的指标有一定应用价值,TP、ALP和γ-GT作为其辅助诊断指标有一定参考意义。对燃煤型砷中毒患者的系列研究中发现,血管内皮素(ET)可在病情发展至中、晚期显示异常;血清透明质酸(HA)、Ⅲ型前胶原(PC-Ⅲ)和Ⅳ型胶原(Ⅳ·C)可反映燃煤砷暴露致肝纤维化情况,其中HA相对最敏感。上述指标的联合应用对砷致肝损伤的筛查及动态观察病情发展有重要参考价值。

在肾脏损伤方面,对燃煤型砷中毒患者肾功能检测发现,在常规肾功能检查正常的情况下可见尿β_2-微球蛋白(β_2-MG)、尿白蛋白(ALB)、尿N-乙酰-β-D-氨基葡萄糖苷酶(NAG)异常,提示砷可在早期致肾脏损害。在美国的强心研究中发现,砷低剂量至中剂量暴露人群中蛋白尿或ALB发生率增加;在孟加拉国的高砷暴露人群中也观察到类似结果,并且随着砷暴露水平的降低,蛋白尿有所改善。在对中国台湾中部的砷暴露社区居民的研究中发现,调整年龄、性别、居住地区、吸烟、糖尿病和高血压等因素后,尿砷大于35 μg/g Cr人群中β_2-MG异常率更高。利用燃煤型砷中毒大鼠模型,观察到大鼠尿β_2-MG、NAG、ALB含量改变与尿砷含量相关,通过基准剂量(BMD)法进行评价,结果显示尿β_2-MG是反映砷致肾损害的敏感生物学标志。

在肿瘤标志物的筛查方面,研究发现燃煤型砷中毒人群血清非小细胞肺癌抗原(CYFRA21-1)、血清铁蛋白(FP)、岩藻糖苷酶(AFU)、癌胚抗原(CEA)、甲胎蛋白(AFP)、肿瘤相关抗原72-4(CA72-4)、糖类抗原199 (CA19-9)等存在不同程度阳性率,其中CYFRA21-1阳性率最高,且与砷中毒病情密切相关,提示加强砷中毒人群肺部疾患的动态追踪,尤其重点关注CYFRA21-1阳性患者并对其进行全面检查,对早期肺癌的发现及其早期干预有重要临床意义。

虽然上述血清酶学效应生物学标志缺乏特异性,但在明确砷暴露且排除其他病因的前提下,仍不失为有用的效应标志。

2. 氧化应激相关生物学标志 大量研究表明,砷诱导机体氧化应激是砷中毒的重要机制之一。有研究者采用meta分析系统评估了58项小鼠模型中砷诱导氧化损伤的研究,评价氧化应激的指标包括超氧化物歧化酶(SOD)、过氧化氢酶(CAT)、谷胱甘肽(GSH)、谷胱甘肽过氧化物酶(GPx)、谷胱甘肽转移酶(GST)、谷胱甘肽还原酶(GR)、氧化型谷胱甘肽(GSSG)、丙二醛(MDA)和活性氧(ROS),结果显示,砷暴露可抑制抗氧化物质SOD、CAT、GSH、GPx、GST和GR的水平,而氧化物ROS、GSSG、MDA的水平升高,明确了砷暴露与氧化损伤之间的正相关关系。人群研究亦发现,砷暴露可致人体内抗氧化物质,尤其是抗氧化酶类如SOD、GPx、巯基(-SH)活力或含量的代偿性增加或消耗性降低,而脂质过氧化代谢产物MDA含量明显增加。

8-羟基-2脱氧鸟苷(8-OHdG)是反映DNA氧化损伤的常用指标,能反映靶器官受氧化损伤程度,可在血、组织、尿中检出。砷暴露可使机体产生大量ROS,导致DNA链断裂,最终导致8-OHdG生成增加。在长期暴露于高砷地下水(As 1～886 μg/L)的柬埔寨人群中发现,随尿液中砷含量升高(2.2～119 ng/mg Cr)暴露者尿8-OHdG水平也增加。我国饮水型和燃煤型砷中毒的研究均发现,砷暴露人群尿8-OHdG水平与砷暴露及尿总砷呈明显正相关关系。用免疫组化法检测28例砷所致皮肤肿瘤和皮肤角化及11例与砷无关的Bowen's患者皮肤组织中8-OHdG的表达情况,发现前者阳性表达率较后者明显增高,表明8-OHdG是参与砷致皮肤损害甚至皮肤癌的DNA氧化损伤标志。由于8-OHdG形成量大,影响因素较少,检测方法相对较灵敏,被较多学者认为是砷致DNA氧化损伤的理想生物学标志。

3. 免疫损伤相关生物学标志 免疫系统作为机体抵抗外界有害物质损害的重要防御体系,在各器官系统维持正常功能中发挥着不可替代的作用。越来越多的证据表明,砷可引起免疫器官组织结构改变、免疫细胞亚群异常、相关免疫分子表达改变等。国内外研究人员在人群、动物、细胞等多层面开展了大量

研究，但受暴露、遗传、年龄、营养等因素影响其研究结果不尽一致。

在孟加拉国的一个出生队列研究中发现，产前砷暴露对脐带血中的特定T细胞亚群具有剂量依赖性的影响，砷暴露可增加CD_8^+细胞百分比、降低CD_4^+细胞百分比。在燃煤型砷中毒人群研究发现，砷暴露可影响T细胞亚群，降低患者外周血中CD_3^+，CD_4^+细胞及CD_4^+/CD_8^+比值，导致T细胞刺激指数及增值能力抑制，降低T淋巴细胞和B淋巴细胞的百分比；砷中毒人群外周血单个核细胞中免疫因子白介素2(IL-2)和干扰素γ(IFN-γ)mRNA表达水平显著低于正常人群，PKCθ介导的Ca^{2+}/NF-AT信号通路中效应生物学标志参与了燃煤型砷中毒免疫抑制的发生发展；血清相关免疫因子检测显示，与正常人群相比，燃煤型砷中毒人群血清IL-6、转化生长因子-β(TGF-β)和肿瘤坏死因子-α(TNF-α)水平均明显升高，其中IL-6水平与病情严重程度呈显著正相关关系。在饮水型砷暴露人群中亦发现，砷暴露者体内T淋巴细胞及其亚群数量明显减少，T淋巴细胞增殖能力明显降低，且与人群皮肤损害、乌脚病等疾病结局密切相关。来自孟加拉、印度、墨西哥等国家砷暴露地区的人群流行病学研究发现，砷暴露可影响机体免疫器官的功能，尤其孕妇砷暴露可导致胎儿胸腺发育异常。在动物实验中发现，燃煤砷暴露可引起大鼠外周血CD_3^+、CD_4^+、CD_4^+/CD_8^+明显下降，且与肾损伤相关；不同水平砷暴露可引起大鼠调节性T细胞(Treg)和辅助性T细胞-17(Th17)分化失衡，进而诱导其Treg、Th17细胞相关抑炎因子(如IL-10、TGF-β_1)与促炎因子(IL-17、IL-6)分泌异常，最终促进砷中毒大鼠肝脏炎性损伤。

4. 遗传损伤相关生物学标志　研究表明，砷不是典型的致突变物，不直接引起基因点突变，但其是一种强染色体断裂剂，在砷暴露人群中DNA链断裂、各种染色体畸变和非整倍体均有报道。DNA单链断裂(SSB)为目前认为较实用且敏感的DNA损伤标志，有研究报道SSB检测可有效评估砷所导致的DNA损伤。DNA双链断裂(DSBs)是细胞DNA损伤类型中最严重的一种，可激活细胞的DNA损伤应答机制，在动物和细胞实验研究中均发现，随着砷暴露浓度的增加DSBs程度升高。微核率(MN)、姐妹染色单体交换(SCE)、染色体畸变(CA)和DNA-蛋白质交联物(DPC)是外源化学物细胞遗传毒性的常用检测终点，有研究发现，微核率(MNF)与尿中无机砷及其甲基化产物的浓度呈正相关；SSB、SCE及CA反映砷致皮肤癌的敏感性较好；DPC和细胞内砷浓度呈线性关系，其水平的增高可伴随染色体断裂的增多，特异性较强；SSB、SCE、CA作为检测砷暴露致细胞遗传学改变的早期生物学标志，有一定的实用价值；DPC与其他的DNA损伤相比，在细胞内持续时间长、损害稳定、易于检测，是较好的细胞DNA损伤标志。

砷是确认的人类致癌物，鉴于某些抑癌基因、癌基因、细胞周期调控基因等在多种癌症的发生发展过程中的重要作用，其表达改变作为砷的效应生物学标志备受关注。*p*53是重要的抑癌基因，在肿瘤中50%以上出现该基因的突变，其编码的蛋白是一种重要的转录因子，调控细胞周期、细胞凋亡、DNA修复和细胞代谢改变等不同反应。研究表明，在贵州、新疆、台湾的地方性砷中毒人群中均存在*p*53基因的突变；在燃煤型砷中毒大鼠模型中，大鼠外周血、肝细胞*p*53 mRNA及肝细胞*p*53蛋白相对表达量均随砷暴露水平增加而升高。*p*16基因是另一重要的抑癌基因，参与多种肿瘤的发生发展，研究发现，无机砷可使人支气管上皮BEP2D细胞抑癌基因*p*16表达下降；*P*16蛋白表达随燃煤型砷中毒患者皮肤病变程度的加重而逐渐减弱，在癌变组、癌前病变组普遍缺失表达。对燃煤型砷中毒人群研究显示$P53^{mt}$、$P21^{WAF1CIP1}$、*CyclinD*1基因蛋白在砷所致皮肤表皮增生和角化阶段就有明显改变，*Fas*、*FasL*、*Bax*基因蛋白在人肝组织中表达增加。

5. 表观遗传学改变相关生物学标志　生物体内除了存在以DNA序列为基础的遗传编码信息外，还存在决定遗传编码信息表达的其他调控机制，表观遗传学便是针对后者发展起来的新兴学科，主要研究内容包括DNA甲基化、组蛋白修饰、非编码RNA调控等。近年来，表观遗传学在砷中毒以及砷致癌机制中的作用成为研究热点，相关研究表明表观遗传机制广泛参与了砷的致病致癌过程，异常的表观遗传学改变有望作为评价环境砷暴露和健康风险评估的有效生物学标志。

(1)DNA 甲基化无机砷在人体的甲基化代谢与 DNA 甲基化存在对甲基供体 S-腺苷甲硫氨酸(SAM)的竞争,可能改变机体的 DNA 甲基化模式。动物和细胞实验表明,砷可引起小鼠肝组织、人皮肤角质形成细胞、恶性转化的人前列腺上皮细胞等全基因组低甲基化。在印度西孟加拉邦的饮水砷暴露人群(>50 μg/L)中发现其外周血全基因组 DNA 高甲基化,其中水砷浓度 250~500 μg/L 组人群甲基化水平最高,与其他组比较差异有统计学意义;而当水砷浓度>500μg/L 后,人群的甲基化水平下降至与暴露浓度<250 μg/L 时相近。砷暴露还可影响特定基因(如癌基因、抑癌基因等)的甲基化水平,在饮水和燃煤型砷中毒研究中发现,砷可导致砷中毒患者 *p*15 INK4β、*p*16 基因、DNA 损伤修复基因(*MGMT*、*hMLH*1、*hMSH*2、*XPD*、*ERCC*1、*ERCC*2)高甲基化,进而影响其表达,参与砷中毒发生发展。一项针对墨西哥妊娠队列的研究对 38 份脐带血样本中> 400 000 个 CpG 位点进行了检测,并与相应的 mRNA 表达水平和出生结果进行比较,该研究人群的饮用水砷浓度为 0.456~236 μg/L,结果鉴定出 16 个基因,具有与 iAs 暴露相关的 DNA 甲基化和 mRNA 表达变化,其中有 7 个基因的 DNA 甲基化水平与胎龄和头围差异相关。这 16 个基因富集了特定转录因子的结合位点,这些因子已被证明可被砷暴露改变并影响细胞信号传导途径。

(2)组蛋白修饰有研究显示,燃煤砷暴露可引起人群淋巴细胞组蛋白 H3K36me3、H4K20me1、H4K20me2 修饰水平发生改变,且组蛋白修饰水平的改变与砷诱导的 DNA 损伤密切相关;H3K36me3 修饰水平的改变可能通过抑制 *MGMT*、*PARP*1 和 *XRCC*1 表达参与砷诱导的 DNA 损伤。另有研究显示,组蛋白修饰与砷毒作用密切相关,H3K4、H3K9、H3K18、H3K27、H3K36、H4K20 等组蛋白修饰参与了砷中毒发生发展,三价无机砷处理哺乳动物细胞可引起 H3K9me2、H3K4me2、H3K4me3 增加及 H3K27me3 减少。在 HBE 细胞中构建组蛋白 H3 赖氨酸修饰位点突变的细胞株,用亚砷酸钠作用于细胞,发现 H3K4 甲基化修饰在亚砷酸钠诱导的细胞毒性和遗传毒性中起重要作用。有学者采用亚砷酸钠对 HaCaT 细胞进行染毒,发现 H4K20me1 和 H4K20me2 修饰与细胞 DNA 双链断裂程度相关。在孟加拉饮水砷高暴露人群研究中发现,尿砷含量与 H3K9me2、H3K9ac 的水平之间存在相关关系。在燃煤型砷中毒病区的研究发现,砷暴露者外周血淋巴细胞 H3K18ac 和 H3K36me3 水平改变与尿砷、发砷水平及尿 8-OHdG 水平相关,表明其参与了砷致氧化损伤及其砷中毒的发生发展。

(3)微小 RNA(miRNA)miRNA 为长度 21~23 个核苷酸的单链 RNA,属内源性小分子非编码 RNA。研究表明,砷诱导氧化应激的同时可激活多种 miRNA,如 miR-9、miR-21、miR-125b、miR-121 等的表达;miR-200b 和 miR-21 的表达改变可能参与砷诱导的细胞恶性转化。采用 miRNA 芯片对燃煤砷暴露人群进行外周血 miRNA 检测,发现 miR-21、miR-145、miR-155 和 miR191 在外周血中水平升高;进一步的研究发现其分别介导了砷对 DNA 损伤、氧化损伤及凋亡等多种生物学效应的影响,这四种 miRNA 有望作为燃煤型砷中毒的早期效应生物学标志。新近的研究采用 multivariate logistic regression model 分析了 miRNAs 与砷致多器官损伤间的关联,结果发现,miR-155 表达上调可增加砷致皮肤损伤的风险,而 miR-21 和 miR-145 表达上调增加砷致肝损伤的风险,miR-191 表达上调增加砷致肾脏损害的风险。进一步研究发现,miR-191 可能通过调节燃煤砷介导的炎症反应参与砷所致的人群肾功能障碍。

(三)砷的易感性生物学标志

流行病学资料表明砷中毒的发生存在个体差异,在相同暴露环境下,砷暴露者发病情况及病情差异较大,这可能与个体遗传、年龄、健康、营养等因素有关,其中遗传易感因素被认为在其中起关键作用。目前人们所关注的砷的易感性生物学标志主要集中在砷相关的代谢酶基因多态性和 DNA 修复酶基因多态性上,其可通过影响无机砷的代谢、无机砷的器官或细胞毒性等,造成个体间对砷的易感性不同。

1. 代谢酶基因多态性 无机砷在体内的代谢与其毒性密切相关,在人和动物中被广泛研究。目前认

为无机砷在体内的代谢主要包括两个过程：①砷酸盐和亚砷酸盐之间转化的氧化还原反应；②将亚砷酸盐转化为MMA和DMA的甲基化反应。有证据表明，砷的甲基化代谢存在遗传上的差异，不同动物物种和个体在砷甲基化效率方面差异显著，无机砷的有效甲基化与高排泄率有关。砷的代谢过程中，谷胱甘肽S-转移酶系统（GSTs）和砷（3+）甲基转移酶基因（*AS3MT*）至关重要。

（1）GSTs基因多态性无论职业性、饮水型或燃煤型砷中毒，均有关于GSTs基因多态性的报道，不同的研究对象，研究结果有所差异。有学者评估了GST同工酶（P、M、O、T和Z）多态性与砷暴露相关的膀胱癌之间的关系，发现GST P1（Ile105Val）多态性与膀胱癌及趾甲砷浓度相关，砷暴露者患膀胱癌的风险与GSTO2 Asn142Asp和GSTZ1 Glu32Lys多态性有关。对燃煤型砷中毒人群（砷中毒患者130名，对照140名）的研究中发现GSTO2 Asn142Asp基因型个体和同时携带GSTO1 140Ala/Asp+Asp/Asp和GSTO2 142Asn/Asp+Asp/Asp基因型个体对砷中毒具有较高的易感性。而对欧洲中部414名对象的调查显示，GSTO1的3个基因型与尿液中DMA、MMA和iAs比例无相关关系。

（2）*AS3MT*基因多态性*AS3MT*基因是砷代谢与基因遗传多态性研究的热点候选基因。对1313名砷暴露的孟加拉国人群进行全基因组基因分型分析，发现砷代谢和皮肤病变与*AS3MT*基因近端的5个SNP之间存在显著关联。在基因型多态性对iAs代谢及砷中毒易感性的系统性评价中，证实*AS3MT*多态性rs3740390，rs11191439和rs11191453位点与尿MMA百分比的变化相关，可能影响疾病易感性。在智利的一项病例-对照研究中分析了*AS3MT*基因多态性与尿砷代谢物的关系，发现与野生型相比，在*AS3MT* rs3740393位点携带次要等位基因的个体具有较低的MMA百分比和较高的DMA百分比，并与高砷暴露情况下的膀胱癌和肺癌有关；在美国印第安人群中也发现，AS3MT rs12768205位点多态性与尿中iAs、MMA和DMA比例有关。

2. DNA修复酶基因多态性 DNA修复在维持细胞遗传稳定性和细胞稳态等方面起重要作用，DNA修复酶基因的多态性常常会造成机体对某种化学物或疾病的易感性。着色性干皮病基因D（*XPD*）和着色性干皮病基因A（*XPA*）是重要的核苷酸切除修复（NER）基因，国内外在饮水型砷中毒人群中，均发现XPD Lys751Gin突变型个体皮肤过度角化和砷中毒的风险增加；有研究表明XPA（*A23G*）突变纯合型与砷导致的基底细胞癌发病风险有一定关联。在印度西孟加拉邦的饮水型砷中毒人群中，发现切除修复交叉互补基因2（*ERCC2*）751 Lys/Lys基因型与砷诱导的恶化前角化过度显著相关，并在携带此种基因型的个体中观察到更高的细胞遗传学损伤。另一项研究发现，在同源重组修复中起重要作用的X线修复交叉互补基因3（*XRCC3*）基因Thr241Met多态性中，至少一个Met等位基因的存在（Met/Met或Thr/Met）对砷诱导的皮肤损伤、染色体不稳定性等有保护作用。

三、生物学标志在砷健康危害防控中的应用研究

砷几乎存在于所有的环境介质（岩石、土壤、水、空气、食物等）中，由于地球化学、工业污染和生活行为因素的影响，全球有数亿人受到砷暴露的威胁。已有充分的证据表明，除高剂量砷暴露外，低剂量砷暴露对机体的健康损害亦不容忽视。目前砷中毒的预防和控制尚存在砷致病机制不明、砷所致健康损害无早期敏感特异的预警和诊断指标以及无特效治疗药物、单纯采取阻断高砷暴露和健康教育的防控措施还不能完全解决长期低砷暴露对人的潜在危害和远期效应等问题。因此，开展砷的生物学标志研究，对建立低剂量砷暴露健康预警与风险评估体系、推进砷中毒致病机制研究、探讨有效的预防和治疗策略、控制砷致肿瘤的发生发展具有重要的理论和实际意义。

（一）生物学标志在砷暴露健康风险评估中的应用研究

建立从暴露到健康效应的预警和风险评估体系是预防和控制砷中毒发生、发展的关键。在健康风险

评估中，危害识别、剂量-反应关系评估、暴露评估、风险特征分析等各个环节均涉及生物学标志的应用。

目前，低剂量砷暴露的危险度评定常采用高剂量短期暴露的动物实验资料外推的方法进行。然而由于砷代谢及毒性作用的种属差异较大，将动物实验的结果外推到人类具有较大困难，加之缺乏低剂量暴露水平的监测方法，故砷低剂量暴露的剂量-反应曲线难以获得。生物学标志能从量化的角度反映环境毒物的暴露水平和机体损害程度，因此通过人群流行病学研究，测量人群长期低剂量的暴露及效应生物学标志水平，能够较准确地评估砷暴露与砷致病、致癌危险性之间的关系。如尿砷、发砷是反映人体内砷负荷的重要标志，同时也是衡量一个地区人群摄砷水平及诊断砷中毒的重要依据，可根据尿砷、发砷与机体各种量化效应标志之间的关系，进行剂量-效应关系分析，为砷的卫生标准和人类可接受暴露水平的制定提供参考资料。但如前所述，尿砷、发砷、血砷等作为砷的暴露生物学标志，在准确反应机体的砷内暴露水平上均存在一定局限性，将尿砷（随时间动态测定）、指（趾）甲砷、外环境暴露量、基于摄入来源（膳食、空气等）浓度的概率模型组合，可能是评价总砷暴露的最佳方法。

利用特异敏感的效应生物学标志，在确认损害效应与砷中毒之间的关联性的同时，可将其作为剂量-效应评价中关键效应的替代终点，为砷中毒卫生标准和人类可接受暴露水平的制定提供参考资料。张爱华等（2009）采用基准剂量（BMD）法计算肝损害效应标志对应的尿砷、发砷的 BMD 及其 95%可信区间下限值（BMDL），建议燃煤砷暴露者肝损害的生物接触限值尿砷为 35.00 mg/kg Cr，发砷为 2.5 mg/kg。洪峰等（2003）研究发现砷暴露者单纯肾功能改变时的尿砷的 BMD 和 BMDL 分别为 121.91 μg/g Cr 和 102.11 μg/g Cr。Rager 等（2017）在砷暴露妊娠队列中，采用基准剂量模型计算可引起新生儿脐带血中转录组学、蛋白质组学、表观基因组学改变的 iAs 暴露水平，以尿总砷作为孕妇砷暴露标志，检测脐血中全基因组 DNA 甲基化、miRNA、mRNA 及蛋白表达水平，结果发现与其他分子终点相比，DNA 甲基化变化在较低砷暴露浓度下发生。通过加权基因共表达网络分析得到多个跨组学特征基因模块，其中一个特征基因模块与砷暴露所致的胎龄减少相关，该模块中基因/蛋白质与机体损害的发生发展有关（包括可响应砷暴露的印记基因 KCNQ1 甲基化和蛋白差异表达），以其作为效应标志，计算尿总砷的 BMD（BMDL）为 58（45）μg/L，据估计相当于 51（40）μg/L 的饮用水砷浓度，该研究和发现可以扩展到砷诱导网络变化及致癌机制的更多细节和推断，为开发更好的防控策略提供基础。

美国环境保护署（EPA）自 20 世纪 90 年代中期以来，一直在更新无机砷的综合风险信息系统（IRIS）评估。美国国家研究理事会（National Research Council，NCR）自 2011 年分两阶段对 EPA 的无机砷致癌风险评估草案进行同行评议，并在 2013 年形成了第一阶段报告（NRC，2013），评估了无机砷暴露致癌和非致癌作用中的关键问题，并就如何在 EPA 的 IRIS 评估中解决这些问题提出了建议。该报告认为尿砷、血砷、发砷、指（趾）甲砷等作为暴露标志，结合环境暴露水平，可为暴露评价提供有利信息；采用系统评价和 Meta 分析等方法进行证据评估，对皮肤损害、呼吸系统、心血管系统、泌尿系统、消化系统、不良妊娠结局、免疫损伤等健康损害进行了危害识别；分析了砷中毒的易感因素；同时对无机砷的健康风险评估中砷的作用模式分析、剂量-效应关系评价等方法提出了建议和指导。

（二）生物学标志在砷中毒三级预防中的应用研究

三级预防是我国疾病预防控制的重要策略，包括病因预防、“三早预防”和临床预防，在疾病预防控制中起重要作用。生物学标志作为一种能客观测量并评价正常生理过程、病理过程或对药物干预反应的指示物，以及生物体受到损害时的重要预警指标，在疾病预防、机制研究、新药开发、医学诊断等方面均具有重要的价值。以下总结了生物学标志在砷中毒三级预防中的应用。

1. 生物学标志在砷中毒一级预防中的应用研究 一级预防也称病因预防，主要是在未发病期针对致病因素采取措施，消除和控制危害因素，防止健康人群发病。如燃煤型砷中毒病因已明确，减少或彻底消

除砷暴露是砷中毒一级预防的最根本目的，通过暴露生物学标志，可对砷暴露人群的内暴露剂量进行监测，结合环境砷污染情况，为暴露人群健康预警提供重要依据，在砷中毒发生前及时采取措施进行控制。

流行病学资料表明，砷中毒的发生存在个体差异，故找出砷中毒的易感性生物学标志携带者，并采取针对性防护措施亦是砷中毒一级预防的有效手段。在众多与疾病发生有关的环境应答基因中，学者们选择砷代谢及解毒基因、DNA 修复基因、参与氧化过程的基因以及 DNA 甲基转移酶基因等，初步探索了其与砷中毒易感性的关系，发现了一些代谢酶基因多态性与燃煤型砷中毒的发病风险可能有一定关系，并存在基因多态性的联合作用。如台湾学者通过病例对照研究，分析了 70 名经病理学诊断的皮肤癌患者和 210 名年龄和性别匹配的对照人群谷胱甘肽 S-转移酶(GST M1，T1 和 P1)，活性氧(ROS)相关代谢基因(NQO1，EPHX1 和 HO-1)和 DNA 修复基因(*XRCC*1，*XPD*，*hOGG*1 和 *ATM*)的 12 个多态性基因型，结果显示 EPHX1 Tyr113HisC156A 和 GSTT1 无效基因型(Null genotypes)与皮肤癌风险相关，且同时携带上述三种风险基因型的个体比携带少于或等于一种基因型的患者皮肤癌风险增加 400%。

虽然砷中毒的相关基因多态性研究因受地区、种族、砷暴露剂量和时间、其他环境因素的影响，存在结果不尽一致，加之样本量有限、研究方法不一等问题，但可以确定的是随着全基因组关联性分析(GWAS)、生物信息学等方法和技术的发展，深入研究砷的易感生物学标志、基因-基因、环境-基因的交互作用，对揭示砷中毒机制及探索个体发病风险，筛选并保护易感人群以及推进砷中毒患者的个性化治疗具有重要的科学价值和深远的社会意义。

2. 生物学标志在砷中毒二级预防中的应用研究　二级预防即早发现、早诊断和早治疗，是为防止和减缓疾病发展而采取的措施，以预防疾病的发展和恶化。开发适宜的筛检方法、检测技术和确定敏感特异的生物学标志是其重要前提。基准剂量(BMD)法是 Crump 于 1984 年提出的一种确定参考剂量的方法，近年来被美国环境保护局(USEPA)和美国工业卫生委员会(ACGIH)用于确定各种毒物的可接受参考剂量或参考浓度。基准剂量是使某种反应增加到特定水平的剂量，通过比较产生不同效应的基准剂量大小，可筛选敏感的生物学标志。此外，效应生物学标志能否作为砷中毒的诊断依据可利用流行病学相关指标来验证确认，如灵敏度、特异度、阳性预测值和阴性预测值等。

为探讨燃煤砷污染对人体肝脏、肾脏的早期影响，有研究采用基准剂量法进行了肝、肾损害敏感生物学标志的筛选，结果显示，血清 GSTs 和 HA 分别是评价砷致肝细胞损伤及肝纤维化相对最敏感的生物学标志；γ-GT 及 TBA 在病情发展的中、晚期表现特异；联合检测上述指标对砷致肝损伤的早期发现、早期诊断、治疗及病情判断有重要参考价值。尿 ALB 为最早改变的肾损害指标，其次分别为尿β_2-MG 和 NAG，提出尿 ALB 为砷致肾早期损害相对最敏感的效应标志。砷所致氧化损伤是其较明确的机制之一，学者们以砷暴露者发砷为接触指标，氧化应激标志为效应指标，采用基准剂量法筛选其敏感生物学标志，发现氧化损伤标志的敏感顺序为-SH)＞GPx＞MDA＞SOD，显示-SH 是相对最好的评价砷致机体氧化应激的早期敏感生物学标志。为探讨燃煤型砷中毒患者遗传损伤与皮肤损害的关系，有学者依据临床及皮肤病理组织学检查结果对燃煤砷暴露者进行分组，通过计算并比较遗传相关蛋白在癌变组和非癌变组中灵敏度和特异度大小，发现 P21、Cyclin D1 敏感性较好，P16、Cyclin D1 特异性较强。这些分子生物学标志的异常改变为砷中毒发病机制的阐明提供了依据，动态监测其变化，结合皮肤病损的检查对早期发现皮肤癌变有一定参考价值。

综上，在二级预防中侧重对暴露者灵敏或特异的生化指标、遗传指标及蛋白改变进行定期的针对性检测，对早期发现和早期诊断脏器损害和癌变有实际意义，尤其对有肝损害或遗传损害的砷暴露者，进行全面指导和重点动态追踪监护，有助于阻止和减缓病情的发展和恶化。

3. 生物学标志在砷中毒三级预防中的应用研究　三级预防又称临床预防，主要是对病人进行及时治疗，降低病残率，减少死亡率，防止伤残并促进功能恢复，提高生存质量。砷中毒具有广泛的健康损害作

用，至今无有效的特异治疗药物。随着生物学标志基础研究与应用研究快速发展，推动了生物学标志相关产品的开发，包括疾病诊断、个性化治疗、临床药物等方面。因此，结合生物学标志和机制研究，开发砷中毒针对性的治疗药物、诊断产品等将成为今后砷中毒生物学标志转化应用研究的重点。此外，通过易感生物学标志的研究，有望转变现有的医学模式，推动个性化医疗的发展，针对特定患者采取更为积极、有效的治疗。

近年来学者们针对燃煤型砷中毒患者皮肤、肝脏损害重、癌症高发特点及较明确的氧化损伤和免疫抑制等致病机制，采用各类微量元素或天然药植物，如锌、硒、银杏制剂、刺梨制剂、竹荪提取液、姜黄素等进行砷中毒防治探索，研究发现其可有效拮抗砷暴露引起的各类损伤，显示出良好的应用前景。又如燃煤型砷中毒患者病损皮肤中相关癌基因蛋白的表达与肿瘤发生密切相关，且皮肤角化过度是癌变的先兆，可作为皮肤癌变的预警信号，因此针对不同的皮肤病损程度，分别采用复方维甲酸软膏、电化学和手术等方法对砷中毒患者进行了对症治疗，结果可显著改善皮肤角化、皮肤溃疡，甚至防止和阻止皮肤癌发生发展。鉴于表观遗传学具有无 DNA 序列变化、可影响和调节基因功能、可遗传和可逆转等特点，砷中毒表观遗传治疗备受关注。有学者进行了相关探索，研究发现 DNA 甲基转移酶（DNMT）抑制剂 5-氮杂-2-脱氧胞苷（5-Aza-dC）及组蛋白去乙酰化酶（HDAC）抑制剂曲古抑菌素 A（TSA）作用于砷化物处理的人皮肤角质形成细胞，能有效逆转砷所致的 *MGMT* 和 *XPD* 基因启动子区 DNA 高甲基化及其转录调控区组蛋白低乙酰化，进而调控 *MGMT* 及 *XPD* 基因 mRNA 转录表达及蛋白表达参与 DNA 损伤修复；另有研究发现 5-Aza-dC 能诱导无机砷致体外恶性转化细胞凋亡增加，进而减轻其恶性程度。尽管相关研究还处于起步阶段，但所获结果为探索新的砷中毒防治策略提供了基础数据、积累了经验。

四、生物学标志研究中存在的主要问题与展望

砷中毒是环境与机体相互作用、多基因参与的慢性复杂疾病，具有渐进性发展特点，往往不是单一层次上某一简单的细胞功能发生改变，故单一标志不能准确地用于砷中毒的早期发现和诊断，多基因、多层次的集成式砷中毒标志谱将逐渐成为相关研究的主导方向。随着分子生物学、系统生物学和生物信息学技术在砷中毒研究领域的广泛应用，砷的生物学标志研究也得到了较大拓展，但仍存在许多问题。①基因组学、转录组学、蛋白组学、代谢组学等组学研究提供了大量潜在生物学标志，但从庞大的数据中找到具有实际应用价值的信息十分困难。②现有研究提出了较多可能具有应用价值和前景的标志物，但能实际应用于砷中毒预防诊疗的仍然很有限，候选生物学标志的验证需要大规模的关联研究与患者样本，生物学标志的确认存在诸多困难。③遗传-环境和多种其他因素在砷致健康损害中发挥作用，这些因素可以在不同的生命阶段和不同的个体中产生各种影响，目前大量研究表明，生命早期的砷暴露可引起持续到成年期的健康风险增加。但对于砷在整个生命周期中如何影响这些过程还不清楚，生命周期中不同阶段砷的生物学标志研究有限。④生物学标志的敏感性和特异性不能兼顾，往往敏感性高则特异性较低，因此选择生物学标志时需综合分析，权衡利弊，或选择一组生物学标志联合应用。⑤缺乏统一的生物学标志检测规范及质量控制体系，限制了不同实验室研究结果的比较和利用。

总之，在环境污染与健康危害研究领域中，生物学标志的研究日益发挥着重要作用。暴露生物学标志促进了对机体暴露水平评价的定量化进程；效应生物学标志使我们能够观察到环境有害因素对机体作用的系列连续反应；而砷暴露的易感性生物学标志也是目前国内外学者研究的热点，目前获得了一些有益结果（图 8-6）。今后应加强基因组、蛋白质组数据及其相关通路的调控规律的研究；加强利用生物信息学和分子网络分析评价相关分子标志物和干预靶点的研究；加强生命周期不同阶段砷的易感机制及生物学标志研究，以期通过干预易感个体的早期生命阶段，预防或减少砷暴露所致疾病；开发适宜的检测技术和筛选验证方法，加强易于在人群推广应用的生物学标志的发现和验证；加强生物学标志检测技术标准

和质量控制体系建设，促进生物学标志研究的完善和规范化管理在砷健康危害防控领域中的应用。

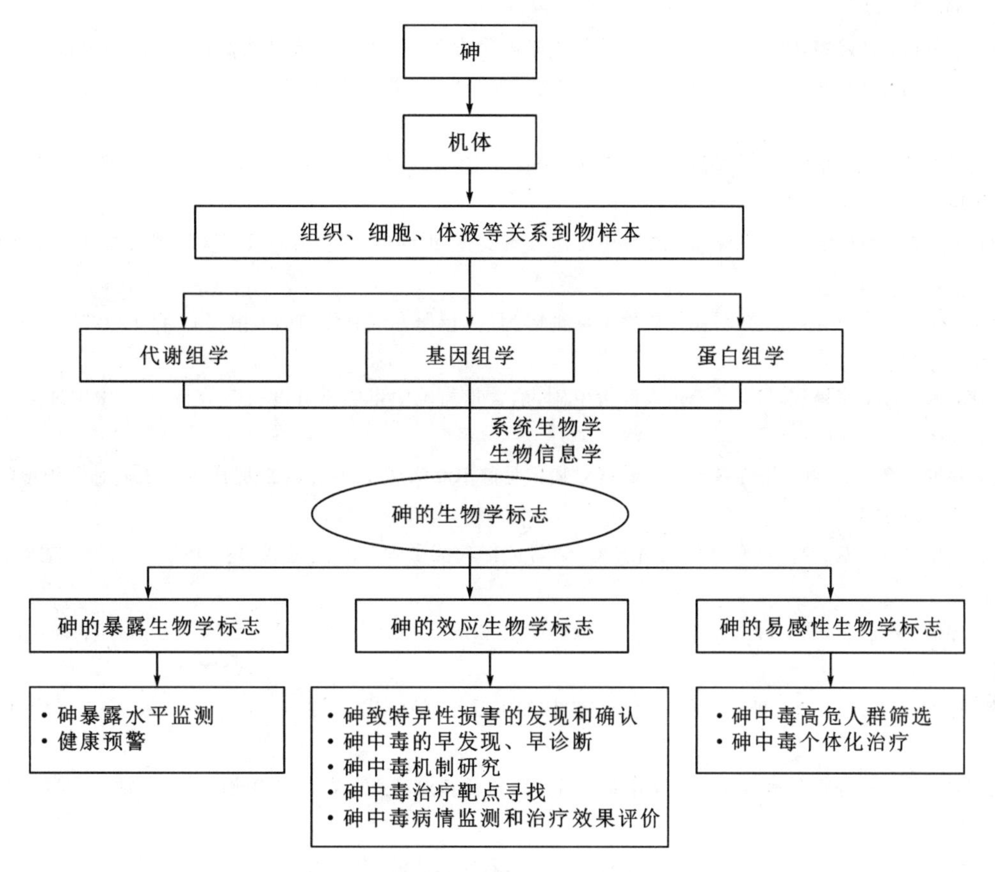

图 8-6　砷相关生物学标志的研究与应用

虽然生物学标志研究在诸多方面尚不完善，但随着我国经济社会的发展，环境与健康危害包括砷中毒的预防控制需求会更加突出，而服务于它的生物学标志必将发挥其特有的重要作用。

（姚茂琳　张爱华）

参考文献

[1]　郜爽．环境毒理学原理与应用[M]．哈尔滨工业大学出版社，2012.

[2]　王春，陈刚，仇梁林，等．三价砷进入小鼠胃肠道生物转运途径分析[J]．中国公共卫生，2011，27(4):459-461.

[3]　韩俊洋，吴顺华．地方性砷中毒致肝损伤机制研究进展[J]．中国公共卫生，2014，30(3):374-376.

[4]　王春虾，王素华．砷致肺疾患研究进展[J]．包头医学院学报，2015(4):138-140.

[5]　张翠萍，刘喜房．职业性砷中毒的处置与预防[J]．劳动保护，2014(11):95-96.

[6]　成会荣，李刚，文卫华．无机砷生物转化与毒理学研究[J]．职业与健康，2010，26(5):565-567.

[7]　陈朋，晏磊，王雄，等．砷的生物转化与代谢机制研究进展[J]．生命科学研究，2013，17(6):554-560.

[8]　韩焕美，何桂华，郑新华，等．食品中有机砷的检测与危害分析[J]．山东化工，2014，43(12):79-81.

[9]　郭丽青，夏磊，顾林英，等．肉鸡饲用洛克沙砷的排泄、残留及其在鸡粪好氧堆肥中降解规律研究[J]．中国畜牧杂志，2013，49(21):28-32.

[10]　席淑华，贾丽红，孙青山，等．海产品摄入对工人尿中砷甲基化代谢及分布的影响[C]．2012 环境健康与药物安全性全国学术年会．2012.

[11] 赵梦醒，刘淇，曹荣，等. 海带中砷在大鼠体内代谢过程中的形态变化[J]. 中国海洋大学学报自然科学版，2014，44(8)：54-60.

[12] 王瑛，陈苗苗，谭婷婷，等. 海产品中的砷及其代谢机制的研究进展[J]. 现代食品科技，2014(11)：256-265.

[13] 张琳，孙清山，刘盛男，等. 二甲基砷暴露大鼠尿中多形态砷检测分析[J]. 中华地方病学杂志，2013，32(6)：629-631.

[14] 白爱梅，李跃，范中学，等. 燃煤污染型氟砷中毒病区儿童智力水平和生长发育状况调查分析[J]. 中华地方病学杂志，2014，33(2)：160-163.

[15] 白爱梅，李跃，范中学，等. 燃煤污染型砷中毒患者头发、尿中砷、硒含量与病情程度的相关性[J]. 中华地方病学杂志，2017，36(1)：56-59.

[16] 戴研平，王平，高晓勤，等. 锌对亚慢性砷中毒雄性SD大鼠睾丸抗氧化力的影响[J]. 职业与健康，2016，32(24)：47-51.

[17] 郭志伟，武克恭，李艳红，等. 砷暴露人群指甲砷、硒含量与砷中毒临床分度关系分析[J]. 中国地方病防治杂志，2011，26(1)：10-12.

[18] 洪峰，郑冲，徐德淦，等. 慢性氟砷联合暴露对大鼠骨骼Runx2及其下游相关因子的影响[J]. 中华预防医学杂志，2013，47(9)：794-798.

[19] 蒋守芳，席淑华. 氟、砷及其联合作用对智力、学习记忆功能影响的研究进展[J]. 环境卫生学杂志，2013，3(2)：155-159.

[20] 刘恩，郑楠，范彩云，等. 砷和铅对HepG2细胞毒性和氧化损伤的研究[J]. 中国农业大学学报，2016，21(8)：84-91.

[21] 刘沙，郑玉建，张杰. 硒对砷致大鼠学习记忆损伤的干预作用研究[J]. 新疆医科大学学报，2017，40(4)：477-480，485.

[22] 宋晓甜，洪峰. 氟砷联合暴露对大鼠成骨细胞增殖分化及β-连环蛋白表达的影响[J]. 中华地方病学杂志，2016，35(5)：344-349.

[23] 吴军，杨梅，刘嘉鸣，等. 饮水型砷中毒患病率与性别差异关联的Meta分析[J]. 新疆医科大学学报，2016，39(6)：682-685.

[24] 谢惠芳，吴顺华，郑玉建. GSTT1及GSTM1基因多态性与饮水型砷中毒关系[J]. 中国公共卫生，2012，28(11)：1421-1424.

[25] 徐晓静，张爱华，梁冰，等. 核苷酸切除修复基因ERCC6、XPA多态性与燃煤污染型地方性砷中毒的关系研究[J]. 中华地方病学杂志，2014，33(1)：15-20.

[26] 永乐，张爱华，汪俊华，等. 有机硒对地方性砷中毒患者治疗效果的Meta分析[J]. 临床和实验医学杂志，2015，(7)：538-542.

[27] 张爱华. 基因多态性研究在地方性砷中毒防治中的应用前景[J]. 中国地方病学杂志，2010，29(1)：1-2.

[28] 张玲. 新生儿脐血砷、硒水平与新生儿生长指标关系的研究[J]. 中国妇幼保健，2013，28(9)：1438-1440.

[29] 张曼，蔺新英，边建朝，等. 硒对砷致人脐静脉血管内皮细胞抗氧化功能及血管细胞黏附分子-1和胞间黏附分子-1表达的影响[J]. 环境与健康杂志，2013，30(8)：685-688.

[30] 张秀丽，孙海波. 氟砷联合作用对机体的损伤[J]. 中国地方病防治杂志，2013，28(2)：99-101.

[31] 周勇，贺莉萍，黄晓，等. 铅镉砷对小鼠免疫球蛋白和T淋巴细胞亚型的影响[J]. 毒理学杂志，2010，24(3)：203-205.

[32] 邹忠兰，张爱华，杨敬源，等. 肝生化指标在燃煤型砷中毒中诊断价值ROC曲线评价[J]. 中国公共卫生，2016，32(6)：861-865.

[33] 张爱华，王大朋. 重视地方性砷中毒机制假说间相互作用，提升机制研究及其转化应用价值[J]. 中华地方病学杂志，2017，15(1)：1-3.

[34] 刘永莲，张爱华，王大朋，等. 调节性T细胞、辅助性T细胞-17相关免疫因子在砷暴露大鼠外周血中的表达差异及意义[J]. 中华地方病学杂志，2017，36(1)：11-15.

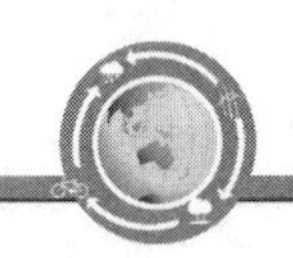

[35] 王大朋，范丽丽，张立明，等. 亚砷酸钠单次染毒大鼠后唾液及血液总砷含量变化比较[J]. 卫生研究，2012，41(6)：947-950.

[36] 徐玉艳，张爱华，李军，等. 燃煤型砷中毒大鼠肾损伤特点及其生物学标志的基准剂量分析[J]. 中国药理学与毒理学杂志，2014，28(2)：243-247.

[37] 谢婷婷，张爱华. p53 介导的线粒体凋亡通路在燃煤型砷中毒大鼠肝损伤中的作用[J]. 中国药理学与毒理学杂志，2014，28(2)：210-215.

[38] 汪希兰，张爱华，杨敬源. 燃煤型砷中毒患者遗传物质损伤变化与病情进展关系[J]. 中华预防医学杂志，2014，48(7)：607-611.

[39] 胡勇，王胜利，王蕾，等. PKCδ、Nrf2 表达在燃煤污染型砷中毒大鼠肝损伤中的作用[J]. 中华地方病学杂志，2019，38(5)：375-380.

[40] 张爱华，王大朋. 重视环境砷污染健康风险评估研究[J]. 中华预防医学杂志，2018，52(10)：969-972.

[41] 董令，张爱华，朱凯，等. CD4＋ CD25＋ Foxp3＋调节性 T 细胞在砷暴露大鼠肝脏中的表达差异及意义[J]. 中华地方病学杂志，2018，37(2)：96-101.

[42] 朱凯，张爱华，董令，等. 辅助性 T 细胞-17 与调节性 T 细胞浸润在砷致大鼠肝脏损伤中的作用[J]. 中华地方病学杂志，2018，37(7)：536-540.

[43] 丁雪娇，谢琅，陈丽，等. 亚砷酸钠对人皮肤角质形成细胞 BER 相关基因 H4K20me1 修饰水平及其 mRNA 转录水平影响[J]. 中国公共卫
生，2018，34(9)：1246-1249.

[44] 马璐，李军，魏绍峰，等. 燃煤型砷中毒人群外周血淋巴细胞组蛋白 H3K14 乙酰化与遗传损伤关联性研究[J]. 中华地方病学杂志，2017，36(9)：639-643.

[45] 李军，马璐，谢琅，等. H3K36me3 调控 O6-甲基鸟嘌呤 DNA 甲基转移酶基因与砷致人皮肤角质形成细胞 DNA 损伤的关系[J]. 中华地方病学杂志，2017，36(2)：107- 112.

[46] 韩雪，李军，胡丽莎，等. 慢性砷暴露致人体生物样品 p53、p16 启动子区甲基化的改变[J]. 环境与职业医学，2017，34(2)：138-142.

[47] 王祺，张爱华，姚茂琳，等. 醌烟酰胺腺嘌呤二核苷酸磷酸脱氢酶 1 和血红素氧合酶 1 mRNA 及蛋白表达与燃煤型砷中毒肝损伤关系探讨[J]. 中华地方病学杂志，2017，36(1)：21-25.

[48] 齐财华，张爱华，陈雄，等. 转录因子 ETS-1 介导亚砷酸钠对人正常肝细胞微小 RNA-21 表达的诱导作用[J]. 中华地方病学杂志，2017，36(1)：26-31.

[49] 谢琅，李军，李成贵，等. 组蛋白 H4K20 甲基化修饰对砷致 HaCaT 细胞 DNA 双键断裂损伤的影响[J]. 环境与职业医学，2017，34(2)：143-147.

[50] 王庆陵，张爱华，马璐，等. 亚砷酸钠对 L-02 肝细胞微小 RNA-191 与金属蛋白酶组织抑制因子 3 表达的影响[J]. 中华地方病学杂志，2016，35(5)：338-343.

[51] 李成贵，李军，张爱华，等. 组蛋白 H4 第 20 位赖氨酸甲基化修饰与燃煤砷暴露人群 DNA 损伤修复的关系[J]. 中华地方病学杂志，2016，35(6)：412-416.

[52] 徐玉艳，张爱华，李军，等. 银杏叶片对砷暴露大鼠免疫毒性的干预作用[J]. 中华地方病学杂志，2015，34(1)：25-28.

[53] 永乐，张爱华，汪俊华，等. 有机硒对地方性砷中毒患者治疗效果的 Meta 分析[J]. 临床和实验医学杂志，2015，(7)：538-542.

[54] 王祺，张爱华，李军，等. 核因子 E2 相关因子 2-抗氧化反应元件结合能力及其下游基因表达与燃煤型砷中毒肝损伤关系探讨[J]. 中华地方病学杂
志，2015，34(6)：401-405.

[55] 李昌哲，李军，张爱华，等. 姜黄素对饮水砷暴露大鼠肝脏氧化损伤的干预作用[J]. 中华地方病学杂志，2015，34(6)：406-410.

[56] 梁冰，曹家艳，张爱华. CYP1A1 和 CYP2E1 基因多态性与燃煤型砷中毒发病风险关系[J]. 中国公共卫生，2015，31(10)：1313-1316.

[57] 汪希兰,张爱华,杨敬源，等.燃煤型砷中毒患者遗传物质损伤变化与病情进展关系[J].中华预防医学杂志,2014,48(7):607-611.

[58] 徐晓静,张爱华,梁冰，等.核苷酸切除修复基因 ERCC6、XPA 多态性与燃煤污染型地方性砷中毒的关系研究[J].中华地方病学杂志,2014,33(1):15-20.

[59] 张爱华.以转化应用为导向加强砷毒作用机制研究[J].中华预防医学杂志,2013,47(9):774-776.

[60] 胡勇,张爱华,姚茂琳，等.蛋白激酶 Cδ 对燃煤污染型砷中毒肝损伤的调控机制[J].中华预防医学杂志,2013,47(9):777-782.

[61] 罗鹏,张爱华,肖芸，等.燃煤污染型砷中毒患者外周血中丝裂酶原活化蛋白激酶信号通路相关基因 mRNA 转录表达情况[J].中华预防医学杂志,2013,47(9):788-793.

[62] 谢婷婷,张爱华,于春，等.细胞凋亡及 Bax、Bcl2 mRNA 表达在高砷煤烘玉米粉致大鼠肝损伤中的作用[J].中华预防医学杂志,2013,47(9):859-861.

[63] 张爱华.表观遗传学:揭示砷中毒机制及改进防治策略的新路径[J].中国地方病学杂志,2013,32(1):1-2.

[64] 杨婷婷,张爱华,黄晓欣，等.谷胱甘肽硫转移酶 P1 基因 DNA 甲基化、mRNA 和蛋白表达与燃煤污染型地方性砷中毒关系探讨[J].中国地方病学杂志,2013,32(1):7-12.

[65] 张博,潘雪莉,张爱华.亚砷酸钠对 HaCaT 细胞 MGMT 基因启动子区甲基化 CpG 结合蛋白-2、DNA 甲基转移酶 1、组蛋白去乙酰化酶 1 结合的影响[J].中国地方病学杂志,2013,32(1):16-20.

[66] Jomova K, Jenisova Z, Feszterova M, et al. Arsenic: toxicity, oxidative stress and human disease[J]. Journal of Applied Toxicology, 2015, 31(2):95-107.

[67] Vahter M. Mechanisms of arsenic biotransformation[J]. Toxicology,2002, 181-182.

[68] Pepi M, Protano G, Ruta M, et al. Arsenic-resistant Pseudomonas, spp. AndBacillus, sp. bacterial strains reducing As(V) to As(III), isolated from Alps soils,Italy[J]. Folia Microbiologica, 2011, 56(1):29.

[69] Hughes M F. Arsenic toxicity and potential mechanisms of action.[J]. Toxicology Letters, 2002, 133(1):1-16

[70] Bjorklund G, Aaseth J, Chirumbolo S, et al. Effects of arsenic toxicity beyond epigenetic modifications [J]. Environ GeochemHealth,2017,40(3):955-965.

[71] Xu M, Rui D, Yan Y, et al. Oxidative Damage Induced by Arsenic in Mice or Rats: A Systematic Review and Meta-Analysis [J]. Biol Trace Elem Res,2017, 176(1): 154-175.

[72] Dangleben N L, Skibola C F, Smith M T. Arsenic immunotoxicity: a review [J]. Environ Health, 2013, 12(1): 73.

[73] Rana T, Bera A K, Das S,et al. Inhibition of Oxidative Stress and Enhancement of Cellular Activity by Mushroom Lectins in Arsenic Induced Carcinogenesis [J]. Asian Pac J Cancer Prev,2016, 17(9): 4185-4197.

[74] Ferrario D, Gribaldo L, Hartung T. Arsenic Exposure and Immunotoxicity: a Review Including the Possible Influence of Age and Sex [J]. Curr Environ Health Rep, 2016, 3(1): 1-12.

[75] Shen H, Niu Q, Xu M, et al. Factors Affecting Arsenic Methylation in Arsenic-Exposed Humans: A Systematic Review and Meta-Analysis [J]. Int J Environ Res Public Health,2016, 13(2): 205.

[76] Flora S J. Arsenic-induced oxidative stress and its reversibility [J]. Free Radic Biol Med,2011, 51(2): 257-281.

[77] Mandal P. Molecular insight of arsenic-induced carcinogenesis and its prevention [J]. NaunynSchmiedebergs Arch Pharmacol, 2017, 390(5): 443-455.

[78] Escudero-Lourdes C. Toxicity mechanisms of arsenic that are shared with neurodegenerative diseases and cognitive impairment: Role of oxidative stress and inflammatory responses [J]. Neurotoxicology, 2016, 53: 223-235.

[79] Hubaux R, Becker-Santos D D, Enfield K S S, et al. Molecular features in arsenic-induced lung tumors [J]. Mol Cancer, 2013, 12(1):20.

[80] Haque R, Chaudhary A, Sadaf N. Immunomodulatory Role of Arsenic in Regulatory T Cells [J]. EndocrMetab Immune Disord Drug Targets, 2017, 17(3): 176-181.

[81] Swaran J S. Flora. Handbook of Arsenic Toxicology [M]. New York: Academic Press, 2015.

[82] J. Christopher S. Arsenic: Exposure Sources, Health Risks, and Mechanisms of Toxicity [M]. New York: Willey Press, 2015.

[83] Arain M B, Kazi T G, Baig J A, et al. Co-exposure of arsenic and cadmium through drinking water and tobacco smoking: risk assessment on kidney dysfunction [J]. Environ Sci Pollut Res Int, 2015, 22(1):350-357.

[84] Debasree D, Kunal K M, Debendra N G M. Arsenicosis and dietary nutrient intake among men and women [J]. P Natl A Sci India B, 2013, 83(3): 405-413.

[85] García-Sevillano Má, García-Barrera T, Navarro-Roldán F, et al. A combination of metallomics and metabolomics studies to evaluate the effects of metal interactions in mammals. Application to Mus musculus mice under arsenic/cadmium exposure [J]. J Proteomics, 2014, 104:66-79.

[86] Kippler M, Wagatsuma Y, Rahman A, et al. Environmental exposure to arsenic and cadmium during pregnancy and fetal size: a longitudinal study in rural Bangladesh [J]. ReprodToxicol, 2012, 34(4): 504-511.

[87] Petrick J S, Ayala-Fierro F, Cullen W R, et al. Monomethylarsonous acid (MMAIII) is more toxic than arsenite in Chang human hepatocytes [J]. Toxicol Appl Pharmacol, 2000, 163: 203-207.

[88] Skröder H, Hawkesworth S, Kippler M, et al. Kidney function and blood pressure in preschool-aged children exposed to cadmium and arsenic-potential alleviation by selenium [J]. Environ Res, 2015, 140: 205-213.

[89] Zeng Q B, Xu Y Y, Yu X, et al. Arsenic may be involved in fluoride-induced bone toxicity through PTH/PKA/AP1 signaling pathway [J]. Environ ToxicolPharmacol, 2014, 37(1): 228-233.

[90] Zhu Y P, Xi S H, Li M Y, et al. Fluoride and arsenic exposure affects spatial memory and activates the ERK/CREB signaling pathway in offspring rats [J]. Neurotoxicology, 2017, 59: 56-64.

[91] Kewal K J. The Handbook of Biomarkers[M]. New York :Humana Press, 2010.

[92] National Research Council of The National Academies. Critical Aspects of EPA's IRIS Assessment of Inorganic Arsenic: Interim Report[M]. Washington,D.C: The National Academies Press,2013.

[93] Bhowmick S, Halder D, Kundu A K, et al. Is saliva a potential biomarker of arsenic exposure? A case-control study in West Bengal, India[J]. Environ Sci Technol, 2013,47(7):3326-3332.

[94] Chinthalapally V. Rao, Sanya P, Altaf M, et al. Biological effects and epidemiological consequences of arsenic exposure, and reagents that can ameliorate arsenic damage in vivo[J]. Oncotarget,2017,8(34): 57605-57621.

[95] Andrade V M, Mateus M L, Batoréu M C,et al. Lead, Arsenic, and Manganese Metal Mixture Exposures: Focus on Biomarkers of Effect[J]. Biol Trace Elem Res,2015,166(1):13-23.

[96] Dangleben N L, Skibola C F, Smith M T. Arsenic immunotoxicity: a review[J]. Environ Health,2013,12(1):73-88.

[97] Ram V R, Young-Ok S, Poyil P K, et al. Epigenetic Targets of Arsenic: Emphasis on Epigenetic Modifications During Carcinogenesis[J]. J Environ PatholToxicol Oncol,2015,34(1):63-84.

[98] Lu Ma, Jun Li, Zhengbao Zhang, et al.Specific histone modification responds to arsenic-induced oxidative stress [J]. Toxicology and Applied Pharmacology,2016,302: 52-61.

[99] Baofei Sun, Junchao Xue, Jun Li, et al. Circulating miRNAs and their target genes associated with arsenism caused by coal-burning[J]. Toxicology Research,2017,6(2): 162-172.

[100] Karagas M R,Tosteson T D,Blum J,et al. Measurement of low levels of arsenic exposure: a comparison of water and toenail concentrations[J]. Am J Epidemiol,2000,152(1):84-90.

[101] Slotnick M J, Nriagu J O. Validity of human nails as a biomarker of arsenic and selenium exposure: A review[J]. Environ. Res,2006,102(1):125-139.

[102] Mengchuan Xu, Dongsheng Rui, Yizhong Yan, et al. Oxidative Damage Induced by Arsenic in Mice or Rats: A Systematic Review and Meta-Analysis[J]. Biological Trace Element Research,2017,176(1): 154 - 175

[103] Kubota R, Kunito T, Agusa T, et al. Urinary 8-hydroxy-2'-deoxyguanosine in inhabitants chronically exposed to arsenic in groundwater in Cambodia[J]. J Environ Monit,2006, 8(2):293-299.

[104] Lesseur C, D. Gilbert-Diamond, Andrew A S, et al. A case-control study of polymorphisms in xenobiotic and arsenic metabolism genes and arsenicrelated bladder cancer in New Hampshire[J]. Toxicol. Lett, 2012,210(1): 100-106.

[105] Pierce B L,Kibriya M G,Tong L, et al. Genome-wide association study identifies chromosome 10q24.32 variants associated with arsenic metabolism and toxicity phenotypes in Bangladesh[J]. PLoS Genet,2012,8(2): e1002522.

[106] Rosa R,Steinmaus C,Akers N K, et al. Associations between arsenic (+3 oxidation state) methyltransferase (AS3MT) and N-6 adenine-specific DNA methyltransferase 1 (N6AMT1) polymorphisms, arsenic metabolism, and cancer risk in a chilean population[J]. Environ Mol Mutagen,2017, 58(6):411-422.

[107] Kundu M, Ghosh P, Mitra S, et al. Precancerous and non-cancer disease endpoints of chronic arsenic exposure: the level of chromosomal damage and XRCC3 T241M polymorphism[J]. Mutat Res,2011,706(1-2):7-12.

[108] Zhou Y, Wang Y, Su J, et al. Integration of microRNAome, proteomics and metabolomics to analyze arsenic-induced malignant cell transformation[J]. Oncotarget,2017,8(53):90879-90896.

[109] Rager J E, Auerbach S S, Chappell G A, et al. Benchmark Dose Modeling Estimates of the Concentrations of Inorganic Arsenic That Induce Changes to the Neonatal Transcriptome, Proteome, and Epigenome in a Pregnancy Cohort[J]. Chem Res Toxicol, 2017,30(10):1911-1920.

[110] Qi-bing Zeng, Peng Luo, Jun-ying Gu, et al. PKC θ - mediated Ca2+/NF-AT signalling pathway may be involved in T-cell immunosuppression in coal-burning arsenic-poisoned population [J]. Environmental Toxicology and Pharmacology, 2017, 55: 44-50.

[111] Xu Y Y, Zeng Q B, Yao M L, et al. A possible new mechanism and drug intervention for kidney damage due to arsenic poisoning in rats [J]. Toxicology Research, 2016, 5(2): 511-518.

[112] Balakrishnan P, Vaidya D, Franceschini N, et al. Association of Cardiometabolic Genes with Arsenic Metabolism Biomarkers in American Indian Communities: The Strong Heart Family Study (SHFS). Environmental Health Perspectives, 2017, 125(1):15-22.

[113] Yuyan Xu, Zhonglan Zou, Yonglian Liu,et al. miR-191 is involved in renal dysfunctionin arsenic-exposed populations by regulatinginflammatory response caused by arsenicfrom burning arsenic-contaminated coal[J]. Human and Experimental Toxicology,2019. DOI: 10.1177/0960327 119874423.

[114] Qibing Zeng, Zhonglan Zou, Qingling Wang, et al. Association and risk of five miRNAs with arsenic-induced multiorgan damage[J]. Science of the Total Environment, 2019, 680:1-9.

[115] Shaofeng Wei,Junchao Xue,Baofei Sun,et al. miR-145 via targeting ERCC2 is involved in arsenite-induced DNA damage in human hepatic cells[J]. Toxicology Letters,2018,295:220-228.

[116] Yong Hu,Chun Yu,Maolin Yao, et al. The PKCδ-Nrf2-ARE signalling pathway may be involved in oxidative stress in arsenic-induced liver damage in rats[J]. Environmental Toxicology and Pharmacology, 2018,62:79-87.

[117] Aihua Zhang,Huiyao Li,Yun Xiao, et al. Aberrant methylation of nucleotide excision repair genes is associated with chronic arsenic poisoning[J]. Biomarkers, 2017, 22(5): 429-438.

[118] AiHua Zhang, HaiHua Bin, XueLi Pan, et al. Analysis of p16 Gene Mutation, Deletion and Methylation in Patients with Arseniasis Produced by Indoor Unventilated-Stove Coal Usage in Guizhou, China[J]. Journal of Toxicology & Environmental Health Part A, 2007, 70(11):1-6.

第九章　砷污染的环境与健康风险评估

长期砷暴露可引起机体全身多器官、多系统损害，对该类效应所进行的定性和定量评估，即风险评估。风险评估包括4个步骤，即危害识别、剂量-效应关系评估、暴露评估和风险特征分析。目前有关砷污染的环境和健康风险评估方面资料相对较少，本章主要从砷暴露环境风险评估和健康风险评估体系及目前主要的评估方法等方面作一简要阐述，同时对砷暴露环境与健康风险评估中的变异性和不确定性因素进行归纳总结，并介绍砷及其化合物的检测与分析方法。

第一节　砷污染环境风险评估体系与方法

一、环境砷暴露识别

砷在各种环境介质中均有不同程度的暴露，且相互之间可不断循环。由于地质或地热活动，土壤和水中的砷含量在某些特殊地域会增加到较高的水平，如孟加拉国、印度、智利及我国内蒙古、新疆、台湾等地区。在水生生态环境中，砷可通过多种途径进入水体中，绝大部分可迅速由液相转变为固相（悬浮物和沉积物），结合砷的悬浮物质在被水流转运的过程中，当其负荷量超过转运能力时，便在沉积物中大量富集。沉积物中的砷经过多种物理化学作用往往会重新释放进入水体中，进而形成恶性循环。沉积物中砷的化学特性及毒性不仅与砷的总量相关，而且更取决于其化学形态，当水体中的温度、酸碱度、有机质等环境因素发生改变时，水体中砷的形态分布也会受到较大影响。此外，在冶炼厂和矿石开采附近的水域中砷的浓度也会明显升高。在大气环境中，研究显示农村地区空气中的总砷平均浓度范围为0.02～4 ng/m³，城市地区空气中的总砷平均浓度范围为3～200 ng/m³，其中我国北方城市空气中总砷年均浓度为33.9 ng/m³，南方城市年均浓度为27.0 ng/m³。而某些工业污染区域附近的空气总砷浓度可高达1 000 ng/m³以上。

砷一旦进入空气、水、土壤等环境中，通常不能像常规污染物一样被有效生物降解，往往汇集到水环境中并最终进入水生生物体内蓄积。Dabeka等（1993）对加拿大部分地区鱼类、肉类、谷类及油脂类等食物进行总砷含量调查，结果发现鱼类的砷含量为1.662 mg/kg，远高于肉类、谷类和油脂类等食物。Han等对我国台湾地区海产品进行调查发现，当地居民所摄食的鱼贝类等海产品砷污染严重，其中以牡蛎最为严重，其砷含量约为11.8 mg/kg，远远超过食用卫生标准。在我国大陆，研究人员对南通沿海滩涂贝类样品中无机砷、总砷进行调查分析，发现无机砷含量平均为0.28 mg/kg，总砷含量平均为1.36 mg/kg，未超过安全食用标准；黄宏瑜等对珠海市近海水域水产品砷含量进行监测发现，贝类和甲壳类砷含量多为1.5 mg/kg以上，远超国家卫生标准，而淡水鱼和海水鱼砷含量为0.5～0.8 mg/kg，低于国家卫生标准。北京各大超市海产品砷含量调查结果表明，在鱼贝类样品和褐藻样品中，总砷含量分别为0.086～7.54 mg/kg（湿重）、1.7～38.7 mg/kg（干重）。在鱼贝类样品中，无机砷占总砷含量的比例小于2%，在海藻中未检出无机砷。

二、环境砷暴露效应

水生生物和陆生生物对一些砷化合物（如无机砷、一甲基砷酸等）具有较宽范围的敏感性，其中浮游

植物对无机砷(如砷酸盐和亚砷酸盐)毒性作用最为敏感。砷化物对水生生物毒性效应研究显示,淡水藻类对砷酸盐的最低可观察到效应浓度(lowest observed effect concentration,LOEC)为5 μg As/L,其最低半数效应浓度(EC_{50})值约为48 μg As/L。砷酸盐对鱼类和两栖动物胚胎幼体毒性试验显示,其最低半数致死浓度(median lethal concentration,LC_{50})分别为540 μg As/L和40 μg As/L。当砷酸盐浓度为15～60 μg/L时,其对海洋生物群体可产生有害效应。砷酸盐对海洋桡足类无脊椎动物的最低急性LC_{50}分别为10.9 μg As/L(幼体),19.8 μg As/L(成体)和27.5 μg As/L(雌性孵卵体)。

砷化物对陆生生物的毒性效应研究发现,土壤砷暴露水平对陆生植物的毒性效应范围较宽泛,其毒性阈值范围为30～300 mg/kg,其中沙质土壤砷毒效应大于黏土土壤。经检测,砷在植物组织中的最低浓度约为1 mg/kg,而关于砷化物对土壤中无脊椎动物的毒效应研究非常有限。在砷化物对鸟类的毒效应研究方面,仅有少数急性、单次砷暴露毒性研究,尚不能反映环境砷暴露对鸟类的毒效应。此外,较为长期的鸟类砷暴露研究所使用的剂量尚未发现明显有害效应,因为目前所有报道的未观察到效应浓度(no observed effect concentration,NOEC)均"大大高于"最高暴露剂量,因此该剂量尚不能用来进行风险评估。

三、环境砷暴露风险评估

传统的风险评估多应用不确定因素(uncertainty factors,UFs)来获得最低慢性毒效应剂量。研究显示,淡水砷浓度在5 μg/L左右时可有利于藻类生长,该浓度与大多数地表水砷范围上限相近,是火山地热地区砷最高浓度的25%。因为地表水中有机生物群体形成过程中砷浓度范围为跨度0.05～25 000 μg/L之大,因此用单一砷浓度限值作为安全浓度并不恰当。尽管目前尚未有直接证据表明生活在多数地表水较高砷浓度(约2 μg/L)的有机生物群体对砷的敏感性低于生活在低浓度砷(0.05 μg/L)地表水区域的生物群体,但实验室和现场调查证据表明,生活在较高砷浓度地区的人群已经适应了高浓度无机砷的环境。实际上,无机砷的环境风险评估,目前只能在区域间研究基础上获得砷的本底浓度、居住地人群的耐受性及其他因素。

有限的海洋环境资料显示,海水中无机砷浓度与研究得到的毒性阈值并不吻合,其对水生生物体的风险较低。但是,一些海洋藻类对无机砷极度敏感,与其普遍低砷暴露未形成耐受性相一致。藻类生物从周围海水吸收高浓度的砷酸盐(以砷糖形式富集),可能与其低磷酸盐水平有关。目前无脊椎动物和海洋鱼类富集高浓度砷甜菜碱的原因尚未明确。在一些江河湖口地区,由于地质原因和人类活动而造成的高砷环境对于之前未暴露于高浓度砷的人群有较大健康风险。

据有关报道,部分地区土壤中总砷浓度可达到非常高的水平,但是总砷对于植物的毒效应并不明显。具有生物有效性的砷仅占土壤中总砷很小一部分比例(10%或更低,通常小于2%),但即使在这种生物有效性比例较低的水平下,对砷敏感的植物还是会被淘汰。在被砷严重污染的一些矿山周围,耐砷的特殊植物依然可以很好地生长,一些植物甚至可以在总砷浓度达到其重量的几个百分点的环境中生长。关于土壤中无脊椎动物的研究十分有限。一项关于砷暴露蚯蚓的研究结果显示,土壤中砷浓度远高于本底浓度时对蚯蚓毒性风险较高。对于土壤中无脊椎动物对砷的耐受性方面尚未见报道。

环境效应评价对评估和防止环境过度砷暴露有重要作用,其与健康风险评估互为补充、相辅相成,以准确评估砷暴露尤其是低水平砷暴露对人群的健康影响。

(王大朋　张爱华)

第二节　砷污染健康风险评估体系与方法

一、环境砷污染的危害识别

环境砷污染由于暴露途径、暴露时间、暴露剂量等的不同而出现非常复杂的健康效应，除一般急性、慢性毒性效应外，表现为多器官、多系统、多组织损害特征。长期砷暴露引起的健康危害主要有皮肤病变、多器官癌症、神经系统疾病、生殖发育毒性、免疫毒性、糖尿病和心血管疾病等。

(一)砷与皮肤病变

在世界各地不同的国家人群中进行的砷中毒流行病学研究均已证实砷暴露可导致各类不同的皮肤病变，是慢性砷中毒早期典型症状，且已被纳入我国地方性砷中毒诊断标准之中。皮肤病变按类型及程度不同可分为色素脱失、色素沉着和皮肤角化等。皮肤色素脱失或沉着多以点状形式分布在躯干、四肢，甚至分布在口腔、舌头等黏膜组织；皮肤角化则主要分布在手掌和脚趾部位。砷中毒皮肤病变发病年龄广泛，最小发病年龄为 2 岁，最大者有 80 岁以上；且皮肤病变在较低砷暴露水平即有发生，在印度西孟加拉邦的研究发现，低于 50 μg/L 的最低饮水砷浓度地区砷相关皮肤病变(色素沉着和(或)角化症)有升高的风险。另有研究发现人群尿液中一甲基砷酸(MMA)水平与皮肤病变密切相关。

(二)砷与多器官癌症

IARC 1987 年将砷确定为人类致癌物，在最近的一次评估中亦指出，有充分的证据表明无机砷暴露可引起肺癌、膀胱癌和皮肤癌，另与肾癌、肝癌与前列腺癌存在明显正相关关系。砷暴露职业人群如冶炼厂工人、农药生产工人和矿工患肺癌的危险性明显升高。虽然这些人群同时暴露于除砷以外的其他化学物，但这些共存因素不太可能解释这一现象。暴露-反应关系研究均发现随着砷暴露的增加，患肺癌危险性增加，同样在考虑吸烟因素后，仍然存在该暴露-反应关系，但是，研究也发现吸烟与砷暴露在肺癌的发生过程中具有交互作用。而职业性砷暴露与患肾癌或膀胱癌的危险性之间并未发现明显关联。因此，职业和环境研究结果的差异可能反映砷吸入暴露后机体组织浓度低于砷经口暴露。

国内外学者在饮水砷暴露人群中进行了许多流行病学研究(生态学、病例对照、队列、横断面研究)以评估无机砷暴露与致癌作用之间的关系。早期在中国台湾西南部砷病区进行的生态研究显示，当地皮肤病变和皮肤癌患者终生处于高水平砷暴露(饮用水砷含量几百微克每升)，其中无机砷暴露引起的皮肤癌被鉴定为非黑色素瘤型(基底细胞癌或鳞状细胞癌)。该病区人群的生态学和队列研究随后报道因内部组织癌症(肺、肝、膀胱、肾和其他组织)而致死率明显增加。在智利、阿根廷和日本，暴露于高水平无机砷污染水源的人群中也有类似发现。此外，Chen 等人在中国台湾东北部的一项 12 年随访队列研究中发现暴露于较宽泛砷水平(＜100 μg/L)的人群，其肺部及泌尿系统癌症的风险增加。

对于增加患肺癌、膀胱癌和肾癌危险性的最低饮水砷浓度目前很难确定。据我国台湾地区乌脚病流行区一项研究报道，饮用砷浓度＜50 μg/L 饮水的人群的膀胱癌和肺癌死亡危险性也会明显增大。阿根廷的一项研究发现，高砷暴露组(即超过 75%的饮用水含砷量高于 40 μg/L)膀胱癌、肺癌和肾癌的死亡率显著升高，其中饮水平均砷浓度 178 μg/L 可作为观察到致癌作用的最低暴露水平。虽然该研究在中剂量或低剂量暴露组中发现男性膀胱癌、肺癌和肾癌的死亡率显著升高，中剂量暴露组女性肺癌死亡率也明显升高，但没有提供低或中等剂量暴露的相应浓度。因此，可观察到肾癌死亡危险性增加的最低的砷暴露浓度应低于 178 μg/L。在智利进行的病例对照研究表明，所有增加肺癌危险性的砷暴露类型都存在暴露-反应关系，而且在暴露剂量大于或等于 30～50 μg/L 时患癌危险性增高并有统计学意义。在芬兰进行

的另一项病例对照研究发现，饮用含砷量0.5～64 μg /L 饮水3～9年后，暴露人群患膀胱癌危险性明显增加。

除上述癌症以外，有关砷暴露与其他部位癌症相关关系的研究相对较少。职业性砷暴露除了肺癌与砷暴露有相关关系外，尚未发现其他部位癌症与砷暴露之间存在关联。

(三)砷与神经系统病变

急性无机砷中毒最初可引起胃肠道或心血管症状，之后会伴随中枢神经系统和周围神经系统的症状。急性砷中毒对中枢神经系统的影响在1～5 d内出现，从头疼、轻微紊乱到谵妄型脑病、癫痫发作及昏迷。周围神经病变在1～4周内出现。在亚急性或慢性砷暴露中，偶尔会直接出现周围神经病变而无胃肠道或心血管症状。慢性饮水型砷暴露个体中，其周围神经病变的出现并不一致。砷对神经系统影响通常以对称性感觉运动神经病为特征，常与吉兰-巴雷综合征相似。神经病变的主要临床特征是感觉异常、麻木和疼痛。此外，受影响个体还出现神经传导速度降低，具有典型轴突退化特征。据报道，饮用砷污染水源的内蒙古居民有出现视觉、听觉和躯体感觉障碍的症状。除急性神经毒性和周围神经病变外，大脑发育阶段暴露无机砷可能会导致不良健康结局。例如，在孟加拉和印度进行的研究报道了砷暴露儿童智力水平明显降低。Hamadani等人在西孟加拉的Matlab对18个月的儿童研究发现，孕前或孕后砷暴露并未影响儿童的发育(问题解决和运动能力发育)。然而，Hamadani等在学前儿童中证实了生命早期砷暴露与语言能力及智商量表间的关系。Rodriguez-Barranco等在系统性综述中亦报道，5～15岁儿童中尿液砷水平增加与智商的降低存在明显关系。此外，在高剂量的动物研究中也发现了神经行为障碍。

(四)砷与生殖发育毒性

无机砷及其甲基化代谢物可通过人和小鼠的胎盘。一些研究表明，砷暴露对胎儿有多种作用，其中包括胎儿死亡或发育迟缓。越来越多的证据表明，胎儿或婴儿期的变化会导致儿童期及成人后的不良健康影响。地方性砷中毒地区如孟加拉、西孟加拉、智利和中国台湾东北部的研究报道了许多砷暴露对生殖和发育的影响，发现胎儿、新生儿及产后死亡率、低出生体重、流产、死胎、子痫前症和先天畸形发生率均升高。但是，目前对任何一个特定生殖终点都没有一致的证据。

(五)砷与免疫毒性

流行病学、动物和体外研究都表明砷暴露与免疫功能抑制间存在明显关联。有研究证据表明，母体砷暴露会影响婴儿胸腺重量，并增加其呼吸道感染的发生率。砷暴露和促炎性细胞因子水平呈正相关关系。印度砷暴露人群血清中自身免疫标志物水平的升高表明，中等剂量的砷可引起自身免疫性疾病，如类风湿性关节炎。我国学者针对燃煤污染型砷暴露地区人群免疫状况开展了系列研究，发现燃煤砷暴露可造成当地人群出现明显免疫毒性，如改变T淋巴细胞亚群比例及补体水平、造成免疫炎症因子分泌异常等。

(六)砷与糖尿病及心血管疾病

现有的人类数据提供了足够的证据证明处于饮用水较高水平砷(≥150 μg/L)暴露的人群中糖尿病发病与砷暴露存在明显关联，但是较低水平砷暴露(＜150 μg/L)证据尚不充分。研究砷暴露和糖尿病之间联系的动物研究结果大多尚无明确定论。

砷暴露对心血管的影响方面，研究显示，每天毫克至克范围急性无机砷暴露可引起心血管症状，包括低血压、充血性心力衰竭和心律失常(QT间期延长)。许多流行病学研究表明慢性饮水砷暴露与各种心血管疾病之间存在剂量反应关系。这些心血管疾病包括动脉硬化、微循环障碍、QT间期延长、心电图QT

离散度增加和临床症状如高血压、冠心病和脑梗死。一篇纳入13项流行病学研究(中国台湾地区8项,美国3项,匈牙利和西班牙各1项)的系统性综述指出,在高砷暴露水平下,冠状动脉疾病、中风和外周动脉疾病的相对风险增加。另有系统性综述分析了在中国台湾地区、美国、西班牙、印度、日本、孟加拉、智利、中国大陆、巴基斯坦和斯洛伐克等地区实施的18项人群研究,发现长期高水平砷暴露与临床心血管疾病结局有明显因果关系,而在低、中水平的砷暴露中没有发现明显关联。

二、环境砷污染剂量-效应关系评估

出于对砷远期危害的考虑,特别是人群资料证实砷不仅与皮肤癌有关,而且与膀胱、肾、肝、肺等多种器官肿瘤有关,因此砷暴露的风险评估一直是当前研究的重点和难点。在风险评估中,剂量-效应关系评估是其中的关键环节,而砷的剂量-效应关系模式目前尚存在争议。以往研究多采用无阈线性外推模式来评定砷的剂量-效应关系,该模式假定砷从零剂量开始即可能对机体产生影响。来自中国台湾地区的砷暴露剂量-效应关系资料显示,即使在饮水中砷浓度为50 μg/L的标准下,个体终生暴露致癌风险概率依然高达千分之一(远远高出公众可接受标准,即百万分之一)。因此,学者建议将饮水中砷标准改为10 μg/L,甚至更低。但是,也有证据表明,砷暴露对健康的影响并非按线性模式变化,而是有可能遵从有阈或非线性剂量-效应模式。一方面表现在动物和人的实验均提示砷可能具有某些生理功能,另一方面一些分子毒理学的研究和人群代谢资料均对无阈线性模式提出质疑。

虽然目前无法明确砷的剂量-效应模式,但正是在对砷暴露进行风险评估过程中暴露出关键性数据的缺乏,从而为今后的研究指明方向。考虑到饮水的安全性,各国均在饮水砷标准限值调整上作出努力。人群研究证实,即使饮水砷浓度控制在最大污染水平(Maximum contamination level,MCL)50 μg/L,长期暴露人群依然存在较高的砷致癌风险。为此,多个国家开始将饮水砷的MCL限值从50 μg/L进行下调。加拿大提出了25 μg/L的过渡性标准,日本、欧洲一些国家下调至10 μg/L,美国环保局(EPA)经过研究与综合分析,也决定将饮水砷卫生标准从50 μg/L修订为10 μg/L,我国目前则结合国情分阶段进行,当前修订颁布的砷卫生标准城市集中供水为10 μg/L,农村分散供水依然为50 μg/L。目前,究竟砷暴露多高浓度或接触多长时间或伴随何种条件及受哪些因素影响下才能引起机体发病,依然是国内外学者研究的焦点。因此迫切需要对低剂量(0～50 μg/L)砷暴露与健康效应的关系进行研究。来自比利时的研究表明,低砷暴露(空气中无机砷0.3 $\mu g/m^3$;水中20～50 μg/L)时,对肿瘤发生率没有明显影响。由于人群研究影响因素较多,低浓度砷暴露单一指标的亚临床变化有时难以确认为砷毒性效应。因此阐明这一问题,不仅对消除人们对砷诱发癌症的恐惧,而且对国家采取切实有效和经济的砷暴露防控措施具有理论和实践的重大意义。目前,包括我国在内的世界各国学者都在关注和进行相关研究。

三、环境砷污染暴露评估

作为健康风险评估的一个主要步骤,暴露评估起着至关重要的作用。它不仅要给出个体或群体砷暴露的准确估计值,而且要提供砷暴露的特征,如砷暴露的时间、方式和频度等,以用于后续砷暴露风险特征分析。图9-1列出了目前暴露评估的常用方法,这些方法对于砷暴露健康风险评估具有重要的指导作用。对不同介质(大气、水体和燃煤)中砷的暴露评估已有一些报道,尤其近年来在砷暴露危害识别、数学模型模拟和剂量重建方法等方面的进展使得砷暴露评估的科学性有了大幅度提升。

近年来PBPK模型的应用在砷暴露健康风险评估中发挥了重要作用。1996年,Mann等采用口服、静脉注射和气管滴注等方法率先构建了仓鼠和家兔的无机砷暴露PBPK评估模型,通过该模型得到了三价砷、五价砷、一甲基砷酸和二甲基砷酸四种代谢产物在组织和尿液中的分布水平。另通过该模型结合组织、器官对砷的亲和度设置了肝脏、肾脏、肺脏、皮肤、其他组织器官五个隔室,并通过体重换算得到相

应生理参数。当机体某些生理参数(如组织吸收率、亲和度、代谢速率等)缺乏时,可通过 PBPK 模型拟合进行估计,可较准确地预测砷代谢产物的排泄速率。随后 Mann 又对模型中的体重、吸收率和代谢速率等参数进行了校正,并外推到人群,对上述四种代谢产物在人体内吸收、分布、代谢和排泄拟合效果良好。EI-Masri et al(2008)在人体中构建了 PBPK 模型,用于推断经口摄入无机砷(如砷酸盐、亚砷酸盐、含砷农药等)后,组织、尿液中砷及其代谢产物的浓度。该模型包括无机砷(三价砷、五价砷)和其代谢产物(一甲基砷酸、二甲基砷酸)两个亚模型,每个亚模型均采用流量极限隔室的方法来构建。模型中的组织、器官选定依据基于砷化物的理化性质、暴露途径、靶组织和代谢位点,能够更为客观地估计人体砷暴露潜在的健康风险。

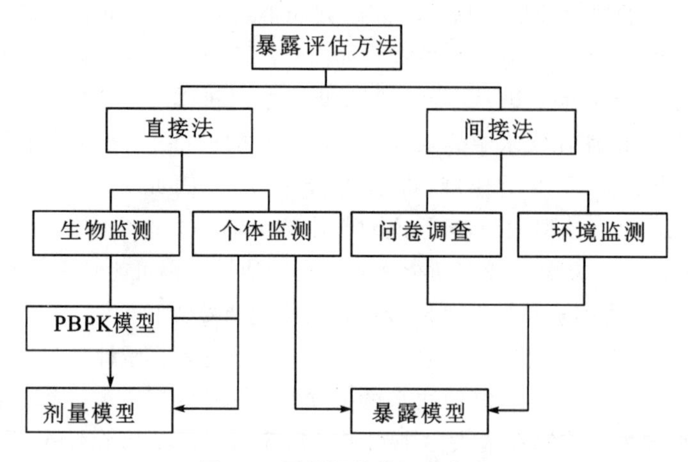

图 9-1 暴露评估的不同方法

在进行砷污染暴露评估中要充分考虑各种影响因素对评估过程的影响。图 9-2 展示了从砷暴露开始到出现亚临床症状或有害作用的具体过程,同时提示了该过程重要的影响因素,即暴露剂量、暴露时间、暴露频率、个体易感性、性别、年龄、营养状况、行为习惯及多种化学物联合暴露等因素,这些因素均会对砷暴露结局产生明显影响。

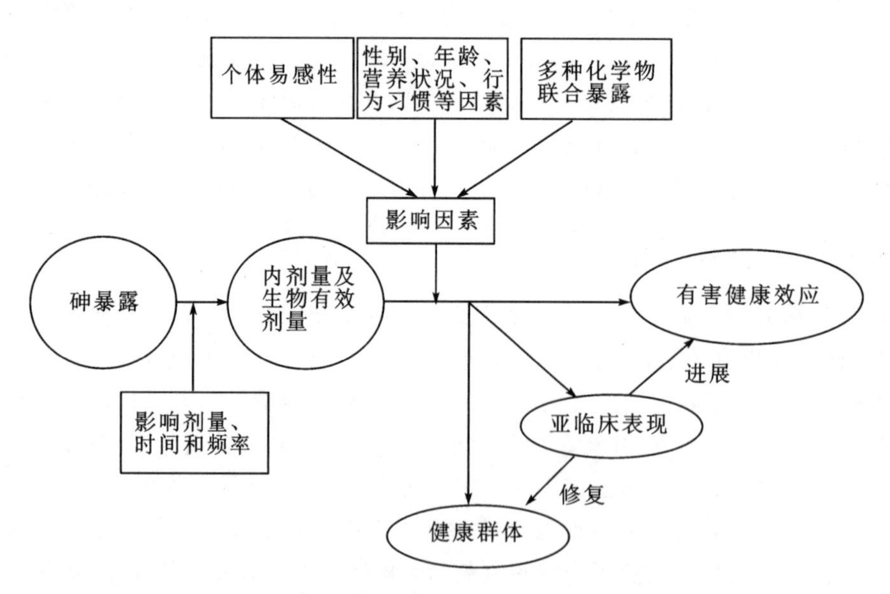

图 9-2 从砷暴露到发病的过程及影响因素

在砷暴露量估算方面，美国EPA给出的经口砷暴露参考剂量(RfD)为0.000 3 mg/(kg·d)，相当于70 kg体重的个体每天饮用2 L含砷0.01 mg/L的水所摄入砷总量。该参考剂量的提出是基于中国台湾砷暴露地区人群研究的结果，研究显示暴露于0.17 mg/L饮水砷含量的人群皮肤病变及心血管疾病的发生风险明显高于暴露于0.009 mg/L饮水砷的人群。进一步根据当地人群生活习惯、砷暴露频率、暴露剂量等因素而推算出的未观察到有害作用水平(NOAEL)和观察到有害作用最低水平(LOAEL)分别为0.000 8 mg/(kg·d)和0.014 mg/(kg·d)。因此，在具体推算参考剂量时，美国EPA综合考虑各种不确定因素，最终以NOAEL的近3倍为不确定系数，最终获得0.000 3 mg/(kg·d)的经口砷暴露参考剂量。目前国内外尚没有准确的经呼吸道砷暴露的参考浓度(RfC)。

四、环境砷污染风险特征分析

风险特征分析是健康风险评估的最后总结阶段。即通过综合分析前三阶段的信息，定性或定量估算砷在暴露系统或人群中引起健康损害的发生率，并阐述其伴随的不确定性及可能引起的公众健康问题。

目前国际上有关砷化物暴露健康风险参考值及相关标准主要有以下几方面。

(一)无机砷化合物

癌症斜率因子(cancer slope factors，CSF)常用以评估环境致癌物质暴露与癌症发生风险的关联性。美国EPA根据中国台湾饮水砷暴露地区大样本人群队列研究结果推断出1.5 mg/(kg·d)砷暴露量与皮肤癌发生风险的CSF，得到每0.02 μg/L饮水砷暴露的癌症发生风险概率为百万分之一。在经呼吸道暴露无机砷方面，EPA给出的结果为每0.000 2 $\mu g/m^3$空气砷暴露的癌症发生风险概率为百万分之一。每日耐受摄入量(TDI)是指一种化学物长期暴露(通常指终生暴露)而不引起健康损害效应的最高剂量。美国国家公共卫生和环境研究所研究人员通过大量实验得出长期经口或经呼吸道暴露无机砷的TDI分别为1.0 μg/(kg·d)和1.0 $\mu g/m^3$。

(二)有机砷化合物

美国EPA农药项目组基于MMA暴露后大鼠体重变化、腹泻、食物消耗、胃肠道病理组织学改变及甲状腺功能改变等指标，得到长期MMA暴露的RfD为0.03 mg/(kg·d)；基于大鼠膀胱上皮组织增殖能力改变得到长期DMA暴露的RfD为0.014 mg/(kg·d)。在有机砷暴露癌症风险特征分析方面，美国EPA农药项目组经过多项测定认为“未有明显证据证明MMA和DMA暴露具有致癌性”。而最近IARC则将MMA和DMA暴露认定为“具有潜在致癌风险的化学物”。

(三)气体砷化物

1994年美国EPA综合风险信息系统(IRIS)结合气体砷暴露动物模型中溶血效应及脾脏变化情况得出长期吸入气体砷化合物的风险参考浓度为0.05 $\mu g/m^3$。WHO基于气体砷暴露对动物血液学指标的影响给出的气体砷化物暴露健康风险指导标准为0.05 $\mu g/m^3$。2008年，美国加利福尼亚州环境保护署(Cal EPA)给出急性和慢性气体砷化物暴露健康风险参考值分别为0.2 $\mu g/m^3$和0.015 $\mu g/m^3$。

(王大朋　张爱华)

第三节　变异性和不确定性

一、变异性与不确定性概述

风险评估过程中存在着大量不准确性，并贯穿于风险评估的各个阶段。如在危害识别与剂量-效应关

系评估过程中，将动物实验结果外推到人时，存在实验动物资料向人外推、高剂量向低剂量外推、毒代动力学和毒效动力学资料不足等多种不准确性；在用人群实验结果进行风险评估时，存在人群个体敏感性差异、毒物的联合作用及各种混杂因素干扰等不准确性。在暴露评估阶段，暴露途径的多样性、生命不同阶段暴露化学物的数量与种类的不同、混合暴露等给暴露总量的估测带来的不准确性等。

风险评估的不准确性来源有两种类型，包括变异性（天然的不一致性，人群的固有属性）和不确定性。不确定性使决策者判断暴露人口每个成员危险时可能高估或低估，而变异性使其如何应对确定性，即不同个体可能遭受高于或低于任何一个选择的参考点的危险。风险评估变异性是指一些个体由于暴露、剂量-效应关系或两者兼有的不同，比其他人有较高的危险性或较低的危险性。

在砷暴露健康风险评估变异性讨论方面，个体差异可导致风险评估的变异性。由于在遗传学、新陈代谢、饮食、健康状况及性别等方面存在差异，机体对无机砷的易感性呈现多样化。通过不同的统计模型进行危险度评价，可提供一些影响评估模型的线索，统计模型分析在评价低剂量暴露致癌危险性方面具有重要作用，但目前尚缺乏对人群砷暴露健康风险评估变异性影响进行量化的相关报道。在砷暴露的多数流行病学研究中，个体砷暴露的生物学标志还没有得到广泛使用，因此对饮水型砷中毒，必须假设获得饮用水的消耗量及其来源才能对暴露进行评估，而这些假设增加了风险评估的不确定性。在智利和阿根廷的研究中发现砷暴露与癌症（肺和膀胱）之间存在类似的联系，因此，在随后进行的风险评估中已减少了存在不确定性研究数据的使用。不同人群间砷摄入剂量的不同亦影响砷暴露人群的风险评估及其外推。

二、变异性来源

（一）砷暴露水平的不同

不同的个体或群体暴露于不同水平的砷，可以在风险评估中估算出某一特定人群的变异性。不同个体通过各种途径（包括饮水、燃煤污染、食物等）暴露于砷后，许多因素包括饮水中砷总量不同、个体总摄入量及物理因素（如性别、年龄和体重等）均影响实际砷暴露含量。因为不同的自然本底水平和人类活动原因，环境砷浓度对暴露的影响并不仅仅来自于饮水和其他各不相同的区域砷浓度，个人的食物偏好亦会影响砷的摄入量。虽然现在侧重于饮水砷暴露的健康风险评估，但当利用现有的流行病学数据解释剂量-效应模型时，重要的是要考虑影响各种砷暴露来源的其他因素。

（二）人群变异性

在某一个特定人群中，某些个体或亚群对毒物毒作用更加易感，或者因为他们处于高暴露水平，或者因为他们确实对毒物更敏感。已有研究表明，利用 PBPK 模型探讨人群间药物代谢动力学变异性时，其平均水平与易感个体间的差异为 3 倍。此外，基于基准剂量（BMD）分析发现，不同个体间引起基因改变的三价砷暴露 BMDLs 范围在 0.1～0.6 μM，而五价砷暴露 BMDLs 范围则在 0.35～1.7 μM。当采用该范围的一半进行砷暴露药效动力学（PD）暴露估算时，其平均水平与易感个体间的差异同样为 3 倍。

在进行砷暴露剂量反应关系评估时，个体间的变异性往往对评估结果存在很大影响。如图 9-3 所示，虚线为美国 EPA 目前所采用的砷暴露与癌症发生风险的线性剂量反应关系模型，加粗的曲线则为整合人群流行病学及毒理学资料后得出的更为合理的群体砷暴露与癌症发生风险的非线性平均水平。而由于个体间的变异性，敏感个体与非敏感个体对于砷暴露后癌症发生风险则大有不同，如图 9-3 常规曲线所示，两类人群对相同砷暴露水平的癌症发生风险的大小可呈现数量级的差异。

（三）砷代谢差异

某一特定人群的一部分或亚群由于砷代谢的差别可能或多或少对砷毒作用更易感，特别是在哺乳动

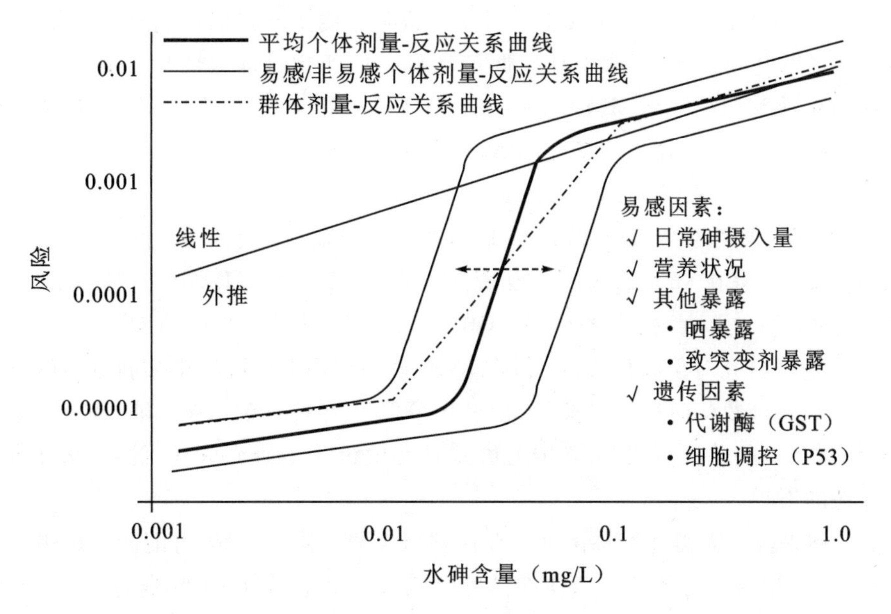

图 9-3 砷暴露水平与癌症发生风险剂量-效应关系评估的人群变异性

（图片来源：States J C. 23. Considerations for a Biologically Based Risk Assessment for Arsenic[M]. John Wiley & Sons, Inc, 2015.）

物种类、人群和个体之间砷甲基化存在显著差异。砷甲基化价态和程度均可影响其毒性。无机砷甲基化主要产物 MMA^{5+} 和 DMA^{5+} 很容易从尿液排出体外。因此，更有效的甲基化特别是 DMA^{5+} 意味着砷全部迅速排泄。但是，砷甲基化不完全是解毒过程。As^{5+} 最初还原为 As^{3+} 反而增加其在组织中的毒性，MMA^{3+} 与细胞主要成分尤其是巯基有很高的反应性，比 As^{3+} 表现出更大的毒性。因此，砷代谢差异可能与砷毒性易感性差异有关。代谢的差异程度可能会影响个体砷暴露的癌症易感性或系统毒性，该差异程度是一个重要的不确定因素。

由于砷甲基化形式很容易从尿液排出体外，砷甲基化效率的评价一般是基于尿中发现不同代谢产物的相对含量。但目前没有数据表明尿中 MMA^{3+} 浓度或 DMA^{3+} 浓度与其组织浓度及构成之间的关联。这些具有高反应活性的代谢产物在细胞内积聚，而 DMA^{5+} 是砷从细胞排出体外的主要形式。因此，尿液中 MMA^{3+} 和 DMA^{3+} 浓度都不太可能反映这些代谢产物在组织中的构成。不过，MMA^{3+} 已在人尿液中被检测出，但 MMA^{5+} 还原成 MMA^{3+} 的位点还不清楚。由于 MMA^{3+} 由 MMA^{5+} 还原而来，组织中 MMA^{3+} 浓度似乎可能增加 MMA 总量，从而增加尿液中 MMA 总量。

1. 砷代谢人群差异 各种人群砷暴露后尿中砷代谢产物的平均比例很一致，即无机砷 10%～30%，MMA 10%～20%（一般低于无机砷比例），DMA 60%～70%。但是也有例外，如阿根廷和智利北方土著人的尿液中 MMA 非常少，某些个例的 MMA 只有几个百分点。Del Razo 等发现墨西哥 Lagunera 地区的儿童饮水中砷含量达 100～1 250 μg/L，但 40%的儿童尿中 MMA 比例低于 10%，20%的儿童尿中 MMA 比例不到 5%。相反，中国台湾西南地区的研究却发现尿中 MMA（通常是 20%～30%）含量高于无机砷含量；中国台湾东北地区的人群饮水砷暴露浓度达到 3 000 μg/L，其尿中 MMA 比例为 27%，无机砷仅占尿砷代谢产物的 12%。由于摄入高剂量砷可能抑制第二步甲基化过程（即 MMA 还原为 DMA），MMA 浓度增加的部分原因可能是砷暴露浓度高导致的。来自中国台湾西南地区另一项研究发现，人们不再饮用含高砷的自流井水，尿中 MMA 平均为 21%。来自同一地区的皮肤癌患者尿中 MMA 为 31%，11%是无机砷；对照组中 MMA 是 23%，11%是无机砷；尿中无机砷的平均百分比低于 MMA 百分比的一半。尿总砷浓度低于 100 μg/L 时 MMA 比例未受明显影响。

人群研究中，尿中DMA含量比MMA变化较少。人们暴露于不足以抑制砷甲基化过程的砷浓度时，尿中砷代谢产物60%以上是DMA。尿中砷代谢产物形式的变化可能表明砷甲基化调节酶的遗传多态性。特别是某些人还原MMA^{5+}为MMA^{3+}和随后MMA^{3+}甲基化为DMA^{3+}的过程缓慢，造成尿中MMA浓度升高。尿MMA浓度高也可能是MMA结合载体蛋白亲和力低或细胞更有效率排泄MMA的结果。

对孟加拉国饮水砷平均浓度为33～248 μg/L的四个群体研究表明，随砷暴露浓度增加，尿MMA^{3+}和DMA^{3+}浓度也增加，但只在42%的人尿中发现MMA^{3+}，72%发现DMA^{3+}；MMA^{3+}平均浓度为3～30 μg/L，DMA^{3+}为8～64 μg/L。相比之下，在中国内蒙古饮水砷暴露浓度约500 μg/L和智利北部砷暴露浓度约600 μg/L地区研究对象服用2,3-二巯基丙烷磺酸(DMPS)后尿中才排泄MMA^{3+}。应指出的是，三价砷代谢产物在尿液收集时很容易被氧化，氧化可能导致尿中MMA^{3+}和DMA^{3+}检测值降低。这可解释大量研究结果的一些差异。因此，确定人群差异必须进一步研究取样、储存、分析尿中MMA^{3+}和DMA^{3+}浓度时存在的影响。

2. 砷代谢个体间差异 人类砷甲基化过程存在相当大的个体间差异，可能涉及砷甲基化的酶活性差异。人类肝细胞无机砷甲基化需要四个供体的体外研究表明每小时每10^6细胞对3～6 pmol的砷甲基化存在差异。尿中MMA和DMA相对含量也存在个体间差异。阿根廷妇女暴露于饮水砷后，其尿中砷代谢产物分布在一星期内基本稳定，表明个体无机砷甲基化在一段时间内是相对恒定的。因此，单个时间点采集的尿样，其研究结果尚不能解释个体间差异。

三、不确定性来源

(一)剂量和模型的不确定性

砷暴露和健康损害作用之间的关系可以通过比较不同的剂量范围进行计算，包括砷累积剂量、终身日均摄入量、砷暴露峰值及多种不同统计学模型的使用。剂量和模型的使用能影响风险评估的计算，风险评估或多或少存在不确定性，其依赖于用剂量如何准确测定出暴露水平及如何使剂量更接近观察终点(如癌症)。在风险影响评估中，美国EPA(2000)指出：某些情况下，如果从短期暴露方式到长期暴露方式来评估毒性，增加日摄入量能较好地反映儿童非致癌效应。然而，致癌效应(如膀胱癌)可用终身暴露来估算，其中需考虑到儿童剂量的增加。剂量反应模型反映了终身暴露(从童年到成年)，可预期终身致癌风险，但该模型是否恰当目前尚存在不确定性。与短期高剂量暴露比较，对于相对低剂量长期暴露作用的了解比较少，这些数据的缺乏是砷暴露健康风险评估中不确定性的主要来源。当用动物实验数据外推至人群研究来选择合适的剂量反应模型和剂量时就增加了不确定性。

目前，砷作用方式和砷暴露致癌作用最相关的剂量还不清楚。剂量影响着流行病学研究结果的解释，由于使用不适当的剂量研究使砷与癌症之间缺乏联系。例如，如果暴露持续时间和剂量对砷诱发癌症都重要，那么累积暴露可能与癌症相关，而峰值暴露则可能与癌症不相关。对于流行病学研究结果的解释和比较不同的研究必须考虑到复杂的剂量问题，因此，剂量的选择也给砷健康风险评估增添了不确定性。

(二)食物砷暴露的不确定性

1. 不同食物砷暴露情况的影响 对于砷暴露人群，除了调整假定的高暴露剂量，还应调整膳食砷摄入量，因为饮食也是砷暴露的重要来源。在生态流行病学研究中观测到的剂量-效应数据必须考虑饮食因素，其有助于计算总砷摄入量，并估计人群从食物摄入砷量占砷总摄入量的比例，食物砷是不确定性的一个重要来源。

调查发现，对于人群食物砷摄入量，总砷浓度最高是海鲜（从淡水鱼 160 mg/kg 到深水鱼 2 360 mg/kg），但海鲜中无机砷含量较低，平均为 1～2 mg/kg；大米中无机砷含量最高（74 mg/kg），其次是面粉（11 mg/kg）、葡萄汁（9 mg/kg）、熟菠菜（6 mg/kg）。因此，就无机砷摄入量而言，膳食中谷类和农产品所占比例较大。但是，目前关于不同个体和群体消耗食物中砷水平和品种的研究资料相对较少，其食物中砷的作用仍不确定。虽然有研究用较明确的数据估算美国人群总砷暴露与健康风险，但由于饮食、生活习惯及人种差异，对其他地区如中国台湾地区暴露人群食物中砷摄入量并不适用。这些数据都需要合适的剂量反应模型来计算总砷摄入量。而且对于未加工食品中砷的生物利用度和加工食品中砷的生物利用度，如从烹饪水进入大米中，并没有较明确的研究报道。

在分析砷的数据资料时要考虑通过饮食摄入的潜在影响，因为暴露程度的准确测量决定暴露与结果之间的关联强度。暴露误差的存在往往导致风险评估的无效，虽然食物对癌症发病率影响的偏倚程度仍然有争论，但饮食对砷流行病学研究的影响却是可能的。饮食和营养的 3 种方式可能会影响砷暴露与健康危害（包括癌症）之间的关系：①混杂饮食；②低质量饮食所致易感性增强；③由于不同的饮食习惯，难以用某一地区调查结果外推到其他群体。

虽然大多数砷与癌症的流行病学研究中饮食残留无法估算，但是在其他研究比如动物实验中已被测量，而且并不与其他已测量的暴露因素相混淆。尽管如此，由于没有明确证据证明砷诱发癌变的分子机制，仍然存在不可测量却能产生轻微影响的混杂因素。除了混杂因素之外，因素之间的交互作用或作用改变也可能使暴露与结果之间的关联增强。例如，吸烟者患某特定疾病的危险性可能增加 4 倍，暴露于辐射中患病危险性可增加一倍。如果吸烟并同时暴露于辐射，则患病危险性增加 20 倍，这表明存在暴露和其他因素的交互作用。

2. 不同营养状况的影响 对砷暴露而言，营养缺乏可导致交互作用或作用改变，进而增加健康危害易感性。来自印度和孟加拉西部的研究表明，高砷饮水暴露人群中，体重低于标准体重 80%的人的角化症患病率为正常人的 1.6 倍。在中国台湾西南部 241 例乌脚病病例对照研究中，乌脚病的发生与饮用自流井水量、砷中毒、家族乌脚病史和营养不良等均显著相关。Hsueh 等报道，在以干甜薯为主食的人群中，砷致皮肤癌患病率随干甜薯的消耗量增加而增加，慢性肝病（即慢性乙肝抗原携带并肝功能不全者）也增加砷致皮肤癌患病率。这些研究数据支持了较早认为营养不良可能增加砷易感性的观点。

智利北部、中国台湾地区及印度西孟加拉邦进行砷暴露与皮肤病变人群流行病学研究均认为营养不良不是砷毒性的主要影响因素。这些地区的饮用水砷浓度相近，但是智利的研究人群有良好的营养状况，而其他地区则普遍营养不良，不同国家和地区人群砷暴露与皮肤病变发生风险呈现明显差别。这些数据表明，个体营养状况可能会影响砷暴露引起健康效应的风险。

此外，一些学者对特殊的营养状况是否与增加砷诱发癌症易感性有关进行了研究。在乌脚病流行的中国台湾西南部地区，发现皮肤癌患者与对照组相比血清 β-胡萝卜素浓度显著降低。皮肤癌比值比（OR）随血清 β-胡萝卜素浓度上升而下降，当血清 β-胡萝卜素浓度≤0.14 mg/L、0.15～0.18 mg/L 和>0.18 mg/L时皮肤癌 OR 值分别为 1.0、0.43（95%CI=0.06～2.85）和 0.01（95% CI=0.00～0.37）。持续饮用高浓度砷自流井水和低浓度血清 β-胡萝卜素对缺血性心脏病发病起协同作用。

硒是砷毒性的影响因素之一，动物研究数据表明，相对高剂量的硒可影响砷的代谢。用含各种相对高剂量的硒食物喂饲小鼠研究表明，硒缺乏的小鼠与硒充足的小鼠比较，前者单剂量亚砷酸盐、砷酸盐或 DMA 经口染毒后砷的排泄减慢。小鼠摄入过量的硒食物后无机砷甲基化减少。同样，用原代大鼠肝细胞进行体外研究，发现 0.1～6 μmol 亚硒酸暴露能抑制砷甲基化过程，即 MMA 转化为 DMA 容易被硒抑制，用硒处理后，MMA 转化为 DMA 的效率明显降低。

砷作用的可能机制涉及砷对 DNA 修复的影响，低叶酸摄入可能会增加砷致癌易感性。叶酸和维生

素B_{12}缺乏可能导致s-腺苷甲基转移酶(SAM)水平下降、血清同型半胱氨酸水平增高,并可发生低甲基化。叶酸可保护SWVIFnn小鼠胚胎成纤维细胞免受砷和DMA的细胞毒性,而叶酸对与砷相关的生长抑制影响小。然而,叶酸和其他微量营养素缺乏可增加砷易感性。

(三)其他不确定性

目前还没有与砷相关的不同类型疾病潜伏期变异性的研究。这些变异可能来自暴露水平、暴露期限、暴露年龄、易感性或其他未知的危险因素。

砷暴露健康风险评估过程中不能排除遗传学、生活方式导致的差异性(例如吸烟、饮食和烹饪习惯),在解释风险差异性时还要考虑其他环境因素的暴露情况。有调查认为砷暴露与吸烟对癌症的发生有交互作用。Bates等利用病例一对照研究饮用水砷暴露和膀胱癌之间的关系,发现只有在吸烟者存在正相关。Ferreccio和Tsuda等研究发现砷摄入和吸烟在致肺癌危险性中两者存在协同效应。在定量风险评估解释这种可能效应之前需要进一步证实砷摄入与吸烟对癌症发生存在交互作用。

(王大朋　张爱华)

第四节　砷的检测与分析方法

一、常见样品的采集方法

(一)水样采集

1. 不同水源采集的基本要求　水样采集的要求根据研究项目而有所不同,在采样前应对水文、地质、污染来源、污染排放规律等影响因素进行调查,制定合理可行的采样规则。不同水源有不同的采集方法和要求。

(1)水源水采集。采样点通常应该选择汲水处;采集井水、河水、湖水、水库水等最好在水面下20～50 cm处取样,防止水面杂物或泥沙进入瓶内;采集自喷的泉水可在涌口处直接采样,采集不自喷的泉水应将停滞在抽水管中的水汲出,新水更替后再进行采样;采集井水应充分抽汲,将积留在管道内的陈旧水排出。

(2)出厂水采集。采样点应设在出厂水进入输送管道之前,且应在新水更替后再进行采样。

(3)末梢水采集。采样点应设在管网(用户),取样时应打开龙头数分钟以冲去滞留于水管中的杂质及陈旧水样后再采样。

2. 水样采集注意事项

(1)水样采集常用无色硬质玻璃瓶或聚乙烯塑料瓶,采样瓶需用重铬酸钾洗液或10%硝酸浸泡过夜并用去离子水清洗干净,以去除金属污染;采样前用水样清洗采样瓶及瓶塞或瓶盖3次。

(2)根据分析项目及所要求的精确度确定采集水样的体积,若仅进行总砷的单项分析取100 mL即可,若进行砷形态、价态等多项分析取1～2 L或更多。

(3)在采样瓶上编好号并填好采样记录单(包括采样日期、采样地点、气温、水温、采样者等)。

3. 水样的保存　水样中无机砷的价态不稳定,As^{3+}易转变为As^{5+},因此采集后原则上应尽快测定;难以尽快测定的样本,可在水样中加入优质浓硫酸或盐酸,使水样pH值<2,并置于−20℃保存,以防止砷离子水解沉淀,并避免其被器壁吸附,且保存期应尽可能缩短,从采样到分析的间隔时间越短,结果越可靠。

(二)土壤样品采集

1. 土壤采集的基本方法　土壤中的砷含量存在空间分布的不均一性,因此应采用多点采样、均匀混

合的方法。在了解污染源、污染方式及污染历史和现状的基础上，全面考虑土壤的类型、成土母质、地形、天然植被或农作物等情况安排采样点。

采样方法一般有以下几种：①对角线采样法，适宜于污水灌溉地块，在对角线各等分中央点采样；②梅花形采样法，适宜于面积不大、地形平坦、土壤均匀的地块；③棋盘式采样法，适宜于中等面积、地势平坦、地形基本完整、土壤不太均匀的地块；④蛇形采样法，适宜于面积较小地形不太平坦、土壤不够均匀、须取采样点较多的地块。一般采耕层 0～20 cm，采集时每个采样点采样 1 kg 左右，将所采集的样本集中起来混合均匀，反复按四分法缩分，最后取混合样 1～2 kg。

2. 土壤采样及保存注意事项

(1)避免采用金属器具采样，防止污染。

(2)避免在田边、路边、肥堆、树木下采样。

(3)做好采样记录，在样袋上系好采样单，标明采样编号、名称、采样深度、采样地点、日期、采集人。

(4)样品应干燥、避光、室温保存。

(三)空气样品采集

1. 空气样品采集基本方法

(1)采样方式。根据不同测定要求确定采样方式，如测定日平均浓度可用 24 h 连续采样法；测日最高污染浓度则应在污染最严重时做一次性定时采样。

(2)采样时间。在一次性采样时，采样时间长短依据砷污染的严重程度等条件确定，如污染严重时期采样，因空气砷含量相对较高，所用采样时间可较短，一般可以 10 L/min 的流量采样 60 分钟即可；而室外空气因砷浓度低则所采气量宜大，采样时间应较长。

2. 空气采样及保存注意事项

(1)空气采样应注意能代表人群呼吸高度带水平(一般 1～1.5 m 高度)。

(2)采样时要注意记录气温、气湿、气压，特殊情况下应注明海拔高度，以便将结果换算成标准状态下的表述形式。

(3)室内空气采样时还应注意记录房间类别、炉灶类型、采样时炉灶使用状况、采样点距炉灶距离、室内烟尘状况、采样起止时间(时、分、秒)、流速、燃煤种类和来源等。

(4)采样后，将滤膜的接尘面朝里对折 2 次，放入清洁塑料袋或纸袋内，并将样品袋放于干燥、避光、室温的环境保存。

(四)食物样品采集

1. 粮食取样 农田粮食常用梅花形法或四角中心法五点取样，混合后按四分法采集 1 kg 左右样本；库存粮食(包括煤烟烘烤粮食、辣椒等)接每批粮食不同部位或上、中、下三层进行采样，混匀后按四分法缩分采集 1 kg 左右样本。根据当地居民的饮食习惯确定各样本砷含量测定前是否需要清洗表面烟尘。

2. 蔬菜样本 取可食用部位，蒸馏水冲洗干净晾干后，称鲜重，并应尽快做去水、干燥、粉碎等预处理，并记录失水量，计算鲜/干比值。采样量一般为 1 kg 左右干重样本，新鲜样本以含 80%～90%水来计算。若蔬菜样本用于环境砷污染的监测和评估，还应采集蔬菜根茎部样本。

3. 肉、鱼类样本 由于动物肉类样本易腐败变质，故取样后必须尽快置于深低温保存，个别样本可用干燥法处理，计算鲜/干比值。采样量为 0.5 kg 左右干重样本。

样品采集结束后做好采样记录，在样袋上系好采样单。干燥处理后的食物样品应干燥、避光、室温保存。

(五)生物样品采集

人和动物体内的砷主要分布在毛发、指(趾)甲、骨骼、皮肤中,并经尿液排出,在体内循环过程中会积聚在红细胞中,与血红蛋白结合。因此尿液、毛发、指(趾)甲和全血是检测砷内负荷常用的生物样本。由于生物样本个体差异大,易受膳食成分的影响,因此采样时应注意记录被检者近期饮食(如海产品)情况及服用药物(如含砷药物)情况。

1. 尿样 尿样是判断人体内近期砷接触的一个指标,24 h 尿样或晨尿均可用于体内砷含量的检测。采样量一般 50 mL 以上。不能马上测定的尿样应按 1%的比例加入浓盐酸防腐并在−20℃以下条件保存。尿砷常被临床用于急性、亚急性砷中毒及地方性砷中毒的检测,同时也可用于驱砷治疗效果的监测。

2. 毛发、指(趾)甲 可反映砷的慢性接触情况及砷在体内的蓄积情况。毛发取枕部发样,距发根 3 cm之内的样本,大于 3 cm 的部分弃去;毛发、指(趾)甲采样量一般 2~3 g。毛发、指(趾)甲剪取后置于采样袋,做好采样记录。

3. 血样 一般采集清晨空腹外周抗凝血 5 mL,如不能立即测定,应在−20℃以下条件保存;若检测项目为血清、血浆或血细胞,应立即离心分离后−80℃保存,以免出现溶血现象。目前血砷可用于临床监测砷制剂静脉推注治疗癌症的患者血液中砷浓度的变化,以辅助医生精确控制砷制剂的给药量和给药时间;此外,在多项孕妇砷暴露对新生儿患病风险的评价研究中,新生儿脐带血砷含量常作为胎儿砷暴露的评价指标。

二、样品前处理方法

上述采集的各种样本需要经过一定的前处理,将砷及砷化合物分离提取出来后才能进行样品中总砷含量的定量等分析。在总砷含量检测的国家或行业标准方法中,干式消化法、湿式消化法和微波消解是常用的样本前处理方法。

(一)干式消化法

1. 方法简介 该方法利用氧化镁和硝酸镁与样品中的砷反应生成不挥发的焦砷酸镁,通过 550℃高温灰化去除样品中有机物质等杂质,然后利用盐酸溶解灰化后产物进行样品砷含量测定。

2. 优缺点 该方法可有效去除样本中的有机杂质,因此适用于有机物含量高的样品、油性物质(如高脂肪类食品)及不易消解样品中砷含量的测定;且操作简单,对仪器设备要求低,易推广普及。但该方法也有局限性,灰化时间较长(4~6 h),大批量样本处理受限;灰化温度较高(550℃),可能造成部分元素因为蒸发而损失;坩埚对被测组分有一定吸附作用,还有些样品可与坩埚反应生成难以用酸溶解的物质,从而测定结果和回收率偏低。因此干法消解回收率不是很稳定,建议每批样品都做加标回收试验。

(二)湿式消化法

1. 方法简介 该方法是在样品中加入氧化性强酸,加热破坏有机物,使待测的砷元素释放出来,形成不挥发的无机砷化合物,以便进行分析测定。常用的氧化性强酸消化体为硝酸高氯酸混合酸和浓硫酸。

2. 优缺点 该方法所用的试剂即氧化性强酸均有高纯度的商业化产品,方法设备普及,实用性强;消化体系基体成分比较简单,可避免复杂化合物对检测的干扰;实验过程中只要控制好消化温度,大部分元素一般很少或几乎没有损失。

但是湿式消化法也有一定缺陷,如消化过程需要实时控制反应温度和时间,且样品氧化时间较长(约 1 h 左右),不适用于大样本的处理;样品消化使用的硝酸、高氯酸、过氧化氢、硫酸都具有腐蚀性,在消化过程中会产生大量有毒气体;消化使用的浓酸会干扰仪器对样品的检测,因此消解结束后需要排酸。

(三)微波消解法

1. 方法简介 该方法是利用微波的穿透性和激活反应能力加热密闭容器内的样本和一定量的酸溶液,达到使样品有机物质分解的目的。常用的酸溶液为浓硝酸。

2. 优缺点 加热速度快且均匀,大大提高了样本反应速率,缩短了样本前处理时间;可通过控制反应条件,提高制样的准确度与精密度;与传统的湿式消化法比较,有省时、酸耗量少、分解完全、污染轻的优势;与干式消化法比较,具有消化更快速,能耗率低,砷无挥发损失的优点。

以上3种方法均利用氧化性浓酸结合高温加热的方法来释放样品中的砷元素,但这样的方式会造成样品中有机砷形态的破坏和无机砷价态的改变,因此其仅适用于样品中总砷的测定。用于砷价态、形态检测的样品根据样品的性质、样品中砷的主要赋存状态及检测分析仪器选择不同的处理方法,常用的有萃取提取、振摇提取、超声提取、离心提取等。

三、样品中砷的检测及分析方法

(一)总砷含量的分析方法

总砷含量的测定方法很多,比较常用的有银盐法(DDC-Ag法)、新银盐法、氢化物发生原子吸收法、氢化物发生——原子荧光法、电感耦合等离子体原子发射光谱法、中子活化分析法、X射线荧光分析法等。下面就常用的总砷测定方法作一简介。

1. 银盐法 又称二乙氨基二硫代甲酸银分光光度法或DDC-Ag法。本方法是在碘化钾和氯化亚锡存在下,用锌或硼氢化钾将砷还原成砷化氢气体,以乙酸铅棉花除去硫化氢后,经二乙氨基二硫代甲酸银-三乙醇胺-三氯甲烷吸收液吸收,生成棕色胶状银,在波长520 nm处测吸收液的吸光度,比色定量。DDC-Ag法作为经典方法,具有仪器设备简单、方法易于推广、精密度和准确度较高等特点,检出限为0.01～0.05 mg/L,是国内外分析微量砷的标准方法。用于测定总砷的含量。其缺点为吸收液为有毒的易挥发的有机液三氯甲烷,易污染环境;测定易受外界条件(譬如温度、酸度、催化剂锌粒大小等)影响,检测误差较大。

为进一步提高检测灵敏度和安全性,新银盐分光光度法(硝酸银分光光度法)被提出。该方法采用硝酸-硝酸银-聚乙烯醇-乙醇为吸收液,砷化氢将吸收液中的银离子还原成单质胶态银,使溶液呈黄色,其颜色强度与生成氢化物的量成正比。该黄色溶液对400 nm光有最大吸收。以空白吸收液为参比,标准曲线法定量。与DDC-Ag法相比,其试验试剂更为安全;且银盐法为部分银胶粒对光的吸收,而新银盐法的吸光度几乎是全部银胶粒子的光吸收,因而灵敏度提高。

2. 原子吸收光谱法(atomic absorption spectroscopy, AAS) 其基本原理是由载气(氩气或高纯氮)将被测样品载入原子化器中进行原子化,将待测砷元素分解形成气态基态原子;利用砷的空心阴极灯发射特定波长的入射光,样品中砷元素的基态原子蒸汽对其产生共振吸收,吸收强度与含量成正比;通过测定特定吸收波长的光量大小,用外标法按峰高或峰面积可直接对砷进行定量。

AAS法测定砷含量简便快速、选择性和灵敏度高,检出限为0.04 μg/L,谱线简单,不易受激发条件影响,是痕量和超痕量元素分析的重要手段之一。但由于光谱、电离、基体、化学和背景吸收等各种因素的存在,易造成增感或降感干扰效应,金属元素和某些酸的存在对测定有一定干扰。随着检测技术的不断革新,AAS常和分离与富集技术联用,来消除干扰和提高灵敏度。如将AAS法与氢化物发生技术(hydride generation)结合形成氢化物原子吸收光谱(hydride generation atomic absorption spectrometry, HGAAS),借助载气流将该氢化物导入分析系统,与基体成分分离,消除光谱干扰,同时实现待测元素的富集,提高灵敏度。

3. 氢化发生原子荧光光谱法(hydride generation atomic fluorescence spectrometry,HG-AFS) 其基本原理是样品中的砷化物首先在氢化发生器中被硼氢化钾还原成气态砷化氢,由氩气载入石英原子化器中分解为原子砷,以砷空心阴极灯作激发光源,使砷原子发出荧光,在一定条件下,共振荧光强度与样品中砷元素浓度成正比。据此可根据产生特征荧光的波长和强度进行定性定量分析。

HG-AFS法光路简单,产生较少的散射和基体效应,光损失少,灵敏度高,其检出限为0.03 μg/L;谱线简单,干扰少,线性范围宽,方法准确可靠,是目前国内普及率较高的测定方法之一,适应各类样品中总砷含量的测定,我国《食品中总砷及无机砷的测定》(GB/T 5009.11—2014)、《尿中砷的测定氢化物发生原子荧光法》(WS/T 474—2015)等标准中将其作为检测样品总砷含量的主要方法。此外该方法也可用于砷价态和化学形态的检测。但由于目前技术的限制,该方法在大样本持续检测过程中会出现零点不稳、标准曲线线性不佳的情况,因此在检测过程中需注意实时进行校正。

4. 电感耦合等离子体质谱法(inductively coupled plasma mass spectrometry,ICP-MS) 本法利用电感耦合等离子体(ICP)作为激发光源,将酸化后样品经雾化由载气送入ICP中,经过蒸发、解离、原子化和离子化等过程,转化为带电荷的离子,经离子采集系统进入质谱,质谱根据质荷比对样品中的砷进行分离,对于特定的质荷比,质谱信号强度与进入质谱仪的离子数成正比。因此根据砷元素具有的特定质荷比及其质谱信号强度进行定性与定量分析。

ICP-MS法干扰较光谱技术少;线性范围更宽,可达7～9个数量级;有更高的灵敏度和更低的检测限(0.002 μg /L);测定精密度高,可达0.1%;样品的制备和引入相对于其他技术简单。且ICP-MS可同时快速检测多种元素,在几分钟内完成几十个元素的定量测定,为分析砷与其他元素的联合暴露提供了更高效的检测手段。因此ICP-MS成为现阶段国内外总砷测定较常用的方法,但由于检测设备昂贵,普及程度较低。

(二)砷的价态和化学形态检测方法

砷暴露对健康的危害不仅与砷暴露量有关,砷的价态和化学形态也会影响砷的毒作用。准确分析环境和生物样本中砷的价态和形态,对更准确地评估砷对环境和人类的危害、更深入认识砷暴露相关疾病的发病机制有重要的意义。痕量砷的形态分析除了要求分析方法有足够高的灵敏度外,最关键的步骤就是分离与富集。近年来各种联用技术在砷及其化合物的检测和形态分析方面取得了较大进展,在各类联用技术中,一个最重要的发展方向就是将高效率的分离富集手段与各种选择性强、灵敏度高的元素特征检测器联用进行定量检测。目前对砷形态的分离及检测方法主要有以下几种。

1. 氢化物发生法 氢化物发生技术(hydride generation,HG)是利用硼氢化钠或硼氢化钾可在不同酸性条件下选择性地将各种形态砷还原为挥发性砷氢化物的性质,来实现对不同形态砷分离与富集的目的。近年来,许多报道是将氢化物发生技术与原子荧光光谱、原子吸收光谱、电感耦合等离子体发射光谱及质谱等联用进行砷的形态分析。

氢化物发生技术的主要优点:①将砷元素与样品基体分离,消除了基体干扰;②与溶剂萃取法相比,能将分析元素充分预富集,提高检测灵敏度;③不同价态元素氢化物生成条件不同,利用这一特点可对不同价态砷进行选择测定;④连续氢化物发生装置易实现自动化。值得注意的是:溶液中其他可形成氢化物的元素可能对结果产生干扰;进行价态分析时,必须严格控制反应介质中的pH值和试液浓度,以免使被测元素氢化物发生效率降低。

2. 液氮冷阱冷却捕集法 该方法是在强酸性条件下(pH值1～2),用硼氢化钠将各种砷化合物全部还原为砷化氢及其衍生物,这些还原产物有各自不同的沸点,将还原产物以液氮冷阱冷却捕集后控制升温至各种产物的沸点,分级分溜砷化氢及其衍生物,然后与原子发射光谱联用检测样品中砷的形态及价态。该方法主要用于区分三价砷、五价砷、甲基砷酸和二甲基砷酸,检测限值为0.3 μg/L。

3. 高效液相色谱法　通过高效液相可分离三价砷、五价砷、甲基砷酸、二甲基砷酸和砷甜菜碱等六种砷化合物，并通过联用ICP-MS进行测定。二者联用具有分离效果好、灵敏度高(检测限为10～30 pg)、分析速度快、自动化程度高、耗样量少、线性范围宽等优点，是目前国际上各实验室测量不同形态砷化合物首选的测量方法，特别对于痕量、超痕量砷是最可靠的形态分析方法。且该方法可在室温下分离不同形态的砷，既可避免因高温造成的化合物分解和损失，又可完成对低挥发性或非挥发性砷化合物的分离。

四、质量控制

(一)样品采集和保存原则

为减少采样误差对结果的影响，在采样过程中需遵循以下原则：①代表性原则。采集样本必须能够代表所检查的总体，并注意采样的随机性和等量性，避免一切主观因素。②无污染原则。样本采集和保存过程中注意防止各种原因造成的内、外源砷污染，同时防止温度、湿度、压力、微生物等因素导致的样本性状、结构及组成的改变。③量足够原则。按照所选择检测方法的灵敏度及检测限确定样品采集量。④条件一致原则。同一批次采集多个样本或不同批次采样，应保证采样条件的一致性。

(二)样品检测的质量控制

为保证样品检测的准确性和可靠性，在分析检测过程中需完成以下几方面工作：①根据实验目的选择正确分析方法的同时，需在样品分析前对该方法的准确度、精密度、检出限、稳定性进行检验和评价。②配置有效的标准曲线，原子吸收、原子荧光、ICP-OEC、ICP-MS等方法均采用标准曲线法对样品中的砷含量进行定量，因此配置有效的标准曲线尤为重要，一般要求标准曲线信号值与浓度相关系数≥0.999，样品浓度必须在所做标准曲线的浓度范围内，每检测30～50个样品需测定一次标准曲线，当标准曲线的响应信号与所计算的值偏差小于5%时，才可继续使用该曲线。③样品检测过程中必须进行平行样本测定，通过比较检测结果间的差异来对检测结果的准确性进行控制，亦可通过不同检测人员分别使用相同的仪器设备对同一样品进行平行试验，比较两人的结果，发现由于个人操作等原因引起的偶然误差。

(三)数据管理的质量控制

保证实验数据的准确性、可靠性和完整性是有效分析样本中砷形态及含量的关键，为把获得的数据迅速、完整、无误地记录和保存，需要进行以下数据管理的质量控制：①数据获取阶段。要求做好原始记录，记录内容要包含足够的信息，以便在可能情况下找出影响不确定度的因素；实验人员在读取、记录、复核数据过程中要认真、规范、准确，使用法定计量单位，若需进行数据修正要严格遵守数字修约规范，保证记录的准确性及合法性。②数据整理和储存阶段。应根据研究目的对原始数据进行汇集、排序、分组，使分散数据条理化、系统化，但应保证原始数据的完整性，不要随意删减或遗落数据；数据录入采用“双份录入法”，即两人分别输入同一份资料，两份数据库需完全一致；数据库需以如实反映研究结果为前提，以有利于后期统计分析为原则。③数据分析阶段。需根据研究目的、数据分布特征、样本数大小等设计合理的分析策略并选择正确的统计方法；经统计学方法得出的结果应结合专业理论知识给出合理的研究结论。

(四)实验人员及仪器的管理

专业的实验人员及运行良好的检测仪器也是准确进行样本中砷形态及含量检测的重要因素，故从实验设计、样品采集及处理、样本检测到数据整理和分析均需选择经过良好训练的、操作正确熟练的、掌握测试结果分析知识的专业技术人员来完成；实验室需对检测仪器进行标准化、规范化管理，定期校准和维护，并做好仪器维护和使用记录，以保证仪器处于良好的工作状态。

(马璐　李军)

参考文献

[1] 张爱华.砷与健康[M].北京:科学出版社,2008.

[2] 黎源倩,孙长颢,叶蔚云,代兴碧.食品理化检验[M].北京:人民卫生出版社,2006.

[3] 邹忠兰,张爱华,杨敬源,等.肝生化指标在燃煤型砷中毒中诊断价值 ROC 曲线评价[J].中国公共卫生,2016,32(6):861-865.

[4] 张爱华,王大朋.重视环境砷污染健康风险评估研究[J].中华预防医学杂志,2018,52(10):969-972.

[5] 张爱华,曾奇兵.新形势下地方性砷中毒科学防治的新机遇与挑战[J].中华地方病学杂志,2019,38(2):87-90.

[6] IPCS,Environmental Health Criteria. V224: Arsenic and Arsenic Compounds. International Programme on Chemical Safety. Geneva[M]. World Health Organization,2001.

[7] IARC. IARC Monographs on the Evaluation of Carcinogenic Risks to Humans. A Review of Human Carcinogens: Arsenic,Metals,Fibres,and Dusts,vol. 100C. Geneva[M]: World Health Organization; 2012.

[8] Smith AH,Marshall G,Yuan Y,et al. Evidence from Chile that arsenic in drinking water may increase mortality from pulmonary tuberculosis[J]. Am J Epidemiol,2011,173:414-420.

[9] Cal EPA. Inorganic arsenic reference exposure levels Sacramento: State of California Office of Environmental Health Hazard Assessment[M]; 2008.

[10] Cal EPA. Adoption of the revised air toxics hot spots program technical support document for cancer potency factors Sacramento: State of California Office of Environmental Health Hazard Assessment[M]; 2009.

[11] U. S. Environmental Protection Agency (USEPA). Guidelines for Carcinogen Risk Assessment[M]. EPA/630/P-03/001B. 2005. Washington,DC,Risk Assessment Forum.

[12] U. S. Environmental Protection Agency (USEPA). Toxicological Review of Inorganic Arsenic[M]. 2010. Washington,DC,U. S. Environmental Protection Agency (USEPA).

[13] US EPA. Acute exposure guideline levels (AEGLs)[M],Washington,DC; 2013.

[14] WHO. Arsenic in drinking-water. WHO/SDE/WSH/03. 04/75/Rev/1,WHO Guidelines for Drinking-water Quality [M],Geneva; World Health Organization: 2011.

[15] Straif K,Benbrahim-Tallaa L,Baan R,et al. WHO International Agency for Research on Cancer Monograph Working Group. A review of human carcinogens-part C: metals,arsenic,dusts,and fibres[J]. Lancet Oncol 2009,10:453-454.

[16] Gibb H,Haver C,Gaylor D,et al. Utility of recent studies to assess the National Research Council 2001 estimates of cancer risk from ingested arsenic[J]. Environ. Health Perspect,2011,119: 284-290.

[17] Melkonian S,Argos M,Pierce BL,et al. A prospective study of the synergistic effects of arsenic exposure and smoking,sun exposure,fertilizer use,and pesticide use on risk of premalignant skin lesions in Bangladeshi men[J]. Am J Epidemiol,2011,173:183-191.

[18] Chen CL,Chiou HY,Hsu LI,et al. Arsenic in drinking water and risk of urinary tract cancer: a follow-up study from northeastern Taiwan[J]. Cancer Epidemiol Biomarkers Prev,2010,19:101-110.

[19] Dauphine DC,Smith AH,Yuan Y,et al. Case-control study of arsenic in drinking water and lung cancer in California and Nevada[J]. Int J Environ Res Public Health,2013,10:3310-3324.

[20] Gibb H,Haver C,Gaylor D,et al. Utility of recent studies to assess the National Research Council 2001 estimates of cancer risk from ingested arsenic[J]. Environ Health Perspect,2011,119:284-290.

[21] Maull EA,Ahsan H,Edwards J,et al. Evaluation of the association between arsenic and diabetes: a National Toxicology Program workshop review[J]. Environ Health Perspect,2012,120:1658-1670.

[22] Del Razo LM,Garcia-Vargas GG,Valenzuela OL,et al. Exposure to arsenic in drinking water is associated with increased prevalence of diabetes: a cross-sectional study in the Zimapan and Lagunera regions in Mexico[J]. Environ Health,2011,10:73.

[23] Abir T,Rahman B,D'Este C,et al. The association between chronic arsenic exposure and hypertension: a meta-analy-

sis. J Toxicol,2012,198793.

[24] Lindberg AL,Rahman M,Persson LA,Vahter M. The risk of arsenic induced skin lesions in Bangladeshi men and women is affected by arsenic metabolism and the age at first exposure. Toxicol Appl Pharmacol,2008,230:9-16.

[25] Lindberg AL,Sohel N,Rahman M,Persson LA,Vahter M. Impact of smoking and chewing tobacco on arsenic-induced skin lesions. Environ Health Perspect 2010,118:533-538.

[26] States J C. 23. Considerations for a Biologically Based Risk Assessment for Arsenic[M]// Arsenic: Exposure Sources,Health Risks,and Mechanisms of Toxicity[M]. John Wiley & Sons,Inc,2015.

[27] Flora SJS. Handbook of Arsenic Toxicology[M]. Academic Pr Inc,2015.

[28] US EPA,Risk Assessment Forum. Guidelines for carcinogen risk assessment[M]. US Environmental Protection Agency. EPA/630/P-03/001F; 2005.

[29] Chen Y,Parvez F,Liu M,et al. Association between arsenic exposure from drinking water and proteinuria: results from the Health Effects of Arsenic Longitudinal Study[J]. Int J Epidemiol,2011,40:828-835.

[30] Chen JW,Chen HY,Li WF,et al. The association between total urinary arsenic concentration and renal dysfunction in a community-based population from central Taiwan. Chemosphere,2011,84:17-24.

[31] Das N,Paul S,Chatterjee D,et al. Arsenic exposure through drinking water increases the risk of liver and cardiovascular diseases in the population of West Bengal,India[J]. BMC Public Health,2012,12:639.

[32] Zheng LY,Umans JG,Tellez-Plaza M,Yeh F,Francesconi KA,Goessler W,et al. Urine arsenic and prevalent albuminuria: evidence from a population-based study[J]. Am J Kidney Dis,2013,61:385-394.

[33] Flora SJ,Mittal M,Mehta A. Heavy metal induced oxidative stress,and its possible reversal by chelation therapy. Indian J Med Res,2008;128:501-523.

[34] Huang YL,Hsueh YM,Huang YK,et al. Urinary arsenic methylation capability and carotid atherosclerosis risk in subjects living in arsenicosis-hyperendemic areas in southwestern Taiwan. Sci Total Environ,2009,407:2608-2614.

[35] Lindberg AL,Kumar R,Goessler W,et al. Metabolism of low-dose inorganic arsenic in a central European population: influence of sex and genetic polymorphisms. Environ Health Perspect,2007,115:1081-1086.

[36] Li X,Li B,Xu Y,et al. Arsenic methylation capacity and its correlation with skin lesions induced by contaminated drinking water consumption in residents of chronic arsenicosis area. Environ Toxicol,2011,26:118-123.

[37] Rahman A,Vahter M,Ekstrom EC,Persson LA. Arsenic exposure in pregnancy increases the risk of lower respiratory tract infection and diarrhea during infancy in Bangladesh. Environ Health Perspect,2011,119:719-724.

[38] Dauphine DC,Ferreccio C,Guntur S,et al. Lung function in adults following in utero and childhood exposure to arsenic in drinking water: preliminary findings. Int Arch Occup Environ Health,2011,84:591-600.

[39] Ortiz JG,Opoka R,Kane D,Cartwright IL. Investigating arsenic susceptibility from a genetic perspective in Drosophila reveals a key role for glutathione synthetase. Toxicol Sci,2009,107:416-426.

[40] Rahman A,Persson LA,Nermell B,et al. Arsenic exposure and risk of spontaneous abortion,stillbirth,and infant mortality. Epidemiology,2010,21:797-804.

[41] Islam K,Haque A,Karim R,et al. Dose-response relationship between arsenic exposure and the serum enzymes for liver function tests in the individuals exposed to arsenic: a cross sectional study in Bangladesh. Environ Health,2011,10:64.

[42] Amster ED,Cho JI,Christiani D. Urine arsenic concentration and obstructive pulmonary disease in the U. S. population. J Toxicol Environ Health A,2011,74:716-727.

[43] Melkonian S,Argos M,Pierce BL,et al. A prospective study of the synergistic effects of arsenic exposure and smoking,sun exposure,fertilizer use,and pesticide use on risk of premalignant skin lesions in Bangladeshi men. Am J Epidemiol,2011,173:183-191.

[44] NordbergGF,FowlerBAand NordbergM. Handbook on the Toxicology of Metals [M]. Fourth Edition. Manhattan,New York: acdemic press,2015.

[45] LewisAS,Reid KR,Pollock MC,et al. Speciated arsenic in air: measurement methodology and risk assessment considerations[J]. J Air Waste Manag Assoc,2012,62: 2-17.

[46] Moreda-Piñeiro J, Alonso-Rodríguez E, Moreda-Piñeiro A, et al. Simultaneous pressurized enzymatic hydrolysis extraction and clean up for arsenic speciation in seafood samples before high performance liquid chromatography-inductively coupled plasma-mass spectrometry determination[J]. Anal Chim Acta,2010,679: 63-73.

[47] Moreda-Piñeiro A,Moreda-Piñeiro J,Herbello-Hermelo P,et al. Application of fast ultrasound water-bath assisted enzymatic hydrolysis-high performance liquid chromatography--inductively coupled plasma-mas spectrometry procedures for arsenic speciation in seafood materials[J]. J Chromatogr A,2011,1218:6970-6980.

[48] Davis,WC,Zeisler R,Sieber JR,et al. Methods for the separation and quantification of arsenic species in SRM 2669: arsenic species in frozen human urine. Anal Bioanal Chem,2010,396:3041-3050.

[49] Nunes JA,Batista BL,Rodrigues JL,et al. A simple method based on ICP-MS for estimation of background levels of arsenic,cadmium,copper,manganese,nickel,lead,and selenium in blood of the Brazilian population. J Toxicol Environ Health,2010,73: 878-887.

[50] Chen B,Hu B,He M,et al. Synthesis of mixed coating with multi-functional groups for intube hollow fiber solid phase microextraction-high performance liquid chromatography-inductively coupled plasma mass spectrometry speciation of arsenic in human urine[J]. J ChromatogrA,2012,1227:19-28.

第十章　砷污染防控与管理

砷污染防控与管理的指导思想是防重于治，防治结合，立足于防。总的原则应该是减少砷的排放、降低环境砷的本底值、尽量修复被砷污染的环境。针对人群而言，减少砷暴露的最根本措施是减少机体每日砷的总摄入量，一般认为每人每天砷的总摄入量不宜超过 200 μg。为控制砷中毒的发生，病区人群生活环境和食品中的砷含量必须得到有效的控制。

第一节　砷污染防控政策与管理体系

一、地球化学性砷污染的防控

地球化学性砷污染，即指因地壳地质化学特征所决定的某些特定地区的地质环境中砷的本底值较高，超过了一定的安全限值，能够对人体健康造成威胁。对于该类地区，我国目前按照地方性砷中毒病区进行防控。经过十几年的工作，我国地方性砷中毒病区已非常清晰，各项工作规范有序进行，保证了地球化学性砷污染防控的效果。以下我们从标准规范及项目管理两个角度对地方性砷中毒的防控进行介绍。

（一）进一步完善地方性砷中毒防控相关标准、办法及规范

1. 地方性砷中毒诊断标准　地方性砷中毒诊断（WS/T 211－2015）是 2015 年 11 月 1 日起施行的新版标准。该标准重新修订了标准适用范围、地方性砷中毒的定义，尤其明确描述了地方性砷中毒诊断基本指标中的皮肤角化、色素脱失及皮肤病变分级标准，删除了原诊断参考指标中关于周围神经损伤的相关描述。此外，还增加了如老年性白斑、掌跖角化病等易混淆疾病的鉴别诊断，以增加实践工作的可操作性。新版标准充分征求和采纳了我国地方病防治领域相关专家和各省区多年现场工作者的意见，并参考国内外相关文献资料，更适合我国地方性砷中毒调查研究和防治工作的实际需要。

2. 地方性砷中毒病区判定和划分（WS277）　根据与其他现行标准相匹配的原则，2013 年国家卫生标准委员会地方病标准专业委员会立项对 2007 年颁布的地方性砷中毒病区判定和划分标准进行修订。本标准是在我国高砷水源和砷中毒病区的分布范围，以及砷中毒发生的特点与饮水砷含量的关系基本明确的条件下进行修订的，参考了多年的防治实践结果。本次修订过程中，生活饮用水含砷量根据最新版的《生活饮用水卫生标准》（GB 5749－2006）中相关条文进行了修订。取 0.01 mg/L 作为饮水型地方性砷中毒病区判定的限值。同时兼顾砷中毒病情，强调水砷超标的同时必须出现确诊的砷中毒患者，才能判定为病区。本次修订过程中对于燃煤污染型砷中毒病区的界定主要考虑两个因素，一是当地必须要有敞炉敞灶燃煤的习惯，二是出现确诊的慢性砷中毒患者。由于没有明确规定家庭生活燃用的煤炭砷含量的限值，且考虑燃煤污染型砷中毒的成因主要是由于敞炉敞灶燃烧煤炭，导致用于食用的粮食或辣椒等受到含砷空气的污染而染毒，砷中毒的发生并不主要取决于其含砷量，砷的赋存状态和燃煤方式更为重要。因此，只要这两个条件同时满足，即可以判定为病区。此外，标准还修订了病区程度的划分方法，对砷中毒患病率的计算方法提出了细致的要求，强调在计算砷中毒患病率过程中要排除可疑患者。同时，新版标准删除了“潜在病区”的概念。

3. 地方性砷中毒病区消除标准(GB28595－2012) 目前,我国关于地方性砷中毒防控效果评价的唯一标准即为地方性砷中毒病区消除标准,该标准适用于以行政村或自然村为单位的地方性砷中毒病区消除的判定。其主要从环境指标和病情指标两个方面对地方性砷中毒病区的防控效果进行评价。环境指标方面,对于饮水型地方性砷中毒病区村而言,要求饮水砷含量符合 GB5749 的规定;对于燃煤污染型地方性砷中毒病区,要求病区家庭不再燃用砷含量＞40 mg/kg 的煤,或烘烤食物(如辣椒、玉米等)含砷量符合 GB2762 的规定,或全部有效落实了改良炉灶措施。对于病情指标要求更加明确,即除了与砷相关的癌症患者外,无地方性砷中毒新发病例发生。对于地方性砷中毒新发病例的定义,该标准规定如下:落实防控措施后,在已判定的病区村居民中新发生的地方性砷中毒病例。同时,该标准在附录中还对以下条件进行了要求,一是病区村要落实防治措施超过 3 年;二是要求对全村 95％以上的既往高砷暴露人群进行病情检查;三是对水样、煤样、辣椒、玉米等采样要求和测定方法进行了规定。

4. 人群尿砷安全指导值(WS/T665－2019) 目前,国内外尚无统一的尿砷安全指导值标准,用于评价特定人群的尿砷水平。笔者作为该标准的起草人,查阅了大量尿砷含量与环境砷暴露关系方面及尿砷正常参考值方面的研究文献,描述不同砷暴露水平下尿砷的分布范围,分析尿砷与水砷含量的关系,比较非病区人群与改水(改灶)后病区人群尿砷含量的差异确认建立统一尿砷安全指导值标准是可行的。利用全国 4 501 名研究对象水砷暴露情况及尿砷检测数据资料,通过描述分析入选对象的人口学特征、水砷暴露特征、尿砷分布特征、尿砷与水砷浓度的相关性、水砷浓度在(0.05±0.005)mg/L 范围内尿砷的分布特征等,确定尿砷安全指导值,并对所确定的尿砷安全指导值进行了灵敏度和特异度测算。该标准限值为 0.032 mg/L,即正常人群尿砷几何均值应在 0.032 mg/L 以下,如果超出了该标准限值,提示该人群有高砷暴露风险,需要进一步深入探究该人群的砷暴露来源。本标准适用于评估人群的砷暴露程度及综合评价地方性砷中毒的防控效果。

5. 地方性砷中毒病区消除评价办法 2014 年 12 月 26 日,国家卫生计生委疾控局发布了重点地方病控制和消除评价办法(国卫疾控发〔2014〕79 号),其中包括燃煤污染型砷中毒和饮水型砷中毒病区消除评价办法,其目的是评价地方性砷中毒病区实现消除目标进展。根据评价结果,确定重点地方病分类防控策略,实施防控工作精细化管理。其评价原则是健全“政府领导、部门负责、社会参与”的地方病防治工作机制,加强地方性砷中毒消除评价工作的组织领导。该办法要求各级卫生计生行政部门会同承担地方病防治任务的相关部门组成地方性砷中毒病区消除评价组,负责地方性砷中毒消除评价工作的组织实施,各级疾病预防控制机构负责评价技术支持。有政府地方病防治领导协调组织的地区,由政府地方病防治领导协调组织负责评价工作,同级卫生计生行政部门协助实施。其具体评价方式及程序包括县级自评、市级复查及省级抽查三个环节。方法尤其强调,已实现消除的病区县县级卫生计生行政部门每 5 年组织自查,结果逐级上报到省级卫生计生行政部门。省级卫生计生行政部门抽取一定数量的病区县进行复核,复核结果报同级人民政府和国家卫生计生委备案。以确保对地方性砷中毒病区的持续关注与支持。

针对燃煤污染型砷中毒病区消除的评价,县级自评过程包括资料准备和现场评价。资料准备的过程要求整理防治工作相关文件和资料,收集组织管理、改良炉灶、监测、健康教育等相关工作资料。现场评价过程要求对所辖所有病区村开展调查,调查内容包括病区村所有居民户改良炉灶和炉灶使用情况,供人食用玉米和辣椒正确干燥情况,以及该村砷中毒患病情况。如未完全落实改炉改灶措施,则需在病区村采集不同来源煤样,每种煤样采集 5 户,进行煤砷含量测定;同时采集 5 户的烘烤玉米、辣椒样品,进行食品中砷含量测定。复查/抽查的内容同样为资料审核和现场评价。资料审核的内容包括县级的自评报告和工作资料,主要审核资料的完整性和真实性。现场评价的过程要求在每个病区县随机抽取 3 个病区乡(镇)(不足 3 个时,全部抽取),再从每个乡(镇)随机抽取 3 个病区村(不足 3 个时,全部抽取),每个病区村从调查的第 1 户开始,依据隔户抽查的原则抽取 10 户家庭,调查居民户改良炉灶和炉灶使用情况,供人

食用的玉米和辣椒正确干燥情况；对病区村 95%以上的人口进行砷中毒复核诊断，确定砷中毒新发情况。当病区县 95%的病区村达到消除标准时，可判定该县达到消除标准。

针对饮水型砷中毒病区消除的评价，县级自评过程和市级/省级复查/抽查的内容基本同燃煤污染型砷中毒病区消除评价程序和内容相同。只是在现场评价的过程要求在每个病区县随机抽取 3 个病区乡(镇)(不足 3 个时，全部抽取)，再从每个乡(镇)随机抽取 3 个病区村(不足 3 个时，全部抽取)，调查病区村改水情况，采集饮用水水样，检测砷含量；对全村 95%以上常住暴露人口进行砷中毒患病情况调查。当病区县 95%的病区村达到消除标准时，可判定该县达到消除标准。

6. 地方病预防控制工作规范　《中共中央 国务院关于深化医药卫生体制改革的意见》明确提出完善重大疾病防治体系和突发公共卫生事件应急机制，加强对严重威胁人民健康的传染病、地方病、职业病和出生缺陷等疾病的监测与预防控制。为充分发挥卫生计生行政部门、疾病预防控制机构(包括地方病防治机构)、基层医疗卫生机构和医院在地方病预防控制工作中的作用，明确各自职责、任务和内容，规范防治工作流程和考核标准，提高防治效果，国家卫生计生委制定了《地方病预防控制工作规范(试行)》(以下简称《规范》)。《规范》从机构、职责和人员、工作计划和实施方案、监测与调查、干预与管理、信息管理、能力建设、综合评估 8 个部分对卫生计生行政部门、疾病预防控制机构、基层医疗卫生机构、医院的职责、任务和基本工作流程进行了规定。《规范》要求，各地在实施《规范》过程中，要紧密联系地方病相关规划、方案，有效衔接预防和治疗等各环节，分工协作，各负其责，最大限度地提高地方病防控效果。同时，卫生计生部门要与其他政府部门密切协作，创造有利于健康的社会、经济、生活方式，采取综合预防措施，有效遏制地方病病情。地方各级卫生计生行政部门可根据《规范》的基本要求，结合当地的实际情况，制定本地区的地方病防治实施细则。《规范》最直接的作用就是，在国家不再以项目为依托的地方病防治管理的新常态下，各地医疗卫生机构能够按照各地政府的统一要求和地方病防治需求，有序有效地开展地方病防控工作，以达到地方病防控的可持续发展。

(二)将地方性砷中毒作为重点防控地方病进行专项管理

1. 饮水型地方性砷中毒防控　2000—2005 年，联合国儿童基金会与中国政府合作，开展了"改善水质，减轻砷中毒危害"项目，旨在查找我国饮水砷含量超标地区。2005—2010 年，卫生部利用中央财政补助地方公共卫生专项资金地方病项目也开展了大面积的高砷水源筛查工作，在筛查出有超标水井的村屯，根据超标的严重程度进行高砷水源普查和病情调查工作。经过连续 10 年的工作，调查的地区涵盖 19 个省份，包括内蒙古、山西、安徽、青海、宁夏、新疆、甘肃、吉林、江苏、陕西、湖北、湖南、江西、河南、山东、黑龙江、云南、四川和新疆生产建设兵团。筛查村屯的确定原则如下：①在以往的调查中被证明是饮水型砷中毒病区。②地理位置与饮水型砷中毒病区村接近，具有相同的地理条件，且发现有疑似患者。③依据高砷水源地区成因的理论，在可能形成高砷水源的地区。每个村根据随机抽样原则调查 10%的水井，平均分布到东、西、南、北、中 5 个方位中，每个村的最小采样量不小于 20 口井，不足则全部测定。首先用半定量试剂盒测定水砷浓度，如果水砷浓度大于 50 μg/L，就用银盐法或原子荧光法进行定量检测。所有饮水中砷浓度的最大值被认定为这个村的水砷浓度。共调查了 36 820 个村，涉及 32 673 677 人。在这些调查村中，有 7 163 个村的水砷浓度超过了 10 μg/L，覆盖人口数为 6 095 316 人。如果按照 50 μg/L 的标准，共有 2 476 个村的 1 894 587 人面临高砷暴露危害。通过这项调查，发现中国的饮水高砷地区位于内蒙古、山西、安徽、青海、宁夏、新疆、甘肃、吉林、江苏、陕西、湖北、湖南、江西、河南、山东、黑龙江、云南、四川和新疆生产建设兵团。在查清楚全国高砷水源分布范围之后，卫生部将上述数据库提交给水利部，被纳入到"十二五"全国农村安全饮水工程规划范围之内。截至 2015 年底，全国 871 个砷中毒病区村完成了降砷改水，正常使用率达到 93.3%，2004 个高砷村完成改水，正常使用率为 92.4%，累计受益人口 148

万人。

2009年，为推进饮水型地方性砷中毒防治工作进程，掌握病区防治措施落实进度，动态观测病情变化趋势，综合评价改水工程运行效果，提高防治质量和管理水平，卫生部组织制定了《饮水型地方性砷中毒监测方案(试行)》，并于2009年8月以卫生部办公厅文件形式发布(卫办疾控发〔2009〕132号)。按照该监测方案的要求，山西、内蒙古、吉林、江苏、安徽、湖北、云南、甘肃、青海、宁夏、新疆等11个省(自治区)及新疆生产建设兵团，以既往高砷暴露人数超过100人的病区村(屯)为抽样总体，按照轻、中、重病区分层随机抽取监测村(屯)；以既往高砷暴露人数超过100人的潜在病区村(屯)为抽样总体，随机抽取潜在病区监测村(屯)，全国共计抽取98个村作为国家级固定监测点。监测内容包括省级改水工程进度调查、改水工程运行情况和病情监测。2012年，根据各省监测工作实际，卫生部对监测方案进行了调整，取消了省级改水工程进度调查及死因调查等内容，重点监测防治措施落实及运转情况及病情变化情况。2010—2013年的监测结果显示，在改水工程发挥实际效益的监测村总的患病率维持在较低的水平，分别是3.4%、2.68%、3.26%和3.62%；而在未改水村和改水工程未发挥实际效益的监测村患病率高于改水且发挥实际效益的村，依次是7.28%、8.33%、7.68%和5.53%。2013年度未改水村和改水工程非正常运转或水砷含量超标的监测村的砷中毒患病率相比其他年份有所降低，主要是因为砷中毒患者较多的内蒙古改水工程的水砷合格率明显升高。新发病例方面，在改水工程发挥实际效益的监测村仅在2013年度发现15例新发病例，分布在新近改水的监测村。而在改水工程没有真正发挥实际效益或未改水村在2010年、2012年和2013年度分别发现了20例、4例和26例新发病例。

2015年，为了配合“十二五”全国地方病防治规划终期考核评估及推动地方性砷中毒消除评价工作，国家卫生计生委利用医改重大专项资金安排了全国饮水型砷中毒病区开展了消除评价县级自查工作，自查结果表明，全国饮水型砷中毒病区基本实现了消除目标。

2. 燃煤污染型地方性砷中毒防控 通过2004—2007年中央财政补助地方公共卫生专项资金地方病防治项目贫困地区燃煤污染型砷中毒病区改炉改灶项目，实现了对全部燃煤污染型砷中毒病区防治措施的全落实。同样，自2009年开始，卫生部颁布实施了燃煤污染型砷中毒监测方案(试行)，并于2012年进行了调整。2015年“十二五”全国地方病防治规划终期考核评估和燃煤污染型砷中毒病区消除评价县级自查结果表明，病区改炉改灶率达到了100%，贵州省改良炉灶正确使用率达到了100%，所有病区都实现了消除目标；而陕西省降砷炉灶正确使用率为82.2%，尚未全部达到消除水平。

二、非地球化学性砷污染的防控

(一)法律体系建设

1. 水污染防治法 《中华人民共和国水污染防治法》由十届人大常委会第三十二次会议修订通过后颁布，自2008年6月1日起正式实施。本法适用于我国领域内的江河、湖泊、运河、渠道、水库等地表水体及地下水体的污染防治。法律强调水污染防治应当坚持预防为主、防治结合、综合治理的原则，优先保护饮用水水源，严格控制工业污染、城镇生活污染，防治农业面源污染，积极推进生态治理工程建设，预防、控制和减少水环境污染和生态破坏。要求县级以上地方人民政府应当采取防治水污染的对策和措施，对本行政区域的水环境质量负责。法律进一步明确了水污染防治的标准和规范的作用，进一步明确了水污染防治的监督管理。法律第四章第三十三条明确规定，禁止将含有汞、镉、砷、铬、铅、氰化物、黄磷等的可溶性剧毒废渣向水体排放、倾倒或者直接埋入地下。存放可溶性剧毒废渣的场所，应当采取防水、防渗漏、防流失的措施。第四十二条明确规定，国家禁止新建不符合国家产业政策的小型造纸、制革、印染、染料、炼焦、炼硫、炼砷、炼汞、炼油、电镀、农药、石棉、水泥、玻璃、钢铁、火电及其他严重污染水环境的生产

项目。第七十六条第二款规定，向水体排放剧毒废液，或者将含有汞、镉、砷、铬、铅、氰化物、黄磷等的可溶性剧毒废渣向水体排放、倾倒或者直接埋入地下的，由县级以上地方人民政府环境保护主管部门责令停止违法行为，限期采取治理措施，消除污染，处以罚款；逾期不采取治理措施的，环境保护主管部门可以指定有治理能力的单位代为治理，所需费用由违法者承担。第七十八条规定，违反本法规定，建设不符合国家产业政策的小型造纸、制革、印染、染料、炼焦、炼硫、炼砷、炼汞、炼油、电镀、农药、石棉、水泥、玻璃、钢铁、火电及其他严重污染水环境的生产项目的，由所在地的市、县人民政府责令关闭。

2. 大气污染防治法　2015 年 8 月 29 日，十二届全国人大常委会第十六次会议修订通过了《中华人民共和国大气污染防治法》，这是该法于 1987 年 9 月 5 日发布以来的第三次修订，本次修订版于 2016 年 1 月 1 日起实行。该法按照中央加快推进生态文明建设的精神，主要从以下几个方面做了修改完善：一是以改善大气环境质量为目标，强化地方政府责任，加强考核和监督；二是坚持源头治理，推动转变经济发展方式，优化产业结构和布局，调整能源结构，提高相关产品质量标准；三是从实际出发，根据我国经济社会发展的实际情况，制定大气污染防治标准，完善相关制度；四是坚持问题导向，抓住主要矛盾，着力解决燃煤、机动车船等大气污染问题；五是加强重点区域大气污染联合防治，完善重污染天气应对措施；六是加大对大气环境违法行为的处罚力度；七是坚持立法为民，积极回应社会关切。本法中明确提及砷的有两处，一是第四章第一节第三十二条，禁止开采含放射性和砷等有毒有害物质超过规定标准的煤炭；二是第七章第一百〇二条，违反本法规定，开采含放射性和砷等有毒有害物质超过规定标准的煤炭的，由县级以上人民政府按照国务院规定的权限责令停业、关闭。

3. 土壤污染防治法　2017 年 7 月 27 日，《中华人民共和国土壤污染防治法(草案)》(以下简称“草案”)向社会公开征集意见完毕。根据我国生态文明建设及环境保护的总体要求，“草案”突出“以提高环境质量为核心，实行最严格的环境保护制度”，将立法作为解决土壤污染问题的根本性措施，立足于我国发展阶段的现实，着眼于国家的长远利益，使土壤污染防治工作有法可依、有序进行。一是对土壤污染防治主要制度进行总体设计。在预防为主、保护优先、防治结合、风险管控等总体思路下，根据土壤污染防治的实际工作需要，设计法律制度的总体框架。二是有针对性地制定具体措施。根据土壤污染及其防治的特殊性采取了分类管理、风险管控等有针对性的措施，并规定了具体内容。三是解决实践中存在的突出问题。“草案”以问题为导向，总结土壤污染防治工作中存在的主要问题和实践中的有效经验，着力解决突出问题。

“草案”规定了土壤污染防治工作的管理体制、政府责任、目标责任与考核；强化了对政府、企业和公众在土壤污染防治方面的责任。规定了单位和个人的一般性权利、义务，确立了土壤污染责任人、土地使用权人和政府顺序承担防治责任的制度框架。“草案”还要求建立系列制度，如建立土壤污染责任人制度；建立土壤污染防治主要管理制度；建立土壤有毒有害物质的防控制度；建立土壤污染的风险管控和修复制度；建立土壤污染防治基金制度。“草案”明确要求建立土壤污染防治标准体系，规定每十年组织一次土壤环境状况普查，国家将实行土壤污染状况监测制度。“草案”还特别指出，在制定和修改土地利用规划和城乡规划时，应当充分考虑土壤污染防治要求，合理确定土地用途。同时，国家和地方的土壤污染防治工作将纳入环境保护规划，有的地方还需制定专项规划。对未污染的耕地、林地、园地、牧草地和饮用水水源地土壤要优先保护；保护生态用地和未利用地土壤等。

(二)标准体系建设

1. 生活饮用水卫生标准(GB 5749－2006)　生活饮用水卫生标准是从保护人群身体健康和保证人类生活质量出发而制定的，该标准 1985 年 8 月首次发布，历时 20 年后被重新修订为现行版本。该标准总计包含 106 项指标，其中包括生物学指标 6 项、消毒剂指标 4 项、毒理学指标 74 项、感官性状和一般化学指

标20项、放射性指标2项，适用于各类人群的各类生活饮用水，基本保障了全国标准的统一。遗憾的是，对于砷、氟等14项指标，对于农村小型集中式供水(日供水在1 000 m^3以下或供水人口在10 000人以下)和分散式供水(分散居户直接从水源取水，无任何设施或仅有简易设施的供水方式)的标准与大型集中式供水相比有所放宽，农村小型集中式供水和分散式供水水砷含量限值为≤0.05 mg/L，而大型集中式供水水砷含量限值为≤0.01 mg/L。2017年，国家卫生计生委组织召开了生活饮用水卫生标准修订启动会，会议决定对这些指标进行调整，确保砷、氟等关键指标在不同类型供水水质要求的一致。

2. 地表水环境质量标准(GB3838－2002) 该标准是国家环保总局和国家质检总局于2002年4月联合发布的，也是地面水环境质量标准(GB3838－1983)1983年发布以来的第三次修订。其修订的根本目的是贯彻《中华人民共和国环境保护法》和《中华人民共和国水污染防治法》，防治水污染，保护地表水质，保障人体健康，维护良好的生态系统。其适用范围包括我国领域内江河、湖泊、运河、渠道、水库等具有使用功能的地表水水域。标准将地表水按照水域环境功能和保护目标，按功能高低依次分为五类：Ⅰ类，主要适用于源头水、国家自然保护区；Ⅱ类，主要适用于集中式生活饮用水地表水源地一级保护区、珍稀水生生物栖息地、鱼虾类产卵场、仔稚幼鱼的索饵场等；Ⅲ类，主要适用于集中式生活饮用水地表水源地二级保护区、鱼虾类越冬场、洄游通道、水产养殖区等渔业水域及游泳区；Ⅳ类，主要适用于一般工业用水区及人体非直接接触的娱乐用水区；Ⅴ类，主要适用于农业用水区及一般景观要求水域。其中对于砷含量的要求，在Ⅲ类及以下的水域均要求≤0.05 mg/L，Ⅳ类和Ⅴ类水域要求≤0.1 mg/L。

3. 地下水水质标准(DZ/T 0290－2015) 《2013中国国土资源公报》显示，我国地下水水质堪忧。地下水水质较差和极差两项的占比总和达到59.6%，超过了水质呈优良、良好、较好三类所占的比例总和。从2011年到2013年，较差和极差级水占比总和从55%、57.4%上升到59.6%，说明我国地下水水质仍在逐步变差。目前，国土资源部发布的地下水水质标准(DZ/T 0290－2015)，是对上一版《地下水质量标准》(GB/T 14848－93)的修订，修订该标准在一定程度上源于地下水水质的“倒逼”。新版标准依据我国地下水水质现状、人体健康基准值及地下水质量保护目标，参照生活饮用水、工业、农业用水水质最高要求，对地下水质量划分为五类。其中，Ⅰ类主要反映地下水化学组分的天然低背景含量，适用于各种用途；Ⅱ类主要反映地下水化学组分的天然背景含量，适用于各种用途；Ⅲ类以人体健康基准值为依据，主要适用于集中式生活饮用水水源及工、农业用水；Ⅳ类以农业和工业用水要求为依据，除适用于农业和部分工业用水外，适当处理后可作生活饮用水；Ⅴ类不宜饮用，其他用水可根据使用目的选用。标准中关于砷含量限值有所调整，主要体现在Ⅰ～Ⅲ类地下水中，其中Ⅰ类地下水的标准从旧版的≤0.005 mg/L提高到≤0.001 mg/L；Ⅱ类地下水的标准从旧版的≤0.01 mg/L提高到≤0.001 mg/L；Ⅲ类地下水的标准从旧版的≤0.05 mg/L提高到≤0.01 mg/L。Ⅳ类和Ⅴ类地下水砷限值指标依然没变，保持在≤0.05 mg/L和＞0.05 mg/L。所以从砷这一指标来看，新版标准更加严格了。

4. 土壤环境质量标准(GB15618－1995) 土壤环境质量标准是土壤中污染物的最高容许含量。污染物在土壤中的残留积累，以不致造成作物的生育障碍、在籽粒或可食部分中的过量积累(不超过食品卫生标准)或影响土壤、水体等环境质量为界限。现行的土壤环境质量标准是1995年颁布实施的，2006年环境保护部启动了该标准的修订工作，2008年已完成征求意见稿。2015年，环保部组织制定了替代原标准的新的《农用地土壤环境质量标准》《建设用地土壤污染风险筛选指导值》和《土壤环境质量评价技术规范》3项标准的三次征求意见稿。修订稿的编制体例与1995年版本完全不同，将总砷(按元素计)列入农用地土壤污染物基本项目含量限值范围内，并分为耕地(园地、草地)和林地两大类。针对耕地(园地、草地)而言，土壤pH值≤6.5、6.5＜pH值≤7.5和pH值＞7.5的水田，总砷含量限值分别为≤30 mg/kg、≤25 mg/kg和≤20 mg/kg；土壤pH值≤6.5、6.5＜pH值≤7.5和pH值＞7.5的旱田，总砷含量限值分别为≤40 mg/kg、≤30 mg/kg和≤25 mg/kg；林地的土壤总砷含量限值为≤40 mg/kg。标准特别要求，

对于水旱轮作地，总砷采用同一 pH 值分区内较严格的含量限值。建设用地土壤污染风险筛选指导值对砷没有做明确规定，只是基于污染土壤人体健康风险评估方法制订的指导值低于土壤环境背景值时，以土壤环境背景含量上限(95%分位值)作为风险筛选指导值。

5. 污染场地修复技术导则(HJ25.4－2014)　污染场地又称污染地块，指因从事生产、经营、处理、贮存有毒有害物质，堆放或处理，处置潜在危险废物，从事矿山开采等活动造成污染，经调查和风险评估可以确认其危害超过人体健康或生态环境可接受风险水平的场地(地块)。随着城市化进程的加快，土地"退二进三"政策的推行，土地整理政策的逐步实施，大批工业企业新建、停产、关闭或搬迁，在农业、工业、居住等用地类型变更过程中，要有效预防新污染、整治老污染、控制环境风险，就必须科学、严谨地开展场地环境状况调查、监测、评价工作。环境保护部 2014 年批准发布了《场地环境调查技术导则》(HJ 25.1－2014)、《场地环境监测技术导则》(HJ 25.2－2014)、《污染场地风险评估技术导则》(HJ 25.3－2014)、《污染场地土壤修复技术导则》(HJ 25.4－2014)和《污染场地术语》(HJ 682－2014)5 项环保标准(以下简称五项标准)，旨在为各地开展场地环境状况调查、风险评估、修复治理提供技术指导和支持，为推进土壤和地下水污染防治法律、法规体系建设提供基础支撑。土壤和地下水环境质量保护或污染防治目标的确定，首先应执行其环境质量标准。对于环境质量标准未规定的项目指标，可以根据五项标准确定土壤和地下水环境风险控制值，作为具体场地受污染土壤和地下水环境管理的目标参考值。鉴于相关法律尚不健全，五项标准以技术性规定为主，未规定相关管理要求；其监督、实施应依据《环境保护法》确立的相关原则和《近期土壤环境保护和综合治理工作安排》(国办发〔2013〕7 号)、《关于保障工业企业场地再开发利用环境安全的通知》(环发〔2012〕140 号)等规范性文件进行，待相关法律、法规、规章进一步明确后依法进行。

6. 食品污染物限量标准(GB 2762－2012)　食品中污染物限量标准(GB 2762－2012)是 2005 年版本的修订，是目前食品安全基础标准。标准修订过程中严格坚持以下原则：一是坚持《食品安全法》立法宗旨，以保障公众健康为基础，突出安全性要求；二是坚持以风险评估为基础，遵循国际食品法典委员会(Codex Alimentarius Commission，CAC)食品中污染物标准制定原则，确保科学性；三是整合现行相关标准中污染物限量规定，确保标准的统一性；四是坚持食品污染物源头控制和生产过程控制相结合。标准中对于砷含量限值的规定比较细致，分为总砷和无机砷分别表述。对于包装饮用水总砷含量限值为 0.01 mg/L，除乳粉外的乳制品、油脂及其制品为 0.1 mg/kg，其余谷物及其制品、蔬菜及其制品、食用菌及其制品、肉及其制品、乳粉、调味品(水产调味品、藻类调味品和香辛料类除外)、食糖及淀粉糖、可可制品、巧克力及巧克力制品等限制均为 0.5 mg/kg。

(高彦辉)

第二节　砷污染防控技术

人类在工业生产、日常生活活动中有意或无意地产生了各种含砷的废气、废水和废渣等，如含砷矿物的开采、冶炼，炼焦、火力发电及锅炉燃烧中含砷煤炭的燃烧，硫酸、磷肥、氮肥等化工产品的生产及皮毛皮革加工、电子工业、纺织印染、农药等过程，这些含砷的废气、废水或废渣在进入到空气、水体及土壤等不同的环境介质后，对人类乃至整个生态环境造成不利影响。为此，人类开展了砷污染防控技术的研究，其目的就是采取不同的技术手段，减少砷的排放量，改变砷的赋存形态，最终降低砷的环境危害。

一、含砷烟气的治理

控制空气中砷污染的途径包括限制含砷农药如稻脚青等的使用、改革生产工艺、开发新的低砷或无

毒砷产品及对含砷烟气及烟尘的治理等多方面。以下着重介绍含砷烟气的治理。

(一)三氧化二砷废气的处理

在工业生产过程中,往往是在氧化性条件下进行,烟气中的砷主要以三氧化二砷(As_2O_3)形态存在。As_2O_3是一种易升华的氧化物,随着温度的降低,蒸气状态的As_2O_3迅速冷凝为微粒。因此,含砷烟气的治理主要是通过冷凝和微粒捕集。

一般重有色金属冶炼烟气中含砷量较低,因此烟气中的砷可通过收尘系统与其他重金属烟尘一并处理,但仍有部分气态的As_2O_3可能随烟气排出。对于这部分烟气可通过水洗净化系统,将砷通过吸收、反应等方式转移到水和污泥中,再进一步处理。

瑞典波利顿公司隆斯卡尔炼铜厂先用300~500℃的热电收尘器捕集铜、铅及砷的烟尘。但是在此温度下,砷大部分呈气态留在烟气中而无法捕集。企业通过再冷却烟气,采用120~130℃的低温电收尘器,使As_2O_3呈固态而被收集。

此外,对高温烟气中的As_2O_3也可采用活性炭或活性氧化铅进行吸附。

(二)砷化氢废气的处理

金属砷化物水解或砷化物被氢还原都可产生毒性极强的砷化氢(AsH_3)。砷化氢具有较强的还原性,在空气中可以燃烧,易溶于有机溶剂。

对于含有砷化氢的废气可采用燃烧法进行处理。其反应为:

$$2AsH_3+3O_2 \longrightarrow As_2O_3+3H_2O$$

但需注意的是,燃烧后生成的As_2O_3需进行冷凝捕集,以防止二次污染的生成。

利用砷化氢的还原性,也可利用强酸性饱和高锰酸钾溶液进行多级串联吸收,砷化氢的吸收率可以达到90%以上。其反应过程如下:

$$3AsH_3+8KMnO_4+H_2SO_4 \longrightarrow 3K_2HAsO_4+MnO_2\downarrow+4H_2O+K_2SO_4$$

二、含砷废水的治理

含砷废水主要源于含砷矿石的开采、有色金属的冶炼及硫酸、农药、玻璃、皮毛等行业的生产过程。例如,在某些金属矿石开发过程中,排放的废水中砷含量可达数十毫克/升,在一些矿坑水中砷浓度可高达数百毫克/升。由于砷化物具有较大毒性,因此,各类含砷废水若未加处理,任其排入环境,则可能造成严重的环境污染。水体砷污染风险和危害已引起全世界环境科学工作者的关注。

各国对饮用水中砷的标准有着严格的控制。我国2007年7月1日起实施的《生活饮用水卫生标准》(GB 5749-2006)将砷的最高允许质量浓度由50 μg/L修订为10 μg/L,与美国EPA、WHO等规定的标准保持一致,这给废水除砷工艺技术带来新的挑战。目前国内外除砷技术主要有化学法、物理法、生物法和人工湿地法等。

(一)化学沉淀法

化学沉淀法是通过加入化学药品,生成不溶性沉淀的方法除去废水中的砷。砷酸根能与多种金属离子形成难溶化合物,如AsO_4^{3-}与Ca^{2+}、Fe^{3+}、Al^{3+}等离子形成难溶盐。这些难溶盐可通过沉淀、过滤过程去除。化学沉淀法除砷工艺中沉淀剂中的种类很多,最常用的是钙盐,即石灰沉淀法。

砷的价态直接影响砷在水中的存在形式和砷化物的溶解度,因此砷的价态能直接影响砷的化学沉淀去除效果。一般而言亚砷酸盐的溶度积较砷酸盐溶度积大。通过投加金属离子以沉淀形式去除亚砷酸根,相比于对砷酸根往往需要更高的金属离子浓度。另外根据砷酸和亚砷酸的水解常数可知:在正常水pH值条件下,亚砷酸主要以亚砷酸分子形式存在,这也影响化学沉淀法对亚砷酸的去除。因此,在一定

条件下，采用化学沉淀法处理含有三价砷的废水时，都需要通过预氧化将其转化为五价砷，以实现在相同条件下提高除砷效率和降低砷污染的毒性和产生的危害。

水的 pH 值能直接决定砷酸根在水中的存在比例，同时 pH 值也能够直接影响金属离子能否形成氢氧化物。因此水的 pH 值对于砷的除去具有重要影响。以 pH 值对砷酸钙沉淀影响为例，在相同钙砷比条件下，初始 pH 值越高则砷的除去率也越高。

1. 石灰-铁盐-氧化法　石灰-铁盐-氧化法是一种比较常见的处理含砷废水的方法，先向废水中通入氧化剂将三价砷氧化为五价砷，氧化剂有过氧化氢、高锰酸钾、次氯酸钠等，然后通过加入生石灰，调节 pH 值并与砷生成砷酸钙沉淀，最后加入铁盐，通过混凝、共沉淀等反应除去废水中的砷。石灰-铁盐-氧化法除砷操作简便，工艺灵活，且成本较低，是目前比较成熟广泛的除砷技术，但是生成的含砷沉淀极为不稳定，容易重新被释放出来造成二次污染，而且渣量较大，目前没有很好的处理废渣的方法。

2. 硫化砷法　硫化砷法是用硫化钠、硫氰化钠等硫化剂与废水中砷离子反应生成硫化砷沉淀，达到去除砷的目的。此方法具有反应快、处理量大、工艺简单的特点，但硫化砷法对 pH 值有着较严格的要求，pH 值的变化会引起砷再次进入水体，并生成 H_2S，污染大气。

(二)物理处理方法

物理法一般采用吸附、膜过滤、沉淀等方式除去废水中的砷。

1. 吸附法　吸附法主要是利用吸附剂(具有大的活性表面积或吸附基团)的强大吸附作用吸附砷，然后通过过滤达到除砷的目的。该法处理含砷废水，可以将废水中砷浓度降至最低水平且不增加盐浓度，具有处理效率高、吸附干扰小等优点，一些性能优良的吸附剂还可以实现再生重复利用，不会或者很少产生二次污染问题，在治理污染的同时还可以实现对砷的资源化回收利用。常见的除砷吸附剂常用的除砷吸附材料主要包括天然矿物、活性氧化铝、铁的氧化物及羟基氧化物、铁氧化物负载材料、零价铁、钛氧化物及负载材料、稀土氧化物及活性炭。吸附法因其操作简单、可再生等特点，具有广阔的应用前景。

目前实际应用的吸附除砷工艺主要有活性氧化铝填料床、铁基吸附材料填料床等。正在研究多种高效除砷吸附剂，主要是利用铁盐和铝盐体系制备的除砷吸附剂，包括复合金属氧化物、复合金属氢氧化物等。这些高效除砷吸附剂，虽然对砷都具有较好的吸附效果，但是由于受到再生、工艺及水体中存在的其他离子的竞争吸附影响，目前多停留在实验室研究阶段，大规模推广使用的较少。

(1)活性材料。活性炭、活性氧化铝等许多活性材料都是废水处理中常用的吸附剂，目前也被用来进行水体除砷。

活性氧化铝(γ-Al_2O_3)是一种多孔性、高分散度的固体材料，具有表面积大、吸附性能好、表面酸性、热稳定性好的特点。其主要成分 γ-Al_2O_3属于过渡形态氧化铝，有粉状、微球状和柱状灰白色固体多种形式。水处理中典型的活性氧化铝是 28×48 目的非晶体 Al_2O 和 γ-Al_2O_3的混合物，是由 γ-Al_2O_3沉淀物在高温条件下脱水形成的多孔材料，比表面积 50～300 m^2/g。

活性氧化铝除砷工艺对 pH 值较为敏感。五价砷的阴离子在 pH 值低于 8.2 时较容易被吸附(pH 值=8.2 是氧化铝典型的零电荷点)。当 pH 值低于 8.2 时，活性氧化铝表面带正电荷，有利于除砷过程。但当 pH 值高于 8.2 时，活性氧化铝主要是作为 pH 值离子交换剂使用，不能吸附去除以阴离子形式存在的砷，因此对于中性及碱性水，为了提高除砷效率必须调节 pH 值。由活性氧化铝吸附和再生过程可知配位体交换发生在活性氧化铝的内、外表面。对于工艺设计来说，活性氧化铝的最佳 pH 值条件是 pH 值在 5.5～6.0，对砷的吸附机制与弱碱性离子交换相似。例如，砷酸二氢根的吸附要求活性氧化铝表面发生质子化，这是通过盐酸或硫酸预酸化将进水的 pH 值降至 5.5～6.0 的范围完成的。过量的表面质子所产生的正电荷与用来交换的砷酸二氢根相平衡。再生时用过量的强碱使吸附工艺向相反方向进行，去除已

吸附在活性氧化铝上的砷酸根。

采用活性氧化铝进行吸附除砷的工艺过程如下，其中$(Al_2O_3)_n$代表固体活性氧化铝。

1)酸化：用酸对中性的活性氧化铝进行处理，形成质子化的活性氧化铝，反应式如下所示：

$$(Al_2O_3)_n + H_2O + HCl \longrightarrow (Al_2O_3)_n + HCl + 4H_2O$$

2)吸附过程：当被酸化的活性气化铝与$H_2AsO_4^-$接触时，可强烈地置换Cl^-，活性氧化铝表面仍保持酸性。过程如下所示：

$$(Al_2O_3)_n + HCl + H_2AsO_4^- \longrightarrow (Al_2O_3)_n + H_3AsO_4 + Cl^-$$

3)再生过程：为了使含$H_2AsO_4^-$吸附剂得到再生，需要使用NaOH。因为活性氧化铝既是阳离子交换剂也是阴离子交换剂，所以钠离子和氢离子发生交换，氢离子在碱性再生剂溶液中能立即与OH^-结合成H_2O。失效的活性氧化铝的再生反应式如下所示：

$$(Al_2O_3)_n + H_3AsO_4 + 2NaOH \longrightarrow (Al_2O_3)_n + NaOH + NaH_2AsO_4 + H_2O$$

4)再酸化：为了恢复除砷容量，还需要用过量的稀酸对碱性活性氧化铝进行酸化，酸化过程如下式所示：

$$(Al_2O_3)_n + NaOH + HCl \longrightarrow (Al_2O_3)_n + HCl + NaCl + H_2O$$

活性氧化铝的再生效率一般较差。这是因为为了克服半结晶状活性氧化铝的较差的传质动力，需要过量的酸和碱。活性氧化铝的再生效果差的另一个原因是活性氧化铝外形为球形，且与过量的酸和碱反应生成溶解状态的氧化铝，造成吸附剂的耗损。

活性氧化铝在使用一段时间后，吸附容量逐渐下降，再生周期缩短，反致失效。原因是活性氧化铝颗粒表面附着了颗粒污染物，比表面积下降。解决办法是可以将失活的活性氧化铝浸泡、搓洗、超声以清除颗粒表面的淤泥，恢复表面孔隙。可以进行热处理，在500℃灼烧半小时，此时活性氧化铝的吸附性能可以基本恢复。

(2)铁基吸附材料吸附。由于铁基化合物对砷具有良好的吸附去除作用，因此有众多研究者对此开展了大量研究。主要利用零价铁、氢氧化铁、铁的氧化物，以及符合金属氧化物等对砷的去除作用。零价铁除砷的机制主要是水中的三价砷被零价铁还原为不溶性的单质砷，同时生成的铁氧化物可通过其吸附作用将水中的砷去除。但目前的研究主要局限于实验室阶段。目前对氢氧化铁及氢氧化铁胶体的除砷效果已有大量研究。氢氧化铁及其胶体对砷具有很高的结合能力，对砷具有很好的吸附去除效果，并且对pH值的适应范围较大，可以在中性条件下使用。虽然氢氧化铁及其胶体对砷的吸附效果好，但由于吸附材料价格昂贵，限制了其推广使用。此外，氢氧化铁及其胶体只能制成粉状，难以制备成多孔颗粒状，不能用作填料滤床使用。

(3)黏土类材料。黏土是含铝、镁等元素为主的一类硅酸盐类矿物。其颗粒细小，且比表面积大，具有很好的物理吸附性和表面化学活性。有研究者就采用黏土材料或经过处理的黏土材料作为吸附剂来处理含砷废水。如水热法制备的以四氯化钛为前驱物的未经热处理的钛柱撑蒙脱石，材料颗粒均匀，晶型完整，性能稳定，比表面积大，且表面羟基含量多，研究发现该材料对水体中的砷酸根有良好的吸附效果。

(4)稀土类材料。我国是世界第一大稀土资源国，利用稀土元素的水合氧化物和稀土盐类具有较高的吸附阴阳离子的能力的特性，开发以稀土元素为主要吸附成分的新型吸附剂(如将稀土氧化物直接加载在多孔载体上)极具发展前景。

(5)纳米材料。纳米材料由于其微粒尺寸小(1～100 nm)，因而具有一系列新异的物理化学特性和比传统材料更优越的特殊性能。如随着粒径的减小，表面原子数、表面积、表面能和表面结合能都迅速增大。由于表面原子周围缺少相邻的原子，较容易与其他原子相结合而达到饱和，因而具有很好的化学活

性和很强的吸附金属离子能力。

2. 混凝沉淀法　混凝沉淀法是处理饮用水含砷问题最常用的一种方法，具有很好的效果。常用的混凝剂主要是铁盐混凝剂，铁盐混凝除砷的效果比铝盐更好。在混凝沉淀过程中，砷去除的主要途径是通过混凝剂产生的金属氢氧化物（矾花）表面对溶解态砷的静电结合作用。由于混凝沉淀法除砷过程是把溶解态的砷吸附在矾花中，一般在沉淀后要进行过滤处理，以去除在沉淀池中未能沉淀的细小矾花颗粒。因此，过滤是确保除砷的效果的重要步骤。

铁盐混凝过程中形成的矾花对不同形态的砷都具有一定的去除作用，但对五价砷的去除效率要明显高于三价砷的吸附去除效率。主要原因可能是因为在一般 pH 值条件下，水中三价砷主要以亚砷酸形式存在不带电荷，铁盐混凝过程形成的带正电荷的矾花无法实现对其通过静电吸附过程去除。因此，在一般条件下，采用混凝沉淀法处理含有三价砷的废水时，都需要通过预氧化将其转化为五价砷，以实现在相同条件下提高除砷效率。

铁盐混凝剂对 pH 值的适用条件较宽，但是在不同 pH 值条件下水中电离程度不同，会直接影响砷的混凝沉淀去除效果。有研究显示，在一定 pH 值范围内，随着 pH 值的增大，混凝沉淀法除砷效果会提高。此外，水温、水中悬浮物浓度等都会影响混凝效果，进而可能影响到混凝沉淀法除砷效果。因此，在低温、低浊等会对混凝处理不利的条件进行除砷处理都有负面影响，需要采用强化混凝的措施（如增加混凝剂投加量、投加助凝剂等）来提高处理效果。

3. 离子交换法　离子交换法除砷机制是通过离子交换树脂上的离子与废水中的目标离子进行交换而达到去除污染物的目的，实际上是一种特殊的吸附。国内外近几年出现了应用活性炭更换树脂、硫化物再生树脂、螯合树脂等处理含砷废水的方法。

离子交换技术的最大优点在于可以实现资源的回收利用，从而化害为利。但树脂价格较高，一次性投入较大，且受树脂选择性的限制，该方法处理含砷废水对原水水质要求较高，一般适用于处理离子成分单一而又对出水水质要求较高的工业用水或饮用水。当原水中有大量阴离子（SO_4^{2-}、PO_4^{3-}、NO_3^- 等）共存时，竞争吸附导致其除砷效率大大降低，需要对原水进行预处理，此时再用该法处理含砷废水就显得不经济。

4. 膜分离法　膜分离法通过选取选择性分离功能的材料，利用膜的选择性分离实现料液的不同组分的分离、纯化、浓缩。膜分离法与一般的过滤技术不同，可以在分子层面上进行分离，因此，采用膜分离法，可以去除水中的砷。根据膜的孔径大小分类，可以分为微滤膜、超滤膜、纳滤膜、反渗透膜。膜分离法用该方法进行废水处理，不涉及相变，不需投加其他物质，无二次污染，操作方便，不仅可以达到净化的目的，而且出水水质一般较高，可用作二次水源。但是该技术对设备、膜、操作条件的要求都很苛刻，适合小水量，水质要求高的废水处理，并不适合大规模的工业废水中去除砷。

（三）生物处理法

砷对于绝大多数的微生物来说都具有毒性，但是某些生物也能将其吸收和转化。生物处理含砷废水的技术有活性污泥法、生物膜法等。活性污泥法是一种常用的处理废水的工艺。对于含砷废水处理，活性污泥法的重点在于研发采用何种对砷有特殊处理能力的微生物菌种，达到对含砷废水去除的目的。活性污泥法处理含砷废水的优点在于处理量大、工艺简单；缺点在于高浓度含砷废水对于微生物具有不可避免的毒性，因此，活性污泥法一般用于处理低浓度的含砷废水。

（四）人工湿地法

人工湿地技术处理重金属的要点是通过选取对于特定重金属有超富集作用的植物对废水中的重金属进行吸收，达到去除重金属的目的。目前发现的对砷有超富集作用的植物主要是蜈蚣草。孙桂琴等利用蜈蚣草超富集砷特性，根据基质和植物的不同组合成陶粒-蜈蚣草湿地系统、鹅卵石-蜈蚣草湿地系统、鹅卵石-美人蕉和鹅卵石4个湿地系统，研究不同湿地系统处理含砷废水的净化效果。结果表明，当配制的含砷废水浓度为0.25 mg/L时，4个系统对于砷的去除率为76.13%、79.01%、69.45%和66.20%；当配制的含砷废水浓度为0.5 mg/L时，4个系统对砷的去除率分别为78.23%、80.32%、67.66%和65.79%。

人工湿地技术特点是费用低，操作简单，易于维护，技术含量较低，且能够很好地缓冲对水力和负荷的冲击。缺点在于人工湿地的植物对于天气条件依赖较大，冬季寒冷时节由于植物的活性降低而造成处理效率低下，植物易受病虫害，底部铺设的基质物料易被堵塞，造成进出水水质不稳。

总之，每一种除砷技术都有其优缺点，对不同的含砷废水应选用适当的方法进行处理。化学沉淀法除砷，技术成熟，处理效果明显，在工业上已有大量应用。但其处理后产生的大量废渣目前尚无较好的处理方法，易造成二次污染。离子交换和吸附法虽然操作简单，占地面积小，但是也存在处理费用高、投资大等缺点。此外不同技术和不同水质的除砷效果相差较大，因此要根据实际水质情况和处理效果要求来选择适当的工艺。常用除砷工艺的优缺点及运用条件如表10-1所示。

表10-1　常用除砷工艺比较

除砷工艺	具体方法	优点	缺点	适用条件
化学沉淀法	石灰沉淀	价格低廉，操作简便	出水浓度较高，产生大量含砷废渣，可能形成二次污染	含砷废水的处理，砷污染水体的处理
混凝沉淀法	铁盐混凝	处理效果好，价格低廉，操作简单	需要有混凝、沉淀、过滤构筑物；会产生大量含砷污泥	饮用水的处理，砷污染水体的处理
化学吸附法	活性氧化铝	处理效果好，二次污染小	吸附剂需经常再生，吸附容量小	地下水净化，砷污染水体的处理
	铁基吸附剂	处理效果好	价格昂贵，难以再生，应用经验较少	地下水净化
	离子交换法	处理效果好	价格昂贵	地下水净化

（资料来源：田为勇.砷污染应急处置技术[M].北京：中国环境科学出版社，2010.）

三、高砷地下水的治理

研究表明，全世界许多地方的主要地下水含水层都存在砷污染问题，如中国、孟加拉、印度、尼泊尔、匈牙利、罗马尼亚和越南等国家，有些地区已经出现了饮用高砷水所导致的健康问题。相比于前面的工业废水处理而言，由于高砷地下水水井范围大、数量多，防控治理起来更加困难。具体可采用如下方式：①找出并利用现有的低砷水井；②在低砷含水层开掘新井；③收集雨水；④理化除砷。理化除砷主要通过家用的过滤器实现，当前使用较为普遍的是采用活性氧化铝处理含砷水，在某些地区也采用了反渗透的方法处理。此外，采用明矾和氯化铁的絮凝法也得到了应用。

四、含砷土壤的治理

近年来，随着人们对含砷矿石的大规模开采，砷剂在工农业生产中广泛应用，以及大量堆积的含砷废

石、尾矿被氧化和淋滤溶解，造成砷元素的分解、迁移和扩散，导致土壤受到砷污染，对生态环境和人体健康造成潜在的威胁。我国政府对此高度重视，2011年国务院批文的《重金属污染综合防治"十二五"规划》中，将砷列为第一类重点防控污染物，土壤砷污染修复已经成为当前国家治理的重点。

目前，常用的主要土壤砷污染修复技术有物理修复、化学修复和生物修复，下面分别介绍。其优缺点见表10-2。

表10-2　土壤砷风险调控的相关措施及其可能的机制与优缺点

调控措施	具体方法	相关机制	优点	缺点
物理调控	深翻、客土	物理稀释或移除	可行性高，客土可实现快速生产	人力、物力巨大，可能破坏土体结构，污染物可能上移，存在二次污染
化学调控	施用淋洗剂或化学钝化剂	化学淋洗、还原、沉淀一溶解和吸附一固定	相对经济、易操作，起效快	可能影响土壤理化特性及肥力，造成地下水污染
生物调控	超富集植物、微生物调控	作物对砷的吸收、砷的氧化/还原、甲基化与去甲基化等	经济，环保	修复时间长，植物后处理困难，操作复杂等

（资料来源：曾希柏.农田土壤中砷的来源及调控研究与展望[J].中国农业科技导报，2014，16(2)：85-91.）

(一)物理修复

1. 物理分离修复　可根据土壤和污染物的粒径、密度、磁性和表面特征将重金属颗粒从土壤胶体上分离出来。这与选矿和采矿所使用的物理分离技术相似。该技术仅仅是初步的分选过程，工艺简单，费用低，没有高度的选择性，不能充分达到土壤修复的目的。

2. 电动力学修复　电动力学修复技术是指利用插入土壤的电极产生的低强度直流电作用，水溶的或者吸附在土壤颗粒表层的重金属通过电迁移、电渗析、电泳、自由扩散和酸性迁移等过程穿过土壤移向电极区，再通过一定的收集系统收集后进行出来。其对于低渗透性土壤中As等元素的去除率可达到85%～95%，而对多孔、高渗透性的土壤中重金属的去除率低于65%。但是土壤极化现象、pH值、温度、含水量和土壤中杂质等也极大地影响电动力学修复技术的效果。

传统电动修复技术只是将污染物迁移浓缩到土壤一边或收集槽中，单一电动修复难以达到修复目标。因此，不同修复技术的组合应用越来越受到重视。电动修复技术与渗透性反应墙(permeable reactive barriers，PRB)修复技术结合起来共同修复污染土壤，该技术结合了二者的优势，作为新兴的原位修复技术可经济有效地修复土壤砷污染。对EK-PRB联合修复技术修复土壤砷污染进行了研究，试验中未设置PRB，As^{5+}的去除率仅为26.78%～26.91%；当设置PRB后，As^{5+}的去除率可提升至43.89%～70.25%。从阳极端收集到的砷浓度较高，表明砷在修复系统中受离子迁移的影响较为明显；单独使用电动修复技术处理时，其主要去除机制为电动力系统所产生的移除作用，使用EK-PRB联合修复技术进行处理时，其主要处理机制为反应介质的吸附作用。其机制主要是以FeOOH和Fe^0作为反应介质，加入PRB后，砷的去除率增加了1.6～2.2倍；由于FeOOH具有较高的比表面积，其修复效果优于Fe^0，认为EK-PRB联合修复技术对砷的去除机制为PRB的吸附作用和电动力对$HAsO_4^{2-}$的迁移作用。

EK-PRB联合修复技术不搅动土层，并可缩短修复时间，比较适合于低渗透的载土和淤泥土，且可回收砷，具有经济效益高、后处理方便、二次污染少等优点。近年来该技术发展较快，在一些欧美国家已进入商业化，但对大规模重金属污染土壤的就地修复仍不完善。

3. 农业工程改土修复技术 农田中砷的物理调控是指通过换土、覆土、客土、深翻等方式，使土壤中砷含量下降或活性降低，以减少作物吸收量。换土是利用清洁的土壤置换砷污染的土壤，并将污染土壤进行异位修复或异地处理；深翻可使聚集在土壤表层的砷分散到深层，使植物根系不能达到污染区域而减少对重金属的吸收。覆土或客土法主要是将清洁的土壤覆盖在污染土壤之上。在通常情况下，深翻主要用于轻度砷污染的土壤，而换土主要用于重度砷污染的土壤。深翻和覆土法可以在一定程度上降低作物对表层土壤中砷的吸收，但深翻入土壤深层的砷可能会增加淋洗到地下水的风险。换土法被认为是一种可行的降低表层土壤重金属含量的方法，但因一次工程所消耗的人力、物力巨大，破坏土体结构，引起土壤肥力下降，且存在二次污染的可能，因而使用有限。

农田中砷也可通过农艺措施调控，比如通过改变种植过程中的水分管理、种植模式、耕作制度和施肥等。如在水淹条件下，农田中的砷主要以毒性及活性相对更高的无机态三价砷存在，显著增加了作物对砷吸收及作物体内砷超标的风险，因此通过合理的水分管理如水改旱、减少灌水数量和调整灌水时期等，可以有效影响砷的存在形态，从而改变其活性，在一定程度上有助于降低作物对砷的吸收量。如研究表明，经喷灌浇水后水稻籽粒中砷的含量是长期淹水处理的2%。

(二)化学修复

污染土壤的化学修复技术是利用加入土壤中的化学修复剂与污染物发生化学反应，使污染物毒性降低或去除的修复技术，主要包括化学淋洗修复技术、固定/稳定化修复技术、溶剂浸提修复技术、化学氧化修复技术等。

1. 化学淋洗修复 土壤淋洗(soil washing)修复技术是从污染土壤中去除有机和无机污染物的过程，通过污染土壤和淋洗剂的高能量接触(包括物理和化学作用)实现污染物的分离、隔离和无害化转变。土壤淋洗修复技术分为原位化学淋洗修复和异位化学淋洗修复技术。

对砷污染土壤选择淋洗剂必须要对土壤中的砷有很强的溶解能力，且对土壤理化性质破坏较小，其次成本低且具有实用性，此外淋洗废液易于处理，不会对环境造成二次污染，且淋洗剂可以重复使用。目前常采用的淋洗剂包括无机淋洗剂(如磷酸)、螯合剂〔如草酸、乙二胺四乙酸(EDTA)〕、生物表面活性剂和复合淋洗剂等。唐敏等采用柠檬酸(0.25 mol/L)修复土壤砷污染研究表明，柠檬酸是一种环境友好且高效的砷淋洗剂，其对土壤中砷的去除率最高可达70.58%。Mukhopadhyay等首次采用天然表面活性剂无患子(soapnut fruit)和磷酸的混合剂提取土壤中砷，当pH值为4～5时，砷的去除率高达70%。

虽然土壤淋洗修复技术具有操作灵活、效果稳定、修复彻底、周期短、效率高等优点，但同时也易引起某些营养元素的淋失和沉淀。该技术适用于面积小、污染重的土壤治理。

2. 固化/稳定化修复 固化/稳定化(solidification/stabilization，SS)修复技术是指向土壤中添加固化/稳定剂，通过吸附、沉淀或共沉淀、离子交换等作用改变重金属在土壤中的存在形态，降低重金属在土壤环境中的溶解迁移性、浸出毒性和生物有效性，减少由于雨水淋溶或渗滤对动植物造成的危害。固化/稳定化修复技术又包括化学固化/稳定化修复技术(通过利用各种化学稳定剂来降低污染物的迁移性及生物可利用性)、植物固化/稳定化修复技术(利用高效植物及其伴生微生物来固定位于植物根区的污染物)及化学—植物联合固化/稳定化修复技术(即辅助植物固化/稳定化修复技术)。该修复技术与传统的客土、非原位/原位淋洗、玻璃化、沥青覆盖、地面冻结等技术相比，所带来的二次破坏更小。

常用于修复土壤砷污染的固化/稳定剂有：铁氧化物(水铁矿、针铁矿、纤铁矿、赤铁矿)、锰氧化物(水钠锰矿、水锰矿和软锰矿)和铝氧化物(三水铝矿、勃姆石、水吕石)。金属氧化物作为固化/稳定剂修复土壤砷污染不仅效果显著且廉价易得。

目前，虽然固化/稳定化修复技术具有快速、简单、成本低且二次污染小等优点，但常用的固化/稳定

剂对土壤砷污染修复效果及现场应用等方面依然存在一些不足。该技术只是改变重金属在土壤中的存在形态，重金属仍存留在土壤中，土壤很难恢复到原始状态，不适宜进一步利用，因此一般需和其他修复技术联合使用。

（三）生物修复

生物修复是利用生物（包括微生物、植物和动物）削减、净化环境中的污染物，减少污染物的含量或使其无害化，从而使受污染的环境能够部分或完全恢复到原始状态的过程。下面重点介绍土壤中砷的微生物和植物修复技术。

1. 微生物修复　微生物修复（bioremediation）技术包括生物吸附和生物氧化还原。生物吸附是通过带电荷的细胞表面吸附重金属离子，或通过摄取必要的营养元素主动吸收重金属离子，将重金属离子富集在细胞表面或内部。生物氧化还原是利用微生物改变重金属离子的氧化还原状态进而改变土壤重金属的离子价态及活性。某些自养细菌如硫-铁杆菌类（thiobacillusfer robacillus）、假单孢杆菌（pseudomonas）能使 As^{3+} 氧化，使亚砷酸盐氧化为砷酸盐，从而降低了砷的毒性。利用微生物使亚砷酸盐氧化，是最具潜力的微生物修复技术。由于该技术具有修复效果好、投资小、费用低、易于管理与操作、不产生二次污染等优点，正日益受到人们的重视，成为土壤砷污染修复的研究热点。但目前该技术很难同时修复多种复合重金属污染土壤、应用难度较大。

2. 植物修复　植物修复（phytoremediation）技术是利用某些可以忍耐和超富集有毒元素的植物及其共存微生物体系清除污染物的一种环境污染治理技术。影响土壤砷污染植物修复技术的因素主要包括植物种类、土壤中砷的植物可利用性、土壤物理化学性质、土壤改良剂、土壤微生物作用等内部因素，以及气候、农业耕作措施等外部环境因素。研究发现，蜈蚣草能把大量的砷转移到地上部，吸收砷浓度最大达22 600 mg/kg，尤其是羽叶中能吸收更多的砷，浓度达 5 070 mg/kg。目前能超富集金属、非金属污染物的植物已筛选了 400 多种，其中能超富集砷的植物主要集中于蕨类植物蜈蚣草、大叶井口边草、粉叶蕨。

植物修复技术更接近自然生态，具有投资少、修复周期短且无二次污染等优点，同时可以净化与美化环境，增加土壤有机质和肥力，适用于大面积修复。但研究表明，安全并廉价的优势植物尚无法在北方地区得到推广，因为该类砷富集植物多喜阴喜湿，只适合在淮河以南地区生长，尤其在我国西北地区，气候常年干旱少雨，许多高砷土壤还存在盐碱化严重的问题，而砷在盐碱土中十分活跃，很容易迁移到农作物和水体中，使治理的难度进一步加大。因此，未来应注重研究利用转基因技术筛选并培育出耐寒基因导入生物量大、生长速度快的植物中，并应用于土壤砷污染修复。另外，在植物修复为主的修复技术基础上，辅以化学、微生物及农业生态修复技术提高植物修复的综合效率，也是未来植物修复的研究方向。

（王明仕　李社红）

参考文献

[1]　国土资源部 2013 中国国土资源公报. http://www.mLr.gov.cn/xwdt/jrxw/201404/t20140422_1313354.htm.

[2]　夏家淇. 土壤环境质量标准详解[M]. 北京：中国环境科学出版社，1996.

[3]　李金惠. 污染场地修复管理与实践[M]. 北京：中国环境科学出版社，2014.

[4]　环境保护部.《土壤环境质量标准》修订草案公开征求意见. http://www.zhb.gov.cn/gkmL/hbb/qt/201501/t20150115_294191.htm.

[5]　周颖，刘伯科，李玲玲. 中欧食品污染物标准比较分析[C]. 北京：中国标准化论坛，2017.

[6]　高小娟，王璠，汪启年. 含砷废水处理研究进展[J]. 工业水处理，2012，32(2)：10-15.

[7]　纪冬丽，孟凡生，薛浩，等. 国内外土壤砷污染及其修复技术现状与展望[J]. 环境工程技术学报，2016，6(1)：90-99.

[8] 江姿幸.渗透性反应墙对于砷污染土壤进行电动力法复育影响之研究[D].高雄:台湾中山大学,2005.

[9] 那平,张帆,杨曙锋,等.水热法制备钛柱撑蒙脱石及对水体中砷酸根的吸附[J].天津大学学报,2007,40(3):275-279.

[10] 孙桂琴,王见华,梁小敏.蜈蚣草湿地系统处理含砷废水的研究[J].江西化工,2008,(3):102-105.

[11] 唐敏,张焕祯,李亮.砷污染土壤柠檬酸萃取修复技术研究[J].环境污染与防治,2010,32(12):31-58.

[12] 田为勇.砷污染应急处置技术[M].北京:中国环境科学出版社,2010.

[13] 童志权,陈焕钦.工业废气污染控制与利用[M].北京:化学工业出版社,1989.

[14] 吴烈善,邓玮.含砷废水治理方法的研究进展[J].广西科学院学报,2011,27(2):172-174.

[15] 曾希柏,苏世鸣,吴翠霞,等.农田土壤中砷的来源及调控研究与展望[J].中国农业科技导报,2014,16(2):85-91.

[16] 张颖,伍钧.土壤污染与防治[M].北京:中国林业出版社,2012.

[17] 周启星,宋玉芳.污染土壤修复原理与方法[M].北京:科学出版社,2004.

[18] Yu G,Sun D,Yan Z. Health Effects of Exposure to Natural Arsenic in Groundwater and Coal in China:An Overview of Occurrence[J]. Environmental Health Perspectives,2007,115(4):636.

[19] Antonino S,Leonardo D,Anna M O,et al. The role of irrigation techniques in arsenic bioaccumulation in rice(Oryza-sativa L.)[J]. Environ. Sci. Technol. ,2012,46(15):8333-8340.

[20] Mukhopadhyay S A,Hashim M,Allen M,et al. Arsenic removal from soil with high iron content using a natural surfactant and phosphate[J]. International Journal of Environmental Science and Technology,2015,12(2):617-632.

[21] Yuan C,Chiang T. The mechanisms of arsenic removal from soil by electrokinetic process coupled with iron permeable reaction barrier[J]. Chemosphere,2007,67(8):1533-1542.